大瀧 一

福岡における労農運動の軌跡【戦前編】

平和と民主主義をめざして

海鳥社

はじめに

「もうそろそろ書いてみないか」と藤野達善氏（福岡県教育問題総合研究所所長）から言われたのは、一九九六年の第一五回「手づくりの旅」の途中でした。この年の「手づくりの旅」のテーマは、「ウズベク共和国＝中央アジア・シルクロードと揺れ動く旧ソ連の現実を見る」というものでした。

旅の目玉の一つに、ウズベクのコカンド日本人墓地訪問がありました。この日本人墓地には第二次世界大戦末期、中国東北部（旧満州）からソ連に抑留され、強制労働をさせられる中で死亡した元日本軍人のうち約二五〇名が葬られています。そのうちの一人の実弟と叔母にあたる人もこの旅に参加され、墓前で読経をあげられました。

侵略戦争に駆り出され、異境で非業の死を遂げた悲痛な日本人の声が聞こえるようでした。そして、国際法を無視して、しかも戦後数年にわたって強制労働を科したスターリンの非人道的な仕打ちに改めて怒りを覚えるとともに、この戦争を引き起こし、遂行した者の戦争責任に思いを馳せたのです。

一九九五年は〝戦後五〇年〟の節目にあたり、村山富市率いる自民・社会・さきがけ連立政府の下で、国際的にも「反省あっても謝罪なし」と批判された「国会決議」が強行されました。「決議」の実態は、「反省」という言葉はあっても、侵略戦争への反省は回避し、日本だけが悪かったのではないと開き直って、日本の侵略戦争を合理化するというしろものでした。

この年の前後には、昭和天皇を含めた日本の戦争責任論が、いわゆる従軍慰安婦問題をはじめとする戦後責任論（戦後補償問題）とともに公然と論議されるようになりました。そして、歴史を逆流させようとする勢力は、史料の裏付けもないまま「昭和天皇は平和主義者だった」という論調をふりまき、一方では「侵略戦争を阻止し得なかったから、日本共産党にも戦争責任がある」という議論までが蘇ってきたのです（丸山真男氏が日本共産党の戦争責任論を展開したのは一九五六年でした）。私は丸山氏の「戦争責任論の盲点」（『思想』一九五六年三月号、岩波書店）は勿論、彼の共産党戦争責任論を肯定し、一般国民から戦争中の少年少女、さらには戦後生まれの「戦争を知らない世代」にまで戦争責任を拡げた家永三郎氏の『戦争責任論』（岩波書店、一九八五年）についても、どうしても納得することはできませんでした。

歴史教育者協議会の会員として、福岡における人民のたたかいの掘り起こしにいささかなりと携わってきた者として、どうしてもこうした発想に答えなくてはならないと思っていました。

藤野氏から「そろそろ書いてみないか」と言われた時、まだまだ調べなければならないこと、研究しなければならないことがあって、自信をもって書くことはできないと思いつつも、いつまでも引き延ばすことはできないと思った事情は以上のようなものでした。

私が執筆の意欲をかきたてられたもう一つの理由は、現行の中学校の歴史教科書から〝反戦・平和・民主主義擁護のたたかいの歴史〟が完全に抹殺されてしまっている現実です。

自由民権運動から大正デモクラシーまでは、曲がりなりにも民衆の動きが教科書に記述されています。しかし、一九二五年の治安維持法成立以後の民衆のたたかいの歴史は、全く教科書から消えてしまっているのです。ドイツにおけるレジスタンス、フランス・スペインの人民戦線、中国の抗日民族統一戦線には触れても、治安維持法下における日本の反軍・反戦・平和・民主主義のたたかいは、何一つ出てきません。戦前・戦中、日本人民は何をしていたのでしょうか。最初から終わりまで、侵略戦争に全面的に協力してきたのでしょうか。福岡の歴史を見ただけでも、そんなことはありません。子供たちが日本人民の歴史に誇りを持ち、胸を張って国際社会で発言できるように、真実を教える必要があるということを思いました。執拗なまでに新聞記事などの資料を引用したのは、そのまま教材に使えたらという願いもあったからです。

「福岡のたたかいの歴史」（本書のもとになった連載原稿の原題）は、第一次世界大戦後から次の世界大戦が準備され、遂行される過程で、福岡の労働者、農民、学生、市民などいわゆる民衆が、自らの生活に根ざして反戦・平和・民主主義擁護のためにたたかった歴史をいくらかでも明らかにしようとしたものです。

以上は、『福岡教育問題月報』（福岡県教育問題総合研究所発行）に二年半、三〇回にわたる連載を終わってから書いた、「福岡のたたかいの歴史 こぼれ話」（同『月報』一九九九年六月号）からの抜粋です。本書を公刊する決意をした趣旨はこのようなものでしたが、あえて付け加えるとすれば、次のような事情も理解していただきたいと思います。

その一つは、昨年（二〇〇一年）に顕在化した中学校歴史・公民分野の教科書問題です。文部省公認（検定合格）の教科書の中に、太平洋戦争を「大東亜戦争」と呼んで、アジア解放の戦争と美化し、大日本帝国憲法や教育勅語を礼賛するという歴史の歯車を逆転させるものが現れました。そこでは、命がけで侵略戦争に反対し、平和と民主主義の実現のためにたたかった日本人の姿は抹殺されています。事実を隠すということは、歴史を偽ることです。戦前・戦中の福岡の平和と民主主義のための運動を明らかにすることによって、このような歴史を偽る〝あぶない教科書〟に確信をもって対決することができると思います。

もう一つは、憲法第九条と基本的人権に関わる憲法問題です。国会に設けられた憲法調査会で、憲法を変えようという論拠の一つに、現行の日本国憲法は、日本の敗戦によってアメリカ占領軍（ＧＨＱ）から押しつけられた憲法だから、日本の伝統を尊重した自主憲法に変えるべきだ、という強い意見があります。これは、天皇主権の軍国主義日本が、国民主権の民主主義を基調とする連合国に敗れたという事実に目をつぶるだけでなく、戦前・戦中の日本民衆が、人権抑圧と弾圧の嵐の中で、反戦・平和・民主主義のためにたたかった事実を知らない、知ろうとしないことから言えることでしょう。
福岡の労働者、農民をはじめとする民衆の運動は、平和と民主主義を愛する諸国民と連帯しながら不屈にたたかわれたことを教えています。日本国憲法の平和的条項や基本的人権をはじめとする民主的規定は、戦前から日本国民が希求し、そのためにたたかい、戦後憲法に結実したものです。このことを、福岡の具体的な運動を知ることによって、理解していただければと思います。

二〇〇二年三月

大瀧　一

福岡における労農運動の軌跡【戦前編】◉目次

はじめに　3

I　米騒動から労働農民運動へ

Ⅳ　自由と自治を求めて　学生社会科学研究会の活動

Ｖ　治安維持法下の労農運動

中扉カット＝大瀧道子

＊ 新聞や雑誌、単行本などからの引用にあたっては、原則として常用漢字・新仮名遣いに改め、適宜、振り仮名及び句読点・並列点を加えた。明白な誤記・誤植は正した。原文を途中省略したり、註記を加える場合には〔 〕を付した。

I

米騒動から労働農民運動へ

1　「現代史の序幕」米騒動

日本の近現代史の中で、最初の大衆的人民蜂起といわれる一九一八（大正七）年の「米騒動」では、七月から九月にかけてのおよそ二カ月間、青森、秋田、岩手、沖縄を除く[1]全国一道三府三九県にわたって、約一〇〇〇万人の民衆が蜂起した。「自然発生的な大衆暴動であった」が、「この人民闘争は、現代史の序幕をひらいたということができる[2]」とされる。

「米騒動」は三回あった

ところで、日本では明治以降、「米騒動」として大規模なものは三回を数えることができる。

その第一回は、一八九〇（明治二三）年一月から七月にかけて、富山をはじめ鳥取・福井・新潟・山口・秋田などの各県で数百人から数千人の民衆が起こした米騒動である。

この一八九〇年という年は、日本で最初の資本主義下での過剰生産恐慌が紡績業を中心に襲った年で、製糸・紡績業のマニュファクチュアが続々と倒産し、その上、前年からの大凶作とあいまって各地の都市で「無職無銭」の窮民を生み出したといわれている。

こうした状況の中、民衆は各地で米問屋を破壊し、回船の出港を実力で阻止して、官憲にも抵抗した。しかし、この当時の支配層に動揺を与えるほどのものではなく、七月一日には日本最初の衆議院議員選挙が行われ、一一月には第一回帝国議会が開かれた。

米騒動の第二回目は、一八九七年五月、またもや富山県の魚津町の貧民数百人が米価高騰のため米商人に値下げを要求したことから始まった。

日清戦争（一八九四〜九五年）後のこの時期、日本では軍需産業を先頭に重工業部門が発展し、一八九七年には九州の八幡に官営の製鉄所が建設され、一九〇一年に操業が開始された。一方で、戦後初めての経済恐慌に見舞われて失業者が増え、農村では凶作が深刻であった。富山に始まった米騒動は、石川、新潟、長野、山形、秋田、福島へと拡がり、長野県飯田町では細民二千人が警官隊と衝突し、飯田警察署を襲撃する暴動にまで発展した。

第三回目が一九一八年で、一般に「米騒動」といえばこの年のものを指す。

明治時代の二回の米騒動は、いずれも凶作による不況と米価騰貴が原因となり、都市細民・貧農漁民が主体となっており、前資本主義的性格の濃いものであったと言えるだろう。しかし、一九一八年の米騒動は前二回のそれとは全く異なり、まさに日本資本主義の矛盾そのものから生まれたものであった。

第一次世界大戦（一九一四〜一九年）は日本独占資本主義・帝国主義を飛躍的に発展させた。この期間に金属・機械製品の生産は実に七〇倍に増加し、船成金（ふねなりきん）、鉄成金（てつなりきん）といわれるように巨万の富を築くものも生まれた。資本の集中も一層激しく、わずか八％の会社に八〇％の資本が集中するようになり（一九二五年）、独占資本（財閥）が全産業を支配するようになった。

同時に、物価の上昇は五年間で一三〇％と激しく、とりわけ米の値段は大戦末期の一九一七年になると当年度の不作が予想され、五月頃から急激に上がりだした。

一九一七年一一月にロシア革命が起こり、翌年正月早々、日本のシベリア出兵が取り沙汰されるようになると、東京の三井物産、大阪の岩井商店、神戸の鈴木商店、湯浅商店などの資本家、米商人、地主などは一斉に米の買い占めに走り、米価はウナギのぼりに高騰した。前年度一石平均一六円五六銭だったものが、一九一八年七月には三一円二九銭、八月には四一円六銭にはねあがった（大阪堂島月別平均）。

こうして一九一八年七月二三日、富山県下新川郡魚津町の漁民の主婦たちが米の積み出しをやめるよう町役場、資産家、米穀商に嘆願したのが騒動の始まりであった(3)。

全国に拡がった米騒動

騒動は、寺内内閣がシベリア出兵を宣言した翌日の八月三日から九日にかけて、周辺の町民をまきこみ、警官とたたかいながら拡がっていった。八月五日に『朝日新聞』や『毎日新聞』が富山県下の騒動を「越中女一揆」として大々的に報道すると、この米騒動は瞬く間に全国の都市に拡がり、さらに炭鉱地帯に拡大していった。その様子はおおよそ次のようであった(4)。

八月　八日　富山
一〇日　富山（〜一四日）、名古屋（〜一七日）〔軍隊出動〕
　　　　京都（〜一二日）〔軍隊出動〕
一一日　広島（〜一三日）〔軍隊出動〕、大阪（〜一四日）〔軍隊出動〕
一二日　金沢（〜一三日）、豊橋（〜一三日）〔軍隊出動〕、静岡（〜一四日）〔軍隊出動〕
　　　　堺（〜一四日）、神戸（〜一四日）〔軍隊出動〕、呉（〜一四日）〔軍隊出動〕
一三日　姫路、尼崎〔軍隊出動〕、福井〔軍隊出動〕、和歌山（〜一四日）〔軍隊出動〕
　　　　岡山（〜一四日）〔軍隊出動〕、東京（〜一七日）〔軍隊出動〕

※細民救済費＝政府一〇〇〇万円、天皇三〇〇万円、三井・三菱などの財閥から数百万円

一四日　奈良〔軍隊出動〕、岡崎、浜松（～一五日）〔軍隊出動〕、高松（～一五日）
　　　　福山（～一五日）〔軍隊出動〕
　　　　※新聞報道禁止
一五日　津〔軍隊出動〕、甲府（～一六日）〔軍隊出動〕、松山（～一六日）〔軍隊出動〕
　　　　高知（～一六日）〔軍隊出動〕、門司（～一六日）〔軍隊出動〕
　　　　横浜（～一七日）、仙台（～一七日）〔軍隊出動〕
　　　　会津若松（～一七日）〔軍隊出動〕
　　　　※山口県宇部炭鉱争議（～一九日）〔軍隊出動〕
一六日　小倉〔軍隊出動〕、新潟（～一七日）
一七日　長野（～一八日）、長岡（～一八日）〔軍隊出動〕
　　　　※福岡県峰地（みねち）炭鉱争議
　　　　　以後九州各地で炭鉱争議が続発するが、後に詳述するので以下省略する。
九月一六日　※西日本新聞記者大会（五三社）「言論擁護・寺内内閣弾劾」
　　　　※福岡県嘉穂（かほ）郡明治炭坑争議（～一七日）――米騒動終息
二一日　※寺内内閣総辞職
二九日　※原内閣成立

この間、軍隊出動は三四市・四九町・二四村、計一〇七市町村となった。

検挙され「騒擾（そうじょう）犯人」として検事処分を受けた者八一八五人、うち起訴された者七七〇八人。裁判の結果、懲役刑二六五二人（一九一八年一二月末現在、各地方裁判所計）。なお、和歌山地方裁判所で無期懲役になった六人のうち、二人は大阪控訴院で死刑の判決を受け、大審院でも上告棄却されて死刑が確定した。

2　福岡県の「米騒動」

都市から炭鉱へ

一九一八年の米騒動の結果、予審[5]に回されるなど検事処分を受けた者の数を地方裁判所ごとにみると、福岡地方裁判所は七四〇人で、全体の一割近くを占め全国一である。[6]この数字だけでも、福岡県の米騒動がどんなに激しかったかが窺われる。

福岡県の「米騒動」は八月一四日の門司市騒動で始まった。しかし、それより以前の五月頃から、物価騰貴に苦しむ労働者は、作業単価の引き上げや賃金値上げを要求して各地で労働争議を起こしていた。以下、福岡県の「米騒動」の動きをまとめると次のようである。[7]

五月二〇日　遠賀（おんが）郡中鶴（なかづる）炭鉱争議（〜二六日）
六月三〇日　小倉市小倉製鋼争議
七月　二日　若松港沖仲仕（おきなかし）争議
　　　八日　小倉市石工（いしく）協友会争議（〜一二日）
　　一〇日　三潴（みずま）郡大川町山口製材所争議（一二日）
八月一一日　八幡製鉄所争議（〜一五日）
　　一四日　門司市白木崎浅野セメント争議
　　　　　　門司市騒動（〜一六日）〔軍隊出動〕

一六日　小倉・戸畑・八幡市騒動（～一七日）〔軍隊出動〕
一七日　神戸製鋼所門司工場争議
　　　　田川郡添田峰地炭鉱騒動（～一八日）〔軍隊出動〕
　　　　※福岡市会、米の廉売決定――一升に七銭補償（恩賜金五七〇〇円）
一九日　田川郡方城村方城炭鉱騒動〔軍隊出動〕
　　　　粕屋郡志免村亀山炭鉱騒動
二〇日　田川郡糸田村三菱金田炭鉱騒動〔軍隊出動〕
二二日　嘉穂郡二瀬村八幡製鉄所高尾第二坑騒動
　　　　鞍手郡宮田村菅牟田鉱業所第五坑騒動（～二三日）〔軍隊出動〕
二三日　嘉穂郡飯塚町三菱鯰田炭鉱第一坑同盟罷業
　　　　三池製煉所亜鉛工場争議（～二九日）
二四日　鞍手郡勝野村第二目尾炭坑騒動
二六日　粕屋郡須恵村・志免村新原海軍炭坑騒動（～二七日）〔軍隊出動〕
二七日　嘉穂郡二瀬村八幡製鉄所中央本坑騒動（～二八日）〔軍隊出動〕
　　　　嘉穂郡鎮西村八幡製鉄所潤野炭坑騒動（～二八日）〔軍隊出動〕
　　　　三井三池炭鉱宮浦坑争議（～九月一日。九月一五・一九日再発）
二八日　門司市セメント会社争議（～二九日）
　　　　遠賀郡香月村佐藤炭坑争議
二九日　粕屋郡宇美村宇美炭坑争議
　　　　早良郡姪浜町姪浜鉱業株式会社（姪浜炭坑）争議（～三〇日）〔軍隊出動〕

（九月一〇・一一日再発）
九月　一日　嘉穂郡飯塚町三潴炭坑騒動
電化学工業会社カーバイト工場（大牟田。～四日）
嘉穂郡庄内村赤坂炭坑争議
二日　三池郡三池炭鉱勝立（かつだち）炭坑争議（～三日）
九月　四日　※熊本県玉名郡荒尾村三池炭鉱万田炭坑騒動（～五日）〔軍隊出動〕
六日　三池鉱業所建築課争議（～七日）
三池炭鉱宮ノ原炭坑争議（～一〇日）〔軍隊出動〕
一〇日　田川郡金川（かながわ）村豊国（ほうこく）炭坑争議
一六日　嘉穂郡頴田（かいた）村明治炭坑争議（～一七日）
二六日　福岡市内外木挽（こびき）職賃上げ要求
三〇日　博多湾築港（ちっこう）株式会社名嶋造船部争議（～一〇月五日？）

以上の経過をみるとわかるように、福岡県では五、六月頃から生産点（工場、職場）において労働者が賃上げなどの要求をもって争議を起こしているが、八月に入って全国各地の騒動が報じられると、福岡市も含めて都市部での動揺が始まった。

3　門司市の米騒動

騒擾率先助勢

一五日夜、仲町四丁目古本屋平元蜜作方に至り雑談中、偶々門司市米騒擾に際会し、暴徒が同町四丁目米穀商久野勘助方を襲撃し、家屋を破壊し居れるを目撃し、茲に群衆の力を藉りて米穀商を脅迫し米価の値下を為さしめ、一面騒擾に因り市名誉職等の反省を促し、貧民救助の策を講ぜしむるに如かずと決意し、直ちに平元方を辞し、甲宗八幡宮に行く途中、宝来町三丁目搗砕業坪井定吉方前に、三、四〇人の群衆が押寄せ喧騒し居りたるより、之に加わり率先して屋内に入り、明日より米一升二五銭にて廉売する旨の貼紙をせよ、然らざれば叩き壊さるべしと脅迫したるも、坪井方に於て之を肯んぜざるより、下駄にて柱を蹴り箱を奥に投付けたる上、街路に出で群衆に向い、此所許りが米屋でないから先に行こうと申向け、先頭に立ちて一〇〇人許りの群衆を指揮し、宝来町四丁目精米業上田唯次郎方に押寄せ、群衆が暴行を為すと同時に屋内に入り、店員に向い、明日より米一升二〇銭に廉売する旨の貼出しをせよと迫り、之を承諾せしめて同家を出て、西堀川町五丁目精米業久藤光太郎方に押掛け、〔略〕二〇銭に廉売する旨の貼紙を為さしめたる上、〔略〕群衆と共に日ノ出町三丁目米穀商中島喜六方に押掛けたるも、既に他の多数の群衆が押寄せ同家を破壊し居りたるより其儘引返し、群衆を率い鯨波を揚げて露月町六丁目精米業森藤太郎方に押寄せ、〔略〕二〇銭に廉売する旨の貼紙を為さしめて同家を出て、万歳と叫びつつ群衆を率いて内本町一丁目米穀商宗岡経助方に至りしも、同家表戸に掲示せる「磯部家より追善供養の為め、来る一七日先着者より二五〇〇人に対し白米一升宛施米す云々」との貼紙を見るや、斯る慈善家の宅を壊すなと云いて群衆を制止し、新川橋に行き、随行せし五〇人許りの群衆に向い、「大きな問屋は大概交渉して廉くさせたから、米価は自然に下る訳である。小さい米屋を壊わしては可哀相だから今晩は之で解散する。明日になり下げると云うて下げねば、又取る方法もある」と演説して群衆を解散せしめた。

（原文はカタカナ文）

以上は『研究Ⅳ』（『米騒動の研究　第四巻』）に紹介されている「無職大庭一（二四）」の「予審終結決定書」の部分である。

大庭一がどのような人物であったのか、詳しいことはわからないが、前記『研究Ⅳ』の「被起訴者一覧」によれば、本籍・島根県津和野町、現住所・門司市白木崎西町四丁目、平民。予審終結決定は、旧刑法一〇六条Ⅱ項騒擾率先助勢で「公判ニ付ス」となっている。

米騒動は自然発生的な民衆の蜂起であったといわれるが、指導者がいたのかどうか、いたとしたらどのような人物がどのような役割を果たしたのであろうか。大庭一に関わる記録はその動静を探るものとして興味深い。

大庭一は無職で、古本屋で雑談していたということや、「市名誉職等の反省を促し、貧民救助の策を講ぜしむるにしかずと決意し」たところなどから、かなりのインテリではなかったかと思われる。そして、たまたま際会した騒動に加わりながら、民衆の暴動化を抑制しつつ道理にあった説得、演説をするなどかなりの指導力を発揮したことがわかる。

報道禁止と新聞記事

大庭一の「予審終結決定書」の中に見える「日ノ出町米穀商中島喜六方」の状況については、前記『研究Ⅳ』では新聞記事を引用しながら、次のように触れている。

『門司市日出町白米小売商中島方に昨十四日正午過ぎ黒木音吉という者米を買いに来たり、一升の値段を尋ねたるに五十五銭なりと答えたるに、これは高いから新聞でも見て値段をさげろと云い争いしが原因となり、若し値下げせぬときは今からでもすぐ焼打ちして宜しいかと叫ぶ声に、それ焼打ちだ、米一揆だと、店頭に人の黒山を築き、今にも群集乱入せんとする形勢』となった。たまたまそこへ『下関憲兵門司出張所の憲兵がとおりかかり』、解散を命じたのでことなきをえたが、しかしこの店では、この騒ぎに驚いて、『同日二時頃に至り、店頭に午前九時より午後三時まで、一升につき三十五銭と貼を出した』（福岡日日八・一五）という」

さらに同書は、その註記として八月一九日付の『関門日日』の次の記事を紹介している。

「午後十一時頃、日出町三丁目中島米店に数十名の中産階級蝟集し、白米を三十五銭にて売るは結構なれども、売り出し時間を午後三時より六時までに制限されるは、我々通勤者に都合悪ければ、之を無制限にされたしと穏和に交渉せる所へ、稲荷座にて観劇中なりし見物も、打ち出し後、ゾロゾロと同商店の前に群集し、その数忽ち三百余名となり、口々に中島の素行に就いて罵り、不穏の行為に及ばんとする所へ、門司市警察官多数駆けつけ、百方鎮撫に努めたる結果、大事に至らずして、午前一時頃退散した」

また八月二〇日付の『門司新報』では、「十五日に入りて〔略〕午後七時過に至り日ノ出町稲荷座前に数千の群衆現われ来り、中島米商店を包囲して時に鯨波を揚げ時々刻々危険の状態に陥りしかば、数十の警官憲兵も之を制止する能わず、斯くすること約一時間に及び、数十名の衆団同店に侵入して米の廉売を強要したる後、携え居たる棍棒を振翳して戸障子を破壊し、庭内に積上ありたる米俵を散乱し、或者は階上に昇りて家財家具を破壊したる上ドッと許り鯨波を揚げて同店を引揚げたり」と書いている。

新聞報道などを総合すると、中島米穀店は一四・一五日と二日にわたって襲われ、米穀商としては次に襲われた仲町四丁目久野勘助方に次いで、襲われた米穀商四六戸中二番目の大口被害者として報道されている（『研究 Ⅳ』）。こうして、騒動直前の門司市の空気は、一触即発の状況であったことがわかる。

一四日夜、谷口福岡県知事は小倉第一二師団に出兵を要請し、戦時一個中隊が門司市に急派され、門司市の騒動は一六日に沈静化した。この間、門司市では騒動に刺激されて、一四日に白木崎の浅野セメント会社の労働者（職工）が、また一七日には神戸製鋼所門司工場の労働者が、賃上げを要求して争議に入った。

▲北九州の暴動

米暴動に就ては内務省公報以外の記事掲載を禁止され居たるが昨日に至り其の筋より煽動的ならざる限り解禁されたるを以て左に北九州の暴動經過を報ずることゝせり

▲門司市の大掠奪

約三百戸の各種商店襲撃さる

檢擧六十餘名に及ぶ

門司市にては十五日午後八時頃より市内何となく不穩の狀況を呈し漸次群集の數を增して各白米小賣商の店頭前に集合し白米一升を十五錢にて賣出すべしと强要し店頭に張出さしめ居りたるが群集は次第に其數を增すと共に漸次險惡の狀態を現出し始め數ケ所に別れ居りたる集團も後には一團と爲りて重立ちたる米商の店頭に

◆押寄せ 來り早く米を出せと云ふものあり、やつつけろと叫ぶものあり遂に石を投じ木片を擲ち喊聲を發して屋內に亂入し窓硝子硝子障子等を手當り次第に破壞し米俵を切破りて米を散亂し店員家人の恐怖して悉く逃去るに乘じ米は無論簞笥を引出し行李を解き衣類を掠奪し去るものさへあり此際警察署は手を八方に分ち警戒したれども多勢に無勢の態度を取りたれば暴徒は益々勢ひを得て

◆暴威を 逞ふし延ひて醤油店、酒類商、吳服店、雜貨屋、理髮業者等の襲撃されたるものあり尚ほ鈴木商店門司出張所をも襲擊して窓硝子を破壞し東神倉庫へも押寄せ在庫米を出せと迫りたれども建物堅牢なる上堅く門を鎖したれば破壞するを得ず群集は拂曉近くなるに從つて漸次解散せしが十六日は米穀其他の食糧品雜貨店等に同じく群集押寄せ來りて廉賣を强要しビール一瓶を十錢にサイダー一瓶を五錢と云ふ樣に半

◆掠奪的 に買ひ取り或は奪ひ去りたるものあり殆んど無警察の狀態を繼續すること一日一夜なりしが十六日午後七時頃に至り約二個大隊の軍隊全部到着し門司市を中心とし附近一帶の線を厳戒するに至り表

門司市の米騒動を報じる『福岡日日新聞』（大正７〔1918〕年８月19日付）

こうした最中、全国的な米騒動の発展に驚き恐れた政府は、門司に騒動が起こったちょうど八月一四日に、米騒動に関する新聞記事の掲載を禁止してしまった。各新聞社は一斉にこれに抗議し、一七日に「言論擁護内閣弾劾」の近畿新聞社および通信社大会（関西・四国・九州五三社、百三十余名）を大阪で開催し、「寺内内閣弾劾・言論の自由擁護」を決議した。政府は一七日、内務省発表のものに限り解禁し、さらに一八日には「煽動的ならざる限り」記事解禁をせざるを得なくなった。

それでも八月一九日付の『九州日報』は、次のような「前号々外発売禁止／米騒動記事報道の為め」という悲痛な記事を載せている。

「十六日発行本紙号外も発売禁止の厄に遭い、昨日の本紙号外は特に内務大臣の公表に基く記事を掲載せりと確信するに拘らず、之亦遂に発売禁止の厳命に接し一般読者に報道するの自由をうしないたり」

したがって、門司をはじめ北九州の騒動が新聞各社の取材によって全面的に報ぜられたのは、一九、二〇日以後であった。そのため記事の内容にかなり伝聞が入り込み、時間的なずれもみられるようである。

シベリア出兵と軍人家族

それにしても、なぜこのような騒動が起こったのか。すでに騒動が起こる前日の八月一三日付『福岡日日新聞』は、「米価暴騰と門司」という見出しで次の記事を載せていた。

> 門司市に於ては、昨十二日前夜京都・名古屋等に於ける大騒擾の報伝わると共に、米価に関する話題は全市に漲る状態にして、今日まで隠忍せし米価に対する困窮、米販売業者に対する不平俄に発せるの観あり。客月（かくげつ）末三十七、八銭の米価は半月ならずして一躍五十銭の関門を突破し、今や五十四銭を唱えるに至りたるが、米穀販売業者の多くは三十四、五銭位相場の持米あり。これらは一升につき実に二十銭の暴利を貪りつつあるにかかわらず、尚売り渋りの傾向ありて、市内各白米販売者の店頭には俄に懸売（かけうり）一切御断りの貼札をなし現金引換ならざれば売らず、又多年の花客に対しても日々の暴騰を見越し注文を発すると容易に持ち来らず、来るも注文だけのものを届けざる有様なり。斯くの如き米価の暴騰は甚大なる打撃にして、相当地位にある者も俄に人目を忍びて朝鮮米又は外米の購入方法を講ずるの有様なるが、この暴騰未だ日浅くして安価の際の白米喰い残しあるもの多きも、この高値今少し持続するに於ては、遂には由々しき大事を惹起せざるを保せざる形勢なりと。
>
> （傍点引用者）

米騒動が起こる直前の八月中の新聞記事には、米価の高騰だけでなく、国民生活を脅かす当時の社会的諸問題が報じられている。動員（シベリア出兵）の影響での炭価の奔騰傾向、米価調節のための外米輸入も焼け石に水、糠巻米（ぬかまきまい）など売って儲ける奸商、小学校教員の生活困窮。

中でも「悲惨なる軍人家族」の問題は注目に値する。

八月一〇日付の『福岡日日新聞』は、「大黒柱の主人が応召して／直に其日より生活の大困難」の見出しで、

「君の為め国の為めには一死を鴻毛と軽んじ勇ましく首途する軍人の元気の良い顔には自ら痛快を感ぜざるを得ないが、その残留家族の悲惨なる状況は世人の涙を絞るものがある」と書いて、次の「悲惨の三家族」を記事にしている。

博多東中洲当時金屋小路・石工職（二八）。歩兵一等卒、日収一円五〇銭位、懐妊中の妻と三歳の長女、七八歳の義父。応召の翌日本籍に帰り、それぞれ親戚に預ける。家財・屋財・衣類見積もっても三〇円。

東中洲・人力車夫（二八）。歩兵一等卒、日収三円、二五〇円位の負債あり。妻、四歳と二歳の二児、七〇余歳の義父。家財道具・人力車など一切で一円内外。

中嶋浜新地醤油配達・村上市次郎（二一）。砲兵一等卒。六一歳の養父は九州医科大学小使で、月収一〇円二〇銭の他一文の収入もない。

労農ロシアに対する干渉戦争（シベリア出兵）と、それをも背景とした物価・米価の高騰は、民衆の怒りを爆発させた。その怒りを歴史の発展方向に向けて組織する必要性は、炭鉱や工場など生産点におけるたたかいの中から生まれてくる。

4　アメとムチ

遠賀郡戸畑町

一九一八年八月一四日から一六日にかけての門司の騒動は、戦時編制を整えた小倉第一二師団の歩兵第四七連隊および第一四連隊が出動して鎮圧した。一六日の夕刻には、東神倉庫支店を襲った三千の群衆に対して「歩兵一個小隊が追撃し来たり一斉射撃したるため、群衆は蜘蛛の子を散らすが如く退散した」[8]という。

『研究 Ⅳ』によると、一四日に門司で騒動が起こるや、一五日には若松・戸畑米穀同業組合は、暴動を未然に防ぐため、「白米一升二五銭ニテ廉売方各組合員ニ通達」したが、戸畑の米穀商は売り惜しみをして廉売に応じなかった。そのため「形勢危険ニ陥リシヲ以テ同組合ハ一六日午後二時頃、重ネテ白米一升二五銭ニテ廉売方各組合員ニ通達シ、以テ人心ノ緩和ニ努メシトコロ、戸畑町ノ米穀商等ハ一層売リ惜シミヲ為シタル上、品切レノ口実ノ下ニ店舗ヲ鎖（とざ）シ休業シ、就中（なかんずく）同町屈指ノ米穀商兼精米業者タル中野福太郎ハ二三俵、檜垣米治ハ二〇俵ノ売出ヲ為シ、爾余（じょ）ノ所有米ハ全部戸畑倉庫運輸会社倉庫ニ預入レ、其廉売ヲ免レンコトヲ企図シタル為メ、現ニ同倉庫ニハ中野福太郎所有米三九〇俵、檜垣米治所有米一五五俵ノ米ヲ保管シ居レルニモ不拘（かかわらず）、遂ニ小売米ノ払底ヲ告ゲ」、生活難に喘ぐ勤労者・市民は「遂に糧食買入ニ窮スルニ至」った（「」内は「予審終結決定書」からの引用）。

このような情況を背景に始まった一六・一七日の戸畑の騒動について、『研究Ⅳ』は新聞報道や「予審終結決定書」、「判決理由書」などによって詳しく述べているが、ここでは八月一九日付『福岡日日新聞』の記事でその様子を見てみよう。

> 去る十六日午後九時頃暴漢約八名遠賀郡戸畑町に現れ、築地町中野精米所に来たり米の売り下げを迫りたるも、既に倉庫に仕舞い込みし後なれば明朝にしてくれ、と答えるや罵詈雑言を浴びせて、明治町檜垣精米所に向かい同所にても同様の要求を為すや同所にても之を拒絶したるより、忽ち停車場前戸畑倉庫会社倉庫を襲い、之を打破りて闖入し、約三十俵を戸畑町役場構内に担ぎ出し、役場吏員をして一升二十銭にて売却せしむべきを迫り、形勢穏やかならざるより役場にても云うが儘に二十銭にて売却する事となりたるより、暴漢に従える約五百余名の野次連は雪崩を打って役場に集まり、三十俵の白米は三時間を出ずして売り尽したり。
>
> 一方暴漢は更に倉庫に引返し焼酎樽をコネ開けて之を煽り、指揮者とも目すべき一壮漢は再び築地町中

野精米所を襲い、簞笥・長持を投り出、天井を突き破り、畳障子は無論鍋釜迄家財悉く投り出して尚足らず、戸袋迄目茶苦茶に突き破り火を放たんとする時、党中の一暴漢隣家の類焼は気の毒なりと叫びたるより之を止め、南隣平場屋を襲わんとする時急報に接し分遣せられし水橋中尉の引率せる二ケ小隊、八幡より炭車にて戸畑駅着直に闖入せんとする平場質店の入口に駆付け之を包囲して突け剣の姿勢を取りたるより、辟易して更に檜垣精米所を再度襲いたるが、時恰も午後十時頃なり。此時既に野次連は刻々に増加して約二千余を算し、暴漢は悠然として野次の先頭に立ち、檜垣精米所に至り雨戸を叩き割り放火して群衆の中に割り込み、消火の為め近づかんとする警官消防に対しては急霰の如く瓦礫を投げつけ、一名は尚先頭に踏止まり近づくものに対しては匕首（あいくち）を閃かして脅し、機を見て何処ともなく姿を隠したり。

この後、「更に小倉より出動の二個小隊は貨車に乗じて十七日午前二時頃戸畑駅に到着し、暴漢二名を戸畑派出所に引致した」が、派出所も襲われて「暴漢を奪取」されたという。

一六日に襲撃された戸畑の米穀商は二一軒に上った。

小倉市・八幡市・若松市

門司の騒動は戸畑だけでなく、当然隣接する小倉・八幡・若松各市（現北九州市）に波及した。政府の報道禁止は正確な情報の流通を妨げ、「流言蜚語（りゅうげんひご）」（今でいう口コミ）が飛び交い、動揺が拡がったのは当然であった。門司に騒動が起こるや福岡県知事（谷口留五郎）は、一五日の深夜一二時頃および一七日午後と二回にわたって、小倉第一二師団に兵士の派遣を要請した。また一七日には、若松市長も小倉師団の出動を要請している。一六日に不穏の空気に包まれた小倉と、一七日に動揺し始めた若松は、事前のこうした軍隊の出動によって制圧され、「大事」には至らなかった。

「八幡の『米騒動』は門司の『米騒動』の四日前、一九一八年八月一一日より一五日にいたる製鉄所の労働者の闘いを中心として始められ[9]た。これは、八月一〇日に八幡製鉄所側が日給の一～二割の「増給」を発表したにもかかわらず、これを不満とする職工（労働者）が一一日から怠業（サボタージュ）に入り、要求をまとめて会社側と交渉することを決めたことから始まった。千数百人の職工・労働者が争議に参加し、ついに製鉄所は先の発表に加え、一三日付で「物価騰貴の為各職工に月収半額十五日分の臨時慰労金を交付する旨発表した」（『福岡日日新聞』八月一五日付）。こうした動きに関連して『八幡製鉄所労働運誌[10]』は「八幡でも市内と製鉄所に不穏の形勢があると云う処から、小倉の一四連隊から何時でも警備に出動できるように準備しているということであった」と書いている。もっとも同誌は続けて、軍隊は「出動迄には至らなかった」としているが、実際には一七日以降八幡にも軍隊が出動したことは、各種の報道から明らかである。

戦時編制の軍隊出動

小倉、八幡、若松における軍隊出動の模様を、八月一九日付『福岡日日新聞』は次のように報じている。

折柄同日〔十七日〕夕に至り、更に小倉市大門町其の他二、三の町に暴民現われ各米穀商を漁り歩き不穏の形勢ありとの事に、歩兵四十七連隊大嶋少佐の一個大隊を繰出し、砂津、魚町、室町、大門に至る間着剣の兵士を配置し蟻の這い出る隙なき迄警戒厳重を極めたるが、誰れ云うとなく「魚町停留所に集れ」と吹聴歩く者ありて、夜の更けるに従い約三千人余の群衆参集したるも遂に何事も為し得ず、一時頃思い思いに退散し初めたり。

八幡市にては十六、七の両日夜に入りて種々の風説伝えられ、午後十時前後本通り筋の人出は黒山の如く、到る処雑踏して刻々険悪の状勢を呈したるが、毎夜八幡警察署にて全部署員を召集警戒し又消防組員も全部召集され、十七日夜の如きは小倉より約八百人の兵士出動して枝光、大蔵、中央区、西本町筋、前田方面等各所を着剣にて警戒したれば、十六、七両夜とも事無きを得たり。

若松市にても万一を慮り厳重に取締居たるが、俄然戸畑町に起こりたるを以て一般市民は種々の流言に捕われ不安の状を呈するに至り、若松市長は警察署長と協議の末、軍隊の出動を乞い暴動を未発に防がんが為小倉師団の出動を乞いたれば、午後戸畑分遣中の七十四連隊第八中隊の水橋小隊を派遣し、夕刻に至り第九中隊を増派の若松及び戸畑の警備に任じ、市役所・郵便局・停車場其他会社工場・海岸通り等其取締り厳重を極め暴徒の生ずる隙なからしめ今に平穏なり。

こうして「門司より八幡、若松に至る沿道は出動兵士を以て充たされ、騎馬、憲兵、騎兵隊等東西疾駆一大戦争の感あらしめ」たという。

前述したように、この年の米騒動には、全国の三四市・四九町・二四村、計一〇七市町村で推計延べ人員五万七〇〇〇名以上の軍隊が出動した[11]。中でも多かったのは福岡県で、一九市町村の推定出兵延べ人員一万七二〇二名を数えた[11]。これは府県単位で見れば、大規模出兵の大阪府（一〇市町村・九八四四名）、兵庫県（四市町・八七八〇名）、広島県（一四市町村・八七二九名）と比べても全国一であった。そして福岡県の場合は、後に述べるように、シベリア出兵のために召集されて戦時編制が整った軍隊であったことと、炭鉱への出動が多かったことが特徴であった。

一九一八年八月二日、政府が「浦塩〔シベリア〕出兵宣言」を発表すると、派遣軍の動員令は小倉の第一二師団（および姫路第一〇師団）に下った。二日の午後には、管下の市役所、郡衙（ぐんが）（郡の役所）を通じて召集令状が兵役関係者に伝達され、一〇日から一一日に第一二師団に入営するよう命令された。こうして早くも先遣隊の第一陣は、一〇日以後、連日門司港を出発して浦塩（ウラジオストック）に向かった。

この派遣軍の一部と補充兵が、一四日から始まった北九州の民衆蜂起の鎮圧に急派されたのである。一六日午前一時小倉練兵場に集合して、門司港からシベリア出兵の一員として出発した小倉第一二師団所属の一衛生兵は、その日の日記に米騒動との出合いを次のように記している。

門司ニ着クト昨日来米騒動ノ為ニ呉服店ノ硝子戸其他商店ノ陳列窓ガ無残ニ破壊サレテ、ビール一本二十銭ノ貼紙等モ目ニ付タ。門司ニハ補充隊ノ兵士ガ米騒動ノ為ニ出動シテ何トナク物騒ナ気ガ漲ッテ居タ(12)。

このような国内における軍隊の出動については、「法規上地方長官〔都道府県知事〕の要求に依り出動」（陸軍省声明・八月一三日付各新聞）することになっていたが、実態はこの通りにはいかなかったし、軍の出動に対する批判的論調や国民の反感に対して、軍はむしろ「意気昂然として」居直ったのである。

小倉第一二師団参謀長新井歩兵大佐は、新聞社の取材に対して次のように述べた（『門司新報』大正七〔一九一八〕年八月二〇日付）。

ご承知の通り当師団は〇〇、〇〇等異常の事務を執りつつある上に更に管下各地に暴動蜂起し其の鎮圧のために出兵を要して我等は憲兵警察の任務にも服せざるべからざることとなり怱忙（そうぼう）真に席の温まるの暇なし。本日迄出兵したるは門司大里（だいり）小倉戸畑八幡及び田川郡添田にて(13)〔略〕以上各地とも戦時編成の軍隊を派遣しありて、門司小倉八幡添田は各大隊長部下を率いて出馬しいずれも当分駐軍して鎮圧に任ずべし。師団長は形勢に応じ知事の要求を待たずして出兵し得るは勿論也。この点に於て門司は形勢不明なりし為知事の要求に依って出兵したるもその他は総て師団よりすすんで出兵したり。〔略〕由来知事の要求を待って出兵せるは常に時機を失するのうらみあり。然るに今回は当師団よりすすんで形勢を洞察して出兵したるがため機を失するの失敗に陥らざりしは予〔私〕等の密かに確信するところなり。（傍点引用者）

外国への干渉軍（侵略軍）が矛を返して自国民に刃を向けたということは、国家権力の中枢をなす「軍隊」の本質を如実に示したものと言えよう。このことは、炭鉱の騒動に出動した軍隊の姿でより明瞭になる。

ちなみに、小倉第一二師団と同時に動員令が下った姫路第一〇師団は、八月一三日、激しさを増した神戸市の騒動を鎮圧するため出動し、兵士の銃剣によって死者二名を含む数名の死傷者を出している(14)。

アメとしての恩賜金

全国的に拡大する「米騒動」の勢いを鎮める必要に迫られた政府は、八月一三日になってようやく国庫金一〇〇〇万円を支出して米穀の供給を滑らかにする方針を決定し、一五日に「穀類収用令」を緊急勅令として出した。しかしこれは、政府指定商人による米の買い付けを保証するもので、結局、「安い白米を貧しい国民に食わせるには、何の役にも立たなかった。それは指定商人と大地主をもうけさせただけであった」（『研究Ⅰ』）。

国庫から一〇〇〇万円を支出することを決めた政府は、同じ一三日、天皇が「救済ノ資ニ充ツベキ様」三〇〇万円を下賜したことを発表して、各知事に「聖恩ノ御趣旨ヲ一般ニ周知セシムルト共ニ、コノ際急速ニ適当ノ措置ヲ取リ、救済ノ実ヲ挙ゲ、以テ一般不安ノ念ナカラシムルニ努ムベシ」との電報を送った。

この下賜金三〇〇万円は、一道三府四三県の人口および細民統計などを基準にして分配されたが、福岡県は一〇万六〇〇〇円であった。福岡より多かったのは東京三〇万五〇〇〇円、大阪一八万九〇〇〇円、兵庫一二万二〇〇〇円、愛知一一万一〇〇〇円で、最低は鳥取二万二〇〇〇円、ついで沖縄二万六〇〇〇円であった。内務大臣は各知事に配当金額を伝達するとともに、「聖恩優渥感激ノ至ニ堪ヘズ」と訓電を打った。八月一四日午後一〇時だった。下賜金には必ず「聖恩」が付いて回ったのである。

福岡市ではその前日の「十三日午前十時より市役所楼上に井手市長、助役、収入役をはじめ各係長ら参集、米価暴騰に伴う困難者及び応召軍人家族の救助を要すべきものの調査方針に関し協議したる結果、盆会終了後の十六日より十八日迄三日間、市吏員五十余名をして市内を十区分に分ち各受持ちを定め一斉に調査し、直に救済に着手する事に決した」(『福岡日日新聞』)ことが一四日の新聞に報道された。同じ都市部でも福岡市が北九州各市のような騒動にまで至らなかったのは、こうしたある程度見通しをもった市当局の対応があったからではないだろうか。

福岡市は引き続き八月一五日に、細民並軍人家族救助に関する市会協議会を開いて救済方法を協議し、それにもとづいて一六日には白米廉売方法を決定した。それによると、「市より発行する白米購買券持参者に対し、白米(内地米・朝鮮米又は外国米)一升に付、売価より五銭引にて売却せしめ、市は米穀商に対し其廉売差金を補給す」、ただし「廉売米は一人一日三合宛として、一時に三日分以上を購求することを得ず」というものであった。

ところが一七日になって「恩賜金」五七〇〇円が配分されたので、緊急市会を開いて前日決めた廉売補償金一升五銭に「御下賜金記念」として二銭を加え、七銭の補償になった。

購買券は「生計困難と認むるもの」に対し町総代(今でいう町世話人か)が交付し、いよいよ一八日から廉売が始まった。時に福岡地方の米価は、一四日の門司の「米騒動」以来日々低下し、一七日には白米一升三四銭で売られるようになった。そのため廉売価格は一升二七銭になったという。

ところで、『研究 Ⅳ』は当時の新聞報道を分析しながら、「市が恩賜金を含めて、白米一升につき七銭の補助をするという当初の計画は、二〇日過ぎ頃から実現されなくなったらしく」、「補償問題についての市と白米同業者組合との交渉が不調に終って補償がなくなり、『市民は四〇銭に近い米を常食しなければならぬ不幸な境遇』となった。こうして市の白米廉売は、事実上、八月末をもって終ったものと考えられる」と記述しているが、その他の都市の実情も併せて実態はその通りであったと思われる。

それは、「恩賜金」などの救済施設（策）に関する政府の基本姿勢とも関連するからである。政府が「廉売ノ程度ニ就テハ殊ニ考慮ヲ要スベク、過度ノ廉売ハ却テ後患ヲ貽ス〔伝えのこす〕ノ虞アリ。濫施ノ弊ニ陥ラザル様留意スベシ(15)」という指示をわざわざ知事に出していることでもわかるように、「慈恵政策」も、貧民救済というよりは暴動（人民蜂起）に対する予防策（懐柔策）だったのである。

5　炭坑労働者のたたかい

炭坑労働者のたたかいは、山口県宇部の沖の山炭坑で始まった。八月一六日、賃上げ要求を拒否されたことから一万の労働者が蜂起し、米屋を襲い、炭鉱主の邸宅に火を放った。一八日以降、山口歩兵第四二連隊から五個中隊が派遣され、軍隊の実弾射撃によって一五名が死亡（うち一二名は即死）、一五〇〇名が検挙された。

福岡県で最初に蜂起したのは田川郡添田町の峰地炭鉱（株式会社蔵内鉱業所、創始者は政友会代議士蔵内治郎作）であった。福岡県の炭坑騒動を、その起訴された人数から順位をつけてみると、第一位は後で詳述する粕屋郡の志免海軍採炭所新原炭坑で一七〇名、次が嘉穂郡二瀬村八幡製鉄中央炭坑（二瀬炭坑）の一一〇名、三番目が峰地炭坑一〇六名だった（『研究 Ⅳ』による）。一〇〇名を超したのは以上三坑で、いずれも軍隊が出動して鎮圧するという激しいもので、二瀬、峰地では刺殺された者もあった。

峰地炭坑

峰地炭坑の「騒動」については『研究Ⅳ』に詳しいが、主に新聞報道と「予審終結決定書」によるもので、『米騒動五十年』(労働旬報社、一九六八年)所収の米倉猪之吉[16]「峰地炭坑の米騒動──米騒動から何を学ぶべきか」の内容と大事なところで食い違っている。このことは、「米騒動」を直接体験した人々を訪ね歩いて、その証言をもとに書かれた林えいだい著『筑豊米騒動記』(亜紀書房、一九八六年)でも指摘されているところである。そこで三書と新聞報道などを参考に概略をまとめてみることにする。

第一次世界大戦(一九一四年七月〜一八年一一月)が始まると石炭業界も景気がよくなり、一九一八年には戦前の三倍も出炭するようになった。石炭景気は筑豊でも新坑を続出させ、炭坑労働者の不足が目立つようになった。そこへ一九一八年八月のシベリア出兵の動員令が小倉第一二師団に下ると、坑主にとって労働力不足は一層深刻になった。『福岡日日新聞』八月八日付は、「時局と労力欠乏」と題した記事の中で次のように書いた。

「折柄突如として北九州方面に於ては今回の事〔シベリア出兵〕あり、応召者他地方に比して著しく多数なる結果、これら各工場のこうむりたる打撃は実に想像以上にして、八幡製鉄所を筆頭に各工場会社より応召職工労働者の数少なからず。殊に目下争奪の最も激烈なる筑豊炭坑地方に於ける炭坑事業関係者並びに坑夫雑役夫の払底、之に伴う坑主の窮状は実に名状すべからざるものなるが、某炭坑にては一カ月間にようやく募集したる千二百人の坑夫は月末には千二百五十名の転坑転職を見、結局五十名の欠員を生じたるの現状にて、今後に於ける出炭量は著しく減少し、かたがた単価の将来は益々暴騰し工場経営者の困難は益々重きを加うるべく」と。

したがって各炭坑は、坑夫雇入れ事務所を設けて労働者を集めるのに必死だった。「煙突目当てに行けば白米と酒はつきもの」といわれたのである。採炭は請負出来高払いで、採炭夫たちは大体一日平均一円二〇〜三〇銭になった。[17]「物価が安いので今のように生活に困っている者は一人もいなかった」と米倉は書いている。

ところが米倉の仕事場坑内に「ガックリ」が出た。「ガックリ」というのは、石炭が少なくなり燃えない石硬（ボタ）が多くなることで、今まで五函を二人で出していたのに、二、三函しか出ないようになって、一日八〇〜九〇銭ぐらいにしかならない。そこへ米の値段が上がり始めて一升五〇銭になった。たまりかねた坑夫たちは坑内で納屋頭に賃金を上げてくれと頼んだが、共同で申し込む団体行動はとれなかった。それでも炭鉱側は米券を発行して一升三五銭で売り出すことにした。採炭夫には一日仕事に行った日に限り一升二五銭で売ったが、負傷者や病気で休んでいる者、シベリア出兵などで働く者が少ない家では三五銭の米を相当買わねばならなかった。

そこで青年坑夫を中心に、坑内で交渉しても駄目だから事務所に行って坑長と交渉しようと話し合って上がって（昇坑）行ったが、いざ事務所に行って労務係や納屋頭の顔を見ると恐ろしくなって散ってしまう。そんなことを二、三回繰り返しているうちに、富山の米騒動の記事を新聞で見て、米の値下げと賃金三割値上げを会社に嘆願しようと話が進んでいったのである。

労働者の要求

その頃、峰地炭坑の青年たちは二つのグループに分かれていて、一つのグループは博奕を打ったり喧嘩をしたりしていた。もう一つのグループは米倉たちで、中学講義録や雑誌を読む文化青年であった。そして後者の青年たちが中心になって嘆願書を作り、署名を集めたり代表者を選んだりしてオルグ活動を始めた。

要求事項は、八月一二日夜仕事を終わった青年たちが、夕涼みの浴衣姿で庄の天満宮（田川郡添田町大字庄菅原神社）に集まって協議し、嘆願書の原案は米倉が作ることになった。一三日には、彦山川の堤防に集まって要求事項をまとめた。

嘆願書の要求項目は、『筑豊米騒動記』によれば次の六項目であった。
①賃金を三割値上げすること
②米価一升二〇銭に値下げすること
③函引きについては必ず一合〔一割〕までを厳守すること[18]
④強制労働・長時間労働を廃止すること
⑤支柱夫の六尺五寸一間を正六尺一間に訂正すること[19]
⑥坑夫を人間扱いしてけんけんいわないこと

一四日午後七時過ぎ、三々五々天満宮に集まった坑夫たちは嘆願書に署名・捺印して、米倉ら五人の代表者（交渉委員）を選んだ。

一五日と一六日は、遅番などで天満宮に集合できなかった者に坑内外で働きかけたが、ほとんどすべての者が賛成した。

六項目の要求書（嘆願書）は一五日に、三人の代表者（大森七蔵、米倉猪之吉、大池杉松）によって鉱業所の本事務所で提出されたが、会社側は即答しなかった。

坑夫側は、一七日午前一〇時に炭鉱側と交渉することを決め、納屋[20]ごとに小集会を開いた。一八日までに会社から返事がないなら、午後は納屋頭に「ヒマ」をとりに行こうという強硬意見も各集会で出された。

その頃、納屋の頭領たちも坑夫の待遇改善がなければ統制がきかなくなったことを痛感して、一一カ条の嘆願書を連名で鉱主に提出した。その内容は「坑夫の入坑一人当たりの手当の増額、三割の賃上げ、米を二十五銭に値下げすること」などであったが、炭鉱側は要求のほんの一部を認めただけで拒否した。その結果、「炭鉱側の回答に不満を持った頭領たちが、陰で納屋坑夫をけしかける結果となった」（『筑豊米騒動記』）という。

一七日になると、代表者に選ばれた大石儀四郎、鍋島富太郎を含む中老（坑夫の中の指導者層）の中に動揺が起こった。「炭坑に賃金値上げを嘆願したら首を切られるか、オコラして暴力を加えられるかも知らぬと心配して」米価値下げだけの交渉をすることを相談して決め、午後七時過ぎ分配所（蔵内鉱業所直営売店）に行って主任巨知卓馬に面会し、米価を二五銭にするよう交渉したのである。

このことを察知した米倉ら青年坑夫たちは、あくまで賃金値上げを含む嘆願書を出すため、手分けして天満宮に坑夫を集めようということになった。米倉らは「今われわれと共にやるものは四、五百名位になっているからわれわれのいうことは必ず通る、会社も暴力的に出ることは出来ぬという自信を持っていた」のである。ところが「お宮に行くぞ」と叫ぶ者と、分配所で米の安売りを要求する者とが錯綜する中でガラスが一枚割れた。これを合図のようにガラス戸を割り始めた。三〇分位で分配所を崩して駐在所前に引き上げたが、ここで日頃ちょっとしたことでも坑夫を殴っていた巡査を追い払って気勢を揚げ、騒動はさらに拡がった。

この時の状況を米倉は書いている。

わっと棒を振り上げてなぐりかかると巡査は逃げてしもうた。これに勢を得て、やれやれと言う者、笛を吹く者。何百人が分配所を内外からたたきこわす、商品を投げ出す。

人はどんどん集まってくる。ガスバナ(21)の青年もどこにいるか解らぬ、大杉、小江外四、五名、もう仕方がないから個人には被害を与えぬようにしようと、話合って行動を共にすることにしたが、われわれは物はこわさなかった。人々は言い合わせたように本部へ本部へと言って喊声を上げて動き始めた。事務所の横を通る時事務所はやるな、本部に行けと言うたので、ほとんど通り過ぎた。

十七、八歳位の子供が石でガラスを割ったのがきっかけで、本部をこわし、収炭事務所を桟橋から押落した。風呂場の二、三軒先の西尾店に西という遊人ほか、三、四名が「ここはくずすな、くずすとやる

青年坑夫たちが集まって協議した庄の天満宮内にある「峰地二坑守護神社」の碑。側面には「庄青年会長宮城従容　大正五年二月十七日建之」と彫られている

ぞ」と日本刀に手をかけていたので、何をっと鶴嘴の柄を振り上げると西等は逃げてしまった。我々は「個人の家はやらぬが遊人等をつれて来るとやるぞ」といった。第二分配所をこわした後、庄のお宮に引き上げた。ここに来た者は二百四、五十人でほとんど青年であった。

この夜「マイト」（炭坑用ダイナマイト）が投ぜられた。米倉は「十五、六発と思う」と書いている。「マイトの被害はたいしたことはなかった。が、事件は大きくなった。もうこんなに事件が大きくなったら獄行きば覚悟せねばならぬと、ほとんどの人が思った」

こうして事態は、もう青年たちの力ではどうにもならなくなった。

一同が朝九時に集合することを決めて解散したのは、一八日の午前二時過ぎであった。

一八日朝、青年たちは次のような正式の要求書を炭坑側に渡した。

①米を二五銭で売ること

②賃銀三割上げること

③坑夫に炭坑の納屋頭、人繰が「ケンケン」言わぬこと（今の言葉の炭坑の民主化ということ——米倉註）

一時間位して炭坑の人事係が二人来て、要求は全部聞き入れる、その代わりに、

①役員に対して暴行をせぬこと
②青年が警備隊を組織して炭坑内を守ること
③日当を一日二円出すこと
以上を双方守ることにして話はついた。青年たちは三カ所に詰め所を作って警戒にあたった。

会社の裏切り・軍隊の発砲

「話はついた」と思ったのは青年たちだけで、炭鉱側の回答は見せかけだけのペテンだった。しかもその陰には恐ろしい罠がしかけてあったのである。

炭鉱側は青年たちの要求を認める代わりに、炭坑内の秩序を保つためという理由で青年たちに警備隊を組織させ、日当二円を支払うことを約束したが、そのために必要な警備隊員の名簿を提出させた。この名簿が一九日から始まる一斉検挙に使われるとは、さすがの米倉たちも気がつかなかった。

前日一七日の夜半、すでに小倉一二師団北方(きたがた)歩兵第四七連隊第一中隊には、峰地炭坑暴動鎮圧のための出動命令が出されていた。この歩兵第四七連隊の中に林えいだいの父林寅治がいた。シベリア出兵のため門司港の岸壁で船待ちをしていたところへ出動命令が届くと、中隊長は「筑豊出身者は一歩前に出てこい！」と命令して筑豊出身の兵士を北方の原隊に帰し、それ以外が峰地に向かったことを『筑豊米騒動記』は記している。

また米倉猪之吉も、軍隊の発砲後、医者を探しに「添田本町に行く途中で、兵と色々話したが、彼らはシベリア出兵のもので、門司まできていた連中で大分県出身者であった。ここに出兵する時、福岡県のものは三歩前へ出して、残りの者をわれわれの所へ出動したので福岡県人は一人もいないと話した」と書いている。

鎮圧軍の士気が鈍ることを恐れた措置であろう。

軍隊が到着すると、会社側の態度は高圧的になった。軍隊が来たから青年の警備隊は必要なくなったとの理由で解散を命じた上、前の約束は全部反故（ほご）にすることを通告してきた。

青年たちは初めてだまされたことを知ったのである。

「軍隊が出動したことが鉱夫たちを刺激しているところへ、要求事項を炭鉱側が拒否したことが伝わると、彼らは再び勢いを取り戻して暴れ始めた。だれが止めようにも手がつけられなくなった」、「青年坑夫たちは、炭鉱側のひどい仕打ちを怒って、抗議するために幹部を捜し回った」（『筑豊米騒動記』）

午後八時過ぎ、ようやく暗くなったガスバナ（硬山）に一〇〇〇人近くの坑夫たちが集結し軍隊と対峙した。「果てはダイナマイトを軍隊に向け抵抗を開始し、制止するも肯（ママ）かず爆弾二個を投じたるを以て軍隊側は『撃て！』の命令と共に」（『福岡日日新聞』八月二〇日付）投石する坑夫たちに向かって実弾を発射し、死者一人（大江仙作）と二〇～三〇名の重軽傷者を出した。[22]

軍隊が実弾を発射し死傷者を出したことについて、前節（4　アメとムチ）でも引用した小倉第一二師団参謀長新井大佐は同じ談話の中で次のように弁明している。

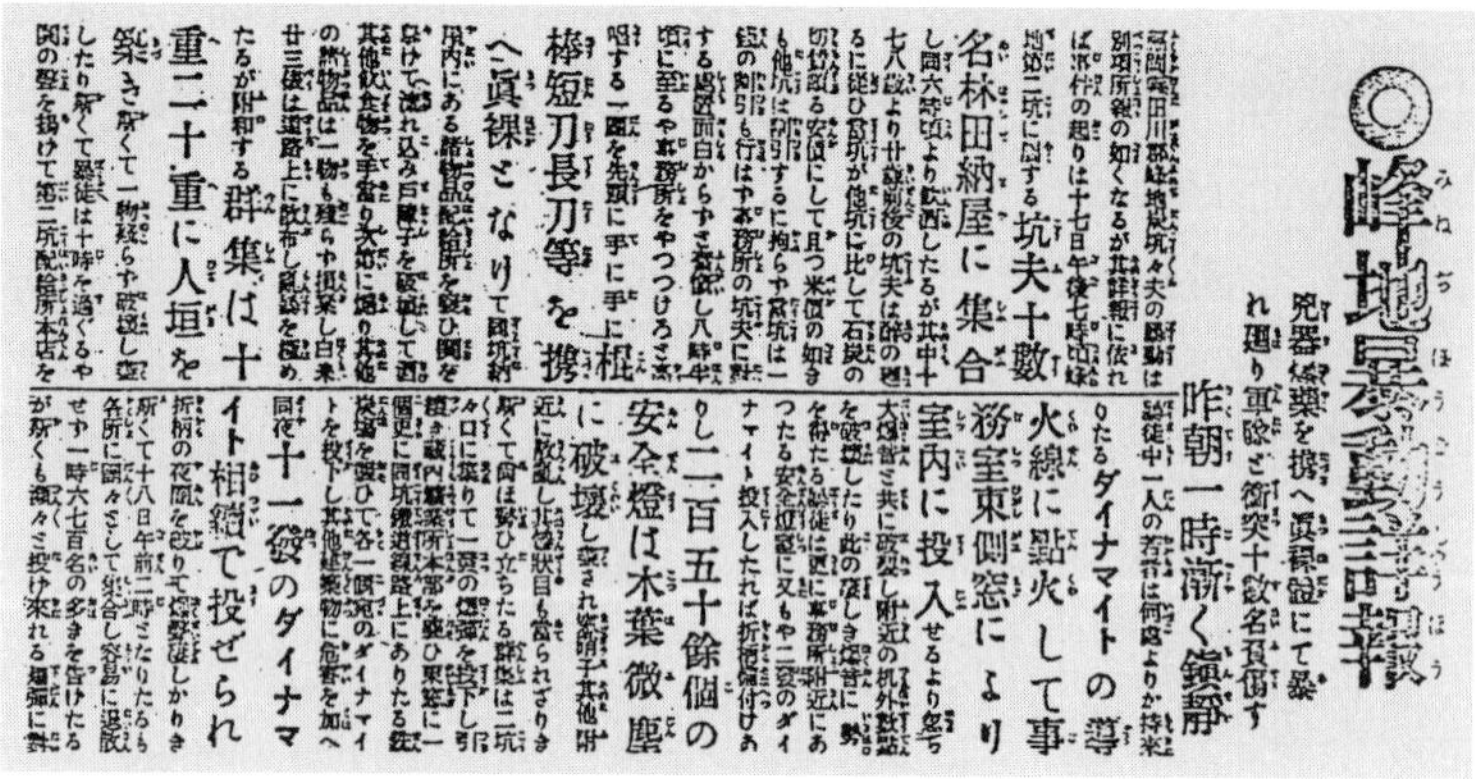
◎峰地暴動詳報

兇器爆薬を携へ眞裸體にて暴れ廻り軍隊と衝突十数名負傷す

昨朝一時漸く鎮靜

坑夫十數名林田納屋に集合

ダイナマイトの導火線に點火して事務室東側窓により室内に投入

棒短刀長刀等を携へ眞裸となりて

二百五十餘個の安全燈は木葉微塵に破壊し

群集は十重二十重に人垣を築き

十一發のダイナマイト相續て投ぜられ

「峰地炭鉱暴動」を報じる『福岡日日新聞』（大正7〔1918〕年8月20日付）

この兵〔添田に派遣された鎮圧部隊〕には同地の情勢に鑑み、特に余分の弾薬を携行せしめたり。然るに同地着後最初約三百名の暴徒が次第にその数を増して遂に約六千名に達し、之を退散せしめんとして空砲を発したるに、噫何事（ああなにごと）ぞ彼らは遂に光輝ある我兵に向かって爆薬を投ずるに至れり。我兵は素より些かの悪意を有せず。単に鎮圧の任に当たりつつあるものなれ共、之に向かって爆薬を投じて、抵抗といわんより寧ろ攻撃し来る以上、我兵もまた相当の手段を講ぜざるべからず。指揮官は直ちに実弾の装塡を命じて射撃せしめこの為暴徒を退散せしめ得たるも我兵の実弾射撃による負傷者五名をだしたるは遺憾の極みにして、又聖代[23]の不祥事何物か之に過ぎん。我兵には何らの損傷なし。そもそも騒擾の鎮圧に従来出兵したるは其の実例敢えて乏しからずと雖も、出されたる兵が発砲するに至れるは足尾銅山位のものなるべく、更に暴徒より反対に爆薬を投擲(とうてき)せられたりというに至っては前代未聞の一事実たり。

（『門司新報』八月二〇日、その他の新聞）

また、「今回の騒擾事件取締り状況視察のため」八月二一日夜若松に着いた大河原内務書記官は、「添田峰地炭坑に於いて、鎮圧兵士に向かって爆薬を投ぜるが如きは、取りも直さず畏れ多くも、陛下(へいか)の股肱(ここう)（天皇が最も頼りとする家臣）を傷つける不忠不義真に逆賊の所業にして、鎮圧の兵士が発砲迄の隠忍は寧ろ聞くものをして奇異の感をおこさしむる位温情をもってせり」（『福岡日日新聞』八月二三日付）と発砲の正当性を主張した。

要するに軍隊が発砲したのは、「暴徒」が軍隊に向かってダイナマイト（爆薬）を投げたからであり、やむを得ず行った正当防衛であったというのである。

しかし、実際に軍隊に向かってダイナマイトが投ぜられた事実があったのかどうか。

確かに米倉は、一七日にマイトがドンドンと鳴り出して「十五、六発と思う」と書いている。そして「マイトの被害はたいしたことはなかった」とも。新聞も、「斯くも瀕々と投げ来れる爆弾に対して一名の負傷をも出さざりしは不幸中の幸なりき」（『福岡日日新聞』八月二〇日付）と書いた。しかし、一八日に軍隊と坑夫が対峙し、遂に軍隊が発砲し始めた前後、米倉はマイトのことには全く触れていない。新聞は「爆弾二個を投じたるを以て」と書き、「判決文には『同夜、兵士の警備中、同坑に於てダイナマイト二発を爆発せしめたる者があり……』と記されている」（『筑豊米騒動記』）ということであるが、何も特定されていないし、被害状況もわからない。新井大佐は自ら「我兵には何らの損傷なし」と言っている。『筑豊米騒動記』は、体験者の証言も参考にして「軍隊が、坑夫を射殺したことに対する非難をかわすためにデッチ上げたとしか考えられない」と書いている。こちらのほうが真実ではないだろうか。

なお、山本作兵衛は『筑豊炭坑絵巻　上　ヤマの仕事』（葦書房、一九七七年）の中で、峰地炭坑の米騒動に関し、坑夫が電柱の上からマイトを兵士に向かって投げつけたので、兵士がこの男を射殺しようとしている絵を描いて、「ズドンと一発又一発　男はまっ逆さま　冥土とやらへ韋駄天走り」と書いている。しかし、これは伝聞をもとにして書いたものであろう。峰地の騒動で軍隊によって殺されたのは前記の大江仙作と、八月二〇日に解散命令を聞かずに、派出所行きも拒否して逃げようとしたため、警戒中の兵士に銃剣で背後から刺し殺された前田庄太郎の二人であった。

峰地炭坑のたたかいは暴動化していったが、全くの無秩序状態ではなかったことがわかる。そこには一定の指導者がいてオルグ活動が行われ、統一した要求があって、それを実現しようとする目標があった。したがってこれは単なる「暴動」ではなく、明確に労働運動として位置づけられなければならない。ただ、労働者がいまだ労働組合として組織されておらず、統制力をもち、民主的な、全労働者によって選出された指導部がなかったことが最大の弱点であった。

同時に、当時の日本の状況の中で、軍隊が天皇制国家権力による人民弾圧機関の一つであることに充分気づかなかったことも、労働者が敗北した原因であった。

海軍直属の志免・新原（しんばる）炭坑

八月二八日付の『福岡日日新聞』は「新原炭坑暴動」の二段抜き見出しで次のような四段記事を掲載した。

粕屋郡志免村海軍採炭所新原炭坑にては廿六日午後七時半頃突然暴動勃発し、同採炭所本部の所在地たる新原第三、四坑及び約二、三十町宛を間せる志免同第五坑、旅石第六坑を合し都合採炭所経営の四坑互に気脈を通じ一斉に暴行を逞うし、本部事務所・守衛控所・配給所・官舎・集会所等を手当り次第に破壊し、廿七日午前三時頃に至り軍隊の出動に依って一時暴行は鎮静したるも、未だ暴徒は百名二百名と屯し集会を重ね、事務所側に向け時々要求を発し、聞き入れざる時は如何なる暴行を再現せんやも図られず、廿七日未明より避難者陸続として鉄路又は徒歩にて相踵ぎて難を避け、附近一帯の人心為に恟々たるものあり。

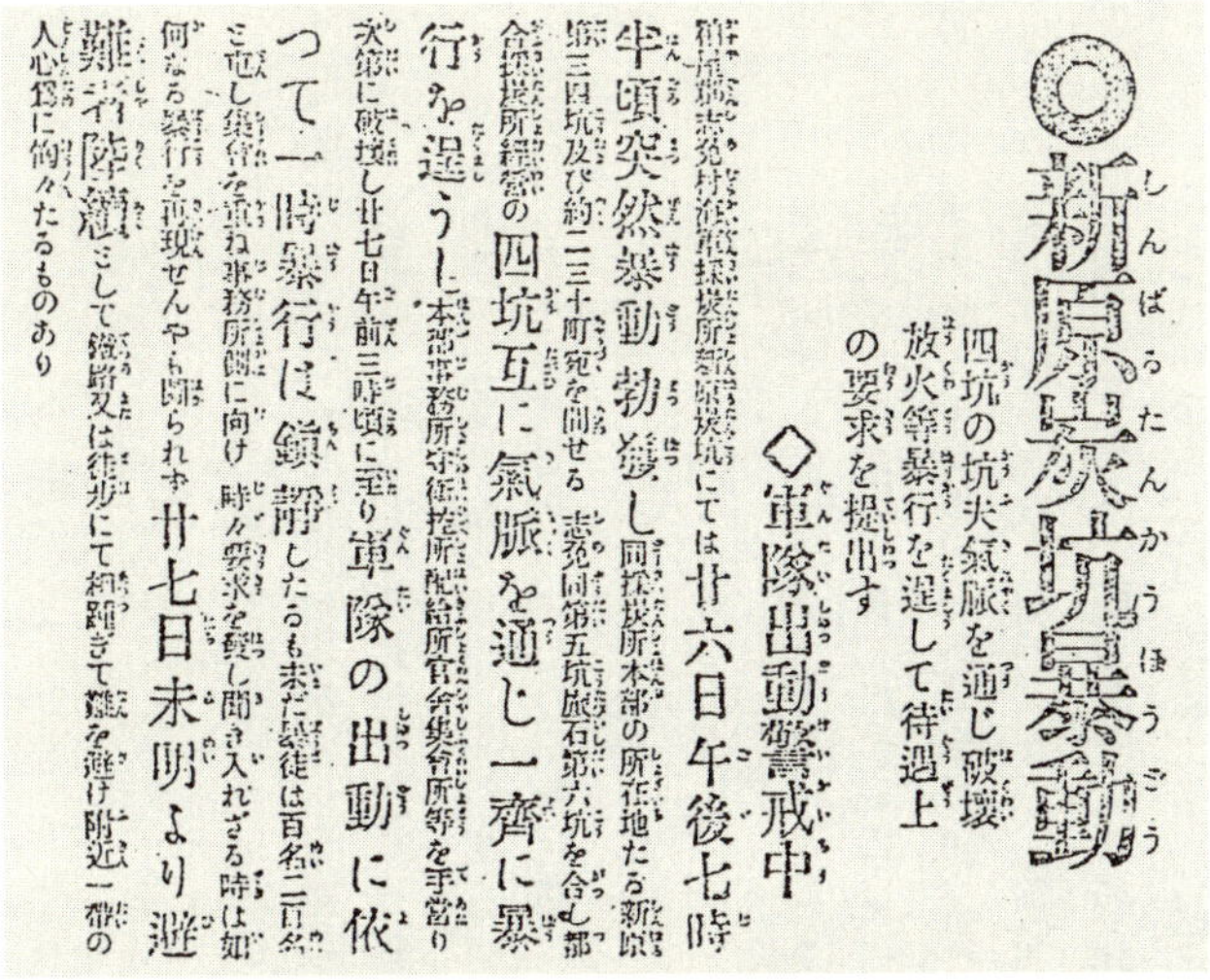
○新原炭坑暴動

四坑の坑夫氣脈を通じ破壊放火等暴行を逞して待遇上の要求を提出す

◇軍隊出動警戒中

粕屋郡志免村海軍採炭所新原炭坑にては廿六日午後七時半頃突然暴動勃發し同採炭所本部の所在地たる新原第三四坑及び約二三十町宛を間せる志免同第五坑旅石第六坑を合し都合採炭所經營の四坑互に氣脈を通じ一齊に暴行を逞うし本部事務所守衛控所配給所官舎集會所等を手當り次第に破壊し廿七日午前三時頃に至り軍隊の出動に依つて一時暴行は鎮靜したるも未だ暴徒は百名二百名と屯し集會を重ね事務所側に向け時々要求を發し聞き入れざる時は如何なる暴行を再現せんやも圖られず廿七日未明より避難者陸續として鐵路又は徒歩にて相踵ぎて難を避け附近一帶の人心爲に恟々たるものあり

「新原炭坑暴動」を報じる『福岡日日新聞』（大正7〔1918〕年8月28日付）

粕屋郡の海軍採炭所は一九八九年、粕屋郡須恵村（現須恵町）新原に新原第一坑および第二坑が開坑したのが始まりである。明治になって、海軍の艦用燃料のためには佐賀県唐津の石炭が採掘供給されていた。ところが唐津炭は、イギリスから買い入れた新式缶装備の軍艦「浪速」、「高千穂」などには適しない（炭質疎にして火力薄弱）ことがわかったことから、全国各地の炭質を調査した結果、新原炭が成績優良であったため、一八九〇年に勅令で新原採炭所管制を発布して新原坑を佐世保鎮守府所管の炭坑とした。

その後一八九三年に第三坑が開坑したが、第一坑、第二坑は業績不振のため一九〇〇年には廃坑になった。この年新原採炭所は、勅令により海軍採炭所と改称して海軍省直属とすることになった。

一九〇一年には新原第四坑も開坑したが、日露戦争中に第五坑の開発が計画され、戦後の一九〇六年一二月、志免村（現志免町）大字志免に三本の坑道をもつ大規模な志免第五坑が開坑した。さらに一九一一年には須恵村旅石に第六坑が開坑した。大正に入ると、「米騒動」直前の一九一八年四月に志免第七坑が開坑されたが、いまだ新坑であったため「米騒動」には巻き込まれなかった。

以上は主に『志免炭鉱九〇年史』（元志免炭坑整理事務所長田原喜代太著・発行、一九八一年）をもとに大まかにまとめたものであるが、一九一八年の海軍採炭所のたたかいは、すでに廃坑になっていた第一・第二坑と開坑したばかりの第七坑を除いて、全山を揺るがしたのである。

このたたかいの様相については、当時の新聞報道による他、『研究Ⅳ』や『志免町史』などで知ることができるが、福岡県歴史教育者協議会誌『現代と歴史教育』第一三号（一九六九年）には、安永哲子が中学校社会科での授業実践を前提にした「粕屋郡における米騒動――海軍炭鉱新原炭坑・亀山炭坑を中心に」というテーマで、古老からの聞き取りを含めた研究論文を発表している。

これらをもとに、「騒動」の経過とともに当時の炭鉱労働者の要求とその背景を探ってみることにしたい。

「暴動」の発端

「新原炭坑暴動」の発端について、前記八月二八日付の『福岡日日新聞』は次のように報じた。

廿六日午後六時頃二番方（夜勤）として第四坑に入坑したる坑夫の内廿歳前後の坑夫十数名は同一切端（きりは）に下りたるに、多量の採炭をなしたるも此を容れて坑外に運ぶべき炭車の配給なきより三々五々相集って業を煮やし、此麼(こんな)に炭箱の差廻し悪ければ一思いに暴動を起して役員の覚醒を促し予て坑夫多数の要望たる採炭賃の値上を決行せんと企て、二、三十名の坑夫は業を休みて坑外に出で浴衣掛けの儘、折柄廿四日より同坑内坑夫集会所にて興行中の活動写真に雪崩込み、木戸番が木戸銭の仕払を要求するや、逸りたったる暴徒は木戸銭も糞もあるか打壊して終えと怒号し、六間に十二間の小屋の破壊を企て鶴嘴の柄、棍棒等にて窓硝子・戸障子等を手当り次第に破壊し始めたれば、スワ暴動起れりと折柄見物中の千名近き老若男女は総立ちとなり、泣き叫ぶあり助けを求むるあり未曾有の大混乱を呈したり。

ところがすでにその日の朝、第四坑一番方の坑夫たちも炭車の回送がなかったため、一〇時から一一時頃には一同坑外に出て会合し、採炭所に対する要求事項をまとめ、棟長を通して提出していたのである。その要求というのは、「予審終結決定書」（『研究 Ⅳ』より。以下「予審終結決定書」からの引用は同じ）によれば次の五項目であった。

①坑内函廻リ道ヲ完全ニシテ、函廻リヲ良クスルコト
②賃金三割増額ノコト
③市場ヲ廃止シ、行商ヲ許可スルコト
④物品分配所ノ物品代価ヲ廉ニスルコト
⑤積立金ヲ必要アル場合ニハ速ニ払戻スベキコト

そして、要求書に対する回答は翌日の朝まで待つということで一旦引き揚げた。

一番方と二番方との間で気脈が通じていたのかどうか、詳しいことはわからない。とにかく第四坑の坑夫が暴動化した直接のきっかけは、映画会での木戸銭をめぐるいざこざであったようである。

怒りの背景

このような坑夫たちの要求や爆発した怒りの背景には、次のような事情があった。

「これらの各坑を統括せる海軍採炭所長主計大監徳永晃氏及び主計長洗輪主計少監、入江、山田、豊村各坑長以下多数の事務員あり。全坑海軍直属の故を以て経営採炭共一糸乱れず軍隊式なるも、坑夫側よりは規則厳格に失するとの評あり」[24]（前記『福岡日日新聞』）

その上、一九一五年三月に所長に就任した徳永晃は、共済会の会長も兼ねると、次々と坑夫たちの不満を招くような施政を行った。それは「予審終結決定書」によれば次のようなことである。

①坑夫の貯金払戻しを厳しくして、容易に払戻しをさせなかった。

②従来、共済会会堂で年四回（正月、盆、天長節、山登日）、坑夫およびその家族に芝居その他の興行を無料で観覧させていたのに、近年その他に有料の娯楽興行を行うようになった。

③共済会の事業として設置した物品販売所（軍隊式に「共済会酒保」といった）の値段や採炭所監督の下にある市場の魚類、野菜類の価格を他と比較しても安くしない。

④共済会の収支報告をしない。

こうした徳永会長のやり方に対し、坑夫たちは共済会の収支の正確さを疑い、その処置に関し不満を抱くようになったという。

これをみれば、先にあげた坑夫たちの五項目の要求が至極当然であったことがわかる。活動写真（映画会）が行われたのは共済会会堂、坑夫集会所、幼稚園と資料によってまちまちだが、いずれにしろ映画会場は目茶苦茶に破壊された。唯一の娯楽が有料化されたことへの坑夫たちの鬱憤晴らしであったこともうなずける。

一旦騒ぎが暴動化すると、次に狙われたのは物品販売所（酒保）であり、非常納屋、守衛控所であり、採炭所本部、市場保育所、各官舎であり、徳永所長の官舎であった。

所長官舎襲撃の模様について、前記新聞は次のように報じた。

更に勢い立ちし暴徒は徳永所長の官舎を襲い、表門を破り、戸障子を鋸の歯の如く叩き乱し、表六畳の間に闖入したる一団は衣服・蒲団・寝具・柳行李等手当り次第に破壊して戸外に掴み出し、更に燐寸を以て此等に放火して猛火炎々と燃え上り今にも本邸に点火せんとせし時、折柄駆付けし事務員は此を消し止めしが、群衆は更に諸調度を井戸に投下し鬨を挙げて所長邸を引揚げ、更に判任官官舎を襲いて第三、四坑を引揚げしは午後十時頃なりき。

この後、「大河の決する勢を持ちし暴徒」は志免第五坑に向かい、山田坑長邸、同坑直営の竹内精米所などを襲った。襲撃を免れたのは病院（医局）だけだった。

海軍炭礦創業記念碑。1938年に建てられた。現須恵町新原の新原公園にあるが，この地は「暴動」の中心になった新原第四坑のあった所である

途中、第四坑と第五坑の間にあった旅石第六坑を襲ったが、「同坑坑夫は暴徒に参加せず、依て暴徒は一、二ケ所を破壊し」（前記『福岡日日新聞』）て第五坑を目指した。

ところが、八月二八日付『九州日報』は、「第六坑にてはこの時既に警報に接し十分の警戒を加え居りしも、野獣の如くに狂える暴徒の前には一溜り有ろう筈

なく、殊に同坑々夫また襲来せる暴徒と呼応して起ちたればその勢い一段と猛烈になり、守衛室を木っ端微塵にしたるを手始めに、木工場・安全灯室・鉄工場等を散々に破壊し」などとセンセーショナルに書いたが、翌二九日付同紙は、二七日から始まった暴動首謀者一斉検挙の記事の中で、「因みに二六日夜の暴動には第六坑の坑夫は加担せざるものの如く」と、こっそり訂正しているところをみると、第六坑の坑夫が暴動に参加しなかったのは事実であろう。[25] それにしても、この種の「暴動記事」にはオーバーな表現が目立つ。

要求をまとめて粘り強い交渉

その頃、志免第五坑でも騒動が始まり暴動化していた。志免第五坑では「予審終結決定書」によると、すでに八月二四日に首謀者の一人と目されていた石丸駒吉[26]（二七歳）は、第五坑守衛室（室といっても独立した建物）に赴き坑長内海福四郎に対し、

①廉売券ニ依ラズ、普通市価ニテ購求スル米ヲ、共済会店以外ノ店舗ヨリ買入ルルコトヲ得ザル制限ヲ解クコト

②共済会ニテ販売スル物品代価ヲ低減スルコト

③市場ニテ販売スル魚類・野菜類ノ販売価格ノ監督ヲ厳ニスルコト

を要求し、返答を待っていた。いずれの項目も所長の施政改善を求めたものである。

しかし、翌々日の二六日になっても満足な返事がなかったので、石丸は同日午後、総数三〇〇名程の群衆とともに前記守衛室に押しかけ、六、七名が代表者となって内海坑長と談判し、

①米一升ヲ代金二〇銭ニテ無制限ニ販売スルコト

②賃金ヲ三割増額スルコト

③商品ヲ二割値下ゲスルコト

を要求した。賃金三割増額と商品値下げは第四坑と共通しているが、他の部分は異なっている。共に坑夫たちの生活実態を反映したものであるが、後のたたかいの進展状況を見ても、第四坑と第五坑の坑夫たちの間に完全な意思の統一があったわけではなく、いずれも自然発生的に決起した中でまとめられていったものと思われる。

この要求事項を石丸が説明している途中で、押し寄せた群衆の中から投石する者があって談判が妨げられた。「石丸ハ一応之ヲ制止シタルモ肯ゼズシテ、引続キ投石シタル為メ到底右談判ヲ継続シ難ク、且要求ヲ許容スルノ見込ナカリシヨリ、群衆ニ対シ、遣ッテ仕舞エ」（「予審終結決定書」）と命令したという。これから後は第四坑と同様、守衛室、職員集会所、官舎、精米所、共済会第二、第三酒保などを「無茶苦茶」に破壊した。そして群衆の一部数十名は旅石の第六坑に向かい、ここで第四坑からの五〇～六〇名の群衆と合流して第六坑守衛室などを襲った。この群衆が主な建物を破壊し、第六坑を引き揚げたのは二七日午前二時頃であったという。

そうこうする中、二七日午前二時過ぎ頃、福岡歩兵二四連隊から一個中隊が「戦時武装を整えて」到着したので、群衆は午前七時頃には解散した。

こうして暴動は鎮められたが、軍隊はさらに一個中隊を増強して宇美村、須恵村、志免村の各要所に配置し、警察や憲兵も配備して警戒にあたった。しかし、坑夫のたたかいは終わったわけではなかった。二七日も朝から、坑夫たちは数十名から一〇〇名、二〇〇名と各所に集会し、代表者を出して、

①白米は二七銭を二〇銭に値下げのこと
②賃金一円を三割増とすること
③諸物価を二割引すること
④運搬車の供給を充分にすること

を要求して本部側と交渉を重ねたのである。

　これに対し徳永所長は海軍省に交渉することにしたが、一方では、「この時まで其の筋にては暴行連に対しては自由行動をとらし、時期を見て一挙にして検挙せんとオサオサ怠りなく、一方福岡地方裁判所の阿部検事正は〔略〕正午頃より五坑事務所に陣取り、午後四時半頃までに首謀者と認める者十九名を検挙」(『九州日報』八月二九日付)した。

　以下、八月二九日付『福岡日日新聞』によると、翌二八日、坑夫側の四カ条要求に対しては「炭坑当局と鉱務署員と鳩首談合の結果」、
　①白米は二五銭に値下げする
　②賃金一円を一割増にする
　③諸物価を五分引とする
ことに決し、坑夫側に伝えた。

　これに対し坑夫側はさらに、②の賃金を二割増に、③の諸物価を一割引にするよう再要求し、「且つ検挙せられたる坑夫全部を無罪として放免されむこと」を要求した。炭坑側は「再考の余地なしとし、且つ検挙されたる者に就きては炭坑側にては如何ともすべからずと拒絶した」ため、坑夫側はさらに協議の上、二八日午後四時までに炭坑側の「言明」に従うことを申し出て、「一段落を告ぐること」になった。

　なお、二八日も引き続き検挙が行われ、総数十余名に上った。結局、九月五日付同新聞によると、採炭所坑夫で取り調べを受けた者は約二五〇名に達し、そのうち有罪として収容されたのは第四坑の一〇四名、第五坑の一〇〇名、第六坑の四名、計二〇八名であった。

　こうした経過をたどってみると、暴動が鎮静化した後、検挙・弾圧が繰り返される中でも、石丸をはじめほとんどの指導者が検挙されたであろうにもかかわらず、坑夫側は粘り強く自らの要求を掲げて、集会・協議を

続けながら炭坑側と交渉し、「海軍」という天皇制国家権力からささやかではあるが一定の譲歩をかちとったことがわかる。そしてここには、未組織労働者の組織化がみられ、組織された労働運動の萌芽がみられる。

「米騒動」の教訓

福岡県の炭坑労働者のたたかいを、峰地炭鉱と志免海軍炭鉱の二つを例にみてきたが、もちろんこの二鉱だけではない。本章（2　福岡県の「米騒動」）で列記したように、福岡県では一九一八年八・九月の二カ月間に二二の炭鉱（坑）で争議・騒動・暴動が相次いで起こった。そして八月末には、隣接する佐賀県東松浦郡の炭鉱地帯に飛び火していったのである。すなわち八月二八日の夜から、東松浦郡岩屋炭坑（現厳木町）、二九日には同郡相知炭坑（現相知町）、芳谷炭坑（現北波多村）および杵島郡杵島炭坑（現北方町）の坑夫らが賃金三割値上げなどを要求して立ち上がった。ここでは第一二師団の佐賀歩兵第五五連隊から五個中隊が出動して鎮圧した。

このように、〝労働組合死刑法〟といわれた「治安警察法」（一九〇〇年制定）の下でも、労働者たちは米価（物価）値下げばかりでなく、「賃金引き上げ、労働条件の改善、職場の民主化」など労働者が人間として生きるぎりぎりの要求を掲げてたたかったのである。そして、「米騒動」における労働運動の側面で中心的（指導的）役割を果たしたのが、峰地や新原にみられるような青年労働者であったことは、その後の労働運動に貴重な経験と大きな教訓を与えることになった。

片山潜は、一九三〇年代に発表された「第一次大戦後における日本階級運動の批判的総観」の中で、「米騒動は日本の労働運動に力強い刺激を与え、これを広汎な革命的軌道の上に置いた。米騒動の経験と偉大なストライキの波とは、プロレタリアートの大衆運動もそれが自然発生的に限られる場合、勝利を獲得し得ないことを示してくれた。革命的闘争の基調をなすものは、組織である。これこそが、日本プロレタリアートのこの闘争から学んだ教訓である」(『片山潜集　日本における階級闘争』伊藤書店、一九四八年) と述べたが、米騒動以後の労農運動はまさにこの軌道の上に発展した。

6　労働組合運動の発展

(1)　八幡製鉄所ストライキ

片山潜は前述論文の中で「米騒動」について次のように述べた。

「たとい一時的にせよ日本天皇制の権力の土台石をゆりうごかしたこの運動に参加したものは、その大部分が労働者であった。若い日本のプロレタリアートにとって、これらの行動は、搾取者に対する彼等の最初の大衆的政治行動であった。この運動は、要求の範囲が限られていたこと、闘争の方法が幼稚であったこと等々に見てもわかる通り、日本プロレタリアートの未熟さを示していた。にも拘らず、これらの行動は日本プロレタリアートに少からぬ経験をあたえた。日本のプロレタリアートは、天皇制との最初の決定的闘争に多くを学び得たのである」。そして、前出のように「革命的闘争の基調をなすものは、組織である。これこそが、日本プロレタリアートのこの闘争から学んだ教訓である」と総括したのである。

さらに片山潜はこの論文で、「労働者の間における革命運動は組織的に発展を遂げてきた。〔略〕労働者、特に組織労働者は過去において革命的な未来の仕事の準備となるものといい得られるような大争議を敢行した。例えば大正九年の八幡製鉄所の参加人員二万三千名に上るストライキでは五百本の煙突の煙を絶やして、十八年来初めて熔鉱炉の火を消してしまった」と述べ、八幡製鉄所のストライキは川崎造船所の争議とともに「日本の労働者の革命的精神を象徴するものである」と、八幡製鉄所の労働者のたたかいを特別に評価している。

それでは、八幡製鉄所の労働者のたたかいとはどんなものであったのであろうか。[27]

西田健太郎が製鉄労働者を組織する

〔一九一八年〕中秋の頃、製鉄所内に起った一種のサボタージュ。〔略〕サボの中心人物、西田健太郎は佐賀の甲種工業学校出身で製鉄所の据付工場の工手だった。〔略〕或日の昼食後、西田は据付工場の食堂で、突如叫び出した。吃々とドモリながら、職工待遇の劣悪さを憤慨し、工場設備の不満を並べたてる。〔略〕取りたてて云えば、便所を改造しろ、食堂を綺麗にしろ、浴場もだと云ったような、工場労働者の初歩的な待遇改善の要求が、断片的に、勿体らしく力説せられただけに過ぎなかった。でも、職工自身の、然も食堂での演説は、当時の製鉄所としてはセンセーショナルな一事件だった。〔略〕其後、毎日、昼食時になると、彼は各工場の食堂に迎えられて、食卓を演壇に早変りさせるようになった。

西田の演説が大半の工場に行き渡った結果は、二日間の、自然発生的なサボとなり、無言の威嚇に脅かされた製鉄所をして、便所、浴場、食堂等の改良に着手せしめた。（『鎔鉱爐の火は消えたり』）

西田健太郎が製鉄所に入って第一据付掛工手になったのは一九一八年六月一三日、二四歳の時だった。当時製鉄所の工手の身分は職工であり、黒詰襟の職工制服を着て白線二条を巻いた大黒帽を被って職工通用門を通行し、退門の際には毎日守衛の身辺検査を受けていたが、これはあまりにも自分の期待との懸隔が著しいとの不満を西田はもっていた。上司からは模範的な職工といわれながらも、こうした不満は持ち前の真面目さ、几帳面さ、正義感と結びつき、初歩的な待遇改善の要求となってほとばしり出たのであろう。

浅原健三にいわせれば、西田は「一見愚鈍そうに見えて、傲頑不屈、狂熱性の青年である。演壇などで、少しく昂奮してくると卓子（テーブル）を破れよと叩き続けて怒号し、終には熱涙滂沱たりと云った純情の男だ」った。そして「強烈な感激性」、「頑剛な突撃性」が彼の特質であったという。

だから、西田の昼休み演説は聴衆である同僚労働者に深い感銘を与え、一万人の職工による自然発生的なサボタージュが二日間続いた結果、会社側もいくらかの「改良」をせざるを得なかった。しかし、賃金や労働時間など労働者の基本的要求については、一向に改善の兆しはなかった。

一八九五年に日清戦争に勝利した日本は、清国（中国）から三億六〇〇〇万円（二億三〇〇〇万テール）の賠償金を取り、その大部分を陸海軍の拡張費にあてたが、その一部一九二〇万円を「軍備を完全ならしめんとせば、すべからくまずその根本たる製鉄所をおこすべし」といって官営八幡製鉄所の設立にあてた。

一九〇一年に操業を開始した八幡製鉄所は、日露戦争、第一次世界大戦と戦争ごとに拡張され、日本の鉄鋼業・軍需産業の中核となった。製鉄所で働く労働者も、一九〇一年の四〇〇〇人から二万七〇〇〇人（一九二〇年）に増加した。しかし、官営企業であることから職階制機構が厳しく複雑で、賃金・諸手当などは国家予算を楯に抑えられていた。

一九一七年のロシア革命と一八年の「米騒動」は、大戦後の社会情勢の変化とともに労働者の自覚と組織化を促し、賃金・労働時間などの待遇改善を求める争議が全国各地で燃え上がった。

北九州では一九一七年六月、友愛会会長鈴木文治を招いて友愛会八幡支部がつくられた。労使協調主義の立場に立ちながら労働者の地位の改善を図ろうとする親睦相互扶助の団体だったが、労使が対等の立場に立って、産業の発達と労働者の地位擁護を説く八幡で初めての労働組合支部の発足は、この時期としては労働者の自覚を促すのに相当の効果があった。

ところが、大戦後の好景気と、反面物価騰貴にあえぐ労働者の闘争意識が高まるにつれて、もともと選挙目当てに組織を作った友愛会八幡支部の幹部の中に動揺がおきた。製鉄所内に待遇改善の要求運動が盛んになってきたにもかかわらず、友愛会八幡支部は支部長はじめ幹部が辞任したり脱会したりしたため、労働者の要求を組織することができなかった。

このような状況の中で西田健太郎は、友愛会があてにならない以上強固な自主的労働組合をつくる必要があると、機会あるごとに前述のような働きかけ（宣伝、啓蒙）をして機の熟するのを待っていたのである。

一九一八年七月一八日、第一据付掛で西田健太郎はまたまた休憩所に職工を集めて、

一、労働時間を八時間とする事
二、徹夜、居残を廃し日曜全休の事
三、賃金二十五割の増給を行う事
四、割増、手当を廃する事
五、八時間で十二時間の工程と認むる事

等を要求すべきであると演説して職工の奮起を促した。

（『八幡製鉄所労働運動誌』）

翌一九日には、骸炭（コークス）工場で職工たちが四項目の要求をまとめた。その他、七月中に工場主任に嘆願書を提出した工場またはその計画を進めていた工場は、ボールト、熔鉱原料、中小形、洗炭、第一製鋼、第一厚板などと次々に拡大されていった。各工場の要求の内容は大同小異であるが、共通しているものは、「一、収入の増加　一、勤務時間の短縮（八時間制）　一、住宅料の支給」であった（同前）。

しかし、工場ごとの職制を通じての嘆願はほとんど途中で握りつぶされて効果がないことがわかったので、いよいよ本格的に労働組合を組織することを決意した西田は、八月一五日に自分の下宿先に各工場の代表者(?)一〇名ばかりを集めて労働組合結成の打ち合わせ会を開いた。出席者は組合結成の趣旨には賛成したが、組織援助の確約は与えなかった。それでも西田は、各工場に相当の支持者が出ることを予想し、「八幡労働組合」の規約と組合事業を起案・印刷して、八月二三日各門で配付宣伝した。驚いた製鉄所当局は翌二四日に西田を解職したが、一方、労働者の要求に応じて臨時手当の支給、白米廉売、臨時昇給などの措置をとらざるを得なかった。

西田は馘首(かくしゅ)されたが、西田の活動は製鉄労働者の自覚を高めただけでなく、団結すれば製鉄所からも一定の譲歩をかちとることができることを労働者に教えたのである。

日本労友会の誕生

その頃、福岡県田川郡出身の浅原健三が東京から戻って、八幡市中本町九州薬局の次兄浅原鉱三郎方に寄寓していた。浅原健三は東京で苦学しながら立憲政友会の院外団体鉄心会(壮士団)に入り、政治活動をするうちに加藤勘十や堺利彦、山本懸蔵らと知り合い労働運動に転向したといわれる。八幡に来てみて製鉄所をはじめ北九州の労働者が動揺しているのを知って、機をみることに敏な彼は労働組合の組織を志し、一九一九年の一〇月九日に八幡市前田の「日本館」で労働問題演説会を開催することにして、大々的に宣伝を開始した。

当日は、一五銭の入場料を払って入場した者が九四一名に達するほどの盛況であった。弁士は浅原健三はじめ製鉄所の労働者や安川電気の労働者などで、交々演壇に立って労働者の団結を訴えた。この演説会を機に西田健太郎と浅原健三が知り合うことになったのである。

翌日の一〇日夜には、二人を含めて百余名が通町四丁目のルーテル教会で労働組合組織の協議会を開き、ここで決めた方針にもとづいて、一〇月一六日に中町の「弥生座」で日本労友会の発会式（入場者約四〇〇名）が挙行された。

日本労友会は八幡製鉄所の各工場の労働者を中心に、安川電機、旭ガラス、九州製鋼、安田製釘など八幡市の大工場の労働者を結集した単独労働組合として発足した。会長浅原健三、副会長西田健太郎、内務部長田崎怨、外交部長吉村真澄など三七名の役員を決め、次のような宣言と綱領を発表した。

宣　言

我等は社会の一員として完全なる相互義務を完うせんとする団体観念に於て、何人にも譲ることなきを自覚するものなり。然れども吾人の責務として他念なく実行せしむるには余りにもその社会的制度と、経済組織の上に不公平、不平等を現示しつつあり。

生産事業の原動力たる権威と、労働に対する正当なる報酬を享有すべき権利とは、毫も認められず、只抑圧と屈従と窮乏をのみ知る。

ここに於いて吾人は、協力して団体を組織し、不平と不安の生活より脱し、これによりて多数の幸福を保持し、生産能率の増進を図り、以て社会文化に貢献せんとす。

希くば満天下の労働者諸君、我等の主義に賛し我等の微衷を諒せられん事を。

綱　領

一、本組合は各自の自制に基く公正なる社会行為を以て終始す。

一、本組合は誠意を有する資本主との円満なる意志の疎通を図り、以て生産事業の益々発展せんことを期す。

一、本組合は会員の社会的地位向上と、経済生活の安定とを獲んがために審議考究不断の努力を尽す。

なお、日本労友会会則の第二条には「本会ハ現在ノ各労働団体ニ亀鑑ヲ示シ理想的労働組合タルコトヲ以テ目的トス」とその自信のほどを示した。

一〇月九日の労働問題演説会から一〇月一六日の労友会誕生まで、わずか一週間の短時日で組合結成に成功した背景には、それまでに蓄積された西田健太郎などの献身的な活動があったことはいうまでもないだろう。誕生したばかりの日本労友会は、「製鉄所はもとより隣接都市の会社、工場従業員に向かって大々的に宣伝を始め、小倉の稲荷座、大里（だいり）の大正座と工場地帯を残らず演説会を開催して廻り、何れの会場も盛況を示した」（『八幡製鉄所労働運動誌』）。

「鎔鉱炉の火は消えたり」

大鎔鉱炉の火が落ちた。

東洋随一を誇る八幡製鉄所、黒煙、天を覆い、地を閉ざしていた大黒煙が、ハタと途絶えた。それで工都八幡市の息は、バッタリ止った。

死の工場、死の街。墓場。

広袤（こうぼう）七十余万坪、天を衝いて林立する三百有八十本の大小煙突から吐き出される、永久不断にと誰もが思いこんでいた、黒、灰、白、鼠色の煙が、たたぬ、一と筋も立ち昇らない。延長実に百二十哩（マイル）の構内レールを、原鉱、石炭、骸炭、銑鉄、鋼塊、煉瓦、セメント等、々、各種の原料と製品とを、工場から工場へ、引込線から引込線へ、埠頭から埠頭へと運ぶために、間断なく構内を駆け廻っている幾十輌の機関車から吐き出される煤煙も絶えた。

煙のない煙都。卒塔婆の如く黙然とつっ立った大煙突！　八幡は窒息した。


有名な浅原健三の『鎔鉱炉の火は消えたり』の冒頭の部分である。

さらに浅原は書いた。


八幡製鉄所の生命、鎔鉱炉への動脈は這い寄る夕闇のように死んでゆく。鎔鉱炉が消える。火が、熱が、鎔鉱炉の死滅が、音も立てずにヒタ押しに迫る。

明治三十四年二月五日、第一鎔鉱炉に点火せられてから満十九年の同月同日。大正九年二月五日‼　嗚呼、遂に！

「鎔鉱炉の火が消えた！」


浅原特有のレトリックを駆使しているが、国家の権威と権力を背にした製鉄所当局の圧制をはねのけて決起に成功した製鉄労働者の気分をよく表している。

争議の発端は、一九一九年一二月二七日に製鉄所が職工規則を改正して、居残り、徹夜などの時間外勤務を厳重に統制することにし、翌年の二月一日より開始すると発表したことにあった。これが実施されれば、一部の工場では職工、職夫の収入が相当減額になることが予想されたのである。

こうした時期に、前述したように横断組合としての日本労友会が結成される（一〇月一六日）と、「労使協調」の精神で製鉄所当局とは無用な摩擦を起こさずに待遇改善を陳情すべきであるとする勝部長次郎（厚板工場記録工）らは、製鉄所従業員だけでつくる縦断組合の結成を協議し、一〇月二五日には綱領および規約を発表して「職工同志会」が成立したことを発表した。次いで一〇月三〇日、理事長勝部長次郎をはじめとして三八名の役員を選出した。こうして製鉄所内では、指導精神を異にする二つの組合が抗争するようになった。

製鉄所が職工規則改正を発表すると、日本労友会は同志会に対して、一月二三日に提携して同一行動をとることを申し入れた。しかし、同志会側が組合員構成の違いを理由にしてこれを拒絶したため、共闘は成立しなかった。

改正された職工規則の実施が近づくと、工作課の修繕工場では労友会幹部の藤東年（修繕職工）らの主唱で要求書を提出するため食堂に集まった。すると製鉄所当局は直ちに、二月一日付で藤東はじめ六名の活動家に解職を言い渡した。この解職の発表は職工たちを憤激させ、二日は朝から食堂にたてこもり、選出された委員三〇名が要求書の取り次ぎを組長に申し出た。この要求運動は他の工場にも波及する兆しがあったので、製鉄所側は緊急部所長会議を招集して協議し、居残り、早退の標準を一時間につき二倍の二歩五厘とすることを決定し、職工側もこれを承諾し就労した。「大罷業の事実上の予行訓練となったのはこの修繕工場の事件であったのである」。こう『八幡製鉄所労働運動誌』は書いている。

浅原健三は、いよいよ機熟せりとみて、鳥居重樹に次の嘆願書を清書させ、嘆願書提出と宣伝方法などを指示した。

嘆願書

各工場職工協議ノ結果不肖等四名ハ代表トシテ左ノ各項及嘆願候也

一、臨時手当・臨時加給[28]ヲ本給ニ直シ支給セラレ度事

一、割増金三割ヲ各人平等ニ支給シ且従来三日以上ノ欠勤者ニ対シテハ支給セザル制度ヲ廃シ日割ヲ以テ支給セラレ度事

一、勤務時間ヲ十時間ニ短縮セラレ度事

一、住宅料ヲ家族持四円、独身者ニ二円支給セラレ度事
一、職夫ノ現在賃金ニ対シ三割増給セラレ度事
大正九年二月四日

第三小形工場　吉村真澄
電灯電話掛　福住芳一
第一据付掛　広安栄一
鋳造工場　鳥居重樹

製鉄所長官　白仁　武　殿

二月四日午前九時、前記四名は竹下工場課長を通じて次長に面会を申し込んだが、課長は四名を各工場の代表と認める根拠がないという理由で断り、八幡警察署に警戒方を依頼した。

日本労友会はその夜、八幡駅前の「松尾旅館」で評議員会を開催して状況を報告し、その後、翌五日のストライキについて打ち合わせた。ここで、当日の総指揮兼第一隊（尾倉方面）指揮官に西田健太郎、第二隊（高見方面）指揮官に吉村真澄、第三隊（中小形方面）指揮官に鳥居重樹が指名され、それぞれに副官、補佐、伝令などが配置された。こうして二月五日午前六時五〇分から一斉に行動を開始することになった。

その日のことを浅原健三は『鎔鉱炉の火は消えたり』の中でこう書いた。

一九二〇年二月五日、大罷工決行の日。最初の演説会から全五ケ月、罷工準備期一ケ月、愈々今日こそは乾坤一擲（けんこんいってき）の日である。二十三歳の血潮は高鳴る。

夜勤の者は四日夜十一時工場に入っている。昼勤の幹部は診療所で夜を明かした。朝が来た。西田は草

鞋脚絆、人夫に化けて他の幹部と共に工場に。浅原は罷工隊の本拠ときめた診療所を守る。早晩判ることではあるが、労友会の本部は女事務員一人を残して空っぽにし、罷工本部を一時不明にして置く。
夜半の二時頃から霙（みぞれ）だ。
診療所に籠城した連中は六時工場へ、あとには浅原と病気の田崎が残る。
勝敗の岐路、生死の分水嶺！　六時五十分が来た。二万五千が一斉に、大罷工への力強き初一歩を踏み切る瞬間。

罷工行動は展開せられた。

一〇年後の一九三〇年に出版された浅原のこの著書（新建社版）は、ここで突然×××の伏せ字が多くなる。「第一隊たる運輸課の指揮者は××××××××、×××××××××××××××××××××××、×××××、××××××××。総数二万輌と称えられている貨車――進行中のもの×、××××××××××××××××××、×××××××××。九州本線からの引込線――それは製鉄所の陸上からの咽喉（のど）だ――も、モノの見事に××××」という具合で、二ページにわたってずたずたにされ、ストライキの指揮者はどうしたのか、ストライキはどう組織されていったのか、守衛や職制はどうしたのかなど、さっぱりわからないようになっている。

ただ、八時過ぎ、霙（みぞれ）が小雪となって寒風が肌を刺す中、「本事務所正面の玄関の階段に立って、西田が演説を始めた。降りしきる雪を頭から浴びて立つ彼の顔は蒼白、凄惨。此の異常時に於ける此の男の絶叫。悲壮、痛烈骨を刺される思いであったと云う。『あの時の西田の演説だけは一生忘れない』と、今も私に述懐する職工は尠くない。引続いて、十数人が入り代り［ママ］、立ち替り、昂奮の極点に登りつめた演説が続いた」という西田らのたたかいぶりを描写した所は伏せられずに生き残った。

もちろん、一般の新聞も大々的に報道した。『福岡日日新聞』二月六日付は「八幡製鉄職工大盟休」の大見出しで次のように報じた。

八幡製鉄所に三千名の会員を有する日本労友会にては去る二日同市内に普通選挙促進の示威運動をなし、引続き時間問題等に就き画策する所あり。同会理事にして製鉄所の小型工場職工なる吉村真澄、同会員ロール工場山田栄造、電灯電話工場福住芳一、第一据付工場広安栄一、鋳物工場鳥居重樹諸氏は四日午前十一時製鉄所に中川次長を訪問し

一、時間を十時間に短縮すること
一、家族持に四円、独身者に二円の住宅料を給すること
一、現在の臨時手当を本給に引き直すこと
一、居残り賃金の件

等の要求をなすべく竹下工場課長に面会し取次を頼みたるが面会し得ず同日は引き取りたるが、同夜は各工場殆んど怠業をなし昨五日午前十時に至り鋼弾工場、堂山機械工場を始め厚板工場、機械工場、第二据付工場、中央機関所等一斉に作業を中止し、罷業漸次拡大し、構内に百数十台を運転する機関車貨車等一台も運転せず。斯くて午前十時頃には製鉄所の中枢にて創立以来廿余年間一時間も休止したる為め作業を中止したること無き五基の熔鉱炉も肝腎の送風機関場の休止したる為め作業を中止するに至り、さしもに広大なる九十余万坪の大工場は恰も火の消えたるが如き状態にて惨憺たる光景を呈したり。〔略〕
　正午頃には、同会副会長西田健太郎氏は人夫の装いにて入門したるものの如く、頬被りを為し麦藁帽子を被り労働服にて玄関の石段に立ちて演説をなし居たり。

こうしたストライキの成功を背景に、前述の四人の代表は新聞記事にあるように、中川次長に面会し嘆願書を提出して回答を迫った。次長は、長官が上京中であることを理由に回答期限の明確化を避け、引き延ばしを図ったが、結局、二日後（七日）の午後六時を回答期限として一二時過ぎに会見を終わり、ストライキ態勢を解くことになった。

この間、製鉄所からの内報で八幡署、小倉署では署員の非常召集を行い、小倉からは憲兵隊も来て要所の警戒にあたった。午後には門司・若松・福岡の各警察署長なども部下を従えて来援した。

二月六日になると浅原健三以下二五名が検挙され、七日までには西田、鳥居も検挙されて幹部のほとんどが拘引されてしまった。

七日、製鉄所は「此際彼等ノ要求ヲ容ルルハ官衙ノ威信ヲ失墜スルノ感アルモ、之ハ自今我慢スルヲ要ス」という白仁長官の思惑から要求条件に対する回答をすることとし、諭告という形で発表した。その内容は、

①臨時手当、臨時加給を本給に引きなおすことは、すでにその予算をつくり帝国議会に提出中である
②三日以上の欠勤者にも割増金を与えることは詮議するが、割増金を各人平等にすることは詮議できない
③勤務時間は一般労働問題に関し政府が決定するまで従来通り
④宿舎は順次増築するが住宅料は支給しない
⑤職夫賃金三割増はこれも帝国議会に提出中、予算通過すれば四月以降実施見込み

という政府管掌企業を楯にした冷たいものであった。

しかし、七日から警官・憲兵の他、製鉄所在郷軍人会、消防組員、国粋会員が市中を警戒したり、友愛会八幡支部も調停に乗り出そうとしたので、徐々に就労する者が増えていった。

(2) 八幡製鉄所第二次ストライキ

一九二〇年二月五日から七日の八幡製鉄所ストライキは、労友会幹部の検束・拘留、労働者側の嘆願事項に対する製鉄所側の回答によって、九日にはほとんどの労働者が就業するようになり終止符を打つことになった。

一方、労働者の不満が依然くすぶる中、浅原健三の兄浅原鉱三郎は弟に代わって要求貫徹を決意し、健三の友人（日本大学専門部で同級）で東京毎日新聞記者の加藤勘十と連絡をとりながら、日本労友会と友愛会八幡支部および坑夫組合（本部は福岡県粕屋郡宇美村）の三団体の提携に成功し、二月八日に三団体は「要求事項提出経過報告」の演説会を労友会本部、友愛会出張所、黒住教会の三カ所で開催した。

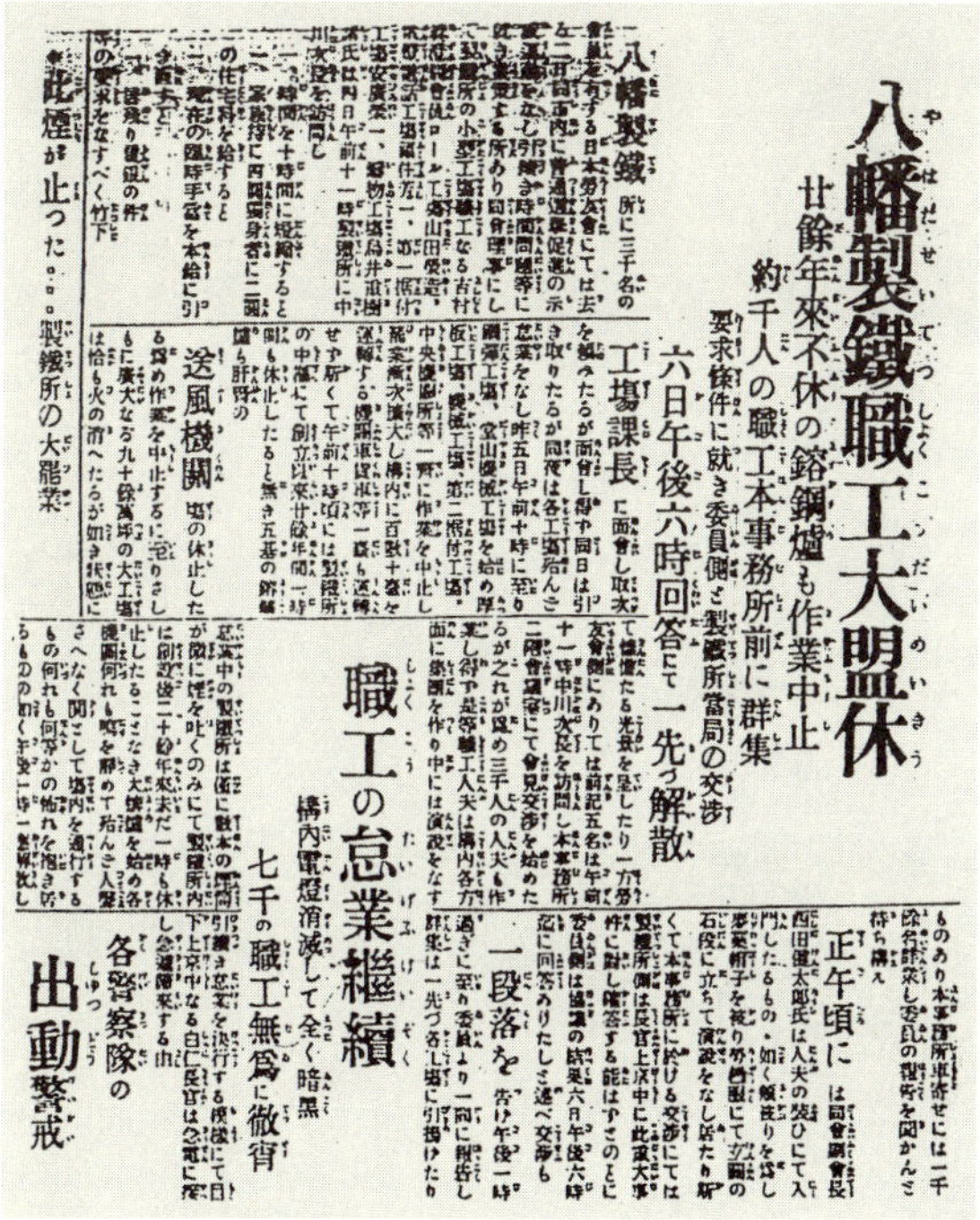
八幡製鐵職工大盟休
廿餘年來不休の鎔鑛爐も作業中止
約千人の職工本事務所前に群集
要求條件に就き委員側と製鐵所當局の交渉
六日午後六時回答にて一先づ解散
工場課長
此煙が止った。。。製鐵所の大罷業
送風機關
職工の怠業繼續
構内電燈消滅して全く暗黒
七千の職工無爲に徹宵
各警察隊の出動警戒
正午頃に
一段落を

八幡製鉄所ストライキを報じる『福岡日日新聞』（大正９〔1920〕年２月25日付）

二月一〇日に白仁長官が帰任すると、友愛会および労友会の各代表は長官を訪問して回答（諭告）の内容についての説明を求めたので、長官は一二日に製鉄所広報紙「くろがね」号外でその説明を告示した。

浅原鉱三郎から招電を受けた加藤勘十は一〇日深夜八幡に着き、一一日には労友会評議員会で労友会臨時会長に推され、一三日には白仁長官と会見した。

長官との会見は物別れに終わったが、労友会は一四日以降、連日のように各地で労働問題演説会を開催して、製鉄所側の不誠意を攻撃し、労働者の団結を訴えた。同時に、浅原鉱三郎らは上京して友愛会本部の鈴木文治の援助を得ながら、一六日には山本農商務大臣に会って要求事項五カ条について陳情することができた。

この時、農商務大臣が「製鉄所のことは長官に全部一任しているので長官をさしおいて自分から答弁することは誠に困る。〔略〕時間問題は華府労働会議[29]によっても九時間半ということになっているし、又長官の権限内でどうにかなるものと思われる。給料の件については今期議会に予算を計上上程しており、万一それが否決となっても最後の手段として大臣の責任支出ができないこともないが、製鉄所のことは総て製鉄所長官に委任してあるので篤と長官と協議したらよい」と答えたという。その結果、労使交渉の中心は白仁長官の決断を迫るものとなった。

しかし、大臣の言質にもかかわらず、白仁長官は「時間問題は各官営工場打合会の議を経ることを要するので即決しかねる」（二月二一日、友愛会会長鈴木文治・同九州出張所長木村錠との会見）の一点張りで、遂に労使の談判は不調に終わった。

二月二二日、二三日の労使の動きについて『八幡製鉄所労働運動誌』は大要次のように書いてその緊迫した情況を伝えている。

「この会見の結果、談判不調として労友会本部に打電したものは、二月二一日夜本部に配達され、之を受け取った浅原鉱三郎は、かくなる上は再び同盟罷業に依って製鉄所当局を脅かし要求の貫徹を図る外なしと決意し、工藤勇雄と語らい二二日、二三日と労友会診療所で演説会を開催して、製鉄所長官に誠意がないと大衆に訴えると共に友愛会、坑夫協会にも決意を語り協力をもとめた。友愛会、坑夫組合では最初は今同盟罷業を行えば暴動化する虞があるといって反対したが、浅原鉱三郎の決意に動かされて遂に同意するに至った」と労働者側の動きを述べる一方で、製鉄所側の対応についても、大要次のように書いている。

製鉄所では二月二一日午後八時五分、上京した長官から「木村、鈴木、藤岡ノ一行ハ長官ニ面接シ十分ノ返答ナケレバ八幡ニ電報シ更ニ何等カノ手段ヲトル計画ヲナセリ、思ウニ罷業又ハ怠業ナルベシ。此ノ際各部長ト協議シ準備セヨ。免職ハヤルナ。罷業ナラバ其ノ部分ダケハ操業ヲヤメヨ。熔鉱炉ハカネテノ準備通リ、怠業ナラバ暫時出来ルダケ監督位ノ処ニ止メヨ。他ノ工場ノ妨害ヲナセバ現行犯ニテ取押エ免職ノコト」という

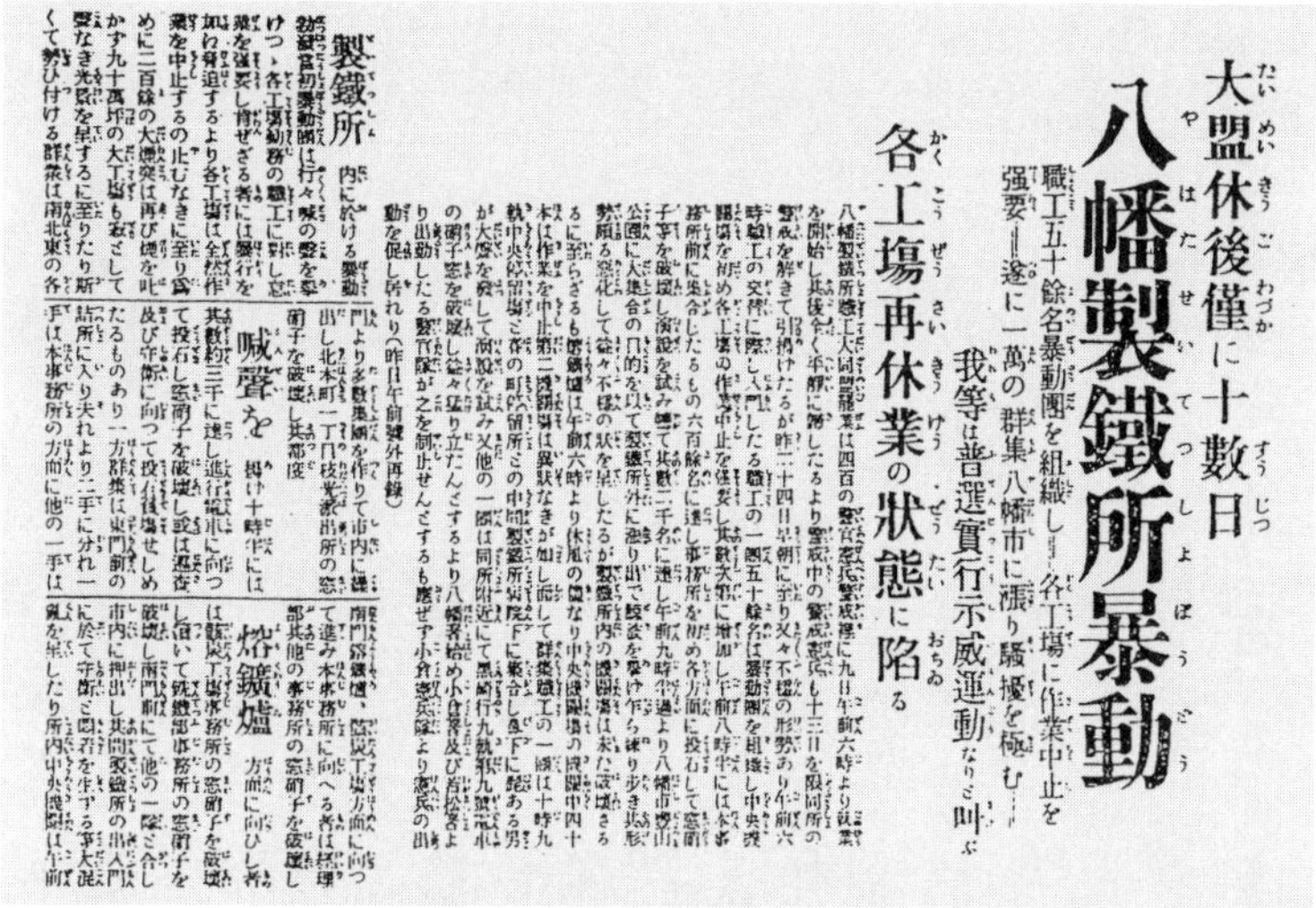

大盟休後僅に十數日
八幡製鐵所暴動
職工五十餘名暴動團を組織し―各工場に作業中止を強要―遂に一萬の群集八幡市に漲り騒擾を極む―
我等は普選實行示威運動なりと叫ぶ
各工場再休業の狀態に陷る
製鐵所内に於ける暴動
喊聲を
熔鑛爐

八幡製鉄所第二次ストライキを報じる『福岡日日新聞』（大正9〔1920〕年2月25日付）

電報が到着したので、中川次長は部所長会議を招集して、緊急事態の場合の措置について種々打合せ準備していた。そこへさらに二月二三日、長官から「鈴木、木村ノ二人ト会見シテ時間短縮ヲ拒絶シタル結果大イニ立腹シテ立去レリ」との電報が到着し、事態は刻々緊迫の度を加えていった。また、中川次長から長官宛に「大臣トノ面会、昨日小官トノ面会及今朝東京（木村カ）ヨリ到着セル談判不調ノ電報ニ関シ友愛会ハ本日午後報告会ヲ開ケリ。ソノ報告ノ要旨ハ製鉄所ニ誠意ナシ此ノ上ハ致シ方ナシトノ事ナリシ由、来会者百余名、工場異常ナシ」と電報して労働者側が「何等かの態度に出るべき予感」を報告した。こうして製鉄所内外を通じて「何時罷業が再発せぬとも限らぬ様相を顕してきた」のである。

交渉決裂の電報を受け取ると、労友会診療所では秘密の拡大闘争委員会を開き、「実力行使あるのみ」、「ストライキ決行」を決定した。当時、友愛会八幡支部（鈴木善五郎支部長）に所属して八幡製鉄所のたたかいを積極的に支援し、第二次ストライキに関連して懲役一年（第二審・執行猶予）に処せられた光吉悦心は、

その著書『火の鎖』（河出書房新社、一九七一年）でストライキ突入の情況を次のように書いている。

　さていかにしてストライキを敢行するか。もちろん治安警察法の存在など問題ではない。甲論乙駁、容易に名案が浮かばなかったが、やっと結論を得たのは二十四日午前二時。今夜は全員ここにカンヅメ、明朝六時を期して製鉄所南門をめざして秘密行動を起こすことにきめた。にわかに食料を整え、もはやまどろむひまもない。やがて六時に近い。腹が減っては戦さにならぬ。満腹の腹ごしらえの後、一同打ち連れて南門目ざして出で立った。交替時であるので、それぞれ用意の門鑑を示して入門し、一番近い工場へと団をなしてなだれ込んだ。

「さあ今からストライキだ、みんな工場の外へ出ろ」といって三百近い職工を工場の外へと押し出した。ぐずぐずする者があったら容赦はいらん、暴力に訴えても引きずり出せと打ち合わせてあったが、それには及ばなかったのは仕合わせであった。次に今度は押し出した労働者を引き連れて第二の工場を襲った。さらに第三、第四と押し出される労働者の数はネズミ算で増えていく。こうして四十八工場を襲い終わったのは午前十時頃であったろう。

　このようにして製鉄所の東、北の各門から市内に繰り出した労働者は一万余に達し、「我等は普選実行の示威運動なり」と口々に叫びながら豊山（とよやま）公園[30]までデモ行進した。ここで労働者大会を開き、正式にストライキに入ることを宣言した。そして、臨時労友会会長加藤勘十を含む交渉委員を選出して、午後二時「労働者万歳」を三唱して解散した。

　弾圧と切り崩し（労友会から〝御用組合〟と指弾された「製鉄所職工同志会」は第一次ストライキの真っ最中、二月七日に正式の発会式を決行した）、あるいは製鉄所側の巧妙な回答引き延ばし策によって、一時は押

八幡製鉄所ストライキの時，団結祈願をこめて集まったといわれる豊山八幡神社（八幡東区）境内

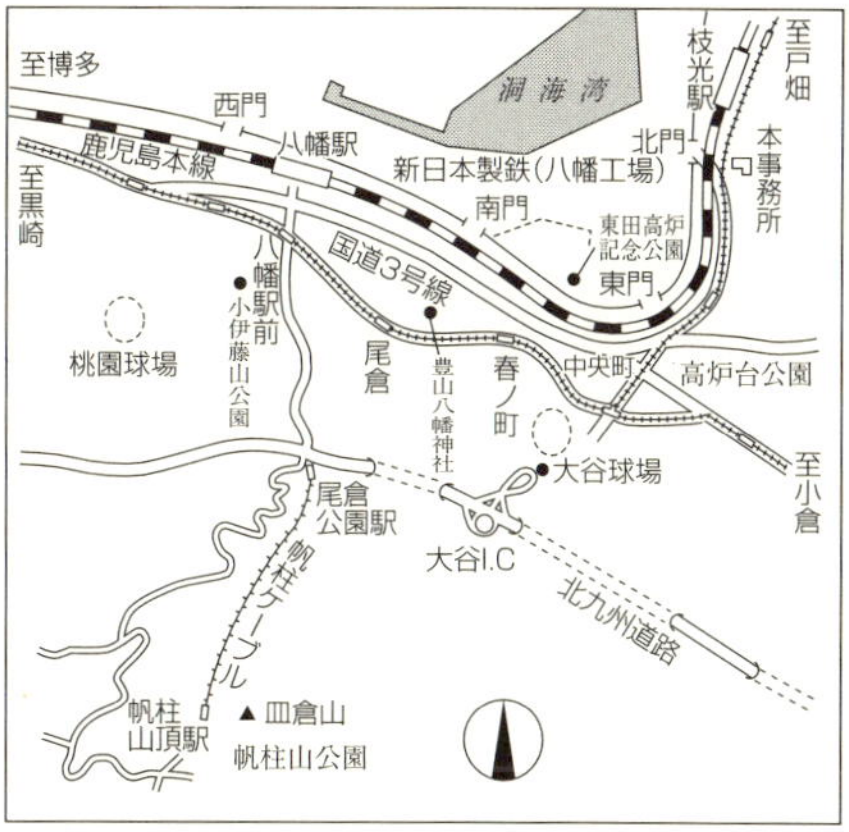

八幡製鉄所周辺図（福岡県歴史教育者協議会編『福岡歴史散歩』〔草土文化社，1981年〕所収「米騒動と八幡製鉄所ストライキ」より）

さえ込まれたかに見えた労働者の不満と怒りは、「普選実行」という民主的な政治課題とも結びついて、再び炎となって燃え上がったのである。

ロックアウト——製鉄所側の反撃

この日八幡警察署には、小倉・折尾・若松など各警察署から動員された警察官が続々集合し、その数四六〇名に達したという。小倉憲兵隊からも十余名の憲兵が来援し、福岡地方裁判所からは数名の検事が出張って検挙の指揮をとることになった。

こうした中で、製鉄所側は二四日の夜勤から二五日までの臨時休業（ロックアウト）を宣言した。一方、交渉委員による製鉄所側との交渉は平行線のままだった。

二四日、二五日と検束が相次ぎ、さらに製鉄所は二五日に「無期限休業」を発表するに至った。無期限休業は当然製鉄所労働者の生活の資を奪っただけでなく、市中の商店にも大きな不安を及ぼした。商店は月末払いの掛け売りを手控え、人夫下宿屋は五日ごとの賄い料の停滞を恐れた。市民も労働者（特に臨時職夫や請負人夫）も一日も早い製鉄所の事業再開を望んだ。

こうした情況の中で、労働者側にとって致命的とも言える不利な事態が起こった。二月二六日、突然、原内閣が「普通選挙実施は時期尚早」として議会を解散してしまったのである。したがって予算は不成立に終わり、「臨時加給と手当の本給繰り入れ」の道も閉ざされてしまった。

ここに至って、労友会、友愛会の幹部も争議終結を決意し、二八日に市内四カ所の劇場（旭座、中央館、八幡座、弥生座）で報告演説会を開いた後、交渉委員を解散することになった。製鉄所は二七日頃から部分的に就業させ始めたが、三月二日午前六時よりの作業開始を発表した。

製鉄所はさらに、二日の作業開始に先だって一日午後六時、解職者（解雇者）一四一名の氏名を発表した。その大部分は労友会員だった。解職者は四日四七名、八日三一名と相次ぎ、その総数は二一九名に達した。いずれも懲戒処分および「就業上望みなきもの」（職工規則第一三条）としての予告なしの処分であった。

こうして、多くの犠牲者を出して争議は終わった。

第一次・第二次ストライキで、治安警察法違反や騒擾罪で起訴された者は七三名に上った。浅原健三、西田健太郎は懲役四カ月だったが、最高は浅原鉱三郎の懲役一年六カ月であった。加藤勘十、藤岡文六ら九名は第一審では無罪になったが、そのうち五名は検事側が控訴し、長崎控訴院は加藤、藤岡らに懲役一年、執行猶予三年の有罪判決を言い渡した。


八幡製鉄所争議は多大の犠牲を払ったが、結局は要求を貫徹することなく終わった。

壊滅状態になった日本労友会も一九二一年四月に解散し、八幡製鉄所の労働運動の主流は職工同志会に移った。しかし、だからといって労友会に結集した労働者側の一方的な敗北であった、と言ってしまってよいだろうか。

大ストライキがたたかわれた翌月の三月二七日に、製鉄所は四月一日から、職工規則の一部を改正して実施することを、長官諭告とともに発表した。長官諭告の内容は、「この改正の結果就業時間は短縮せられ、奨励割増金は増加せられ、従業員諸氏の待遇の著しく改善せられたことは本官の諸氏と喜びを共にする所である。

若しこの際従来よりも仕事が疎漏になるとか、生産の数量が減ずるとかいうようなことがあっては、国家に対して誠に申し訳ないことであるから、時間は減じても仕事の分量を多くして貰わなければならぬので、つまり就業時間中は今までよりも仕事が忙しくなる訳であるから、諸氏は所謂労働の能率を増進し従来よりも更に善い成績をあげて待遇改善の趣旨の徹底するように努め、諸氏の国家に対する忠誠を実地に現して其の範を世に示して貰いたい」というものであり、露骨なまでに国家・資本の論理をかざして労働強化を強いるもので、戦後反動恐慌に備える合理化推進の立場に立つものであった。

しかし、規則一部改正の内容を見ると、

①一二時間昼夜二交代制を九時間（実働八時間）三交代制に、一一時間および一二時間常昼勤務を一〇時間（実働九時間）に改める

②給与面で、臨時手当と臨時加給を本給に合算したものを割増金算出の単位として、実質上手当を本給に繰り入れたものと同様にする。この結果、従業員一人平均月額七円の増額になった

③臨時職夫に対しても約三割の単価引き上げを実施する

というものであった。そして、これらの内容はいうまでもなく、ストライキに際して製鉄労働者が掲げた要求の基本をなすものであった。

当時、福岡監獄に未決拘留中の労友会会長浅原健三はこのことを知って、「私は獄中に於て之を聞く時恰も黒雲の間に天日を眺むる様な心持がするのである。唯問題が紛糾し錯綜したが為に多数の犠牲者を出したのみならず、意外の方面に迄も心配を及ぼした事を誠に遺憾に思う。〔略〕最後に諸君が、這般の問題に協力一致して遂に目的を貫徹せしめられたる事を謹んで感謝するものである」（『八幡製鉄所労働運動誌』）というコメントを発表し、印刷物として配付した。

ストライキそのものは結果的に失敗であったが、たたかいの効果は、当時日本最大（東洋一を誇った）の製

鉄所であり、軍事工業の心臓部を占めていた官営企業を動かし、我が国八時間労働制実施の突破口を切り開いたことに結実したと言ってよいであろう。

浅原健三は書いた。「我等が要求条項の本体は、殆ど完全に獲得せられた。見よ！　労働者は遂に勝てり」(『鎔鉱炉の火は消えたり』)と。

(3)　北九州機械鉄工組合の創立

浅原健三や西田健太郎によって組織され、果敢に八幡製鉄所争議をたたかった日本労友会は、二次にわたるストライキでほとんどの幹部が検挙・投獄され、ストライキ後も解雇など厳しい製鉄所側の攻撃にさらされ、復職闘争も容れられることなく、遂に一九二一年四月一五日、解散を決議した。

八幡製鉄所争議の真っ最中に発会式を決行した「製鉄所職工同志会」は、その理事長勝部長次郎が自ら言うように、「産業の発達を最も阻害するものは労使の相剋である。よろしく協力一致して資本家にも利益をあげしめ、我等労働者も又待遇を改善して貰うべきで、もしも資本家が利益を得ることばかりに偏するような事があったならば敢然と闘って吾々の要求を貫徹せねばならんのである」という、完全に「労使協調」の指導精神に立つものであった。だからその要求条件の一つに「労友会の提案に係わる五カ条の即時実施」を挙げながら、実際には労友会からの共闘の申し入れを頑なに拒んだのである。

こうして、日本労友会に対抗して旗揚げした縦断組合（企業内組合）としての職工同志会は、後に東京や大阪の砲兵工廠などの軍工廠の労働組合とともに、官業労働総同盟[31]を組織し、労働組合の右傾化に加担するようになっていった。

ところが、第一次世界大戦後未曾有の好況をもたらした日本経済は、ちょうど八幡製鉄所のストライキがたたかわれた直後の一九二〇年三月一五日、突如かつてない規模と深まりをもった戦後反動恐慌に見舞われた。

株式市場の大暴落に続いて、生糸・綿糸・農産物の価格が三分の一から半分になった。銀行取り付け、会社・商店の倒産が相次いだ。

労働争議の要求も必然的に、「賃金値上げ」から「賃下げ反対」、「馘首反対」に転換していった。日本の労働組合数は一九一八年に一〇七だったのが、以後毎年増え続け、一九二一年には三〇〇に達し、二二年には三八七を数えた。労働運動の方法も、盛んになったサンジカリズムの影響もあって一般的に戦闘的になった。

製鉄所職工同志会に組織された数千の労働者もこうした情勢の中で、多大の刺激を受けざるを得なかった。そこに一九二〇年、刑期満了で浅原健三、西田健太郎が出獄し、浅原鉱三郎も一九二二年一月仮出獄して、旧労友会の活動家とともに製鉄労働者への働きかけを執拗に続けることになった。そのため同志会の一部、特に青年労働者の中に急進的分子が生まれ、彼らの圧力で職工同志会は綱領・規約を改めて「労働組合同志会」となった。

同時に同志会青年部だけでなく、同志会戸畑支部の急進化が進み、やがて同志会本部と対立するようになった。そして遂に一九二三年四月、戸畑支部は同志会から分離独立し、「北九州鉄工組合」と改称して日本労働総同盟[32]に加入した。

次いで五月二七日、この北九州鉄工組合を母体に、同志会の急進青年部員、旧労友会員などによって「北九州機械鉄工組合」が結成された。役員は弾圧を考慮して公表されなかったが、中心になったのは浅原健三、加藤勘十、藤岡文六、鳥居重樹などであった。結成に至るまでの宣伝・教育の場としての労働問題講習会（四月五日から一週間、毎日午後六時半から九時）の講師には早大教授佐野学、大原社会問題研究所山名義鶴、東京水平社高橋貞樹、日本労働総同盟平井美人（よしと）などがいた。

北九州機械鉄工組合（略称「鉄工組合」）の製鉄所内組合員は同志会青年部員であった者が多く、次第に数を増していった。鉄工組合は製鉄所内の活動だけでなく、北九州や筑豊の民間工場・炭鉱・農村にも積極的に働きかけ、工場地帯に鉄工組合、炭鉱地帯に坑夫組合、農村には農民運動を組織した。また一九二三年の関東大震災に際し、甘粕（正彦）憲兵大尉に扼殺された大杉栄と伊藤野枝の葬儀が野枝の郷里糸島郡今宿村（現福岡市西区）で行われた時には、浅原健三とともに、製鉄所の鉄工組合員西村卯作、玉谷留雄が参列した。

こうした運動の結果、鉄工組合は一九二三年の秋頃から各所の労働争議を指導するようになった。その主なものとして次のようなものを挙げることができる（『八幡製鉄所労働運動誌』より）。

・若松市今村製作所（一九二三年一〇月）
・若松市江口鉄工所（一九二三年一〇月）
・旭硝子牧山工場（同年一一月～一九二四年一月二二日）
・東邦電力会社（同年一一月）
・戸畑鋳物会社（一九二四年三月）
・若松帝国鋳物会社（同年三月？）
・明治紡績会社（同年四～五月）
・浅野製鋼会社（同年六月）
・その他、若松東海鋼、小倉九軌発電所、戸畑高谷鉄工所などの争議

日本労友会の誕生と消滅、職工同志会の形成、そこから生まれた鉄工組合とその後の発展の中に、対立物との矛盾と闘争の中から労働者の限りないエネルギーをバネに、新しいものを生み出す歴史の弁証法を見ることができる。

⑷　旭硝子牧山工場争議

争議団の「彦山登り」

大正一二（一九二三）年一二月二日付の『福岡日日新聞』は、「彦山登りの争議団／旅館に陣取って労働歌」の見出しで次のような記事を掲載した。

八幡市字牧山旭硝子工場の労働争議団の一行は三十日午後三時英彦山の山腹英彦山町に到着、花山旅館と其筋向いの天満旅館に分宿したが、警官隊側では後藤寺署員が花山旅館の向い藤屋旅館に向い、添田分署員は天満屋旅館の向い三角屋旅館に陣取って警戒した。争議団の一行は会社側に対し提議した要求の目的貫徹の祈願の為英彦山登山を行うべく、会社には連名の欠勤届を郵送したものの如く、英彦山町に於ける一行は降雪の為寒気酷烈を極めたので一方ならず苦難の色を現したが、夕食後気勢を挙げる為両旅館で一斉に労働歌を高唱したが、直に警官隊の為阻止せられた。〔略〕尚添田町及び英彦山町一帯で他署より応援巡査を派遣せらるる如きは米騒動以来初めての事で色々の流言をして居る。

この旭硝子争議団の「彦山〔英彦山〕登り」（山籠り）は、争議団に対する会社側の切り崩しに対抗して、北九州機械鉄工組合（本部は八幡市大宮町）が計画したもので、浅原健三、本田広安を先頭に一行一二〇名、鉄工組合の旗を押し立てて一一月三〇日朝、小倉駅を出発して英彦山に向かったものである。

三菱旭硝子牧山工場には浅原健三らの働きかけによって、一九二三年一〇月二一日に「鉄工組合牧山支部」が結成され、旭硝子曹達（ソーダ）工場を中心に約一二〇～一三〇名[33]が組織され、曹達部が硝子部より待遇が悪いので同一待遇を要求するようになった。

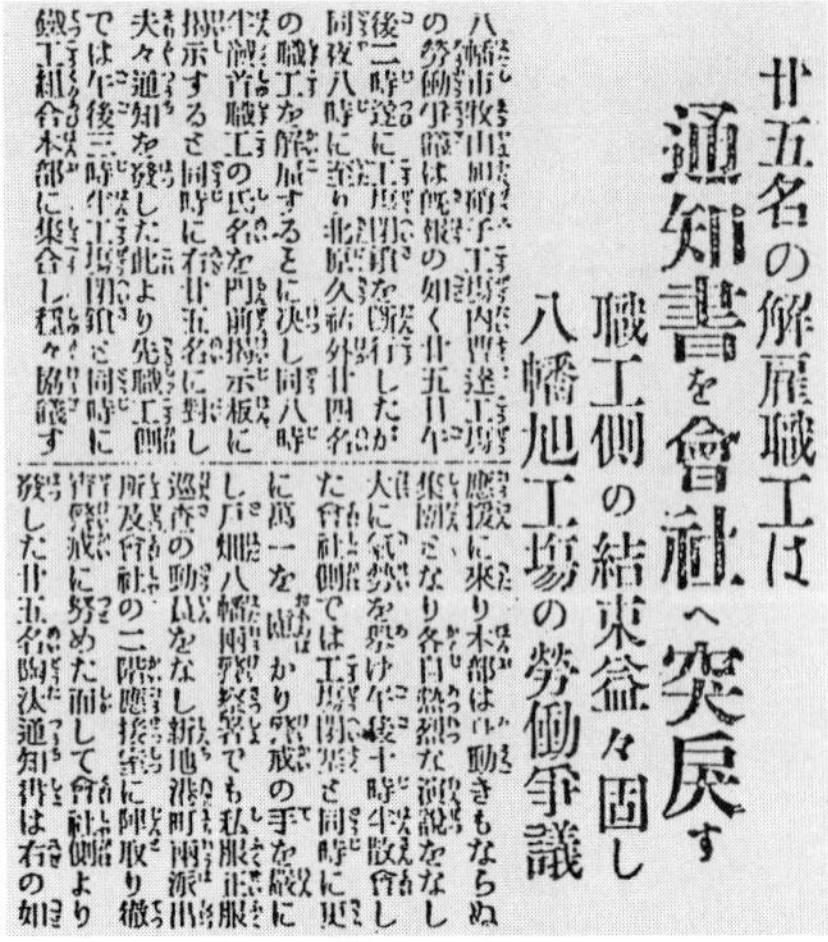

廿五名の解雇職工は
通知書を會社へ突戻す
職工側の結束益々固し
八幡旭工場の勞働爭議

八幡市牧山旭硝子工場内曹達工場の勞働爭議は既報の如く廿五日午後二時遂に工場閉鎖を斷行したが同夜八時に至り北原久若外廿四名の職工を解雇すると決し同八時半減首職工の氏名を門前掲示板に掲示すると同時に右廿五名に對し夫々通知を發した此より先職工側では午後三時半工場閉鎖と同時に鐵工組合本部に集合し種々協議す應援に來り本部は什麼動きもならぬ集團となり各自熱烈な演說をなし大に氣勢を舉げ午後十時半散會した會社側では工場閉鎖と同時に更に萬一を慮かり警戒の手を嚴にし戸畑八幡兩警察署でも私服正服巡査の動員をなし新地港町兩派出所及會社の二際應援室に陣取り徹宵警戒に努めた而して會社側より發した廿五名淘汰通知書は右の如

旭硝子争議を報じる『福岡日日新聞』
（大正12〔1923〕年11月21日付）

そこで組合は、

①曹達部の待遇を硝子部と同様の日給、手当に引き上げよ

②中原副長（工場次長）を解雇せよ

③衛生設備を改善せよ

の三カ条の要求書を提出するよう指導した。

あわてた会社側は一一月一九日、首謀者一〇名に解職（解雇）を申し渡したが、組合側は直ちに解職理由の説明を求めるとともに、次のような陳情書を提出した。

①曹達部、分析、副産部全員に対して成績の如何にかかわらず最低二〇円の奨励割増金を支給せよ

②今後とも奨励割増金を変更する場合には組合の承認を経られたし

③今回理由なくして解雇せられたる疋田数一外九名を復職せられたし

これに対し、工場副長（工場主任）中原省三[34]は、二四日午後七時には会社前の掲示板に「曹達工場職工より提出した要求は不当と認め全部これを拒絶せり」と大書して張り出した。さらに午後一一時にはまたまた門前の掲示板に「男工二〇〇名を急募す」と大書して張り出し、同日まで臨時人夫として雇入れていた二百数十名を職工として使役することとし、従来よりの職工の進退は自由に任すと言明した。

職工側の怠業（サボタージュ）が続く中、二五日の午後二時、会社側は曹達部職工に工場閉鎖（ロックアウト）を宣言して、三時半には職工全部を帰してしまった。こうして争議はますます深刻化していった。

一一月二六日の『福岡日日新聞』の報ずるところによると、会社側の意見は「実際の処置は本社の命でおこなったもので、要求拒絶は二四日朝本社からの電命に依ったものである。目下の所職工の解雇等は行わぬ。

〔略〕更にさきに右十名の職工を解雇したのは少し早計であったが、事ここに至った上は今更復職させることは出来ぬ。〔略〕事件発生以来曹達工場は殆ど怠業状態で平均生産が三分の一に減じ、この勢いで推移すれば会社の損失は莫大であるからなるべく早く解決したいと思っているが、今のところ持久戦の外仕方有るまい」というものであった。

ところが会社側は工場閉鎖を断行した二五日の夜八時、北原久祐他二四名の職工を解雇することを決め、その氏名を門前掲示板に掲示すると同時に本人に通知したのである。

労働者を保護する法律的保障がなかった当時は、労働争議が起これば会社側はいとも簡単に労働者を工場から締め出し、首謀者と目された者の首を切った。上記新聞の報ずる会社側の意見の中に「さきに右十名の職工を解雇したのは少し早計であった」とあるが、二五名に対する第二次首切りに際しても、他の新聞報道（『九州日報』一一月二七日付）によれば、馘首通知書に記した職工規定の適用条項を間違え、労働者側から指摘されて訂正の上、再び手交するという有り様であった。

もちろん、これらの通知書は突き返されたが、会社側は翌二六日、内容証明書書留郵便で各自に発送した。送りつけられた書留郵便は一括して会社に返送された。こうして争議は長期化の様相を呈し、会社側の猛烈な争議団切り崩しに遭った鉄工組合は、「彦山登り」を決行して争議団の結束を固めたのである。

支援の輪拡がる

二五日、工場閉鎖と同時に八幡市大宮町の鉄工組合本部に集合した労働者たちは、被解雇者を中心に決起集会を行い、益々結束を固くすることを誓いあった。ここには、北九州鉄工組合戸畑支部から戸畑鋳物工場の労働者約六〇名が応援に駆けつけ、「本部は身動きもならぬ集団となり各自熱烈な演説をなし大に気勢を挙げ午後十時半散会した」（『福岡日日新聞』一一月二七日付）。

一一月三〇日から英彦山の山籠りが始まったが、英彦山に登らなかった争議団の残留組は、争議の長期化に備えて京野賢二、笠置卓雄や、東邦電力争議（後述）で解雇された大塚了一らの統制の下に行商隊を組織し、争議資金を稼ぐ一方、各地の労働団体の応援を求めながら、宣伝ビラを配布することにした。

ところが、警察は宣伝ビラの配布を許可しなかったばかりか、ことごとく争議団の活動を妨害した。例えば、「十二月二十四日八幡製鉄所職工給料渡当日東門前に来た行商隊が電柱に『旭硝子争議団行商部』の貼り紙をしたのを理由に福山正利は『電信法違反』として拘引され、科料金四円五十銭に処せられた」（『八幡製鉄所労働運動誌』）。ところがこの処分は後に、「福山が正式裁判を仰ぎ小倉区裁判所で証拠不十分で無罪となった」のである。

こうした弾圧にもかかわらず、争議団に対する支援は拡がった。年末になると、熊本県八代郡郡築村小作争議団[35]から白米五〇俵を寄贈するとの連絡があり、正月早々第一陣として二五俵の白米が送られてきた。また、「一月十四日には鞍手農民組合から白米五俵の寄贈があったので、赤鉢巻で本部に運搬して気勢をあげた」（『八幡製鉄所労働運動誌』）。

会社側の切り崩しも執拗に行われた。一一月二五日に工場閉鎖を宣言した時、会社側は職工規定により休業中の給料の半額だけを支給することとした。しかし、一二月五日になると、「従来休業中の給料半額を支給しているのは、諸君の反省を促すためにしたものであるが、何時までもこのままに反省しないに於ては、右は十八日限り支給しない」と通告するに至った。また会社側は罷業職工の家庭を訪問して説得し、復職の希望ある者はそれぞれ旅費を与えて帰郷させたり、あるいは指定した温泉に滞留させるなどして争議団から切り離そうとした。

こうした攻防の中で年が明け、一九二四年を迎えると争議も落着に向かった。この間のいきさつを『八幡製鉄所労働運動誌』によって要約すると次のようである。

会社側では争議団に対する切り崩しがある程度効を奏したので、作業開始の準備をすすめ、帰郷させたり温泉にやっていた者を集めたところ、一月八日の午後、五九名が一団となって帰ってきた。枝光（えだみつ）駅から旭硝子までの沿道では多数の警官が警戒し、家族持ちも帰宅させず全員を寄宿舎に収容した。

会社側は工場復帰者が九〇名に達したので、一月一三日から一部の作業を開始することとし、争議団に対して「作業を開始するから出勤する者には寛大な処置をする」と通知を出した。けれども争議団が当日午後二時から枝光駅前「九州館」で「争議団家族慰安会」を開催したので、会社側の通知に応じる者はなく、慰安会の入場者は約三〇〇名あったという。

しかし、争議団中でも工場復帰者が多く、会社が復帰者ばかりで作業を開始しては、今後の対立は無益となり、ただ犠牲者を多くするばかりなので、会社の争議で打撃をこうむっていた旭硝子の請負人上田吉次の仲裁に応じて、妥結の話をすすめることになった。

一月二二日午後三時から、浅原健三と鳥居重樹は仲裁者上田吉次とともに八幡市役所市長室で八幡警察署長立ち会いのもとに会社側代表と会見し、二カ月目にして妥結に応じた。

争議妥結の調停条件の主なものは次のようなものであった。

①会社は第二回解雇職工二五名に対する手当金を第一回解雇者一〇名に対する手当金と同率まで増加する。
②会社は今回新たに諒解した職工全部に対し金弐千円を支給する。この弐千円の分配は職工自身で適宜分配する。
③第一回、第二回の解雇職工三五名に対し、仲裁者より金弐千円を贈る（仲裁者上田吉次の名義だが、事実は会社より支出）。
④一、二項の金額以外には「昨年末の賞与金、休業中の日給」などは支払わない。

解雇を撤回させることもできず、賞与金もフイにして結局は勝利することはできなかったが、仲間の不当解

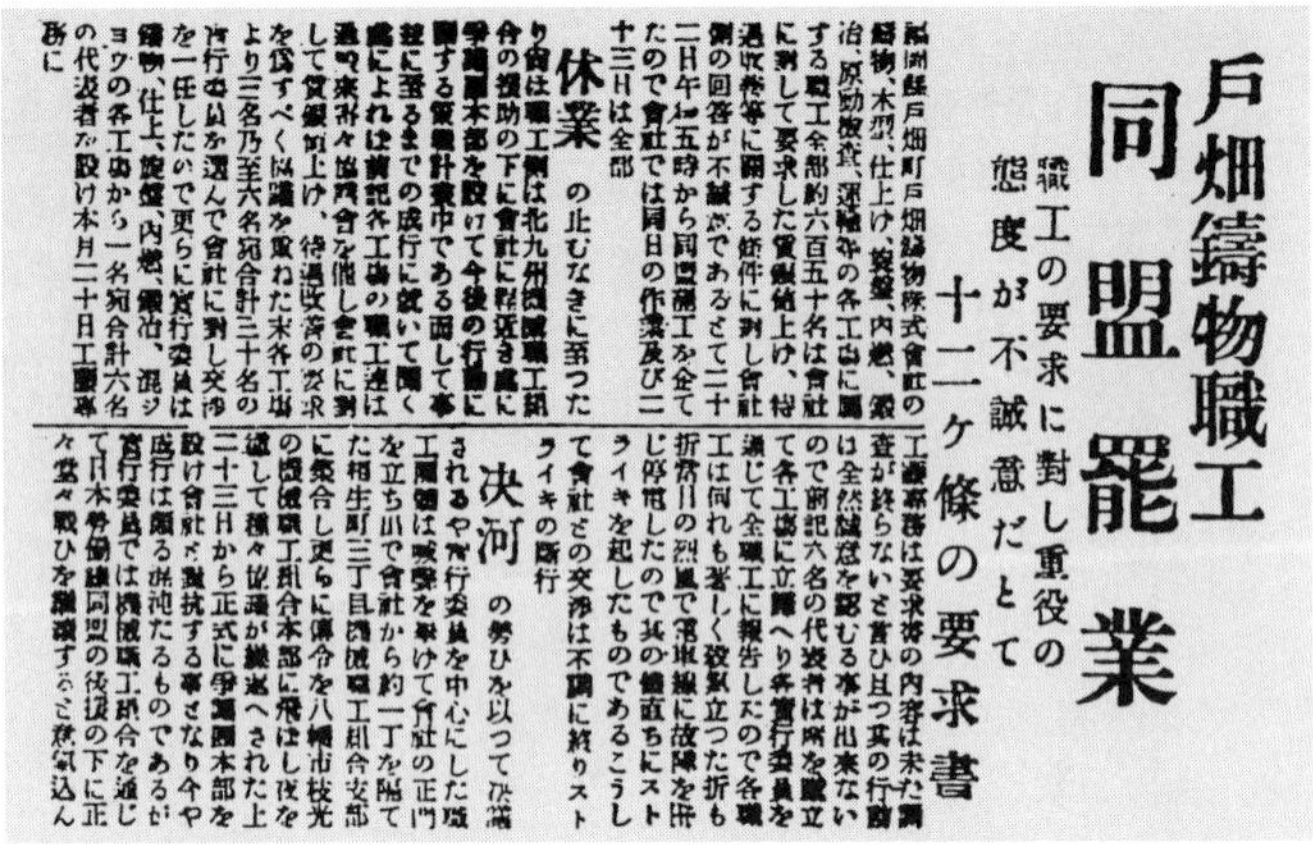
戸畑鑄物職工 同盟罷業

職工の要求に對し重役の態度が不誠意だとて 十二ケ條の要求書

福岡縣戸畑町戸畑鑄物株式會社の鑄物、木型、仕上げ、旋盤、内燃、鍛冶、原動機、運輸等の各工場に屬する職工全部約六百五十名は會社に對して要求した賃銀値上げ、待遇改善等に關する條件に對し會社側の回答が不誠意であるとて二十二日午後五時から同盟罷工を企てたので會社では同日の作業及び二十三日は全部

休業 の止むなきに至つたり尚ほ職工側は北九州機械職工組合の援助の下に會社に程近き處に爭議團本部を設けて今後の行動に關する策戰計畫中である而して事茲に至るまでの成行に就いて聞く處によれば前記各工場の職工達は過般來屢々協議會を催し會社に對して賃銀値上げ、待遇改善の要求を為すべく協議を重ねた末各工場より三名乃至六名宛合計三十名の實行委員を選んで會社に對し交渉を一任したので更らに實行委員は鑄物、仕上、旋盤、内燃、鍛冶、[illegible]の各工場から一名宛合計六名の代表者を設け本月二十日工場事務に

工場事務は要求書の内容は未だ調査が終らないと言ひ且つ其の行動は全然誠意を認むる事が出來ないので前記六名の代表者は席を蹴立て各工場に立歸へり各實行委員を通じて全職工に報告したので各職工は何れも著しく殺氣立つた折も折[illegible]の烈風で電線に故障を生じ停電したので其の機會直ちにストライキを起したものであるこうして會社との交渉は不調に終りストライキの斷行

決河 の勢ひを以つて決行されるや實行委員を中心にした職工團は喊聲を擧げて會社の正門を立ち出で會社から約一丁を隔てた相生町三丁目機械職工組合支部に集合し更らに傳令を八幡市枝光の機械職工組合本部に飛ばし夜を徹して種々協議が續行された上二十三日から正式に爭議團本部を設け會社に對抗する事となり今や實行委員では頗る[illegible]たるものであるが實行委員では機械職工組合を通じて日本勞働總同盟の後援の下に正々堂々戰ひを繼續すると意氣込んで

戸畑鋳物職工の同盟罷業を報じる『九州日報』（大正13〔1924〕年３月24日付）

雇に対して労働組合として果敢にたたかい、会社や官憲の圧力に屈せず団結の威力を示したことは、その後の労働組合運動に貴重な教訓を残した。

このことは、旭硝子争議に引き続き行われた戸畑鋳物工場の労働者のたたかいが証明している。鉄工組合戸畑第二支部を組織して旭硝子争議を全面的に支援した戸畑鋳物会社（工場）の労働者は、この年の三月、自ら決起して、賃金、労働条件などに関する一二項目の要求を会社に提出し争議を起こした。そして、会社側が即答しないとさらに付帯条件（争議に関し犠牲者を出さないこと、罷業中の給料を支払うこと、争議による欠勤は出勤とみなすこと、の三項目）を追加要求してストライキに入り、わずか四日間で一〇項目の要求と後から出した付帯条件を認めさせ、ほぼ全面的に勝利したのである（『八幡製鉄所労働運動誌』に拠る）。

(5) 東邦電力争議

警察権力の争議介入

一九二三年一〇月上旬に結成された北九州機械鉄工組合福岡支部は、一一月二三日夜、福岡市西中洲の支部事務所で総会（東邦電力労働者約七〇名）を開いて、左記の七項目の要求をまとめ、翌二四日、六名の代表で東邦電力株式会社(36)九州支社（福岡市天神町）に提出して回答を求めた。
①一〇時間制を従来通り八時間制に復帰すること
②二一日付の辞令に対して三割の昇給をすること
③時間外の勤務は一時間につき日給額の一割二分五厘の増しを附すること
④散宿（？）は右の賃金以外に直宿（宿直か？）当日は日給一日分及び手当一円を支給すること
⑤外線勤務の直宿当日は右要求賃金以外に日給二日分及び手当一円を支給すること
⑥雇員証票を支給すること
⑦現在の人夫に対し工手辞令を交付すること
これに対して会社側は即答を避け、回答期限も明確にしなかった（事実上の要求に対する拒絶）ばかりか、気の弱そうな電工を一人ずつ呼んで、「ここを出ても今はなかなか雇わない。だから辛抱しろ。ストライキなどをするとお前の戸籍に傷がつく」などと脅した。

鉄工組合に結集した東邦電力労働者が争議に立ち上がった事情については、一一月二七日付の『九州日報』がかなり詳しく次のような記事にしている。

東邦電力では廿一日から電灯従業員全部の勤務を八時間から十時間に延長し、且つ時間外の勤務はたとえ如何に其事が会社のために重要なものであろうとも、一銭も給しないことを電工に声明した。一方電工側の事情に依れば大正八、九年の景気時代会社が、本社は独占的消費事業であるから此麼（こんな）景気にも賃金を上げる訳には行かない。しかし不景気になっても下はせぬ。云い乍ら、渋々つけた手当……日給の二割と外廿五銭……は一昨年の暮、九灯鉄社が東邦電力と合併の砌（みぎ）り手当合計額の半額が給料に繰込まれ、残る半額を取消されたので名義上の本給は上っても事実の収入は減少した。その後会社は増給を渋り、昨年の

昨夜岩田福岡署長
突如争議團幹部を召喚
東邦電力に起った電工の争議
會社に要求を拒絶されて緊張
今日から怠業

昨日午後六時
會社要求を拒絶
罷業案の決定を見んとする時突如警察活動

代表者

要求提出
と會社の對策

組合は先月上旬に組織す
淺原氏の來福

年々收入が減り
家族は殖へてやり切れぬ

東邦電力争議に警察が介入したことを報じる
『九州日報』（大正12〔1923〕年11月27日付）

暮には極く少数者に三銭以下の増給をなしたのみに止め、今年六月は一人も増給しなかった。その後会社は一律に百分の八増給を行うとあり、且つ時間外稼働に対しては一時間一分（計算上は二厘五毛の筈であるが）の時間給をつけていたが、今回これを削るに至ったものである。

電工側の談によると、会社が右の如く数次にわたって手当を削減した結果大正八年の収入に比べて今日は却って減少している結果で、その間に家族は殖え生活は膨張して到底やり切れないというのが要求の理由であると電工は称している。

こうした新聞記事を見ても、労働時間延長、給料減額という会社側の攻撃に対して自らの要求をまとめて会社側につきつけた電工労働者の必死の思いがわかる。

ところが、会社側の要求拒絶にあった争議団が西中洲の北九州機械鉄工組合の支部に引き揚げ、今後の態度について協議している最中、突如福岡署が鉄工組合支部を襲い争議団幹部を召喚検束したのである。その模様を前記二七日付『九州日報』は、「昨夜岩田福岡署長／突如争議団幹部を石〔召〕喚」の見出しで次のように報じた。

福岡市西中洲九州機械鉄工組合福岡支部では二十六日東邦電気株式会社傭員が数十名集合し、さきに傭員から同社福岡支社に宛た要求書が拒絶されたのに対し種々凝議を重ねて居た。福岡署では之に対し同日夕景から大活動を開始し協議場前には十数名の私服巡査が詰切り非常な警戒振りを見せて居たが、突然午後八時頃電工背後の指導者と目されている同社々員大塚了一、傭員秀島小次郎を召喚し、同九時頃更に有田福次郎、徳永清七、森永久一、吉村辰巳の四名を召喚し福岡署に引上げた。

召喚された六名は会社に要求書を提出した時の委員であるが、同夜一一時に争議団本部に帰された。警察の争議介入にもかかわらず、「二十七日より罷業を決行すべし」という大勢は変わらなかった。争議団は「各自賃金の一割宛てを出し合って要求貫徹の持久策を講ずる事」になっており、加盟職工の有志から白米五俵を寄付する者もあって結束を堅くし」(『福岡日日新聞』一一月二七日夕刊)たのである。

発電所破壊・全市暗黒化

戦後不況と関東大震災による打撃を理由に労働者に犠牲を押しつける会社側と対峙した争議団は、いよいよ持久戦を覚悟し、総同盟本部からも応援に入り、福岡市記念館(現福岡市天神一丁目)での演説会も予定された。ところがこのように緊迫した状況の中で、晴天の霹靂(へきれき)ともいうべき「大椿事(ちんじ)」が起こった。

争議団の幹部として指導的役割を担っていた電灯係助手大塚了一は、無職で鉄工組合員の藤井哲夫、電工荒谷芳夫と謀って二八日早暁、福岡市住吉二丁目にあった東邦電力発電所に侵入し、名島発電所からの送電機スイッチを止め、変圧器、発電機、特別高圧碍管などを破壊したのである。そのため福岡市は西新、箱崎を除いて全市暗黒となり、電車も初発から運転できなくなった。とりあえず九水会社から電力を融通してもらい午前六時半頃一部運転開始したが、平常運転に復帰したのは午後になった。

大塚ら三名は警戒中の警官によって現行犯逮捕され、他に争議団本部にいた一三名が共犯容疑で検束された（検束三二名と報じた新聞もある）。

大塚らはなぜこのような無謀な直接行動に出たのか。「予審終結決定書」には「廿四日同社に対し勤務時間の短縮及び賃金の増額を要求したるも同社においては同月廿六日に至りこれを拒絶したるのみでなく、同志の中に被告等に裏切る者あるに至り、その結果漸く紊れんとする形勢を呈したので三名はここに直接行動に出でその目的達成するの外なしと思惟し」（『福岡日日新聞』一二月一七日夕刊）とある。

労働者の要求に対する会社側の全面拒否、争議団に対する切り崩し、官憲の争議介入などで争議団に動揺がおき、若い彼ら（大塚一九歳、藤井二〇歳、荒谷一九歳、その他検束されたほとんど全員が一八歳から二一歳であった）に焦りが生まれたことは事実であろう。それにしても、突発的な発電所襲撃の実力行使は到底市民・一般世論の支持を得られるものではなかった。この事件を契機に、それまでどちらかと言えば争議団に同情的だった新聞論調も一変してしまった。

一一月二八日の夕刊『福岡日日新聞』は、一ページ全面を使ってこの事件を報じ、「発電所破壊の暴行は／我国未曾有の椿事／拙劣極まる最後の手段／労働史上に一の汚点を残す」という四行見出しで「今回の如き労働者の言分はともかくとして破壊行動を以て公的機関の停止を見るにいたらしめた如きは洵に遺憾千万で、労働者側に千百の理屈があってもかようなことを仕出かした以上、決して社会の同情をかちうる所以ではない。社会の同情なしには争議は決して労働者に有利なるべきものでない。却って資本家側に狡辞を与える所以となり結句罷工側の敗北となる」と論じた。逮捕された三名は治安警察法違反、電気事業法違反などに問われ、翌年の二月、大塚は懲役一年六カ月、藤井、荒谷は各懲役一〇カ月の有罪判決を受けた。

北九州機械鉄工組合の機関紙ともいうべき『西部戦線』[37]が、一九二四年の第一巻四月号で「東邦電力の叩き壊しは、行動の敏捷と、正比例して、組合もまた木端微塵になくなった。而し時代の力は恐ろしいものだ。もう新しき芽生えが、スコスコと成長為しつつある」と書いたとおり、指導者を失った争議は完全に敗北に終わったが、労働者はこの敗北からも貴重な教訓を導きだすことができた。

その教訓は、一九二七（昭和二）年の九水電鉄争議（福岡市）における市民サービス・連帯の戦術に生かされることになるのであるが、そのたたかいの様子は後述する。

日本労働総同盟九州連合会の創立

旭硝子や東邦電力の争議を指導した北九州機械鉄工組合は、創立当初、八幡製鉄所をはじめその他の機械鉄工に従事する労働者の団結を図ることを目的としたが、「⑶　北九州機械鉄工組合の創立」の項で列挙したこの鉄工組合がかかわった争議を見てもわかる通り、その対象は機械鉄工業だけにとどまらず、硝子・紡績などから坑夫・農民に至る各種産業の労働者・農民を網羅するようになった。

そこで一九二四年五月一八日、鉄工組合を産業別の労働組合に改組し、その連合体として「日本労働総同盟九州連合会」を創立した。すなわち日本労働総同盟九州連合会の傘下に九州鉄工組合、九州鋳物工組合、九州硝子工組合、西部炭坑夫組合、九州合同労働組合を糾合し、連合会委員会および連合執行委員会をもうけて、組織の拡大を図りながらたたかいの伝統を受け継ぐことになったのである。

⑹　三井三池の大争議

共愛組合を通じた三井の労務管理

三井組が官営の三池鉱山を払い下げられ、三池炭鉱社として経営するようになったのは一八八九年一月のことであった。それ以後の三井の労務管理は、囚徒使役を含め官営時代の納屋制度、あるいはその類似制度を受け継ぐ前近代的なものであった。

ところが、一九一八年の「米騒動」に際して、三池万田坑の争議が暴動化したことから、三井鉱山の労務管理の主眼は「もっぱら争議の防遏におかれ、設備の改善や労務者の教育指導にも意を用いるように」なった。こうして一九二〇年に「会社が指導し、全事業所にわたって組織された」のが「三池共愛組合」で、これは「会社の労務管理の裏打ち的機構にほかならなかった」。そしてその目的について三井鉱山の会社自身が次のようにあけすけに書いている。(38)

共愛組合は、いわば、今日の労使協議会的機構であり、米国の工場委員会制度の焼き直しであった。規約は会社原案により、全事業所にわたってほとんど同一のものが作成された。同規約によれば、共愛組合の目的と組織は次のようであった。すなわち、共愛組合は、労使協調主義を基調とし、「事業の発達に貢献し労働者の福利を図る」ことを目的とし、労使それぞれ同数の「相談役」を選出し、「相談役会」の「懇談熟議」により「合意」をもって議案を協議する機関である。組合長は、会社職制（労務主任、課長）がこれに任じ、副組合長は、労務者の相談役から選出され、事業所の規模によっては各坑支部をおいていた。

要するにこうしてできた共愛組合は、「御用組合どころか労働者への上意下達機関であり、会社への奉仕団体であった」（上妻幸英著『三池炭鉱史』教育社、一九八〇年）。したがって「当時、会社の言いなりになり、労働者の言動を会社に密告する者は『ネコ』と呼ばれた」が、「労働者側相談役には『ネコ』が多く、相談役から社員に昇格していったので、労働者の要求は相談役からほとんど採り上げられなかった」（同前書）。
「米騒動」と戦後恐慌に刺激されて日本の労働者は自覚的に労働争議をたたかい、階級的労働組合の結成が相次いだのであるが、三池炭鉱でも小松道太郎が労働組合の組織に着手し、やがて友愛会大牟田支部が作られた。

このような動きをみて、いち早く会社側が労働者を組織したのが労使協調主義を掲げた共愛組合だったのである。ところが、三池炭鉱大争議がこの共愛組合に組織された労働者の中から炎をあげたのは皮肉だった。三池製作所労働組合が編集・発行した『十年史』（一九七一年、非売品）によれば、争議の発端は次のようであった。

大正十三年五月、共愛組合が定期的に実施している生計実態調査を各工場で実施中、生活困難な窮状をうったえる声は各工場の職工から総代へのつきあげとなって激高していった。副組合長の森田文吉は二十日総代、相談役を臨時に招集することの会社の許可を受けて総代会を開催した。総代相談役会では従来とことなり、賃金五割要求をせよと云う意見が圧倒的であったため各工場に帰り再度職工に諮る必要があるとして解散した。〔略〕二十二日製缶、鍛冶工場の職工は昼休みに相談役の経過報告を求めたがその報告を諒とせず始業のベルが鳴っても解散しなかった。会社は総代以上を招集して解散を求めたが職工達はその留守の間に、①賃金五割増額　②退職手当三〇日分に増額　③共愛組合撤廃　④今回の事件で解雇者を出さない、など四項目の要求事項を決定、あらたに委員を選出して各工場の連絡、相談役との連絡にあたることを決定した。二十三日平常通り出勤した職工達は全員集合して代表委員を選出、昨日の要求書を会社に提出した。会社は要求に応じられないと拒絶すると同時に全員作業につくよう勧告した。

しかし、職工たちの怠業は続き、二六日になってようやく六月一日の定期昇給の実施を待つことにして平常の状態に復した。「六月二日昇給が発表されたが、昇給は平均三パーセントで昇給人員は三分の一にすぎなかった」（『三池炭鉱史』）。『十年史』はさらに続けて記録している。

六月三日、期待に反して低額であったため不満が爆発、製作所の全工場が怠業状態に入った。会社は解散して作業にかかることを命じたが全員は工場の屋外に集合、三十人の委員を選出し、
①現給料に一割昇給をましその他に五十銭を増額すること。
②退職手当を一ケ年につき三十日分支給すること。
③共愛組合は撤廃すること。
④公傷患者に休業補償として本給を支給すること。
⑤公傷死亡の場合は二千五百円以上支給のこと。
以上五項目の要求書を提出した。会社は相談役を招集して、要求には応ぜられないと回答、なお怠業が続けば即日臨時休業すると宣告した。

職工たちはただちに争議団を組織し、団長に山名千代吉、執行委員に各工場の代表者を一一名、書記会計係三名を選出した。さらに各工場に分散して市内各所に一六カ所の支部を設置し、工場出勤と同様定刻に集合する態勢をつくった。三池大争議の始まりである。

「罷工団行商隊」の活躍

大正一三（一九二四）年六月七日付『福岡日日新聞』に、「一千二百名の職工が／小旗を押し樹てて行商／一日の売上千円に上る／整然たる三井の争議」という見出しの記事が見られる。
「三井三池製作所職工の同盟罷業は会社側の工場閉塞により秩序整然として第三日目を経過したが、行商団は五人を以て一隊を組織し、本部一千余名、四山分工場二百余名合計一千二百余名が大牟田市中より市外三川

町方面に行商を続け、市民の同情に訴えその売上金一日平均一千円以上に達し一同の生活費に振向けて居るが、市内商人団体でも彼らの生活状態に同情し低廉に物品を提供し、極めて穏健の行動に出で警察側も温情主義を以て当り目下の所過激に亘った傾向は寸毫もない」という記事である。

　この争議は「全国の注目を集めた大正末期を飾ったすぐれた大争議」であったと同時に、「製鉄労働者西田健太郎や浅原健三らにより組織された八幡製鉄ストライキを受け継ぐものとしてきわめて重要な意義をもっていた」（新藤東洋男『米騒動と大正十三年の三池争議』福岡県歴史教育者協議会、一九七〇年）。そして、注目を集めたことの一つは、一カ月にわたる大争議を支えた「罷工団行商隊」の活躍であった。

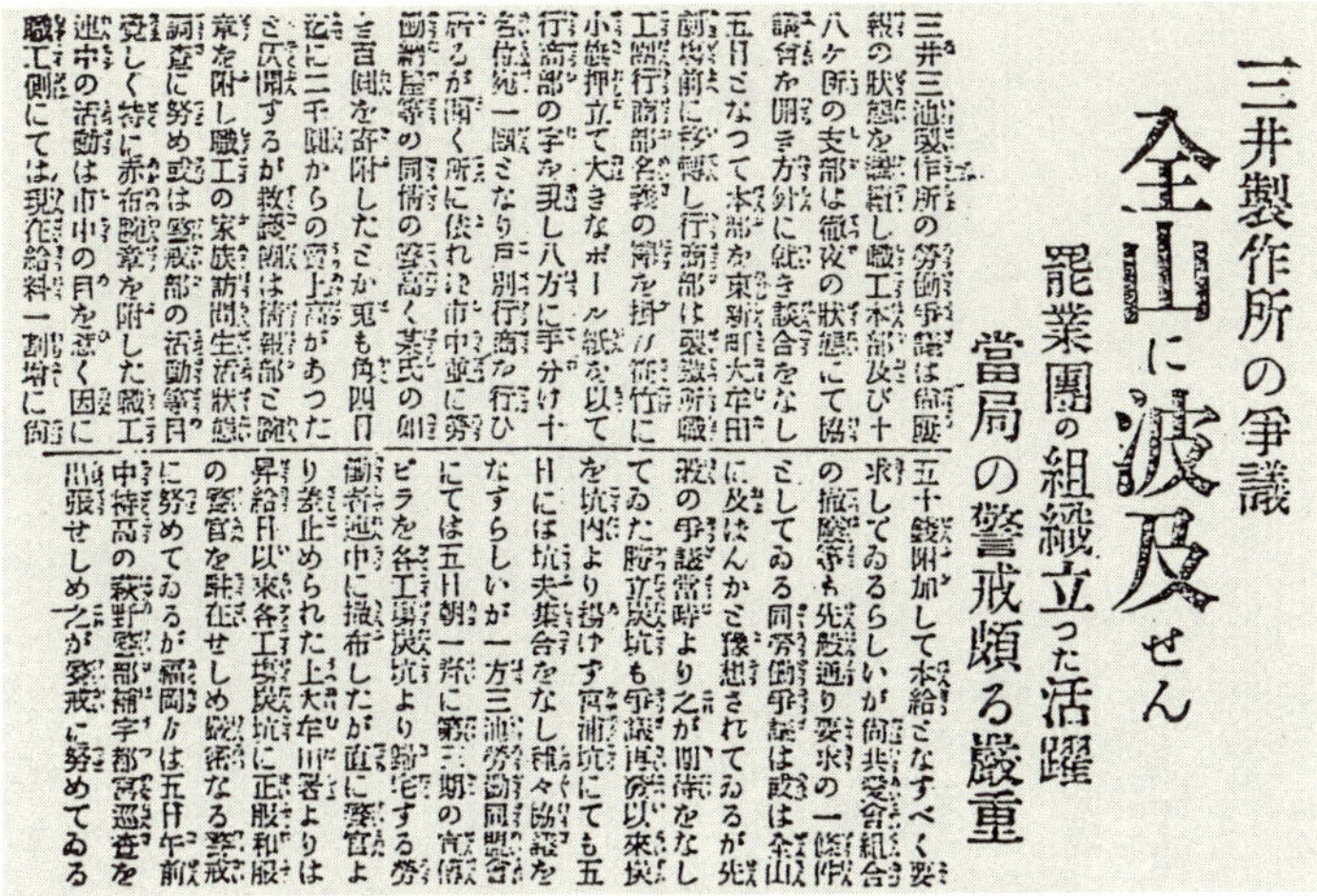
三井製作所の爭議
全山に波及せん
罷業團の組織立った活躍
當局の警戒頗る嚴重

三池争議の拡大を報じる『福岡日日新聞』（大正13〔1924〕年6月6日付）

　三池製作所から始まったストライキが三池鉱山の全事業所・炭山に波及すると、各事業所、炭山の争議団は連合争議団を結成（六月一八日、委員長中村亀吉）して会社側と対峙した。争議団の組織と任務は三池製作所の場合で見ると次のようになっていた[39]。

行商部　二十歳以上ノ約六百名ヲ以テ組織シ五人ヲ一組トナシ一人ノ委員ヲ附シ市及市付近ニ行商ヲナス
宣伝部　演説会ヲ開催シテ市民ノ同情得ンコトヲ計ル
警戒部　工場ニ対スル妨害者ノ暴挙ヲ防ギ裏切者ノ警戒ヲナス、午後四時及午前六時交代百四十四名ヲ以テ之ニ充ツ
救済部　争議職工ノ家庭ヲ訪問シ救済ヲナシ部長以下七十名之

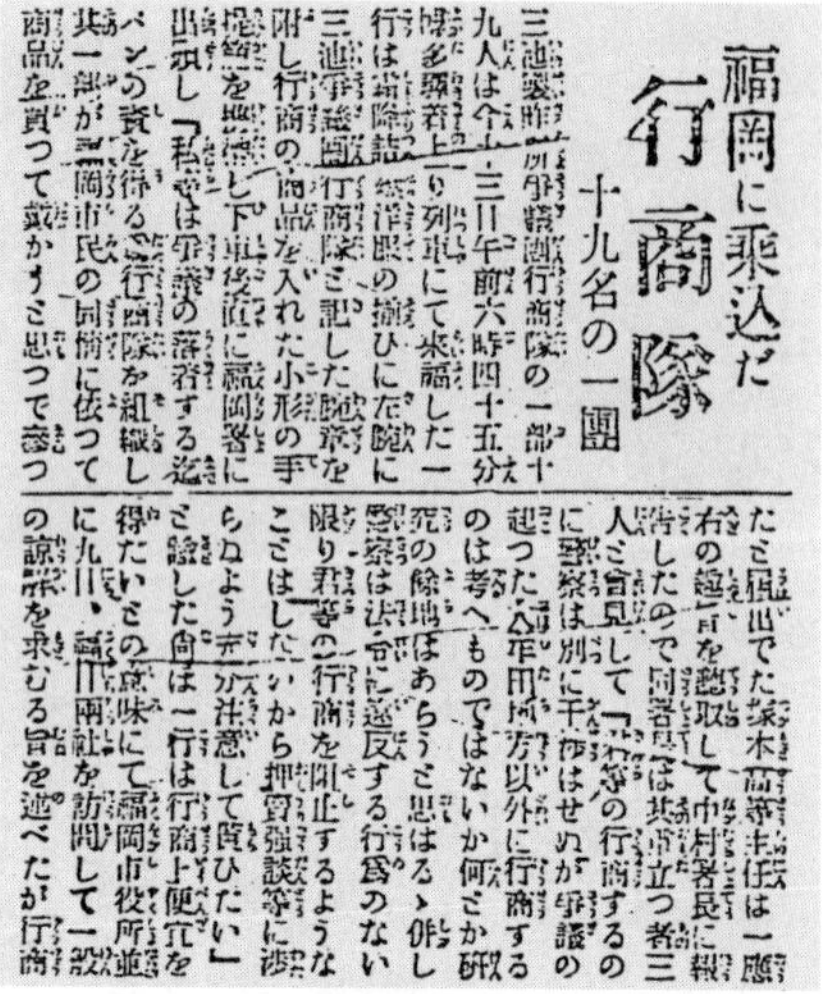

福岡に乗込だ
行商隊
十九名の一團

行商隊の活動ぶりを記事にした『福岡日日新聞』（大正13〔1924〕年６月12日付）

ニ従事ス、満二歳以上ノ者ニ対シ一日一人米三合支給、
現品ハ五日分位ヲ其家族ガ受取リニ来ルコトトス

伝令部　（ナシ）

会計部　本部経営ト支部経営トニ区別シ行商ノ売上高ハ各自所得トシ一人一日金十銭、五銭ハ本部へ、五銭ハ支部へ納入セシム

記録部　（ナシ）

「米騒動」までの争議と比べると、まことに「整然とした計画性充分な組織と活動を行い、その要求が労働者階級の基本的な利益を守る意識に貫かれていたのは実に長足の進歩であった」（『三池炭鉱史』）ということができる。

とりわけ行商部の活躍は、これまでの労働争議の経験と教訓を生かし、争議の長期化を支えた画期的なものであった。それはまた単に争議資金、生活資金を調達するだけでなく、「争議団行商趣意書」を地域住民の間に配ることによって、「争議に至る事情、争議の正当性、市民の協力」を訴え、地域住民の共感と同情を得ただけでなく、具体的な地域社会に争議支援の態勢をつくるのに役立った。「三池購買組合[40]によって大打撃を受けていた市内外商人」は、「争議資金を提供し、また演説会を開いて、市内商人の団結と争議団との共闘を呼びかけた」（同前書）。この項の冒頭に紹介した六月七日付『福岡日日新聞』も同記事の末尾で、「争議応援の演説会は六日午後一時より市商人有志団主催の下に、大牟田劇場に於て開催し、三池鉱業所購買組合撤廃の件に就き弁士代る代る熱烈なる雄弁を振い、又三池商工振興会主催の演説会は同日午後七時半より同劇場に於て同様開催された」と報じている。

「商品は購買組合に対抗していた大牟田市内の商人団体から安く卸してもらい、市価より一、二割高く売ったが、よく売れた」(『三池炭鉱史』)。「販売種目は拡大して米穀・酒類・呉服類を除くの外、日用品は菓子・味噌・醤油・漬物・文具・雑貨・小間物から生魚・野菜類の触れ売りを始め、陶器の糶売(せりうり)・桶の輪替・鍋釜の修繕・活動写真の興行迄凡(あら)ゆる方面に手をのばし大牟田市内は争議団の行商隊を以て充満され」(『福岡日日新聞』六月一六日付)た。「遠征隊は九州一円から広島まで足を延ばし、行商延人数は三万八〇四五人、総売上高五万七二九四円、一人あたり一日平均一円五一銭を稼いだ」(『三池炭鉱史』)という。

各地に散った行商隊の活動の一端を『福岡日日新聞』六月一四日付の記事で見ると、次のようである。見出しは「福岡に乗込だ／行商隊／十九名の一団」とある。

三池製作所争議団行商隊の一部十九人は今十三日午前六時四十五分博多駅着上り列車にて来福した。一行は霜降詰襟洋服の揃いに左腕に三池争議団行商隊と記した腕章を附し、行商の商品を入れた小形の手提籠を携帯し、下車後直に福岡署に出頭し「私等は争議の落着する迄パンの資を得る為行商隊を組織し、其一部が福岡市民の同情に依って商品を買って戴こうと思って参った」と届出でた。〔略〕署長は其重立つ者三人と会見して「君等の行商するのに警察は別に干渉はせぬが、争議の起った大牟田地方以外に行商するのは考えものではないか、何とか研究の余地はあろうと思わるる。併し警察は法令に違反する行為のない限り君等の行商を阻止するようなことはしないから押売強談等に渉らぬよう充分注意して貰いたい」と諭した。

なお、この同記事によると、行商隊はその後福岡市役所や九州日報、福岡日日新聞の両新聞社を訪問して「一般の諒解」を求めたようである。こうした慎重な配慮があって、争議団は地域社会の支持を拡げていったのである。

大牟田市長による争議調停

三池大争議の真っ最中、六月一四日付『福岡日日新聞』はその経済欄の「三池罷業結果重大」とした記事の中で、「今回の罷業は九州始めての組織立った坑山罷業である事、罷業団員に大牟田市民が絶大の後援を為して居る事、此の争議の解決如何では全九州各坑山迄に影響しそうな形勢である事は単に三池炭坑の一事件として看過出来難い性質のものである」と指摘している。これは三池大争議の意義を端的に表したものとして当を得ていると思われる。したがって三池鉱山会社としても社運をかけたたたかいとして、「争議が全資本対全労働者、いや国家対労働者の戦いであることを強調した」(『三池炭鉱史』)。

三池争議がよく統制のとれた「組織立った」大争議であったということは、六月二一日争議視察のため大牟田にやって来て、争議団本部一八名の委員と懇談した時の新庄福岡警察部長の意見の中にも窺われる。「今や争議の範囲も拡大し、殆ど二旬に亘り七千の団員が統制と秩序を保ち誠に美しき姿を以て行動して居られる事は内地に於けるレコードを破って居るが、中央からの視察員も悉く驚嘆の眼を見張って等しく称賛する所である」(『福岡日日新聞』六月二三日付)

時すでに岩井大牟田市長が争議仲裁の宣言をして、警察部長にも第三者としての応援を期待していた時期でもあったので、争議団の態度を「称揚」して市長に仲裁を依頼するよう勧告する意味もあったであろうが、実際争議団の統制ある団結力は、連日のように報道された新聞の争議記事の中でも指摘されたのである。

例えば「三池炭坑の労働争議は一時全山に波及すべく危険の状態に進んだが、秩序整然たる行動は現今冷静な態度に返りつつある傾向を呈してきた」(『福岡日日新聞』六月一〇日夕刊)。「今回の争議に於て労働者側が正々堂々と而も穏健な態度を持続して居る事は我々の最も多とする所である」(西田福岡鉱務署長談、同六月一七日付）など。

注目したいのは、六月二六日付『福岡日日新聞』に載った〝某当局談〟の「三池争議批判」の中に見られる次のような見解である。

「全国の視聴を集めた三井三池の労働争議は三週間の長時日に亘る争議の結果漸く解決の曙光を発見するに至った。今回の争議はその行動の平穏にして団体的な事、主張が思想的背景に根ざし、範囲が広汎でしかも従来の争議に見る労働ブローカーに禍いされる事なく、労働者自身の協力によって最も組織立った戦陣を布いた事は識者の等しく認め且つ驚いた事であった」。そしてさらにこの見解では「最も組織的な争議が行われたことについて、「資本家が意外な感に打たれると同時に脅威を感じた事は無理からぬ話である」とまで述べているのである。

しかし、このような争議も長引くにつれて様々な矛盾が顕在化してきた。

争議団行商部も「当初は市民の同情により売行極めて良好にして、殊に間々意外の儲けありて争議団の気勢大に昂りたれども時日を経るに従い市民の同情薄らぎ、漸次売行緩慢となり行商隊も以前程の元気なく追々飽気味となり」（『十年史』）、会社は「争議団に対し、個別的に解雇をほのめかして脱退をすすめ、その家族には米金を補給して脱退を説得させ、争議団幹部には解雇予告通知を出」（『三池炭鉱史』）すなど争議の切り崩しを図った。そればかりでなく、「憲兵隊を用い警官を使い、在郷軍人会をフルに活用した」（『米騒動と大正十三年の三池争議』）。なお同書は、六月一四日以降大牟田市ではストライキ（争議）に反対する立場からの様々な団体の動きや、「即時就業勧告・行商団謝絶勧告」などのチラシが配布された様子を述べ、「この局面は三池争議団にとっても決して猶予できない事態であったのである」と書いている。

こうした状況の中で会社側は、一四日に三池鉱業所所長を本部長に情報本部を設置し、「この争議が国家対労働者の戦いであることを強調し」（『三池炭鉱史』）て、絶対に争議団の要求に応じない決意を表明した。一方、「争議の形勢は三井系の製作工場及各炭山共約一万五千余人の労働者中その渦中に投じ又は余波に依て罷業を決行した総数は十四日午後五時頃迄に約五分の一に相当する三千余名に達し」（『福岡日日新聞』六月一五日付）、一六日午後には各所の争議団は連合会議を開き、夜一一時、連合争議団の名義で会社に対し要求条件の承認を求めた。交渉は翌朝午前五時まで続いたが、「要求は一項目もいれられなかった」（『三池炭鉱史』）。

この交渉の内容について、『福岡日日新聞』は六月一七日夕刊で、「会見夜を徹して／解決の曙光を認む」という見出しを掲げ、「炭坑社側と争議団との交渉顛末は極めて秘密の間に収められている」が、「約六時間の意見交換及び相互間の温情を以て解決する一大曙光を認めたるものの如く」と楽観的な記事を載せたが、同紙一八日夕刊では一転して、「争議団幹部の分裂／総同盟から脱退」とか「幹部間に暗闘の渦巻き」などの見出しのもとに、「会見席上で争議勃発の原因が市内某政党と争議団最高幹部との間に密接な関係が結ばれ密会所で会合する事実と物資の寄贈が政党地盤拡張の具に供せられたとの事から幹部間内部の暗闘が暴露され某幹部の如きは卒倒した騒ぎに、これをはじめて知った製作所以外の争議団幹部では、苟くも労働者は生活向上の一路を辿って真剣となり団結したのに、その動機が一政治家の私心の為に一万二千の労働者を喰物とするとは何事ぞ。我々は斯の如き集団と共同聯盟に加入するを潔しとしないと激憤し、三池染料工業所万田炭坑宮ノ浦三炭坑の三争議団では蹶然起って争議同盟総本部から脱退の旨を宣言し十八日から独立行動に出た」と報じた。

このことに関して『三池炭鉱史』は、製作所争議団副団長（連合争議団団長）中村亀吉からの聞き取りをもとに大要次のように書いている。

争議団の要求に対し、尾形鉱業所長が「争議団の組織が整然としていて、素人とは思えない。争議に経験がある労働ブローカー〔争議の時、会社側労働者側の双方から礼金を取って仲裁する職業〕からあやつられて指導されている」と言ったのに対して、製作所争議団副団長城島友吉が強く否定し反論すると、会社のスパイであった争議団幹部の一人が、城島が料理屋の二階で「労働ブローカーと密会」していたことを暴露したため、

「染料争議団幹部は憤然として席を立った」、そして「中村亀吉はこの裏切りに対する怒りと連日の疲れで、手に茶碗を持ったまま卒倒した」というのである。

同書はさらに書いている。「染料争議団は、独自に染料工業所長と交渉したが失敗し、さらに争議続行派と中止派に分裂した。製作所争議団長山名千代吉は、社員であった兄の説得で争議団を脱退した」と。「山名争議団長脱退」の記事は二一日の新聞に載った。

会社側が「労働ブローカー」と指摘した人物とは誰か。新聞記事に散見する総同盟や北九州鉄工組合から争議の支援のため大牟田に「潜入」していた労働運動の活動家たちであった。いくつかの記事を例示しよう。

「大牟田署では形勢容易ならずと見てここ両三日来活動を開始し、八日の夜変装警官隊の手により北九州鉄工組合の社会主義者広安某〔広安栄一〕を〔略〕探知し前記四名を検束し取調中である」

「三池労働争議応援の為勃発当時関西大阪同盟の北九州支部より広安外二名が大牟田に潜行し官憲の為退去したが、争議の形勢が停頓したので、更に本月十六日頃から東京から総同盟の藤岡文六、北九州支部より浅原某〔浅原健三〕その他一名潜行し計画するところあり、頻りに応援策を講じていたが大牟田署では社会主義者の行動として厳探中」

総同盟との連携については、争議団内部でも賛否両論あった。六月一四日付『福岡日日新聞』の報道によれば、染料工業所争議団某幹部は「私共は各争議団と連合して力を合わせ会社側に交渉する考えであるが、もし要求が容れられぬ場合は日本労働総同盟と交渉して連絡をとり局面展開を試みる考えである」と語ったという。

総同盟系の支援オルグを会社側は「労働ブローカー」と攻撃し、警察は社会主義者として追及した。こうして、たたかう三池の労働者は労働運動の本流である総同盟と切り離され、組織を分断されて大牟田市長の調停に頼らざるを得ないようにされたのである。

六月二三日、岩井大牟田市長は争議団本部および炭鉱社本部とそれぞれ別個に会見し、労資双方の承認をとりつけ調停にのりだすことになった。ところがその日の夜、連合争議団幹部に不信を持つ万田、勝立、宮ノ浦、宮ノ原の四炭鉱争議団が、市長の仲裁を待たず直接交渉することを炭鉱社側に要求して連合争議団から脱退した。

連合争議団は分裂し、製作所争議団は二五日夜、大牟田市長の調停斡旋を受け入れることにして会社側と会見、二六日未明手打ち式を行い、二三日間にわたった三池争議もその半数は「円満解決」を告げるに至った。労使双方の意見をまとめ、大牟田市長の手で成立した調停は次のようなものであった。

第一、賃金値上げについては、この際双方とも一切これに触れぬ事。但し会社側は相当時期において相当の形式により能率増進を認めた後、労働者の実収入の途を講ずる事。

第二、さきに争議団から提出した要求条件については、将来改善の要を認むるものはこれを改善し、廃止すべきものはこれを廃止すべく会社は誠意を以て解決すべき事。

第三、罷業中の日給の半額は家族慰安金として会社側から貸与し、一ケ月皆勤の後家族見舞金として此れを支給する事。

第四、少数の馘首者を出すことは止むを得ぬことであるが、該問題は相互に更に協議の余地を残しおく事。

第五、争議団は残務整理行商隊の帰還手続きをとり二七日から就業する事。

（『福岡日日新聞』六月二七日付）

連合争議団から離脱して直接交渉を図った炭鉱争議団も、三〇日、市長の調停で解決した。「円満解決」のように見えたが、この調停の内容がわかると、一般争議団員の中には、このような屈辱的な条件には絶対反対の立場から争議続行の意見が表面化し、「和議派四割・反対派六割」と新聞に書かれる状態であったので、争議団内部での説得に時間がかかった。そのため、実際に全員が就業し大争議に終止符が打たれたのは七月四日であった。

結局、五八名の争議指導者が解雇され、「大正十三年の大争議は労働者の秩序ある大規模な最初の闘争であったが、強大な三井資本の支配体制のまえにはまだ無力であり結果的には全くの惨敗に終った」（『十年史』）。これが「三池大争議」に対する一般的な評価であろうが、「しかし市長調停条件実施の結果、実質賃金で採運炭夫一割三分、職工日雇二割七分の賃上げとなり、業務上傷病手当の改善、共愛組合の改善などもかちとった」（『三池炭鉱史』）という側面を全く無視することはあまりにも清算主義的に過ぎるであろう。

当時、一九二二年に誕生したばかりの日本共産党は、その翌年の六月に最初の一斉検挙に遭い（第一次共産党事件）、三池大争議の直前の二月に解党決議を行ってその存在意義を失っていた。また、唯一、革命的労働組合としての性格を強めてきた日本労働総同盟（総同盟）も、この年の二月以降幹部間の左右対立が激化し、翌二五年の総同盟分裂を避けられないものとしていた。こうした労働側にとって不利な状況下では、経済的要求で強固に団結した争議も、三池一国の孤立したたたかいとなり、争議後は巧妙な労務政策を梃子に労使協調路線が押しすすめられ、やがて軍部の管理下に「産業報国」に邁進させられることになった。三池の労働者がこの三池大争議のたたかいの教訓を生かして、再び〝大資本三池〟と対決するようになるのは戦後になってからである。

7　農民運動・小作争議の展開

(1)　小作騒動から小作人組合の結成

福岡県の農民運動・小作争議が本格的・全県的に展開されるようになったのは、やはり一九二二年四月に日本農民組合が結成され、「小作料永久三割減」が統一的要求として全国的にたたかわれるようになってからである。

しかしそれ以前でも、明治初年の地租改正以後、幕藩体制の封建時代と変わらない公租負担に苦しんだ農民・小作農民は、地租改正反対・小作料減額などを要求して度々一揆、騒擾を起こしていた。その中でも、小作争議（騒動）として代表的なものは、一九〇一年の浮羽郡川会村（現田主丸町）の「小作騒動」であろう。

浮羽郡川会村小作争議

この騒動の発端は、一八七三年に公布された地租改正条例によって、他の地方は旧藩時代より一割乃至一割五分を減額した小作料を定めたのに、浮羽郡一帯は従来と変わらず小作料が高額のままであったため、浮羽郡江南村（現吉井町）の小御門民次郎という者が、浮羽郡を中心に三井・朝倉郡の一部にわたって小作料永久一割減の要求運動を始めたことにあるという。そしてこの運動は、その後次第に筑後地方から筑前地方に波及し、地租改正後旧藩時代の小作料を改定していなかった地方も約一割の小作料永久減額で解決した。

この時一九〇一年一二月、浮羽郡川会村・竹野村・柴刈村三村の一八〇〇名も関係地主一三〇名に対し小作米減額の要求をもって交渉した。その結果、翌年の一月までに永久一割減を基本として解決した。ところが二月早々、川会村地主会は、前言を翻して当年五分引きを宣言した。この回答に接した小作人側は、こうなったら非常手段に訴えるほかないとして、小学校児童の同盟休校を決行し、さらに示威的行動に出て村長有志者に調停斡旋を依頼しようとした。

これに対し二月三日、所轄の田主丸警察分署は集合した小作人たちに解散を命じ、主だった総代を田主丸分署に留置した。激昂した小作人たちは新たに総代を選び、応援に来た竹野村の小作人も加わって強硬地主二、三の住家を襲い、戸障子を破壊し家屋・土蔵に乱入した。騒ぎは四日午前四時頃収まって一同引き揚げたが、警察署長は直ちに「犯人」の逮捕に着手し、検挙された農民は四〇〇名に及んだ。翌一九〇六年三月、福岡地方裁判所は二四三名に刑法一三二条の凶徒聚衆罪を適用して、総代など指導的役割を果たした者四一名に三、四年の重禁錮、付和随行者に罰金（一五円以下五円以上）を課した。その後、「刑期を終えてこれらの人達が帰る時に、全戸を挙げて出迎え労をねぎらった」（矢野信保「亀山騒動について」(41)）という。

この騒動について『福岡日日新聞』は二月九日付と同月一一日付の二回にわたり「小作人暴挙事件」としてかなり詳しい記事を載せているが、最後を次のように結んで、事件が偶発的であり、村当局や警察の対応のまずさを指摘している。

之を要するに、今回の椿事は前既に報じたる如く他に何の原因あるに非ず。彼の旧生葉郡〔浮羽郡〕の余波を受けて不慮の衝突を来したるものなるが、この衝突の来たらんとする以前、地主小作人との談判は数十日の久しきに渉りたるを以て〔略〕村長に於て未発に察せず、警察に於て未発に防ぐ能わざりしは頗る遺憾とする所なり。然るに小作人中一人として凶器を携帯し居らざるより察すれば、あるいはその暴挙の一刻時前迄は彼が如き挙動に出んとは思わざりしやも未だ知るべからず。とにかくこれらの事は善後処分の進行するに従って自ずから明瞭たらんのみ（七日田主丸発）。

騒動の結果、「小作料一割減額の要求は結局有耶無耶に帰してしまった」（『福岡県農地改革史 上巻』一九五〇年）が、大正末期に日本農民組合を中心とする小作料軽減運動が勃発すると、「前回の騒動に懲りて川会村農会が調停に介入して円満解決」（同前）し、芝刈・竹野の両村も同様に小作料を減額改定したという。

同時期（二～三月）には、三井郡北野町、早良郡田隈村（現福岡市早良区）などでも小作料減額をめぐって紛議が起こり、郡長・村長などが斡旋に乗り出す事態になった。

以上のように明治時代でも度々小作騒動が起こっているが、多くは凶作による小作料減免の要求にもとづくもので、自然発生的な、局地的・散発的なもので、まだ小作争議というより不作年の小作慣行とも言えるものであった。

産米検査反対運動と初期小作組合

一九一一年、福岡県の産米検査に関する規則が施行され、農民が生産した米穀全部について検査を行うようになると、小作人が地主に納める小作米もすべて検査を受けなければならないようになり、小作人は検査の煩雑、余計な労賃の負担増加などで大きな損害を受けるようになった。すなわち産米検査にあたっては、米穀の乾燥調整包装について厳重な統制が行われ、検査の結果合格米と不合格米とに分け、合格米も一～四等の等級に区分した。もちろん地主は合格米だけを小作米として要求し、不合格米を納入すれば一定の罰米を徴収することにした。

これに加えて、それまで所（藩）によって違っていた一俵の容量を四斗と統一した。従って同じ福岡県でも、豊前地方（旧小笠原藩）は、それまで一俵四斗に込米（慣行による割り増し米）二升であったのが、産米検査にあたり一俵が四斗になったため、事実上込米が廃止されることとなった。ところが、従来一俵三斗三升入りとし、込米一升の筑前地方（旧黒田藩）や一俵三斗三升入り込米二～三升の筑後地方（旧有馬・立花・三池藩）はむしろ小作米の比重は高くなったため、産米検査反対の機運が強まり小作組合の設立が相次いだ。

例えば一九一八（大正七）年に設立された浮羽郡東部の福富村他六カ村の小作人二百四百余名の小作人組合農業団は、小作田一反歩につき三銭の会費を徴収して維持費にあて、「旧来の慣習に従い一俵三斗五升入上桝たること」を申し合わせて四斗入制に反対した。この「農業団」は一九二三年以後、日本農民組合に加入して浮羽郡連合会となった。

また、一九二一年に農民（地主、自作農、小作農）一七〇〇名で組織された山門郡大和村農民団も、「如何なる要求あるも今後は一切改良四斗俵を拵（こしら）えざること」を申し合わせた。

以上のように産米検査の実施は小作人の自覚をうながし、その組織化を促進したのであるが、その背景には一九一八年の「米騒動」やそれ以後の炭坑・工場の労働争議の高揚があったことは当然である。

こうして産米検査反対を契機に各地に組織されていった小作人組合は、次第に局地的なものから地域的なものに統合され、階級的組織としての性格を帯びるとともに、小作料永久減額を要求の中心に据えた本格的な小作争議をたたかうようになったのである。

このような小作人組合としては、一九一九年に阿部乙吉によって組織された宗像郡小作人会や安武長兵衛主唱による粕屋郡農業連合会がある。これらの小作人組合は、労賃肥料代の高騰を理由に小作料一割五分〜二割の減額を地主に要求し、おおむね一割内外の小作料減額などの小作人要求をある程度満たして解決した。

この他、『福岡県農地改革史』が自然発生的小作組合の設立として列挙しているものに、早良郡入部（いるべ）村小作同業組合、同郡金武村小作組合、糸島郡雷山村小作組合、同郡長糸村小作組合、筑紫郡二日市町小作組合、同郡山家（やまえ）村小作組合、八女郡上妻村祈禱院小作組合、同郡豊岡村小作人組合がある。

(2) 日本農民組合の結成と農民運動の発展

日本農民組合福岡県連合会結成まで

「農は国の基であり、農民は国の宝である」で始まり、「日本の農民よ、団結せよ！　然して田園に、山林に、天与の自由を呼吸せよ！　我等は公儀の支配する世界を創造せんが為に、此処に犠牲と熱愛をささげて窮乏せる農民の解放を期す」ことを宣言して、日本で最初の全国的農民組織である日本農民組合（日農）が神戸市山手キリスト教青年会館で創立されたのは、一九二二年四月九日であった。日本農民組合はその主張に、耕地の社会化、全国的農民組合の確立、農業日雇労働者最低賃金保証、小作立法の確立、農民学校の普及など二一項目を掲げた。

この日本農民組合創立大会に参加した粕屋郡農会の農業技手高崎正戸（まさと）は、大会で決議された農民学校を福岡県にも設置しようとして、杉山元治郎、賀川豊彦の来援を得て一九二三年四月一日、宗像郡吉武村に九州農民学校を開設した。

さらに九月七日には日本農民組合総本部から行政長蔵（ゆきまさちょうぞう）などの来援を受けて、宗像郡小作人総会を東郷町公会堂で開催し、次の闘争題目を決議した。

一、従来の小作人会を小作組合と改称すること
一、小作料は永久三割減にて些かも減ぜざること
一、土地は如何なることがあっても地主に返還せざること
一、小作料は三割減の実現するまで郡内全部納付せざること

一〇月一六日には早良・糸島郡農民大会も開催され、一〇月三〇日に高崎正戸を会長に日農九州連合会が結成された。

日農九州連合会の創立大会は、福岡市外箱崎町（現福岡市東区）公会堂で開催されたが、当時の新聞報道によると、「来会者は堂外に溢れ、箱崎署の警官は総動員にて吉岡署長を初め幹部連其他所轄内の駐在巡査を召集して場内に配置し物々しい警戒」（『福岡日日新聞』一〇月三一日）ぶりであったという。大会は弁士に対する官憲の相次ぐ「注意！」、「中止！」で騒然とする中、次の三項目を決議した。

一、農村の教育を振興せしむること
一、糞尿汲取に対する掃除米全廃の件

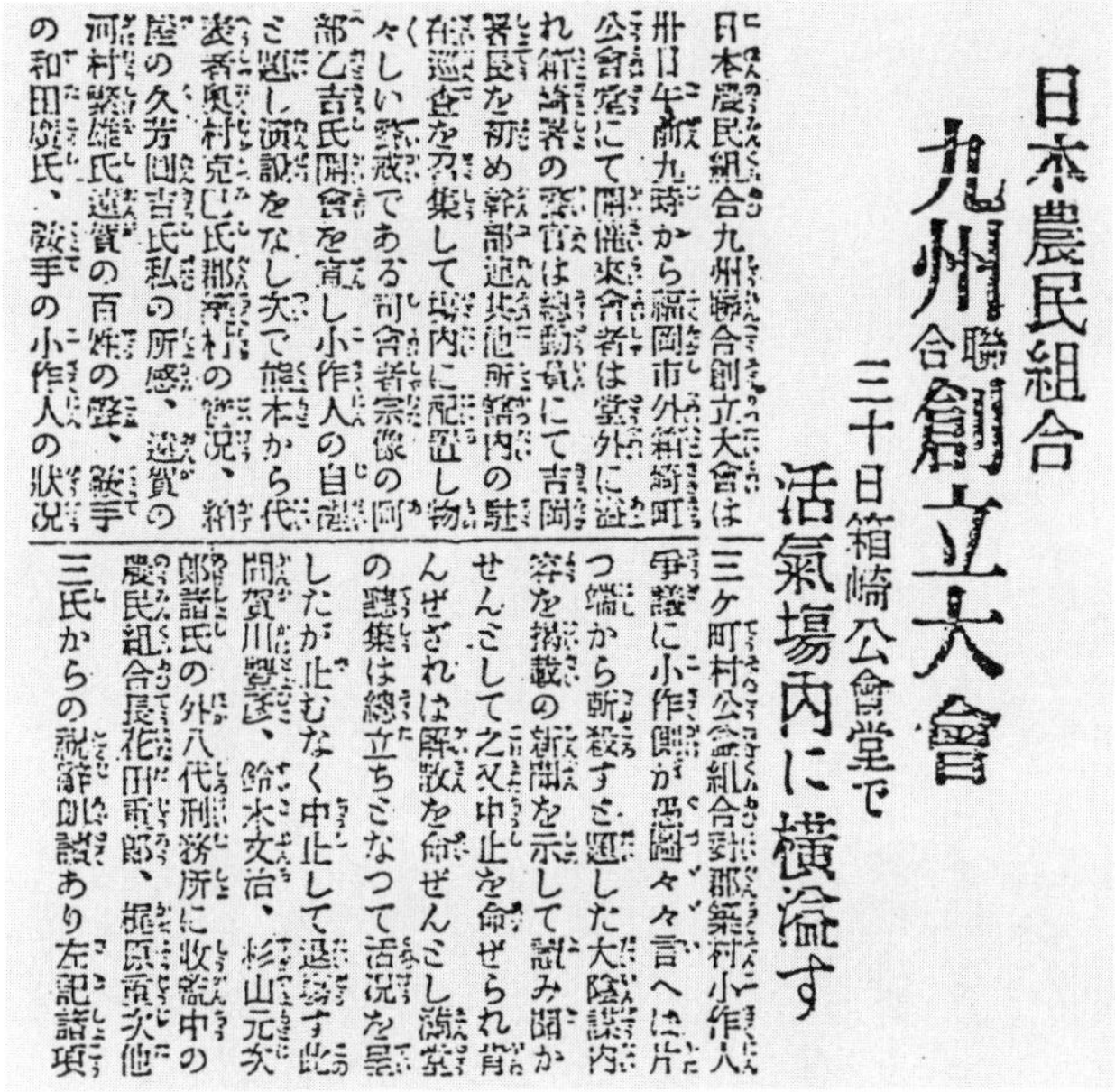
日本農民組合 九州聯合創立大會
三十日箱崎公會堂で 活氣場内に横溢す

日本農民組合九州聯合創立大會は卅日午前九時から福岡市外箱崎町公會堂にて開催來會者は堂外に溢れ箱崎署の警官は總動員にて吉岡署長を初め幹部連其他所轄内の駐在巡査を召集して場内に配置し物々しい警戒である司會者宗像の岡部乙吉氏開會を宣し小作人の自覺と題し演説をなし次で熊本から代表者奥村克己氏郡築村の實況、納屋の久芳岡吉氏私の所感、遠賀の河村繁雄氏遠賀の百姓の聲、鞍手の和田俊氏、鞍手の小作人の狀況三ケ町村公益組合對郡築村小作人爭議に小作側が惡闘々々言へば片つ端から斬殺すと題した大隈談判内容を掲載の新聞を示して讀み聞かせんとして之又中止を命ぜられ背んぜざれば解散を命ぜんとし激昂の聽衆は總立ちとなつて活況を呈したが止むなく中止して退場す此間賀川豐彦、鈴木文治、杉山元次郎諸氏の外八代刑務所に收監中の農民組合長花田武郎、堀原貢次他三氏からの祝辭朗讀あり左記諸項

日農九州連合創立大会を報じる『福岡日日新聞』（大正12〔1923〕年10月31日）

一、永久に小作料を軽減する件

この日農九州連合会が各地の農民組織・組合を日本農民組合の傘下に統一する運動を進め、翌一九二四年三月の日本農民組合九州同盟会の結成に至り、福岡県だけでなく佐賀・熊本をはじめ全九州の農民運動の指導機関としての役割を果たすようになったのである。

三月一九日の日農九州同盟会創立大会の模様については各紙が大きく報じた。例えば『九州日報』は一九日の夕刊と翌日の朝刊に、「妥協なき解放を叫びて／日本農民組合九州同盟会創立大会／参集者約三千人に達す」という見出しで連続記事を掲載した。それによると会場は福岡市記念館で、福岡・熊本・宮崎各県の組合所在地および鹿児島・大分・長崎・佐賀各県代表者を含む三〇〇〇人が参集した。日本農民組合の宣言を朗読決定した後議事に入り、「〇地主の土地売逃げ・自作農創成反対　〇小作争議調停法案・小作法案反対　青年部、婦人部設置　〇来る総選挙に対する態度」など二〇項目の大部分を可決した。日本農民組合の機関紙『土地と自由』[42]は、創立大会一カ月後の大正一三（一九二四）年四月二〇日付（第二八号）で「九州連合会報告」[43]を載せているが、大会の雰囲気を次のように伝えている。

さては宮崎県飯野支部と云う遠路を出て来た代議員を初めとして、福岡県下筑紫郡の十支部、糸島郡の七支部、早良郡の七支部、粕屋郡の十支部、宗像郡の二支部、遠賀郡の二支部、鞍手郡の三支部、福岡市の二支部、三井郡の一支部の各地方の代議員及傍聴者がどしどしとおしかける。警察は示威運動をしてはならない、二、三十人ずつの小隊に切って会場に乗り込んで貰いたいと云うのであったが、同盟会本部に新調の支部旗を用意してあるのを受けとっては、支部支部は、会場たる記念館にぞろぞろと歩いて乗込むので、数千の人員のことで、示威運動を許さないと云ったに拘わらず、事実は一大長蛇の列となって、デモンストレーションをなして十時すぎに会場に到着した。

同紙はさらに、大会の議事内容などを緊急動議も含めて詳しく報じ、最後にわざわざ「九州同盟会創立大会の協議は教育的意義に重きを置き、全国大会の議案をそのままに提案したのが多数であった。然し乍ら全国大会に於ける討議に比しより多く農民的に面白かったことを云って置く」と結んで、活気横溢した大会であったことに触れている。

なお、日農九州同盟会創立大会には、友誼団体として日本労働総同盟浅原健三、九州水平社松本治一郎が祝辞を述べている。これは、労働運動・農民運動・水平社運動が相提携し、相互に支え合って働く者の要求実現のためにたたかったことを示しているが、そのことは具体的な運動の展開の中で明らかにしていきたい。

福岡県では一二月一一日に日本農民組合福岡県連合会が、同じ福岡市記念館で結成された。この創立総会では日本労働総同盟会長鈴木文治が演説した。

こうして日本農民組合創立後、福岡県でも急速に農民の組織化が進み、農民組合ができると同時に県下各地で日本農民組合が掲げた「農民よ団結せよ！」、「小作料三割減」のスローガンのもとに農民運動が展開され、宗像・鞍手・早良・糸島・粕屋・筑紫・浮羽など各郡に小作争議が燎原の火のように拡大していった。その後も日農福岡県連合会の旗は、朝倉・三井・山門・嘉穂・遠賀・田川・築上・京都（みやこ）の農村にうちたてられ、一九二六年には組合支部数一〇二、組合員数一〇二七三名[44]と全国有数の農民組織に発展したのである。

「稼ぐに追抜く貧乏神」

福岡県農会では大正一二（一九二三）年度農家経済調査をやっているが、それによると筑前地方の小作農の実態はおおよそ次のようなものであった。

家族七人（夫婦と老婆、子供四人――十一歳から三歳）で、水稲八十二畝（約八一アール余）、裸麦・小麦・れんげ草・なたね（裏作八十畝）、そら豆十六畝（畦畔（けいはん）利用）の借地耕作をやり、年間の収益は、米三八〇円九一銭のほか鶏、卵、かいこなどの副業を含めて合計一一三三円三六銭余であるが、農業経営費七八一円一四銭を引けば純利益はおよそ四五二円二二銭になる。ところが支出の方は、小作料一五七円九六銭四厘を含めて一七六三円三三銭余で、総収益と差し引き五二九円九六銭余の欠損をしめしている。農業経営費を差し引いた純利益との差は、実に一三〇〇円以上の赤字である。

「稼ぐに追抜く貧乏神」という見出しで、この調査結果を報じた『福岡日日新聞』（大正一三〔一九二四〕年一二月一日付）の記者は次のような記事を書いている。

記者の郷里の地方の某小学校の一生徒は斯んな童謡を作って先生を泣かせた話がある。

「父さん母さん／なぜ百姓になった／朝から晩まで／まっくろになって働いて／百姓なんて馬鹿馬鹿しい／田畑千円馬二百円／これを売ったら名古屋で立派に商売できる」

――田畑千円馬二百円、これを売ったら――幼い少年がもう斯んなに迄叫ばずにはいられないのだ、悲痛と云おうより、寧ろ恐ろしさを覚える程である。

当時、まだ残っていた未解放部落の農民の生活は、封建社会の遺制としての身分的差別の重みも加わって一層ひどい状態であった。

福岡県旧早良郡西部農村（現福岡市西区）の古老の話(45)によれば、小作地として地主から借りられる土地は、深田（ふかだ）といわれた湿田などが多く、裏作に麦も作れない。米は豊作の年でも一反歩（一〇畝＝約九・九アール）につき一石七斗位の収穫しかなく（普通は上田で二石六斗前後）、そのうち小作料として一石三斗余り出さなくてはならないので、小作料を払えば二町歩（二ヘクタール）以上の小作者でも一年間の食糧には不足するという有様だった。たいていの小作人は万石を通して先の方に落ちたよい米を小作米として出して、自分たちは「クダケ」というくず米を食べるほかなかった。その上、肥料（金肥）代や牛馬を養う費用、日用品代、税金、農機具代など、どうしても現金が要る。だから女はかます、なわ、ぞうりなどの藁細工などの副業に精を出し、男は農業の合間に土工に行ったり、地主や醤油屋に雇われて働いた。

地主のところで男衆（おとこしゅ）（作男）として出奉公に行っても、一カ月に一五日とか二〇日とか働いて一年間に米八俵から一〇俵であった（一俵三斗四升入り）。三反歩の「田の草とり」に行って、五回這って一俵もらってきたが虫食いや「クダケ」で正味二斗五升にしかならなかった、という話もある。

部落の子供たちは学校に弁当を持っていけず、昼食時には外で遊んでいるほかなかった。米がなくて地主から借りれば、一俵（三斗四升）につき八升の利を取られたという。

男衆として地主のところに行けば、厩（うまや）の前で食事をさせられ、麦飯にカボチャばかり。洗っていない食器や、中には猫の茶碗で食べさせられたというような話はいくらでもある。

このような貧困と差別の中で農業に励み、必死で生活を支えてきた未解放部落の小作農民が中心になって、農民組合が組織され、小作争議もたたかわれたのである。

「末は我が身のつくりどり」

一九二四年一二月に日本農民組合福岡県連合会が結成される頃になると、創立当初は人道主義的改良主義・協調主義（日農の創始者賀川豊彦、杉山元治郎はともにクリスチャンであった）の色合いを強くもっていた日本農民組合自体が質的に変化していった。

それは、たたかいの中で団結の威力を知った一般の小作農民が階級的に目覚め、改良主義的指導者を乗り越えていったからである。特に日農が掲げた「小作料永久三割減」の要求は、それまでの不作などを理由にした「一時的減免要求」と違って、当年度だけでは解決できない場合がほとんどであった。したがって永久一割五分～二割五分で要求の一部が通っても、「永久三割減」のたたかいはさらに継続し、そのために農民組合の組織を一層強くする必要があった。大正末から昭和初期にかけて、西日本各地のたたかいの中で広く唄われた「小作農民のうた」は当時の農民の気概をよく表わしている。

一、みずほの国と　名はよいけれど　ノーエ
　なぜに　百姓は　めしゃくえぬ
　　オセオセオセ　ソジャナイカ　ドンドン（以下くりかえし）

二、今年ゃ三割　来年五割　ノーエ
　末は　我が身（小作）のつくりどり
三、一致団結　赤旗立てて　ノーエ
　つくや　地主の　ももたぶら

唄の二番にあるように「末は我が身のつくりどり」、すなわち「耕作権の確立」にとどまらず「土地を働く農民へ」（地主的土地所有制の否定）の展望をもってたたかうようになったのである。

当然のことながら、小作争議の件数も飛躍的に増加した。農林省編『地方別小作争議概要』（お茶の水書房、一九七九年（以下『概要』））を見ると、福岡県大正期後半の年次別争議発生件数は〈表1〉のようになっている。

日農九州連合会が結成され、宗像・早良・糸島・粕屋・筑紫などの各郡で相次いで農民大会が開かれ、農民組合の組織化が進んだ一九二三年には争議件数も前年の二倍に急増し、一九二五年にはさらにその二倍を数え、ピークに達した。

この表にない一九二六年の争議概況について、前記『概要』は文章で詳しく説明している。それによると大要次のようになっている。

〈表１〉 福岡県年次別争議件数

年	1918（大正７）	1919	1920	1921	1922	1923	1924	1925
件数	18	10	14	22	55	115	81	227

〈表２〉 小作争議原因別表（1926年）

種　別	件数
総件数	92
小作権又ハ小作地引き上げ	44
風水害病虫害ソノ他ノ不作	17
小作料ノ高率	10
思想ノ変化及模倣	10
小作料ノ滞納	10
其ノ他	1

一九二六年に新たに発生したものは九二件で、前年より繰越繋争中のもの六九件、合計一五九件[46]である。そのうち多い地方は糸島郡二〇件、嘉穂郡一一件、朝倉郡一〇件で、次いで田川・浮羽・筑紫・遠賀・宗像の諸郡が続いており、「今ヤ県下全般ニ及ハントスルノ状況」であった。

福岡県で特に注目すべきは、争議の五〇％以上（四四件）は小作権または小作地引き上げに関するものであることである（『概要』）〈表2〉。これは「日本農民組合ノ活動熾烈ニシテ」、「多額ノ小作料減額要求又ハ永久的小作料改定ノ要求ニ遭」い地主がとった方法であった。

小作人側がとった具体的な戦術は、小作料の不納同盟、小学児童の同盟休校、小作料の控除納入、地主に無断永年作物の植付け、肥料代・食料代の不払いなどで、一面、日農（九州）連合会や付近支部の応援を求め、「小作地全部ノ共同植付ヲ行イ或ハ表土ヲ他ニ運搬利用シ耕作を不能ナラシムルカ如キ手段」をとった。

これに対し地主側は、小作料の請求訴訟、立毛（たちげ）（刈り取る前の成育中の稲）の仮差し押さえ、動産（モミ、家財、農具など）の仮差し押さえ、土地の返還請求訴訟、土地立入り禁止などの手段をとって未納小作料の取り立てまたは土地の引き上げを強行しようとした。

結局、『概要』は結末として「一五年発生争議中解決シタルモノ六二件、未解決ノ三九件アリ。然シテ其ノ解決ハ妥協ニ依ル大部分ニシテ耕地返還及自然消滅トナレルモノ一、二件アリ」と記している。一九二五～二六年の小作争議の激化は、福岡県だけの特殊事情ではなかった。戦前で小作争議件数が全国で三〇〇〇件を突破するのは一九三一年であるが、それ以前でいえば、一九二六年が二七五一件で最高である（『日本農民運動史』東洋経済新報社、一九六一年。再版・お茶の水書房、一九七七年）。

以上のような農民闘争の高まりに対して、地主側は各地で地主組合を作って農民組合に対抗[47]した。裁判所や警察などの国家権力は、小作調停法[48]（一九二四年一二月一日より実施）や自作農創設維持法[49]、さらには暴力行為取締法など[50]を使って小作争議の沈静化、さもなくば弾圧に努めたのである。

この時期（一九二四～二五年）には日本全国で長期化した激しい小作争議がたたかわれた。全国的に有名なのは新潟県木崎村争議、香川県伏石争議、熊本県郡築争議などであるが、福岡県の事例として糸島郡怡土村（現前原市）および早良郡壱岐村の小作争議を見てみよう。

糸島郡怡土村末永の小作争議

糸島郡怡土村末永の小作争議は、福岡県下で最も長期にわたってたたかわれた争議である。それは、第一次争議（一九二三年一二月～二五年三月）と第二次争議（一九二五年一二月～二六年六月）に分けられるが、いずれも小作調停法にもとづく調停によって解決した。

第一次争議は一九二三年一二月五日、日本農民組合に加盟した小作農民が地主に対して小作料永久三割減を要求したが、地主がこれに応じなかったことが発端になった。地主側（一九名）は小作人ら（二六名）が固く団結したことに憤り、最硬派と思われる小作人五名に対して小作米仮差し押さえを申請した。この際某地主は、自己関係の小作地に直接鍬入れをしようとして二六名の小作人に妨害され、地主側もまたその地主に味方して十余名が参集して小競り合いが起きたが、所轄署員の鎮撫によってようやく引き揚げたという。

一九二四年一〇月には、地主側はまた小作人五名に対し小作米請求訴訟を起こし、立毛の仮差し押さえを執行しようとした。小作人側もまたその稲の共同刈り取りをし、遂に強要脅迫公務執行妨害事件に発展した。このことについて一二月一二日付『福岡日日新聞』は次のような記事を載せた。

福岡県糸島郡怡土村末永に二カ月前地主の立毛差押に付小作人数十人が執達吏の職務を妨害した事件につき、前原署では去る八日より九州農民組合幹部及び末永の小作人男女約四十名を召喚し、草野署長以下数名並に県刑事課より出張した山田警部補、萩尾刑事部長と共に物々しい調査をなしいたるが、昨十日までに全く終了し全部帰宅を許して、高崎正戸氏外十七名に対する一件書類を送った由。

このようにして争議は益々深刻化していったが、地主の大部分は遂に一九二五年三月四日、「調停法」による調停申し立てをし、「申立人（地主）ハ相手方（小作人）等ニ対シテ大正一二年度小作米ハ従来ノ附口ヨリ四割ヲ減額スルコト」をはじめ七項目の調停項目をもって解決した。

ところが、「某地主ハ右調停成立後モ尚頑強ノ態度ヲ持シ、土地返還及之ニ伴フ土地立入禁止処分等ノ申請ヲ為シ、飽迄法廷戦ニ依リ小作人ヲ圧伏セントスル手段ニデタリ」（『概要』）と官側の調査資料に書かれる地主もいたのである。

第二次争議の原因は、前回の調停条項の中に「相手方（小作人）等ハ申立人（地主）等ニ対シ大正十二年度及大正十三年度ノ小作料ハ大正十四年六月末迄ニ出来得ル限リ納入シ」云々とあるのに、小作人側は一二人の者が「申訳的ニ僅少ノ納米ヲ為シタルノミニシテ」、その上、「十四年度ノ稲作風害ニ依ル減収ヲ理由ニ小作料二割減額方ヲ要求シタ」ところ、地主側は結束してこれを拒否した（一九二五年一二月一五日？）ことにある。関係地主一五名、小作人二一名であった。

地主側は前調停条項を楯にとって、翌年二月一五日に小作米納入の催告状を発し、同月二二日土地返還強制執行を申請し、五月二七日強制処分の執行が行われた。これに対し、小作人側は直ちに異議の申し立てをしながら、[51]日農九州連合会の応援を得て檄文を配布するなど、「争議ハ紛糾ニ紛糾ヲ極メタ」（『概要』）という。

結局、小作官[52]が日農福岡県連合会長や郡長および村当局と協力し、「不眠不休地主・小作人間ヲ奔走斡旋シタル結果」（『概要』）、六月一一日に左記の条件で解決した。

仲裁条項（八項目）

一、大正十四年五月二十八日協定ノ調停事項ハ有効トシテ延用スルコト
二、大正十四年度小作米ハ定額ノ七割ヲ大正十五年六月三十日迄ニ耕地引受ト引換ニ納付スルコト
三、地主ハ別表第一号（省略）記載ノ土地ヲ大正十五年ヨリ同十八年迄四カ年間小作人ニ小作セシムルコト〔略〕
〔以下四〜八、略〕

日農の機関紙『土地と自由』（大正一五〔一九二六〕年七月九日付）は、「調停裁判万能を棄て／大衆行動によりて克つ」という見出しを掲げ次のように総括した。

「組合の総動員運動にさすがの強欲地主も縮み上ってしまい　在来の主張、（一）農民組合脱退、（二）土地返還、（三）未納米即時納入を撤回して、充分満足とまでは行かないが組合側に有利な解決をつけた。これによって福岡県の運動は一〔ママ〕大飛躍の素地はなされたのである」

旧早良郡壱岐村の小作争議

旧早良郡（現福岡市西部、主に早良・西区の一部）でいち早く日本農民組合の旗を掲げたのは、壱岐村（現西区）であった。それは一九二三年秋、城ノ原（じょうはる）の山本清作を中心に農民組合を作るための座談会が開かれ、一〇月三日に日農九州連合会の高崎正戸会長などを招いて城ノ原公会堂で結成総会を開いたのが始まりである。そして一〇月一六日には、姪浜天神座で早良・糸島二郡小作農民大会を壱岐村主催で開いた(53)。

糸島・早良二郡農民大会の後、早良郡では樋井川、原、田隈、金武、脇山、入部、内野、壱岐の各村で小作料永久三割減の要求をもって小作争議が頻発した。中でも田隈、脇山、金武、壱岐の四カ村の小作農民は連合して共同の地主と交渉をもった。この間の事情を、壱岐村大字戸切（とぎれ）の小作代表委員の一人であった吉岡徳七郎

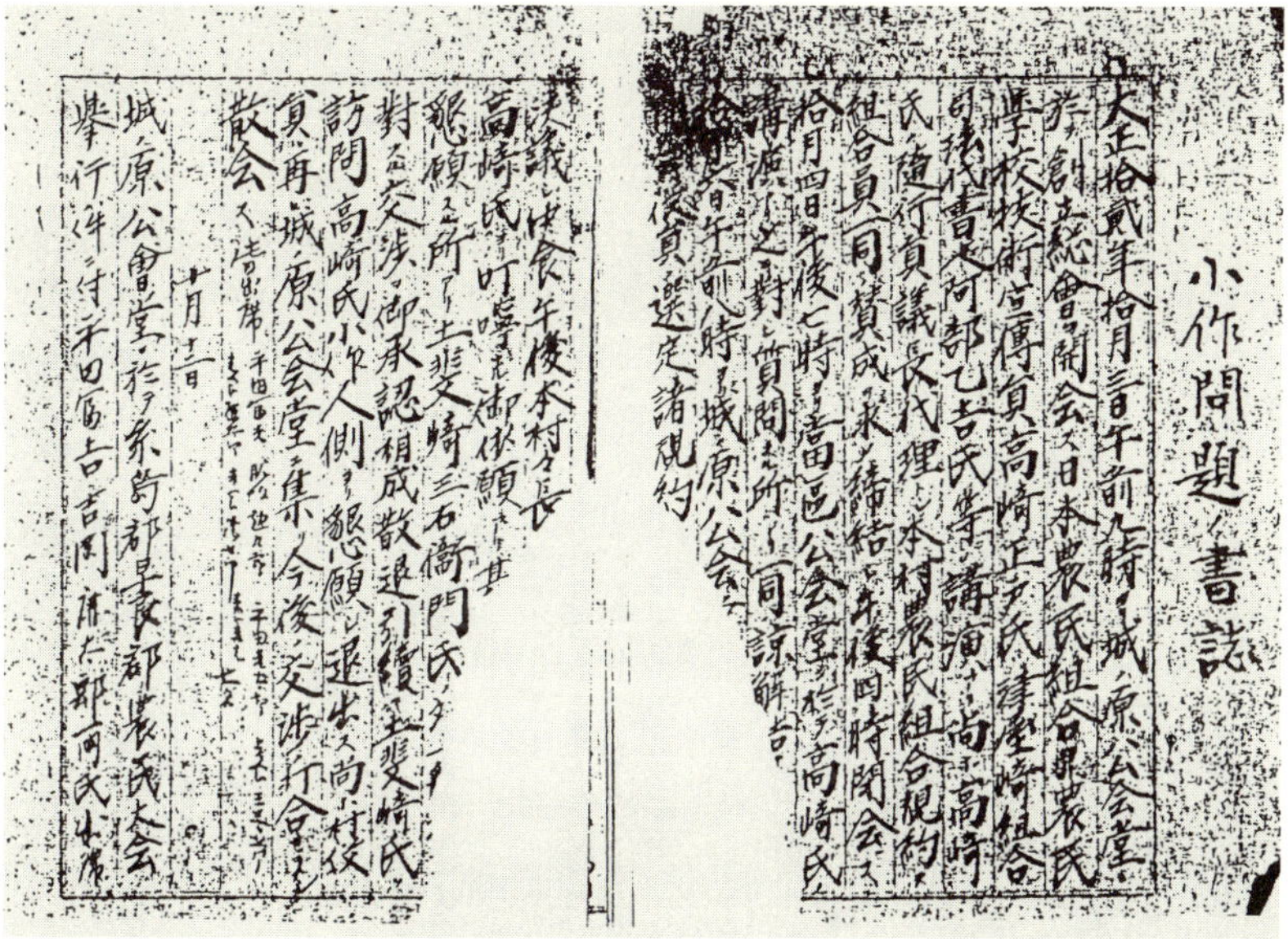

吉岡徳七郎筆「小作問題ノ書誌」

の残した記録「小作問題ノ書誌」[54]で見ると、大要次の通りである。

一〇月三日に農民組合が結成されると、六日には地主側に小作料減額の交渉を申し入れたが、小作代表の間でもなお意見の調整が必要であった。種々論議を積み重ね、結局、一一月一六日の早良郡小作組合委員会（四カ村二一名）で最終的に次の決議で一致し、一七日から運動に着手することになった。

一、今回三割減小作米御相談ノ件ニ付キ当年ノ小作米地主へ御相談相済迄ハ壱俵モ上納セザル事。

一、早良郡連合組合長ヲ設ク、各村ノ協議ニ依リ、桃崎勇雄[55]氏ヲ連合会長ニ推薦。

一、地主対小作人相談解決ノ節ハ村組合長タリト雖モ自由ニ承知セザル事。但シ標準通リノ解決ハ妨ゲナシ。

一、仮令地主小作田ヲ引上ゲ他ノ小作人ニ耕作サセントスルモ決シテ応ゼザル事。

一、小作人同士は規定セザル事ト雖モ御互ニ損ト認ムル時ハ堅ク応ゼザル事。

こうして農民組合は民主的な討議を経て要求の一致点を見出し、団結の基礎を固めて、一二月まで粘り強く各地主と交

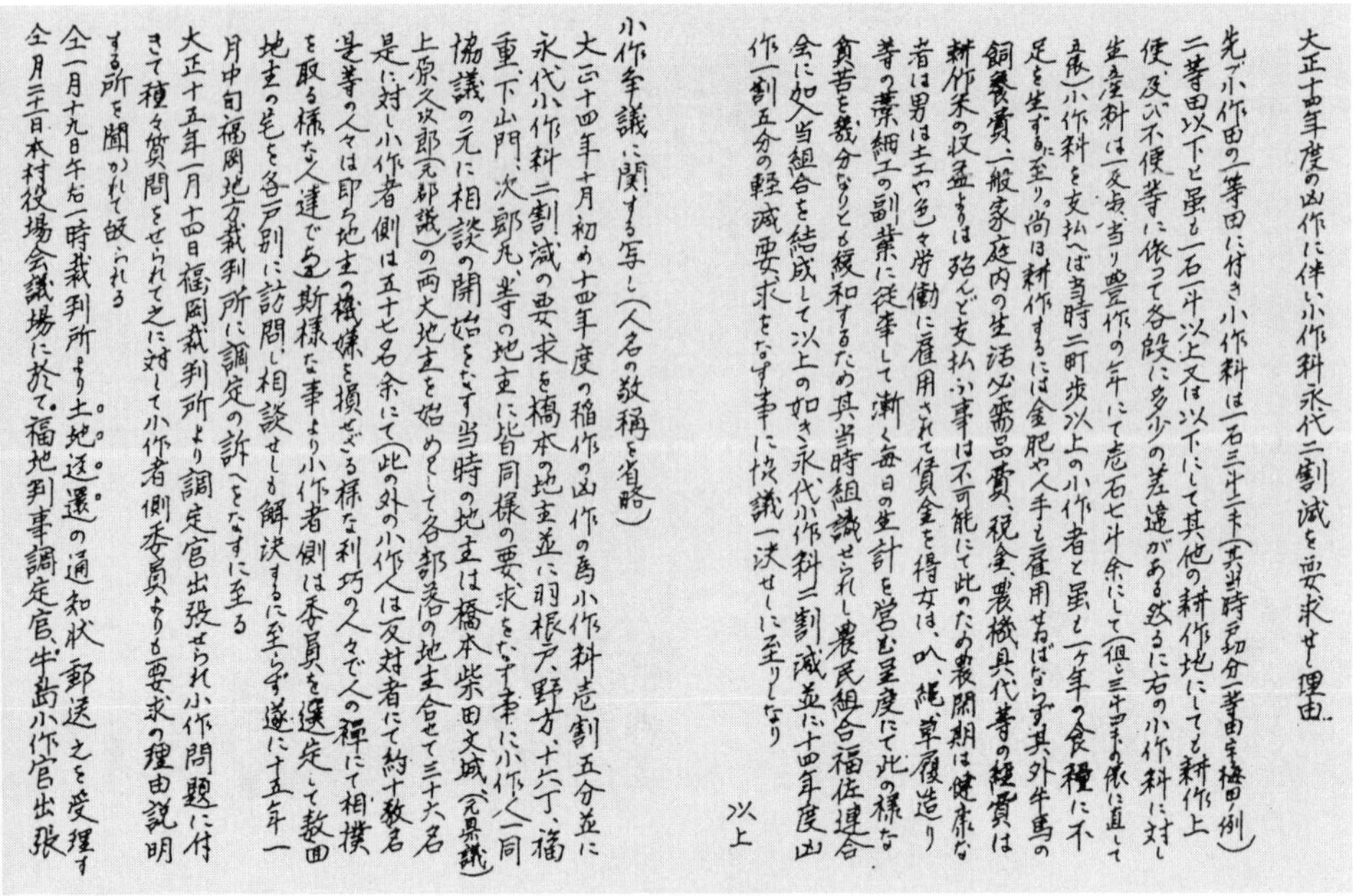
大正十四年度の凶作に伴い小作料永代二割減を要求せし理由
先づ小作田の一等田に付き小作料は一石三斗二升（当時段別一等田を換田例）
二等田以下と云へども一石一斗以上又は以下にして其他の耕作地にしても耕作上
便、及び不便等に依って各段に多少の差違がある然るに右の小作料に対し
生産料は一反歩当り豊作の年にて壱石七斗余にして（但し三斗二升の俵に直して五俵）小作料を支払へば当時二町歩以上の小作者と云へども一ヶ年の食糧に不
足を生ずるに至り。尚ほ耕作するには金肥や人手も雇用せねばならず其外牛馬の
飼養費、一般家庭内の生活必需品費、税金、農機具代等の経費は
耕作米の収益よりは殆んど支払ふ事は不可能にて此の為の農閑期は健康な
者は男は土工や色々の労働に雇用されて賃金を得女は、叺、縄、草履造り
等の藁細工の副業に従事して漸く毎日の生計を営む程度にて此の様な
貧苦を幾分なりとも緩和するため其当時組織せられし農民組合福佐連合
会に加入当組合を結成して以上の如き永代小作料二割減並に十四年度凶
作一割五分の軽減要求をなす事に決議一決せしに至りしなり
以上

小作争議に関する写し（人名の敬称を省略）
大正十四年十月初め十四年度の稲作の凶作の為小作料壱割五分並に
永代小作料二割減の要求を橋本の地主並に羽根戸、野方、十六丁、福
重、下山門、次郎丸、等の地主に皆同様の要求をなす事に小作人一同
協議の元に相談の開始をなす当時の地主は橋本柴田文城（元県議）
上原久次郎（元郡議）の両大地主を始めとして各部落の地主合せて三十六名
是に対し小作者側は五十七名余にて（此の外の小作人は反対者にて約十数名
此等の人々は即ち地主の機嫌を損せざる様な利巧の人々で人の褌にて相撲
を取る様な人達で）斯様な事より小作者側は委員を選定して数回
地主の宅を各戸別に訪問し相談せしも解決するに至らず遂に十五年一
月中旬福岡地方裁判所に調定の許へをなすに至る
大正十五年一月十四日福岡裁判所より調定官出張せられ小作問題に付
きて種々質問をせられて之に対して小作者側委員よりも要求の理由説明
する所を聞かれて帰られる
仝一月十九日午后一時裁判所より土地返還の通知状郵送之を受理す
仝月二十二日本村役場会議場に於て福地判事調定官、半田小作官出張

吉岡徳七郎筆の1925～26年小作争議の記録。末尾に「是は大正十五年度の日記帳より小作問題の調停分だけを抜粋」とある

渉し、まず金武村地主との間で解決をみた。すなわち、「地主側ノ意見トシテ三割減要求ヲ入レラレ三割引残シ上納スル様。尚オ永代減ハ以外ノ話ニヨリテ解決スル」ということで話がまとまったのである。

しかし、壱岐村橋本の地主は、三割減の要求に対して譲らなかったので、組合側は一二月二三日に区会を開いて「三割ヲ引残シ上納スル事」を決定した。記録ではこの決定で「一段落着」したと記している。

原村、田隈村では一部地主が強硬で、要求に応じるどころか立毛差し押さえや立ち入り禁止などの手段に訴えたので、組合側も大衆行動で解決を図ろうとしたため、警察が介入して公務執行妨害や騒擾という理由で検挙し、翌年の裁判では組合員三〇名が懲役一年から三カ月（執行猶予三年）の有罪判決を言い渡された。

壱岐村では一九二四年秋にも、戸切を中心に永久小作料二割減と前年度未解決三割要求を地主に交渉し、結局調停裁判までいって、凶作二割五分、永代小作料二割、計四割五分を認めさせた。

さらに一九二五年には、またまた戸切を中心に凶作のための小作料三割減と永代小作料二割減を要求して小作争議が起こった。一〇月初めから二、三回の交渉で、下山門（しもやまと）など幾人かの地主は小作人側の要求をいれて解決した。しかし、橋本、羽根戸（はねど）の多くの地主は地主組合を作って小作地の取り上げに出たため、地主（一九名）と小作人（六二名）が対立したまま年を越してしまった。

この争議は『福岡日日新聞』（大正一五〔一九二六〕年三月二日付）が次のように報じた通り、福岡県下でも注目を集めた争議であった。

「福岡県下に於ける小作争議は本年に入りて早良郡壱岐村が中心になり既に八件の調停申請あり。一日より二日に亘り同村申請分五件を調停委員会に附しているが、一件解決すれば其が規となって自余の分も解決する見込みである。従って他の標準となるべき一件の落着容易でないと云う」

調停に関する裁判所の決定は三月二日に出された。その内容は、「大正十五年度ヨリ大正十八年マデ四カ年間ヲ従来ノ小作料ヨリ二割引ニテ小作セシムルコト」、「大正十四年度小作料ハ従来ヨリ三割減トシ、残余ノ小作料ヲ分割納入スベシ」というものであった[56]。この内容は、一九二四年に小作調停法が実施されてから、福岡県下では大体小作料の一割〜一割五分の永久減額をみた状況からして、ほぼ小作人側の全面的な勝利と言うことができる。

この時期福岡県では、以上の他宗像郡、鞍手郡、粕屋郡、筑紫郡、浮羽郡など各地で激しい小作争議がたたかわれたが、いずれも日本農民組合（九州連合会、福岡県連合会）の統一した組織指導のもとで、永久三割減、土地不返還（耕作権確立）を中心課題としてたたかわれたのである。

一九二五年には、日本における社会主義（共産主義）運動、労働運動、農民運動などをはじめ一切の民主主義的大衆運動を圧殺し、国民の自由と人権を奪い尽くした稀代の悪法治安維持法ができた。こうした時期に生活と権利を守り、差別と貧困からの解放をめざした福岡の農民運動は、労働運動、水平社運動と結びつきながら、弾圧と分裂の嵐の中で、軍国主義・ファシズムとのたたかいを展開していくことになるのである。

II

部落解放運動と労農水三角同盟

1　全九州水平社の創立

忘られぬ恨、少年の日に

それは私が尋常三年の時でありました。学校の裏庭の所で一般人の子供が四人で私に貴様はエタの子だと云ってけんかをしかけました。私はその時胸もはりさける様でボーッとなってしまいました。そして一生懸命で今どきにエタがどこにあるかと云いますと、四人が一共〔ママ〕に私につかみかかって来ました。相手は四人でこちらは一人です。けれども私は死んでもかまわないと思ってつかみあいました。そして私が二人をくみしいている所に先生が通りかかってけんかをとめてくれました。その時に先生は何と云いましたか、私は死ぬまでその時の先生の言葉をわすれることは出来ません。

　お前はエタだからエタと云われてもよいではないか

先生からこう云われた時に私の胸はどんなにあったのでしょうか。私は学校に行くのがいやになり先生を見ると鬼の様な気がするのでした。〔略〕けれどもいつまで泣いておっても仕方はありません。こうした同じ苦しみをなめて来た兄弟はみんな力を合せてこんなにして我々をいじめる奴を糾弾せねばなりません。

長い引用になったが、これは一九二四年一二月一日発行の『水平月報』[1]第六号に載った原中勇之助の「忘られぬ恨　少年の日に」と題した手記である。九州水平社創立者の一人松本吉之助はその著書『筑豊に生きる――部落解放運動とともに五十年』（部落問題研究所、一九七七年）の中でこの文章を紹介しながら、「『私は学校へ行くのがいやになった』とか、『先生を見ると鬼の様な気がする』というのは、当時の部落の子どもたちが一様にもっていた感情でした」と述べている。

同じ『水平月報』には、さらに深刻な差別の経験に触れながら水平社創立を喜ぶ手記が寄せられている。

それは私がまだ小学校にかよっている頃の事でありましたが、ある朝、雨にぬかるんだ道をあぶなっかしく学校へと急いでおりますと、後の方から追い着いて来た上級の生徒が私に申すことには貴様はエタではないか、エタのくせに自分達より先に行くと云う法があるか、生意気な奴だと私を捕えて泥水の中に引き倒してさんざん悪口（あっこう）をいって私が泣き出すのを見て万歳をとなえて行ってしまうのです。その時の口惜しさ、悲しさ之にこしたことがまたと外にありましょうか。〔略〕

それがために学校の時間にはおくれて受持の先生からは容赦もなく叱られても一言の云いわけもならずせきあげて来る悲しみを小さな胸にじっとこらゆる……

こうした惨虐は一日として起らぬ日とてはなかったのです。〔略〕

忍びに忍びこらえにこらえた苦しみに遂にたえかねて学校をやめたのは三年の九月でありました。〔略〕したい学問も無理にさせなかった世の中の人は部落民は教育が足りない、学問がないからきらわれるのだと云ってこんどは学問のないのをいじめる種にしてかかって来ます。あまりと云えば余りのことに憤りは胸も張り裂くばかりにつもって来ました。いつかはこれが爆発する日があることと思っていました。

……

大正十一年三月三日、京都は岡崎の公会堂に救いの第一声は高らかにあげられました。
水平社！　水平運動！　おおなつかしの声よ嬉しの文字よ、破竹の勢で九州の土地にこの声、この文字を見聞きする日から私達はどんなに狂喜したことでしょう。〔略〕
進め！　あの旗印のなびくままに………

この手記の筆者松岡正は翌年（一九二五年）、朝鮮七七連隊に歩兵として入隊することに触れ、「後の兄姉たちは益々国家のために人類最高の完成にむかって必死の戦いをつづけられんことをおいのりします」と結んでいる。

貧困と差別の中で、喘ぎ、苦しみ、苛められながら、なおかつ生活の中から自由と平等を渇仰した人々が「人間を尊敬する事によって自ら解放せんとする者の集団運動を起こせるは寧ろ必然で」（水平社宣言）あった。全国水平社はこうして生まれたのである。同時に米騒動以後の労働者・農民の運動の高まりなしには水平社の誕生もなかったであろう。

筑豊から福岡へ

一九二二年三月三日、京都の岡崎公会堂で全国水平社が結成されたことを知って喜び、励まされたのはもちろん前記松岡だけではなかった。

飯塚市下三緒（しもみお）の松本吉之助は水平社結成を新聞記事で知ると、その年の三月には鞍手郡植木町願照寺の花山清を中心に中島鉄次郎、和田清幸らと相談して全九州水平社結成を決意し、春休みに帰省した松山高等学校（旧制）の学生柴田啓蔵らとともにその準備にとりかかった。(2)

京都の全国水平社本部に直接赴いて連絡をとった花山清は、全九州水平社仮本部を嘉穂郡二瀬村の自宅に置き、前記和田、松本、中島、柴田の他、松本義教、谷口熊五郎、松本清などと役割を分担して、第二回全国水平社大会（一九二三年三月二～三日、京都）参加の準備も含めて種々協議を行った。こうして一九二三年二月一五日、筑豊の花山、中島、松本（吉）、松本（義）、和田の五人が福岡市吉塚の松本治一郎を訪ねて、全九州水平社にとって歴史的な「吉塚会談」が行われたのである。福岡側からは松本治一郎の他、梅津高次郎、藤岡正右衛門、中村浪次郎が参加した。ここでこの年の五月一日、働く者の祭典メーデーを期して全九州水平社の創立大会を福岡市東公園の「博多座」で開催することが決められた。

全九州水平社創立大会に先立って開かれた第二回全国水平社大会には、九州から松本吉之助と中島鉄次郎が参加した。

この大会では六二件の議案が上程されたが、その中で特に注目されるのは、奈良県鎌田水平社から提案され、可決採択された「農村にありては水平社同人を以て農民組合を設置し水平運動を背景として地主に対抗する」という案件であった。このことについて松本吉之助は、その重要性を次のように述べている。

「これはこののちの水平運動を展開していく上で、やがて労働運動、農民運動、水平社運動が固く提携した統一戦線思想としての『三角同盟』を実現していく上での重要な決議でした」（『筑豊に生きる』）と。

松本吉之助が指摘した通り、その後の福岡における「労・農・水の提携」は大衆運動の基調を形づくっていくのである。

活気横溢した全九州水平社創立大会

『福岡日日新聞』大正一二（一九二三）年五月一日夕刊は、一面と二面を使って（二面は一面の続き）、全九州水平社創立大会の全容を「各地よりの来会者二千人に上る／満場一致綱領宣言決議」、「火の襷（たすき）と火の鉢巻／を着て奮闘しましょう／朱唇紅焰を吐く若き婦人代表」などの見出しで、感動的に報道した。さらに翌二日付でも「緊張した各代表の演説」の見出しで、各弁士の演説内容をかなり詳細に紹介した。

『福岡日日新聞』だけでなく『九州日報』も劣らず大会記事に紙面を割き、両新聞とも「水平社宣言」、「綱領」および採択された決議を全文載せた。この種の社会運動の記事としては異例の取り扱いであったのではあるまいか。これを見ても、この大会がいかに渇望され、社会的に注目されていたかがわかる。もちろん、警察も二〇〇名を動員して警戒厳重をきわめ、再三にわたる「弁士注意」の圧力を加えた中での大会であった。

こうした大会の雰囲気を『福岡日日新聞』は次のように伝えている。

「第一回全九州水平社大会は一日午前十時福岡市外東公園劇場博多座に於て開催した。入場口には戎兇器の携帯者や泥酔者を入れざる事を掲示し、風紀係と書いた赤襷の会員入場者を導き、舞台正面には赤文字で『全国に散在する吾特殊部落民よ団結せよ』と大書した宣言の一部並に綱領宣言の外、黒地に赤の荊冠を染抜いた会旗数旒を樹て、田代県高等警察課長を始め二百の警官は場内外の警戒頗る物々しく、出席社員は福岡県を始め全九州より二千名に達し、中には妙齢の処女会員も見受られ、場内活気横溢した」

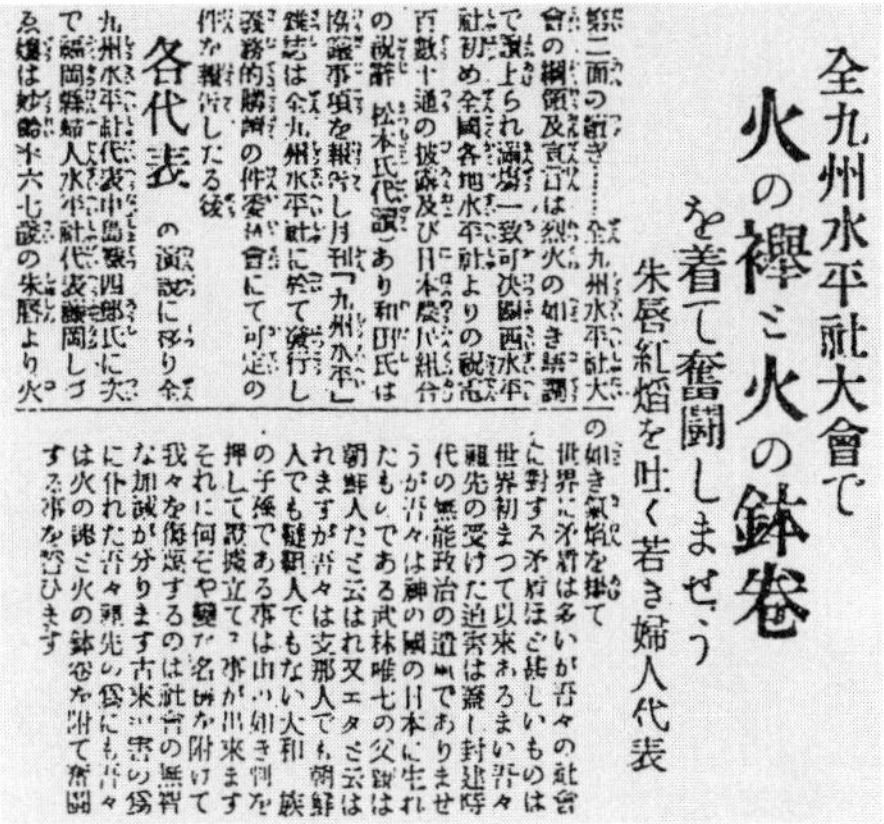
全九州水平社大會で
火の襷と火の鉢卷
を着て奮闘しませう
朱唇紅焔を吐く若き婦人代表

各代表の演説に移り

全九州水平社創立大会を報じる『福岡日日新聞』（大正12〔1923〕年5月1日夕刊）

大会前段の協議会は議長花山清、副議長中島鉄次郎で進められた。ほとんどすべての協議事項が可決されたが、その中に「人間は尊敬すべきことを小学校に徹底の件」が含まれていたことに注目したい。

全九州水平社執行委員長には同会創立に「特功」ある松本治一郎が、工事関係での二日市事件で獄中にあったが、推されて全会一致で選ばれた。

一一時五〇分からは鶴尾芳憲の司会で大会に移り、綱領、宣言を採択して各代表の演説が行われた。坂本清一郎、山田孝野次郎、西光万吉な

全九州水平社創立紀念。1923年5月1日

ど一〇名ほどの弁士の中で「朱唇紅焔を吐く若き婦人代表」と報道されたのは、福岡県婦人水平社の藤開シズエであった。彼女は「古来迫害の為に仆(たお)れた吾々祖先の為にも吾々は火の襷と火の鉢巻を附て奮闘する事を誓います」と演説して満場をうならせ、感激の波が会場にどよめいたという。

藤開シズエだけでなく、全九州水平社創立前後の福岡では、高丘カネ、高丘トノ、高丘シズ、浜ミサノ、菊竹ヨシノ（松岡ヨシノ）、菊竹トリ、西田ハルなど若い女性の活動がめざましかった。特に創立大会後は県下各地に水平社が組織されていったが、その組織活動の中でまだ少女であった若い女性たちが演壇に立ち、差別の実態と苦悩、そして解放への期待と決意を語って歩いた[3]。

彼女らによって「福岡県婦人水平社」が正式に創立されるのは、一九二五年五月一日、同じ東公園「博多座」であるが、婦人水平社の活動については後に譲る。

各地方水平社の組織化

全国水平社創立大会で水平社宣言とともに採択された綱領の第一には「我々特殊部落民は部落民自身の行動によって絶対の解放を期す」という項目が掲げられ、同時に採択された決議には「吾等に対しエタ及特殊部落民等の言行に依て侮辱の意を表示したる時は徹底的糾弾をなす」とあった。これによって全国的に糾弾闘争が繰り広げられたが、九州でも例外ではなかった。

一九二六年の「侮辱者糾弾行為その他紛争事件調」[4]によると、一九二〇、二一年は福岡県下で各一件だけだったのが、全国水平社が創立された一九二二年は三月六日以後一一月末までに一〇件を数え、一九二三年は一月から全九州水平社大会が開かれた五月まで二六件となっている。もはや「泣き寝入り」は過去のものとなったのである。一九二三年の九州水平社創立以後には、福岡県鞍手郡の中村事件[5]、同じく飯塚市の嶋本事件[6]などが大きな糾弾闘争であった。こうした過程で九州各県の水平社の組織化も精力的に進められた。

早良郡壱岐村水平社城ノ原支部の荊冠旗

一九二三年の「福岡県下水平運動に関する座談会演説会調」[4]によると、三月一九日から九月二七日までの間に、嘉穂郡、筑紫郡、福岡市（外）、鞍手郡、宗像郡、早良郡、糸島郡、粕屋郡、久留米市、八女郡、三井郡の各地三六カ所で水平社宣伝座談会、講演・演説会が行われている。参加者は各会場合わせて一万七八〇名である。講演者には近藤惣右衛門（光）、中島鉄次郎、花山清、米田富（千崎富一郎）、坂本清一郎、柴田啓蔵、石田純一、南梅吉、山本作馬、和田清太郎、藤田泰一郎、正本笹夫、高岡松雄、播磨繁雄などの名が見えるが、その他部落青年、婦人（少女弁士）など多数が演壇に立った。

こうした中で、一九二三年七月一日に福岡県水平社が嘉穂郡飯塚町（現飯塚市）公会堂で創立された。全九州水平社創立の二カ月後であった。

福岡県水平社創立大会には全国水平社本部から坂本清一郎、泉野利喜蔵、米田富、山田孝野次郎らが来援し、また県下の婦人弁士高岡カネ、西田ハル、菊竹ヨシノ、藤開シズエ、高丘トノら多数が駆けつけ、交々祝辞を述べた。参加者は総数一〇〇〇名とも二〇〇〇〜三〇〇〇名ともいわれた。例によって筑豊の各警察署から一五〇名余りの警察官が召集され厳重に警戒した。

初代委員長には梅津高次郎（福岡市）が選ばれた。県水平社の創立に引き続き、各地に郡単位の水平社が誕生して一〇郡に及び、そのもとに町村水平社が結成されていった。

例えば福岡県早良郡水平社の場合を見てみよう。

全九州水平社大会の後、早良郡でも水平社宣伝演説会が七月から八月にかけて城ノ原や戸切をはじめ郡内五カ所で開かれ、千三百余名（うち女性一七〇名）が参加した。戦前から戦後にかけて農民運動のすぐれた指導者であった城ノ原の山本作馬は、この頃二〇歳の青年だったが、演説会の弁士として活動していた。

こうして、早良郡水平社創立大会がこの年の九月二日に、早良郡西新町の早良公会堂で開催される運びになったのである。大会には折から福岡市で開かれていた全九州水平社講習会の参加者も多数押しかけ、連盟本部の泉野利喜蔵、少年代表山田孝野次郎も参加して気勢を揚げた。郡執行委員長には田隈村（現福岡市早良区）の田中貢が選ばれた（『水平新聞』九月二〇日、『水平月報』第四号〔九月一三日〕）。

水平社の宣伝と同時に、この年の九月一七日には、壱岐村では山本清作（山本作馬の父）を中心に農民座談会を開き、一〇月三日に農民組合を結成して本格的な小作争議をたたかうことになった。壱岐村の小作争議についてはすでに述べた通りであるが、この時期の運動の特徴の一つは、部落の小作農民を接点に、水平運動の組織化と農民組合の組織化が同時に支え合って進行したことである。[7]

2　全国水平社第五回大会と労農提携

メーデーを期して創立された福岡県婦人水平社

九州水平社の創立は福岡県だけでなく全九州各県の水平社設立に道を開いた。七月には佐賀・熊本両県で県水平社が結成され、その下に各郡市町村水平社が設立された。大分県では翌一九二四年、長崎県では遅れながらも一九二八年に県水平社が創立された。宮崎・鹿児島・沖縄三県では県水平社設立の記録は見当たらない。

一九二三年五月の九州水平社創立に引き続いて、同年七月一日には前述の通り福岡県水平社も創立されたが、

こうした九州における水平社の組織化は、水平社本部や九州水平社の「同人」の粘り強い組織運動によるものであるが、中でも婦人水平社や水平社青年同盟に結集した若い男女の活動は目覚ましかった。

福岡県婦人水平社は一九二五年五月一日に、これまた労働者の祭典メーデーを期して創立された。全国水平社ではすでに第二回大会（一九二三年三月）で「全国婦人水平社設立の件」を可決し、第三回大会（一九二四年三月）では「婦人水平社の発展を期するの件」を可決した。いずれも大会に参加した婦人代議員の提案によるものであった。

第三回大会には福岡県から全九州水平社の西田ハル、菊竹トリ、高丘カネ、藤開シズエが参加した。九州の婦人水平社から提案された「婦人水平社の発展を期するの件」の提出理由を説明したのは高丘カネであっ

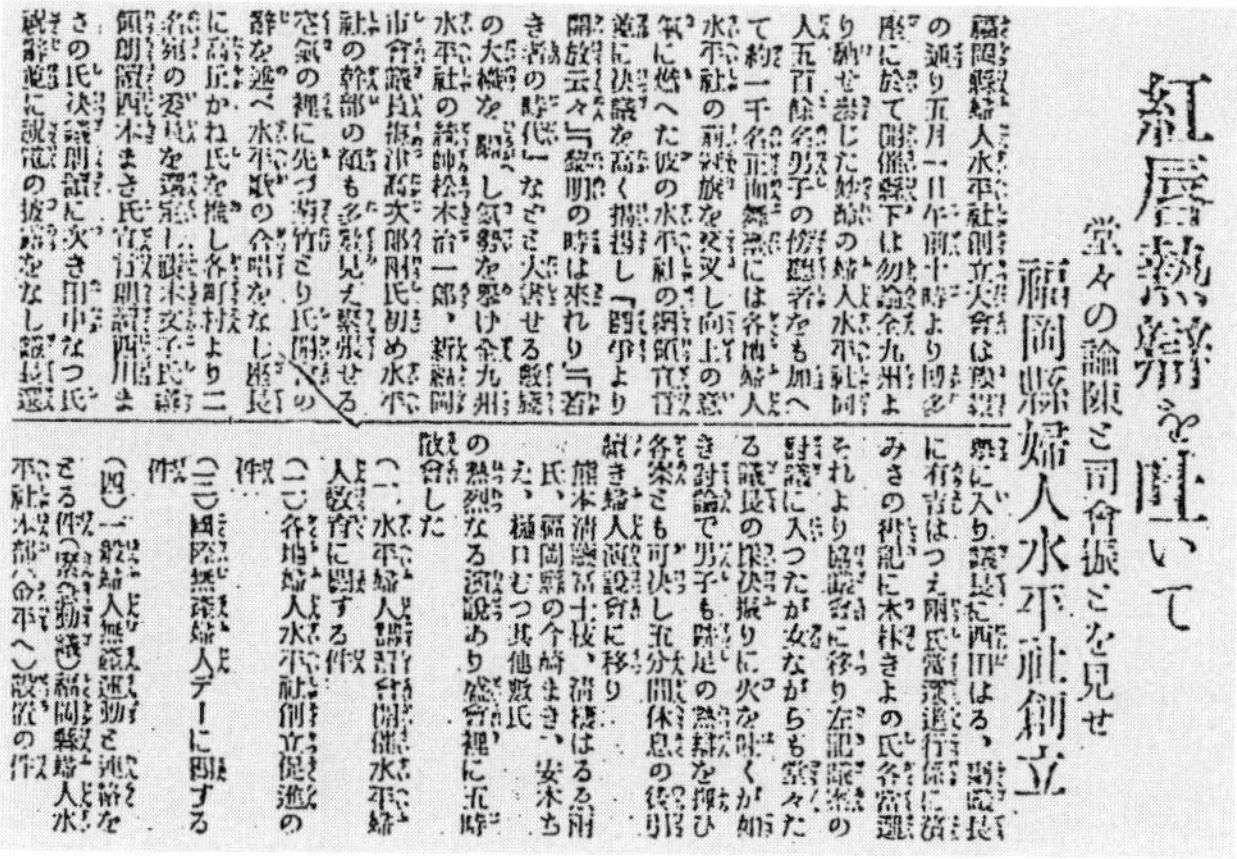
紅唇熱辯を闘いて
堂々の論陣と司会振りを見せ
福岡県婦人水平社創立

福岡県婦人水平社創立大会は既報の通り五月一日午前十時より博多座に於て開催県下は勿論全九州より馳せ参じた妙齢の婦人水平社同人五百余名男子の傍聴者をも加へて約一千名正面舞台には各地婦人水平社の荊冠旗を交叉し向上の意気に燃へた彼の水平社の綱領宣言遂に決議を高く掲揚し「闘争より開放云々」「黎明の時は来れり」「若き者の時代」など大書せる数旒の大幟を翳し気勢を挙げ全九州水平社の総帥松本治一郎、[illegible]市会議員栃沢次太郎両氏初め水平社の幹部の顔も多数見えて緊張せる空気の裡に先づ菊竹とり氏開会の辞を述べ水平歌の合唱をなし座長に高丘かね氏を推し各町村より二名宛の委員を選定し熊本文子氏綱領朗読西本まき氏宣言朗読西川まさの氏決議朗読に次き田中なつ氏祝辞並に祝電の披露をなし議長選挙に入り議長に西田はる、副議長に有吉はつえ両氏当選進行係に岩みさの書記に木林きよの氏各当選それより協議会に移り左記議案の討議に入つたが女ながらも堂々たる議長の採決振りに火を吐くが如き討論で男子も跣足の熱辯を揮ひ各案とも可決し五分間休息の後引続き婦人演説会に移り熊本清瀬ナ枝、清樋はるゑ両氏、福岡県の今崎まき、安永ちえ、樋口むつ其他数氏の熱烈なる演説あり盛会裡に五時散会した

（一）水平婦人講習会開催水平婦人教育に関する件
（二）各地婦人水平社創立促進の件
（三）国際無産婦人デーに関する件
（四）一般婦人無産運動を連絡をさる件（緊急動議）福岡県婦人水平社本部（全平へ）設置の件

福岡県婦人水平社創立大会の模様を報じる『福岡日日新聞』（大正14〔1925〕年５月２日付）

た。木村京太郎は『水平社運動の思い出』（部落問題研究所、一九七〇年）の中で、彼女らの活躍ぶりを次のように書いている。

「婦人水平社の発展を期する件、九州の西田ハル、菊竹トリ、大阪の糸若柳子さんなどの婦人代議員が交々起って、男性の横暴と部落差別の二重の苦しみに悩む部落婦人の自覚と向上を叫び、かの十字軍に抗戦したユダヤ婦人、フランスの危機を救ったジャンヌダークを讃えて、男子にまさる自覚と信念をもって運動に参加しようと、満場の大拍手で可決」と。糸若柳子は三四歳だったが、西田ハルは一九歳、菊竹トリは一五歳であった。

こうした全国水平社の決定を受けて、一九二四年一一月一日に西田ハルらは金平（かねひら）婦人水平社を創立し、翌二五年四月の第四回全九州水平社大会では、金平婦人水平社として「福岡婦人水平社創立」を提案して満場一致で承認された。

五月一日の福岡県婦人水平社創立大会は、福岡市東公園の「博多座」で開催された。「紅唇熱弁を吐いて／堂々の論陣と司会振とを見せ／福岡県婦人水平社創立」の見出しで大会の様子を報じた『福岡日日新聞』五月二日付によると、「県下は勿論全九州より馳せ参じた妙齢の婦人水平社同人五百余名、男子の傍聴者をも加えて約一千名」が参集した。

会場には水平社の綱領・宣言・決議を高く掲揚し、「黎明の時は来たれり」、「若き者の時代」などと大書した大幟がひるがえった。菊竹トリの開会の辞に始まり、「水平歌」を合唱して、座長に高丘カネが推され、宣言、綱領・決議の朗読、祝辞・祝電の披露の後、議長に西田ハル、副議長に有吉ハツエを選出して議事に入った。

前記『福岡日日新聞』は討議の模様について、「女ながらも堂々たる議長の採決振りに火を吐くが如き討論で男子も跣足（はだし）の熱弁を揮い各案とも可決し」たと報じた。こうして「国際婦人デーに関する件」、「一般無産階級婦人運動と連絡をとるの件」を含む七つの議題を可決した。

開会の辞を述べた菊竹トリは、「国際婦人デーに関する件」について、次のような意見のもとに自ら賛成演説を行ったことをその手記で述べている（『水平月報』第一一号、一九二五年七月一日）。

「一九一七年三月九日[8]、此の日こそ妾達無産婦人の最も忘れることの出来ない尊むべき日であります。／『我等にパンを与えよ』と叫んで彼の露国の無産婦人がクレムリン宮殿におしよせた日なのであります。この一大示威運動こそ『働かざる者喰うべからず』――所謂、働くもの本位の国家労農ロシア建設の口火とはなったのであります。実に彼女達がいなかったならばかかる国家は建設されなかったであろうとまで賞讃される程、婦人の力は偉大なものであります」

菊竹トリらの活動家たちが明確な階級的視点に立って婦人運動を位置づけていたことがわかる。それはまた彼女たちが、毎日町工場で汗水流して働く婦人労働者であったことの証であった。

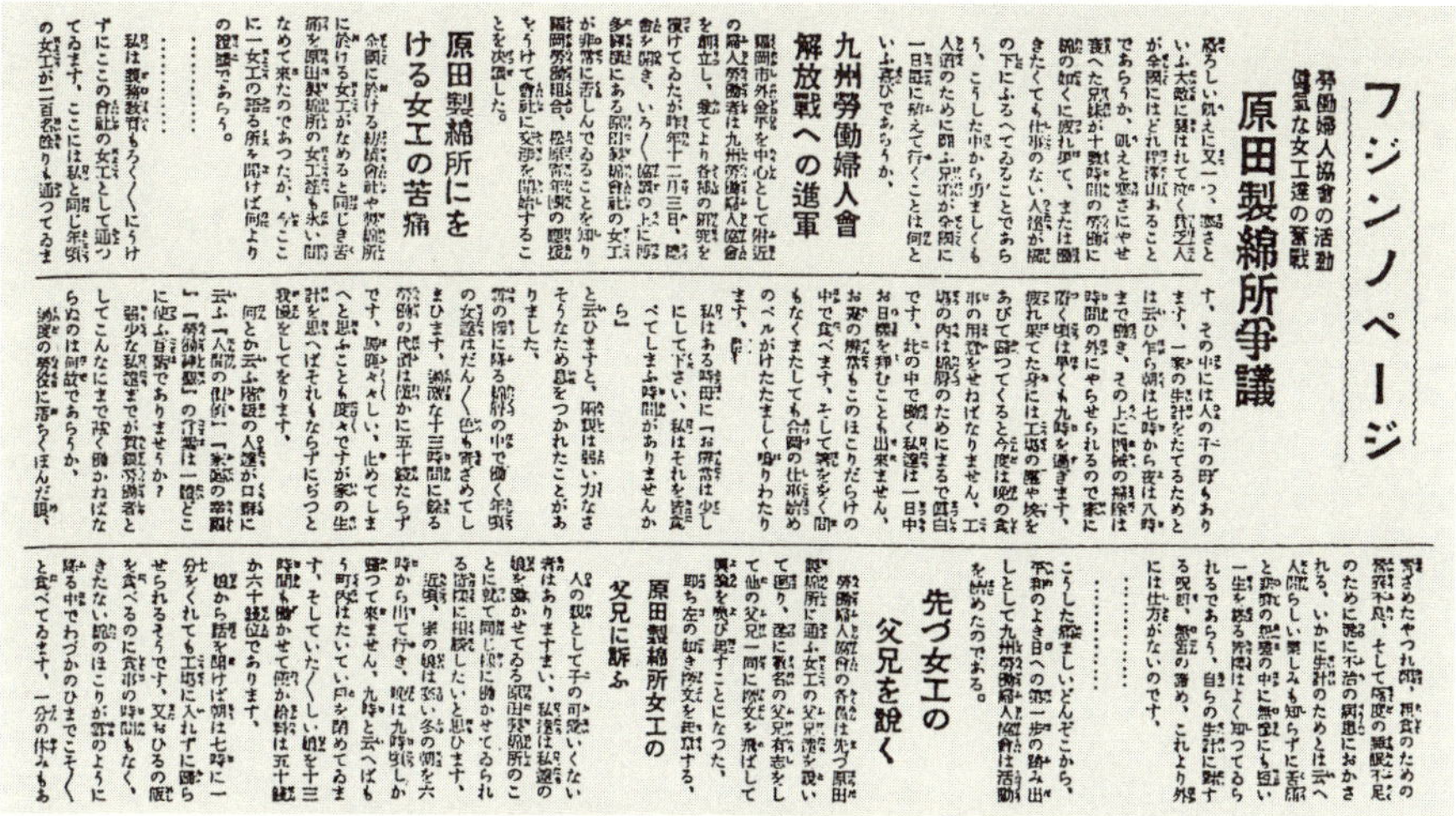
フジンノページ

労働婦人協會の活動
健氣な女工達の奮戰
原田製綿所爭議

九州勞働婦人會
解放戰への進軍

原田製綿所にをける女工の苦痛

先づ女工の父兄を說く

原田製綿所女工の父兄に訴ふ

原田製綿所争議を報じる『水平月報』第17号（1926年1月1日）

九州労働婦人協会と原田製綿所争議

一九二六年一月一日発行の『水平月報』第一七号は、その「フジンノページ」欄のほとんど一ページを使って「労働婦人協会の活動／健気な女工達の奮戦／原田製綿所争議」の記事を掲載した。その記事の内容は大要次のようなものである。

福岡市外金平[9]を中心として付近の婦人労働者は九州労働婦人協会を創立し、かねてより各種の研究を続けていたが、昨年（一九二五年）一二月三日、総会を開きいろいろ協議の上、博多駅横にある原田製綿会社の女工が非常に苦しんでいることを知り、福岡労働組合、松原青年団の応援をうけて会社に交渉を開始することを決議した。そして、記事は当時の原田製綿所の女工たちの労働生活の実態を、一女工の語るところとして書いている。

> 私は義務教育もろくろくうけずにここの会社の女工として通っています。ここには私と同じ年頃の女工が二百名余りも通っています。その中には人の子の母もあります。一家の生計をたてるためとは云いながら、朝は七時から夜は八時まで働き、その上に機械の掃除は時間の外にやらせられるので、家に着く頃は早くも九時を過ぎます。疲れ果てた身には工場の塵（ちり）や埃（ほこり）をあびて帰ってくると、今度は晩の食事の用意をせねばなりません。
>
> 工場の内は綿屑のために真白です。此の中で働く私達は一日中お日様を拝むことも出来ません。お昼の弁当もこのほこりだらけの中で食べます。そして箸をおく間もなくまたしても合図の仕事始めのベルがけたたましく鳴りわたります。
>
> 私はある時母に「お弁当を少しにして下さい。私はそれを皆食べてしまう時間がありませんから」と云いますと、両親は弱い力なさそうなため息をつかれたことがありました。
>
> 雪のように降る綿屑の中で働く年頃の女達はだんだん色も青ざめてしまいます。〔略〕馬鹿々々しい、止めてしまえと思うことも度々ですが、家の生計を思えばそれもならずにじっと我慢をしています。
>
> 何とか云う階級の人達が口癖に云う「人間の価値」「家庭の幸福」「労働神聖」の言葉は一体どこに使う

言葉でありましょうか？
弱小な私達までが賃金労働者としてこんなにまで甚(はなはだし)く働かねばならぬのは何故であろうか。

こうした痛ましいどん底の生活から抜け出す第一歩として、九州労働婦人協会は活動を始めたのである。労働婦人協会の各員はまず女工たちの「父兄」を説いて回り、数名の父兄有志が他の父兄一同に檄文を出して輿論を呼び起こすことになった。

「原田製綿所女工の父兄に訴ふ」と題した檄文は、「人の親として子の可愛くない者はありますまい。私達は私達の娘を働かせている原田製綿所のことに就て同じ様に働かせていられる皆様に相談したいと思います」と書きはじめて、上述のような自分たちの娘である女工たちの酷い労働条件を詳しく述べ、「可愛い弱い娘達のために何とかいい考えはありませんでしょうか。何とか今の境遇をよくするためにお互私達子を持つ親は考えねばなりません。そのために原田製綿所に娘をやっているお互が相談しようではありませんか。可愛いあなたの娘のために、十二月八日晩七時から松源寺にお集まり下さい」と結んであった。

当夜の「父兄会」の結果、一三カ条の嘆願書を作り、明けて九日にこれを会社に提出し、一〇日の正午までにその回答を約した。約束の一〇日正午、交渉委員が会社に出頭すると、会社側は二、三の条件をつけてほとんど全部の要求を認めた。

承認された一三カ条の要求と会社側のつけた条件は次の通りであった。

一、停電に歩引せぬこと◇承認
二、食事場を設けること◇承認。来年新築すること
三、薬缶及び茶の葉を供給すること◇承認

四、便所の掃除を従業員にさせぬこと◇承認
五、脱衣場の設備を完備すること◇承認。来春新築すること
六、洗面所を設備すること◇承認
七、正確な時計を工場内に置くこと◇承認
八、女工に残業させぬこと◇承認。特に多忙の時に限り従業員と相談して二時間内だけして貰うこと
九、機械の掃除を時間中にすること◇承認
一〇、休み時間を午前に十五分、正午に三十分、午後十五分にすること◇承認。正午に一時間休むことに従業員と相談してするとも差し支えない
一一、日給を金三十銭宛皆に増すこと◇六十銭以下の人に十五銭、六十銭以上の人に十銭を増すことに承認
一二、就業時間を午前八時とし終業を午後五時とすること◇七時就業五時〔ママ〕とすること（現在より一時間短縮）承認
一三、扶助及び傷病手当を制定すること◇承認。例えば現在（工場法通り）より二倍にすること、負傷して休んだ時働いてる時と同じ様に支給すること

記事は最後に「勝って兜の緒を締める！」として「私達女工を救うのはただ労働者の強い団結より外には有りません。〔略〕それがためには私達は力を一つにして自らの力を信じ、真に階級意識に目覚めて婦人労働協会に加入し、そして暴虐と貪婪飽くなき資本家の鉄鎖をぶちきらねばなりません」と結んでいる。

一三項目一つ一つ見ても、このような要求が出ること自体、いかに女工たちの置かれた労働条件、労働環境が劣悪で奴隷的であったかがわかる。したがってこのたたかいの勝利は地域の労働運動に大きな影響を与えた

ことは疑いない。

原田製綿所第二次争議

九州労働婦人協会がいつできたかは、はっきりしない。しかし、原田製綿所争議の中で、製綿所の「女工全部は九州労働婦人協会に加入し」（『無産者新聞』大正一四（一九二五）年一二月二一日付）たのは必然だったであろう。

なお、原田製綿所は男工二〇名で、他の二〇〇名は全部女工であった。前記『無産者新聞』もこの争議を「女工さん大勝利／福岡原田製綿所争議／涙を誘う父兄の蹶起（けっき）」と報じたが、大半が一三歳から一五歳の少女であった女工たちを励ましたのは、可愛い娘をもつ親たちであった。しかし、こうしたたたかいを通して娘たちの中から活動家が育っていった。このことが、翌一九二六年三月の第二次原田製綿所争議の勝利として結実するのである。

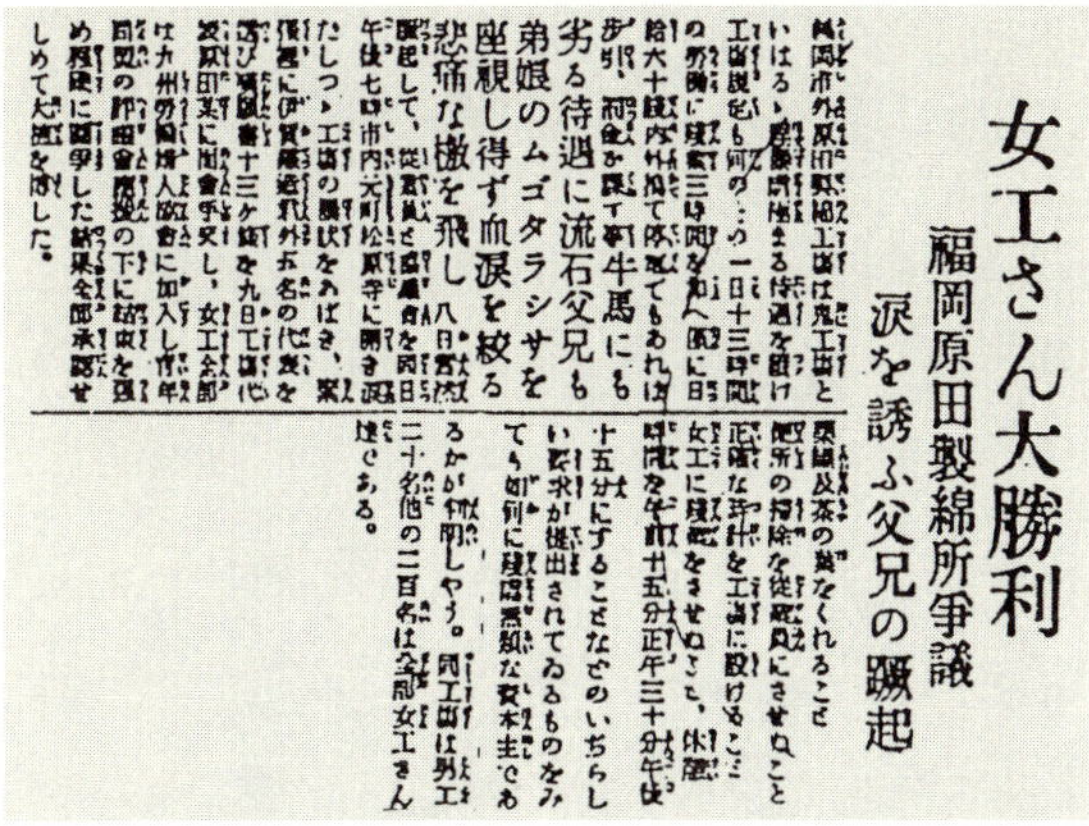

女工さん大勝利

福岡原田製綿所争議

涙を誘ふ父兄の蹶起

……劣る待遇に流石父兄も弟娘のムゴタラシサを座視し得ず血涙を絞る悲痛な檄を飛し……

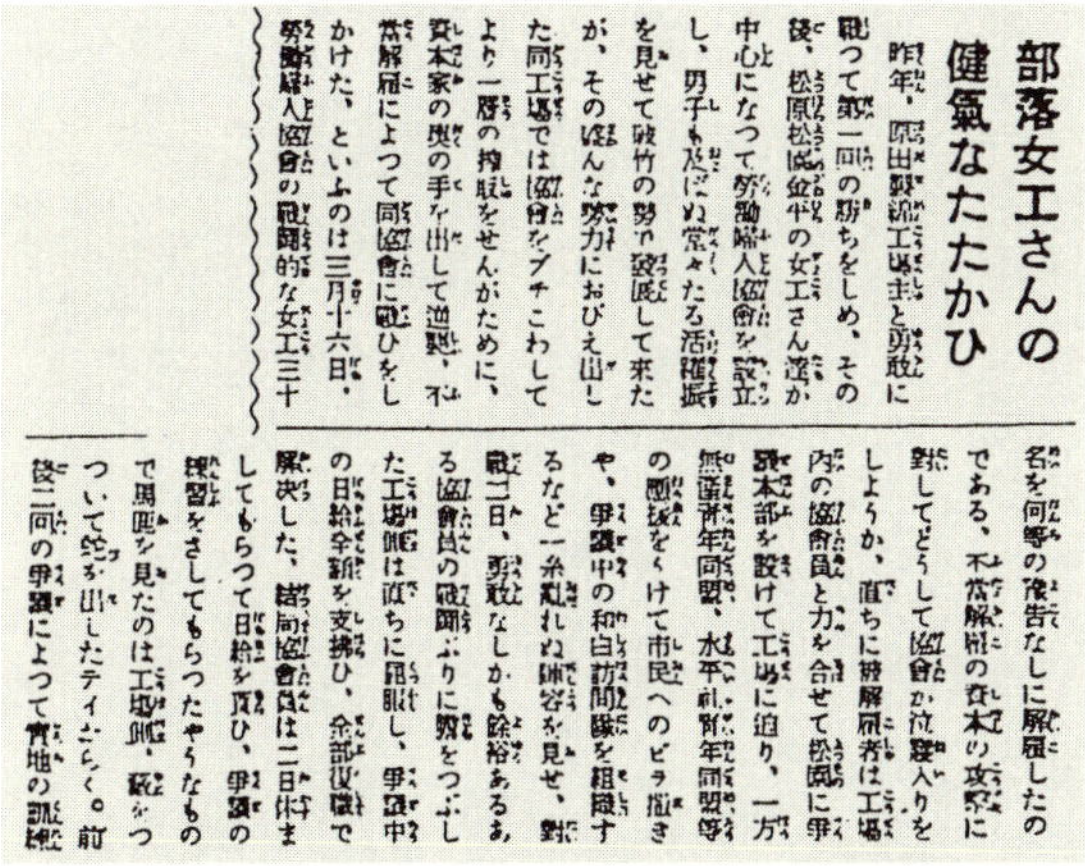

部落女工さんの健氣なたたかひ

昨年、原田製綿工場主と勇敢に戦つて第一回の勝ちをしめ、その後、……の女工さん達が中心になつて労働婦人協会を設立し、男子も及ばぬ堂々たる活躍振を見せて破竹の勢で発展して来たが、その盛んな勢力におびえ出した同工場では協会をブチこわしてより一層の搾取をせんがために、資本家の奥の手を出して逆襲、不当解雇によつて同協会に戦ひをしかけた、といふのは三月十六日・労働婦人協会の戦闘的な女工三十名を何等の予告なしに解雇したのである、不当解雇の資本家の攻撃に対してどうして協会が泣寝入りをしようか、直ちに被解雇者は工場内の協会員と力を合せて松原に争議本部を設けて工場に迫り、一方無産青年同盟、水平社青年同盟等の応援をうけて市民へのビラ撒きや、争議中の和白訪問隊を組織するなど一糸乱れぬ陣容を見せ、戦ふ三日、勇敢なしかも余裕ある協会員の戦闘ぶりに胆をつぶした工場側は直ちに屈服し、争議中の日給全額を支払ひ、全部復職で解決した。結局協会員は二日休ましてもらつて日給を貰ひ、争議の練習をさしてもらつたやうなもので馬鹿を見たのは工場側。……前後二回の争議によつて実地の訓練……

上＝原田製綿所争議を報じる『無産者新聞』（大正14〔1925〕年12月21日）

下＝原田製綿所第二次争議の勝利を報じる『水平月報』第19号（1926年５月１日）

原田製綿所第二次争議は、『水平月報』第一九号（一

九二六年五月一日）によれば、第一次争議後の労働婦人協会の盛んな勢力におびえだした原田製綿所側が、「三月一六日、労働婦人協会の戦闘的な女工三十名を何等の予告なしに解雇した」ことに端を発した。争議の経過について同月報は、「部落女工さんの健気なたたかひ」として次のように報じている。

> 直ちに被解雇者は工場内の協会員と力を合せて松園に争議本部を設けて工場に迫り、一方無産青年同盟、水平社青年同盟等の応援をうけて市民へのビラ撒きや、争議中の和白訪問隊を組織するなど一糸乱れぬ陣容を見せ、対戦二日、勇敢なしかも余裕ある協会員の戦闘ぶりに胆をつぶした工場側は直ちに屈服し、争議中の日給全額を支払い、全部復職で解決した。結局協会員は二日休ましてもらって日給を貰い、争議の練習をさしてもらったようなもので、馬鹿を見たのは工場側、藪をつついて蛇を出したテイたらく。前後二回の争議によって実地の訓練を経て来た女工さん達はいよいよ勇ましく活動を続けている。

「廿二日全部無条件復職ということで円満解決した」と、二三日付『福岡日日新聞』も報じた。まことに痛快な勝利であるが、その背景には、たたかいが企業内に留まらず、労働婦人協会や青年同盟を軸に、労働戦線の統一と連帯が常に志向されていたことを見逃すわけにいかない。

和白硝子争議

前節で引用した『水平月報』の記事中にある「争議中の和白訪問隊を組織する」というのはどういうことなのか。労働婦人協会の活動を知る上で大事なことなので触れておこう。

一九二六年三月七日、福岡県粕屋郡和白村許斐ガラス工場では、工場修繕を理由に全職工二〇〇名に解雇を言い渡したことから争議に入った。労働者は解雇反対、解雇手当要求を掲げて立ち上がり、ビラを撒くこと五回、演説会四回、争議資金を得るための行商隊に、許斐社長宅（福岡市船町（ふなまち）＝現中央区舞鶴一丁目）訪問隊に、運動会示威運動にと、たたかいは白熱化し、治安警察法に問われ、罰金刑を科され、検束される者など相次ぎ惨憺たる苦戦を続けた。

五月一一日、二カ月余の争議に疲れ果てた争議団は、最後の突撃を試みようとして工場主許斐宅に押し寄せ、警戒中の官憲に阻まれて踏む、蹴る、殴るの乱闘となり、気絶者・軽傷者数知れず。六〇歳の労働婦人が担架にのせられて病院に送られるという有様であった。その間に三人の組合員は邸内に飛び込み、許斐社長を引き出して乱打し、一方福岡署は総動員して全員を検束するに至った。ここにおいて水平社執行委員長松本治一郎が誠意をもって調停に立ったので、形勢は一変してこの争議も一二日遂に解決を告げるに至った。

以上が『無産者新聞』（大正一五（一九二六）年五月二二日付）と『福岡日日新聞』に散見する記事をもとにまとめた和白硝子争議の経過の概略である。ただし、松本治一郎の争議調停については四月九日付の『福岡日日新聞』が「許斐硝子の／争議調停／松本氏立つ」という記事を載せているので、松本治一郎が間に入ってもなお一カ月余り争議が続いたわけで、この争議の深刻さがわかる。どのような条件で解決したのかは、残念ながらわからない。

なお戦前の福岡の労働争議には、松本治一郎が良きにつけ悪しきにつけ争議調停や斡旋に乗り出すことが多かったようである。

この和白硝子争議を全面的にバックアップしたのが九州労働婦人協会だった。三月二九日付の『福岡日日新聞』は「和白硝子争議団／七十余名の示威行列／許斐専務邸前で革命歌／十四名現場で検束さる」という見出しで「訪問隊」に関する記事を載せている。

争議団員七十余人は赤旗二十旒、長旗八旒を携えて二十八日午前八時和白を発し、同十時頃福岡市今川橋電車終点に集合、此処にて早良郡農民組合から贈られた玄米三十俵を受取り春日運送店の大八車八台に分載し、不穏の文字を大書した長旗を先頭に二十余の大旗小旗を翻して電車通りを東へ、西公園から通町へ出で船町の許斐専務邸まで示威運動を行ったが、激昂した争議団員は許斐氏宅門前で革命歌を高唱したり種々不穏の言辞を弄した為めに警戒中の福岡署員の為めに解散を命ぜられたが、警官の制止に応じなかった左記十四名は福岡署に検束された。〔一四名の氏名略〕尚主だった幹部は、全部検束された争議団では、決死隊を組織し飽くまで目的の貫徹に努むると共に資本家側に対して何らかの方法を講ぜんとの報があり、所轄箱崎・福岡両署では万一を慮り厳重警戒中である。


検束された一四名の中に、労働婦人協会の菊竹トリや水平者青年同盟の西岡達衛らの名前が見える。

この「訪問隊」のことについては、四月一三日付の『福岡日日新聞』夕刊にも見られる。

「罷工職工の女房連はいずれも弁当携帯で中には嬰児を背負って連日許斐社長宅を訪問し、この間争議団は行商隊を組織して争議資金を得る等いよいよ持久戦に入った観がある」。こうして争議団は名島町にあった争議本部を社長宅の近くの下須崎町に移すことになった。この争議団の引っ越しの模様を前記『福岡日日新聞』は「争議団員約七十名の男女は十二日午後六時半荷車六台に兵糧米十三俵、布団二十数重ねた所帯道具一式を分載して名島の本部を出発し途中鼻唄混じりの威勢の好いところで、東公園から電車通りを経て七時半下須崎町に到着」と書いている。この争議本部移転にも参加した菊竹トリ（木村トリ）は後年、この記事の中にある「鼻唄」について「革命歌ばかりだったでしょう。ほかの歌は知らなかった」と語っている。[10]

この時期、福岡では原田製綿所や和白硝子工場の他に東邦電力（気）堅粕工作所の争議（給料二割引き上げなど一二カ条要求）がたたかわれたが、その争議本部は水平社の拠点の一つ松園の公会堂であった。これらの労働争議はいずれも水平社運動との関わりなしには考えられなかったのである。

水平社青年同盟の結成

特殊部落の青年諸君！

諸君はいま光栄ある時代に生れている。

賤視と迫害による屈辱の中から脱して、差別なき社会――人間が人間を尊敬する社会――を創造すべき光栄ある時代に生れている。〔略〕

特殊部落の青年諸君！

吾々は自己の使命に目醒めた青年の組織的訓練を必要とする。而もそうして自覚〔ママ〕に基づく吾々の運動が、やがて新しき文化の上に如何に美しき光を放つかは、容易に想像し得らるるものである。

吾々は諸君と握手し相語らんことを希望し、全国に散在する特殊部落の青年の結合による青年団体を組織した。

吾々の兄弟よ、部落の青年よ、速かに本同盟に参加せよ。


一九二三年一二月一日に結成された全国水平社青年同盟の設立趣意書の一部である。全国水平社青年同盟はその規約によれば、「特殊部落民の解放と、新しき文化の建設を目的とする部落の青年を以て組織」された（『部落問題資料　第一集』部落問題研究所、一九七一年）。

その前年に創立されたばかりの全国水平社は、部落差別をなくすという同一目的では固く結合し、差別問題が起こった時は一致して糾弾にあたったが、水平社同人（会員）の中には様々な立場や考え方の違う人々を内包していた。青年同盟の中央委員に選ばれ、同盟の機関誌『選民』の発行名義人になった木村京太郎は、水平社青年同盟の役割と組織について次のように述べている。

「水平社同人の中には皇室中心の天皇主義者もおれば、一切の権力を否定するアナーキストもいる。親鸞主義、マルクス主義、いろとりどりの人々」がいる。「ばく然とした大衆団体である水平社の組織を強化し、その中にあって前衛部隊としての役割を果そうとするのが『水平社青年同盟』であった。どうすれば、部落が完全に解放されるかの理論的な究明と、それを実践するための行動組織がなければならないとして、各水平社内部の青年活動家によって支部をつくり、府県連合会、中央本部というような民主的な集中形態をとることにした」（木村京太郎『水平社運動の思い出 下』部落問題研究所、一九七〇年）

また、次のようにも述べている。

「私はこの『選民』の編集を手伝う中で、山川均氏や堺利彦氏らからの寄稿支援をうけ青年同盟の運動を通じて、まだ若かった徳田球一氏や渡辺政之輔氏など当時の日本共産党員とも親しくなり、そのことによって、社会主義、マルクス・レーニン主義に近づくことができた」

こうして全国水平社青年同盟は次第に階級的立場を明確にしながら、「水平運動を当時の労働組合、農民組合など一般無産団体と提携させ、階級戦線の一翼として部落青年大衆の啓蒙、教化、訓練に重点をおき、水平運動の先頭に立って活動する中堅組織となったのである」（木村前掲書）。

一九二四年の第三回全国水平社大会（三月三・四日）を契機として生まれた福岡県水平社青年同盟は、以上のような全国水平社青年同盟の中でも水平社の組織を強化し、前衛部隊としての役割を果たした組織の一つであった。そして、この福岡県水平社青年同盟の活動で注目すべきものに、官製青年団の改組の問題と軍事教育反対闘争とがあった。

一九二五年一一月一〇日付『水平月報』第一五号は、その「全九州青年同盟欄」に金平青年団が役員会、団員総会を開いてそれぞれ満場一致で名称を「水平社金平青年同盟」と改めたことを報じて、「行く行くは『水平社無産者同盟』と旗色を鮮明にして活躍することになるであろう」と書いた。その中で「官製青年団」について次のように批判している。

「従来の所謂『官製青年団』は我等を差別する根本の大親玉であるブルジョアを守るための大きな組織の一部を受持っているのである。／そして、一五、六から二四、五歳までの人間にとって肉体上にも精神上にも最もスクスクと発達する大切な青年時代を、ブルジョアの番犬である○○の○○共が手盛して『官製青年団』という一つの型の中に無理やりに押込め、ブルジョアに都合のいいような教化と訓練をやっている。／『修養講演会』／『幹部講習会』／『○宮参拝』／退職軍人共の内職としての『軍事講演会』／等々を連続的に催して純真な青年の頭脳にブルジョア擁護の考えを植えつけ、ひいては無産階級運動に対する反感を煽り、忠実なる御用青年を養成する。／一面には模範青年、模範青年会とか言う名称をやって一枚一銭五厘の賞状で麻痺している正直な青年をつくっている」と。

だから「真にプロレタリアの――無産部落民の――味方の青年団を作って毎日々の生活の上に於て彼等と戦わねばならぬ、そうするためには、先ず現在の青年団に新しいプロレタリアの魂と組織とをあたえなければならぬ――として勇敢に起ったのが金平青年団員である」といって、官製青年団の内部にあって、この地域青年の組織をまるごと民主化してしまったのである。

こうした青年団民主化の運動が各地で行われたことは、一九二五年一〇月一六日の日本農民組合福岡県連合会青年部の創立大会において、早良郡壱岐村戸切から「官製青年団に対する態度」を協議題として提出し可決したことからも窺い知れる。当時、戸切には矯盟会という壱岐村青年団支部があり、福岡県から「成績優秀」であるとして表彰されたほどであったが、農民組合ができて小作争議がたたかわれるようになると、地主側のテコ入れがあって、農民運動や自主的な青年運動に反対する組織として利用されるようになった。そこで青年団民主化が運動の緊急な課題になったのである。

「軍縮」と軍事教育反対闘争

青年団の民主化運動と密接に関連してたたかわれたのが、軍事教育反対闘争であった。そのことは前述の水平社金平青年同盟の成立について書かれた『水平月報』の記事の中に、「一方文部省は青年少年軍事訓練費に四百五十万円をかけて我々をして『殺人の練習』をさせ、資本家の馬前に忠実に討死さすべく訓練しようとしている。〔略〕此の際、我々は重大な使命を果すために先ず金平青年団の経過を参考として各自の属している青年団を根本的に改むべく努力せねばならぬ」と述べていることでも明らかである。

この「軍事教育」反対闘争の背景には次のような政治情況があった。

四年間にわたる第一次世界大戦が終わってベルサイユ条約が締結されると、世界は平和維持のための国際協調・軍備縮小の時代に入った。政界では普通選挙運動を推進した尾崎行雄や島田三郎、吉野作造らが軍備縮小同志会を結成し、軍縮のための活発な宣伝活動を行った。ワシントン会議で海軍の軍備制限条約が調印され、シベリアからは、一〇億円の金を使い三万五〇〇〇人の戦病死傷者を出した日本軍を撤退させるという状況のもとで、衆議院は各派共同で提出した陸軍軍備縮小建議案を可決した。これによって陸軍は将兵六万三二〇〇人、馬一万三四〇〇頭、約五個師団分を削減した（一九二二年）。

結局、国際的な圧力や国内のいわゆる大正デモクラシーに象徴される反軍閥的世論、戦後不況にともなう財政難や財閥独占資本の産業基盤拡充への要求などの諸条件が軍縮への道を開いたのである。したがってこの「軍縮」は、日本政府が軍国主義政策を転換させて平和愛好国家を目指すようになったことを意味するものではなかった。

あわせて、一九二二年一月に尾崎行雄ら有志六〇名が帝国議会に提出した質問書の中身を見れば、反政府側の軍備問題についての本音がどこにあったかも知ることができる。

その質問内容の一部には次のようなものがあった。

「政府は、大いに兵数を減少すると同時に、士官兵卒（とくに下士兵卒）の給与を増加し、退役軍人および戦死者遺族または廃兵の待遇に改善を加える必要をみとめないか？」、「政府は、製造工業が隆盛で経済が豊富でなければ、兵員が多くても戦勝者となることはできないという事実をみとめないか？」、「国家防衛のために必要な資格は、かならずしも兵営で訓練する必要はない。学校および一般社会においていっそうひろく訓練することができると信じる。政府は、兵営以外に戦士訓練の道はないとするか？」（信夫清三郎『大正政治史』〔勁草書房、一九六八年〕より。傍点引用者）

要するに軍縮の恩恵は軍人の給与・恩給・遺族扶助料の増額、港湾整備や産業奨励費など製造工業（独占資本）に回され、削減された兵員の予備軍を学生生徒や一般社会の青年に求めるというものであった。そして実際の経過もこの質問の趣旨に沿ったものになったのである。

一九二五年四月一三日に「陸軍現役将校学校配属令」が勅令として出された。その後改正されたが、その第一条には「官立又ハ公立ノ師範学校、中学校、大学予科、高等師範学校、臨時教員養成所、実業学校教員養成所又ハ実業補修学校教員養成所ニ於ケル男生徒ノ教練ヲアラシムル為陸軍現役将校ヲ当該学校ニ配属ス」（一九四五年一一月五日廃止）と定められた。私立の学校は「当該学校ノ申請ニ因リ」現役将校を配属できるとした。この月の二二日に治安維持法が公布され、翌五月五日には衆議院議員法も公布され、男子普通選挙制が実施されることになった。

この間の五月一日に、加藤高明内閣による陸軍四個師団の廃止が実施された。いわゆる「宇垣軍縮」（陸軍大臣宇垣一成）といわれるものであるが、将兵三万六九〇〇人、馬五六〇〇頭の削減で、第一次陸軍軍縮の半分の規模であったばかりか、これによって浮いた経費は戦車、航空機、その他高射砲などの装備の近代化にあてられた。

「陸軍現役将校学校配属令」はこうした「宇垣軍縮」と一体のもので、これによって中等学校以上の生徒・

学生に軍事教育を施し、思想的にも皇国思想にもとづく軍国主義を注入して「軍」の下に統制しようとした。その先鋒の役割を担ったのが「配属将校」であった。

学園を軍事教育の場にしようとする政府の動きに対して、早くも前年（一九二四年）の一一月一二日、東京六大学の学生をはじめとして都下の学生有志は「全国学生軍事教育反対同盟」を結成して、岡田文相と宇垣陸相に厳重抗議するとともに、明治大学講堂で各大学連合の軍事教育批判大演説会を開いて、「軍教拒否」の決意を表明した。この反対運動は学生社会科学連合会（学連）を通じて全国に波及したが、文部省は学内の批判演説会を禁止し、学連の解散を命じるなどの抑圧手段をとった。また警察も街頭デモ、議会請願行動を弾圧し検挙を繰り返した。

一九二五年一〇月一五日、北海道小樽高等商業学校の軍事教練で、朝鮮人暴動を想定した野外演習を実施して問題化すると、軍教反対闘争は最高潮に達した。学生だけでなく在日朝鮮人団体はもちろん、評議会系労働組合、無産政党組織準備会、政治研究会なども抗議声明を出して軍事教育を批判した。[11]

青年訓練所の設置と水平社青年同盟のたたかい

こうした反対運動にもかかわらず、学園における軍事教育を強行実施した政府は、さらに中等学校以上に進学しない青少年に対しても軍事教育を施すため、一九二六年四月二〇日、勅令によって「青年訓練所」を設置し、七月一日から施行することにした。

その青年訓練所令によれば、「青年訓練所ハ青年ノ心身ヲ鍛練シテ国民タルノ資質ヲ向上セシムルヲ以テ目的トス」（第一条）るものであって、訓練を受けるのは概ね一六歳より二〇歳までの男子とされた。当時の新聞報道によれば、該当する青年数は一五〇万人（福岡県は七万人）であった。

「青年訓練所訓練要旨」によると、訓練項目のうち修身および公民科は「教育に関する勅語の主旨に基づきて情操を涵養し」、「特に国家的観念及び立憲の本義を明瞭ならしめ国民としての責務を全からしむるに必要なる事項に注意して之を授くべし」とあった。

教練で授ける事項は「各個教練、部隊教練、陣中勤務、測量、軍事講演等」である。

国語、数学、歴史、地理、理科などの普通学科のうち、特に歴史・地理は「我が国体及び国情を知らしめ国民精神を涵養するに必要なる事項に注意して之を授くべし」と、皇国史観にもとづく国家主義教育の狙いを露骨に「注意」書きしてあった。

なお、訓練期間は四年間で、二〇歳に達して課程を終了した者には終了証を授与し、二年の兵役を一年半に短縮することとした。

福岡県でいち早く青少年に対する軍事教育反対ののろしを揚げたのは、福岡県水平社青年同盟であった。すでに一九二五年一一月一〇日付の『水平月報』第一五号が、官製青年団民主化に関連して軍事訓練批判を載せていたことは前に述べた。

年が明けて一九二六年一月八日、午後七時から福岡市外金平大光寺で水平社青年同盟主催の軍事教育批判大演説会が開かれた。「此日は朝からの雪まじりの雨も午後はすっかり止んでさしもに広い会場もはち切れる（ママ）ばかりの聴衆で、殊に心強く感じたのは婦人聴衆の多い事であった」と『水平月報』第一七号（一九二六年一月一日付）[12]は書いている。

演説会では青年同盟の高丘慎吾が開会の辞を述べ、二十数名の弁士が交々立って、〝軍事教育の目的は水平運動をはじめあらゆる無産階級運動鎮圧にある〟ことを各方面から論証し、軍事教育反対の意見を述べたが、立会い臨官（警察官）は注意・中止の連発で、満足に降壇した者は二、三名であった。しかし「この暴圧は却って聴衆に軍事教育の階級的性質を的確に知らしめ深い感銘を与えた」（『無産者新聞』一月一六日付）のである。

この演説会の弁士はそれぞれ次にあげる組織・団体に所属していて、労働組合・農民組合・水平社のいわゆる三角同盟を中心としてたたかわれた福岡における最初の例であると言えよう。新聞の記載によると、「九州鉱夫組合（大牟田合同労働組合）、農民組合青年部、福岡無産青年同盟準備会、水平社青年同盟、福岡労働組合、八幡青年同盟、日本労働総同盟、九州連合会、九州婦人〔ママ〕労働協会」などであるが、その他水平社同人として近藤光（惣右衛門）、花山清、藤岡正右衛門などの名が見える。

演説会は満場一致で〝軍事教育に絶対反対〟を決議して、午後一一時三〇分閉会した。そして、「閉会直後に各団体の代表者集合し、反軍教同盟福岡地方準備会の成立を見、更に全国的反軍教同盟樹立運動の第一歩として全九州反軍教同盟結成に邁進することとなった」（前出『無産者新聞』）。

『水平新聞』三月一五日付は、一月一三日に水平社青年同盟福岡県連合会が金平公会堂で大会を開いたことを報じ、「昨年より大衆化に努力の結果、支部を十五と同盟員を千余名獲得した」と書いている。この大会では山本作馬が議長に推され「名議長振を発揮した」が、全国水平社無産者同盟からは木村京太郎が代表として挨拶した。大会では「無産青年同盟参加の件」などとともに「青少年軍事教育反対の件」も可決された。

全国水平社第五回大会はこの年の五月二・三日、福岡市の大博劇場で開催された。二日間にわたる大会の模様は、各紙写真入りで、全議題を含めかなり詳しく報道した。

この大会で特に重要な議題の一つに水平社綱領の改正問題があった。その焦点になったのは、部落解放を実現するために無産階級としての意識の上に立って運動を進めるかどうかということだった。第三回大会や第四回大会でも論議しながら結論が出なかった問題である。大会では激しい討論の結果、新しい綱領の一項に「我等は賤視観念の存在理由を識るが故に階級意識の上にその運動を進展せしむ」（傍点引用者）ことが明記された[13]。全国水平社の運動にとって画期的なことであった。

「軍事教育反対の件」は青年同盟の山本作馬が提案理由を説明した。その内容や討論の中身については、大会記事を特集した『水平新聞』や『水平月報』が報道している。ところが一九七一年夏、筆者が福岡の解放運動の歴史を調べるため、地域で聞き取り調査をした時、まだ存命だった福岡市西区城ノ原（現西区上山門）の山本作馬夫人からガリ版刷りの「第五回全国水平社大会協議案」の綴りを見せていただいた。その綴りの中にはペン書きの「青少年軍事教育反対ノ件」と題する草稿が挟まれていた。これは山本作馬が提案理由を説明した時の演説原稿であることに間違いない。草稿では「軍事教育」の狙いと本質を明らかにし、無産階級の立場から帝国主義戦争とその準備に反対する理由を力強く述べている（以下、草稿全文）。

青少年軍事教育反対ノ件

主文　五月一日ヨリ実施セントスル青少年軍事教育ニ反対

理由　政府ハ今ヤ青少年軍事教育ノ名ノ下ニ全国ノ青少年ニ対シ軍国主義的教育ヲ実施セントシテ居ルノデアリ、コレハ刻々ニセマリツツアル帝国主義第二次戦争ニ対スル準備デアリマス。資本主義的国家ノ最後ノ段階ニアル帝国主義ハ死ニモノグルイノ対策トシテブルジョアジーヨウゴノ最後ノ野心ヲ発キシツツアルノデアリマス。然ルニ国際戦争ハ吾等ニ何ヲアタヘルカ。ブルジョアジーハ多大ノ利益ヲ得ルガ吾々無産階級ハ一家ノ生活ヲササエル青年ガ戦場ニ屍ヲサラス事ト家族ノ困苦欠乏ニ陥ル悲サンナル生活ヨリ外ニ何物デモナイデハナイカ。吾々水平社ハ大多数ガ無産階級デアル以上ブルジョアジーノ食物ニナルヨウナ仕事ハ絶対ニ反対セナケレバナラナイ。オタガイガ人間ヲ尊敬スル意味ニオイテモ、

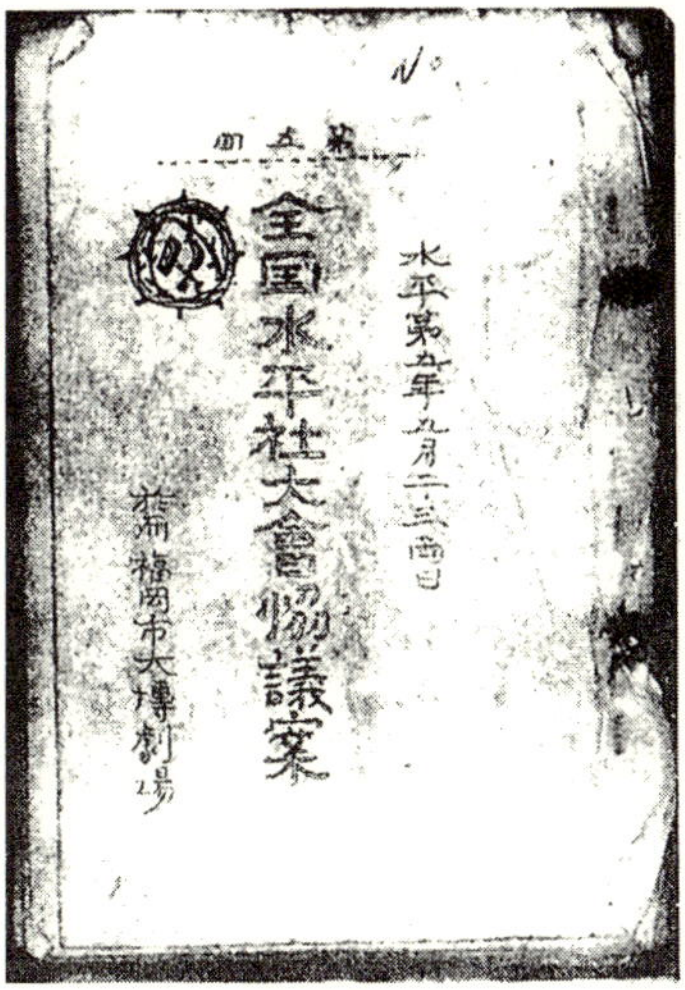

「第五回全国水平社大会協議案」綴りの表紙（ガリ版刷り，Ｂ５判）。年表記が「水平第五年」になっているが，議案書の表紙に「水平」の年表記（私年号）を使ったものは他にない。左上部の荊冠の中に鎌とハンマーをあしらった図柄は，印刷ではなくペン書きされたものである。山本作馬自身の手によるものと思われる。労農水三角同盟を表している？

軍国主義国際戦争ハ殺人ト破壊ヨリ外ニ何モノヲモ意味セヌ事ヲ深ク知ラナケレバナラナイ。以上ノコトヲ思フ時ニ吾々ハ支配階級ノ為ノアラユル軍国主義的施設ニ対シ徹底的反対セナケレバナラナイ◦水平社ノ大多数ガヒ支配階級デアル以上青少年軍事教育ナルモノニ反対シ、ブルジョアジーノ鉄サヲ一刻モ早クタチ切リホントウノ解放ノ日ノ一日モ早カラン事ヲ願フ。依テ本案ヲ提出シタ。

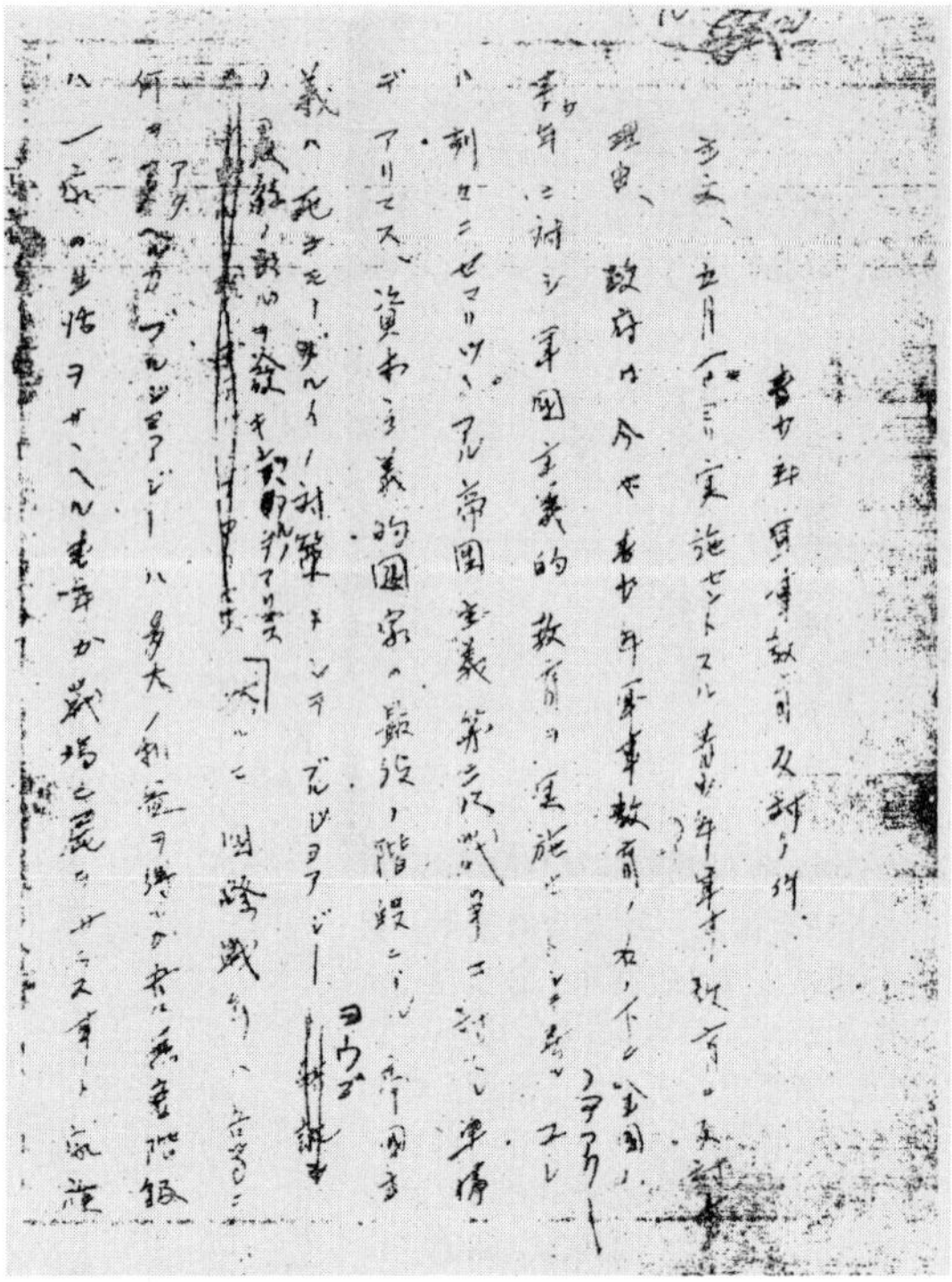

山本作馬の遺稿「青少年軍事教育反対ノ件」(ペン書き, B５判便箋)

これに対し、質疑の後の討論では「軍事教育は国際戦争の準備と無産階級弾圧の用意に外ならない。戦争によって利益を得るものは唯資本家階級のみである。要するに軍教は資本家階級の忠実な番卒を養成する為である」、「無産階級運動を撲滅する支配階級の毒手である。本大会の決議によって徹底的に反対すべし」などの賛成演説があって満場一致可決した。この時ばかりは「賛成演説に対し臨官より注意あり、議場騒然として官憲の横暴を絶叫して止まず」と『水平新聞』は記している。

福岡における軍事教育反対のたたかいは、福岡県水平社青年同盟主導のもとに「明確なる階級意識」をもった自覚的な労働組合、農民組合、青年・婦人団体の共同闘争として発展していったのである。

3　反軍闘争から帝国主義戦争反対へ

福岡連隊内差別の摘発と糾弾闘争

これまで述べた軍事教育反対のたたかいと並行し、やがて必然的に結びついてたたかわれたのが福岡連隊差別糾弾闘争であった。それは一九二六年一月一〇日、福岡県水平社青年同盟の井元麟之らの青年活動家が福岡歩兵二四連隊に入営したことによって始まった。

一月一一日付『福岡日日新聞』は、前日の「全国入営デー」を報じた記事の中で、「入営者を擁して／衛門前で革命歌／同志の入営を送る農民組合／七百の初年兵を迎えた福岡連隊」の見出しで次の記事を載せた。

場内は人の山人の波にゴッタ返す混雑であった。此の間に同志の秋本、藤井、野中の三君の入営を送って来た農民組合福岡合同労働組合員等は同志の入営を記念する為に衛門前で高らかに革命歌を合唱して多少険悪な空気を醸したが暫らくしてそれも収まれば、〔略〕尚福岡、箱崎両警察署では其管下の労働要視察人[14]秋本、藤井、野中の三人が十日入営するというので、福岡合同労働組合・農民組合中の急進分子を警戒する為めに高等係の総動員を行って歩兵第廿四連隊附近を警戒したが、組合員等は衛門前で革命歌を合唱しただけで無事解散した。入営当日に衛門前で革命歌を唱えたのは福岡連隊では最初の事である。

この記事では農民組合や労働組合の動きには触れているが、水平社青年同盟の動きについては直接書いていない。しかし、後年「福岡連隊での闘い」について語った井元麟之が、「わたしが福岡歩兵二十四連隊に入営したのは、大正十五年の一月十日です。わたしの部落から十名ほど入りましたが、ほかの者は運動に参加した、わたしを見送るために、福岡の水平社青年同盟、農民組合、福岡高等学校、労働組合などの仲間が二百名ぐらい荊冠旗や組合旗赤旗をたてて、軍隊の衛門まで見送りに来て、革命歌を歌ったんです。それで、翌日の新聞では〝福岡連隊始まって以来のことだ、社会主義者入営〟という見出しで大きく書かれたですよ」（『部落解放』一九七一年一一月号、部落解放研究所）と述べていることからも、水平社青年同盟も参加していたことは間違いあるまい。全国水平社ではすでに第二回大会（一九二三年）で「軍隊内における差別撤廃について」が提案され、「陸海軍大臣に抗議する」ことが可決されていた。

その翌年の第三回大会でも、前年の抗議にもかかわらず、依然として軍隊内の差別が横行していることから、その根絶のため軍当局の責任を追及し糾弾闘争を続けることを可決していた。また井元麟之は、福岡連隊入営直前の一月八日に開催された水平社青年同盟主催の「軍事教育批判大演説会」に、福岡無産青年同盟準備委員から弁士として壇上に立っていたのである。だから彼によれば、「組織的に反軍闘争をやろうといった企てはしてい」なかったけれども、軍隊内の差別に対しては「軍隊のなかでも、何らかの形で闘おうという決意はもって」いたという。

そして、入営一週間後には早くも所属する機関銃隊で起こった差別事件を取り上げ、水平社と連絡協議の上隊長に抗議し、さらに自称「兵卒同盟」という組織を作って軍隊内の差別を摘発し、連隊外の水平社同人と連絡し合った。そうして水平社内の在郷軍人団も加わって連隊を抗議訪問したり、連隊内で差別撤廃の講演会を開催するよう要求した。こうした運動の中で「同隊入隊中の沖縄県出身の兵卒に対しても、公然露骨なる侮辱が行われているとの事だ。軍隊内に於ける差別に対しては徹底的に闘わねばならぬ」（『水平新聞』三月一五日付）というように、差別を部落問題だけに矮小化せず、軍隊内のあらゆる差別に目を向けていたことに注目しなければならない。

一方、水平社の抗議にヌラリクラリの連隊当局の不誠意に対して業を煮やした水平社青年同盟は、まず七月一日から開かれる青年訓練所に鉾を向け、誠意ある謝罪をみるまでは絶対その鉾を収めずとして奮闘した。ここに「軍事教育反対」のたたかいと「軍隊内差別糾弾」のたたかいが結びついて発展することになったのである。こうした青年訓練所を舞台としたたたかいの事例を、八月一日付『水平月報』は次のように伝えている。

松原青年団の奮戦と決議した声明書

〔略〕今福岡歩兵第廿四連隊に数多起れる差別問題は、それが全国の連隊内における差別の一部であることを我々は確信する。しかもこの差別事件は当局の不誠意により解決の機運さえも見えぬ。吾々の頭上に直面せる青年訓練所は、それが差別を支持するが如く見える軍隊の延長なのだ。

〔略〕我等は差別問題が完全に解決するまで青年訓練所設置を撤回（ママ）する。

松原青年団臨時総会

青年同盟金平支部　青年訓練所に反対

青年訓練所は白壁に包まれて銃剣の前に奴隷化の規律を要求する兵営生活を街頭へ延長したものである。そして青年訓練所に対する指導一切の政策は『兵営』より発せられて居る。〔略〕

現在福岡廿四連隊に六つの差別事件が起っておるが、しかも連隊当局はその問題を『手際』よく葬らんがため諸種の不誠意きわまる小刃細工を弄する。連隊当局は要するに『差別』を明らかに支持しつつあるものである。〔略〕軍隊によって指導されている青年訓練所に対しては安心して入所することが出来ない。依て該問題の根本的解決を見るまでは堅粕町青年訓練所を見合わすものである。

堅粕町金平青年団

松園支部の大活躍　青年訓練所乗取り

金平、松原両支部は廿四連隊内差別事件の解決までは訓練所設置に反対し声明書を発表したが、松園支部では協議の結果、従来の消極的ボイコットでは意義をなさぬと云う意見の下に満場一致で積極的に入所し、内部から支配階級の軍国教育に闘争することを決議した。〔略〕

七月一日の堅粕訓練所入所式には本同盟員五十名、一般青年二百余名出席し、主事教官の訓話には一つ一つ質問し、且批判し、一撃には一撃を与え支配階級の毒素を暴露した。尚和田君は左の決議文を作成し、動議成立し、二時間にわたる宣伝と共に満場一致原文可決した。

決　議

吾々は今実施されんとする資本家階級の青年訓練所に絶対反対し、吾々は無産青年の立場より無産階級的青年訓練所を今ここに設置するものである事を決議す

堅粕青年訓練所入会者一同

こう見てくると、具体的な条件に応じて様々なたたかいが組まれたことがわかる。

軍隊内の差別の実態については当時の『水平月報』、『水平新聞』に繰り返し報道されたが、ここでは省略する。ただ水平社としては「いかに一人ひとりを糾弾して枝葉を切りとっても根本が枯れねばまた芽がでるにちがいない」ということから、「今後かかる差別事件の全くなくなるように尚一歩ふみこんで連隊当局の責任ある誠意ある具体的方策を求めて」交渉した結果、やっとのことで福岡市記念館で謝罪の意味の講演会を七月下旬に行うことでひとまず解決した。

ところが七月二〇日になって、久留米憲兵隊長および歩兵二四連隊長の名で、「全国水平社本部及び水平社九州連合会本部より撒布せる文書に軍隊の威信を傷つくる如きものがあった」から、講演会は取り止めると一片の書類ではねつけてきたのである。しかも連隊側は福岡の大小各新聞社に講演会取り止めの文書を送りつけ、

その日の夕刊に掲載するよう手を打った。これによって例えば『福岡日日新聞』は、七月一九日の夕刊に第一二師団司令部発表として次の記事を掲載した。

福岡歩兵第二十四連隊内に於ける水平社同人との繋争問題は、その後双方の了解の下に連隊に於ては水平社同人よりその体験談を聴くことに決定せんとしたが、遂に交渉纏まらず決裂を来たし第十二師団司令部ではその顚末につき十八日夜左の如く公表

福岡歩兵第二十四連隊に於ては水平社同人より其体験談を聴く予定の所、該講演に於て軍隊の威信を冒瀆する嫌ある文書を散布せられある事実を認め之を取止むることとせり／第十二師団司令部発表

水平社九州連合会では七月二七日、福岡市外金平公会堂で全九州執行委員会を開き（出席代表者一〇二名、議長藤岡正右衛門）、二四連隊対策を協議した。ここでまず連隊当局が講演会取り消しの口実にしている全国水平社より発表した解決報告ビラの審議をしたが、軍隊を侮辱するような箇所は一点も認められないと「満場一致ビラの内容を承認」した。

対策としては次の方針にもとづいて行動することとなった。

①再度連隊当局を訪問して意見を聴き反省を促す。
②立会い演説を申し込む。
③在営中の全同人を慰問する。時日時間などは本部より通知する。当日は荊冠旗を持参して大衆的訪問および示威運動をなす。
④各郡主催にて連隊当局糾弾演説会を開催する。
⑤在郷軍人団の対策。全国的に部落内の在郷軍人諸君の奮起を促し、抗議書をつきつける。

全国水平社では八月五日に大阪で中央委員会を開き、「青年訓練所反対」の議題と別に「福岡二十四連隊問題」を議題とし、「事件の成行き次第では全国的糺弾の火蓋をきるであろう。各地水平社は一斉に起ちうるよう、その成行きに注意し、応援準備を充分にしておくべきである」と決定した（『水平月報』第二二号、九月一日）。これによって福岡連隊差別糾弾闘争は一層戦線を拡げ、全国水平社の総力をあげたたたかいに発展していくのである。

九州連合会は八月五日に藤岡正右衛門、播磨繁雄、中村浪次郎三名を代表に、地元在郷軍人分会長らとともに福岡連隊当局に対し再考を促す交渉をしたが、連隊側は上司の命令だから再考の余地なしと拒絶した。

福岡県下では八月一七日の福岡市松原公会堂における福岡二四連隊当局糺弾演説会を手始めに、嘉穂郡、糸島郡など各地・各町で集会演説会が開かれ、この問題が根本的に解決するまでは青年団や処女会、あるいは青年訓練所から脱会することや入会を見合わせることを決議していった。

一〇月一〇日の第四回九州水平社執行委員会では、連隊糺弾対策として「本問題は社会的な輿論の力に依って解決」することを決議し、「双方の主張を社会人の公正なる批判に訴えるため連隊当局に立会演説を申込む」とともに、福岡市全市に「市民諸君に訴ふ」のビラ五〇〇〇枚を撒布し、さらに『水平月報』特別号外一万枚を発行して真相を明らかにすることにした。一〇月二〇日の立会演説会は軍規を楯にとった連隊側によって拒否されたが、真相発表会に変更され、「聴衆五千以上と数えられ非常なる盛況で多大の反響を得て大成功裡に終った」（一二月一日付『水平月報』および新藤東洋男『ドキュメント福岡連隊事件』〔現代史出版会、一九七四年〕所収の木村京太郎「上告趣意書」）。

福岡連隊による「宿舎差別事件」

こうしたたたかいの最中に、これまで問題になってきたのは「連隊内差別」であったのが、今度は「連隊」

そのものが「差別の元凶」であることが暴露される事件が起こった。それは一〇月七日から一四日まで、田中源太郎連隊長の指揮のもとに福岡県糸島郡雷山（らいざん）を中心として行われた二四連隊の検閲射撃演習の際、特定の水平社部落だけを兵員や軍馬の宿舎割り当てから除外したという事実が明らかになったことである。この事実は一〇月二〇日の批判演説会で報告され、参会者の憤激に一層油を注いだ。

たたかいは「連隊内差別糺弾闘争」から、「軍隊」そのものを批判する「反軍闘争」へと質的な転換を見せ始めたのである。そのことは、このたたかいを支援する無産者団体の拡がりにも現れた。すなわち、労農党福岡支部連合会は執行委員会においてこの問題で積極的に応援することを決議し、一一月三日には布施辰治弁護士を招き、福岡市記念館で真相批判演説会を開いた。労働組合九州連合会[15]は一〇月三一日の創立大会で、積極的支持を決議した。日本農民組合福岡県連合会はすでに一月二一日、福岡市記念館で開催された第三回大会（組合員数六三四二名）の議案の中に「軍事教育反対ノ件」を挙げていた（『福岡県史 近代資料編 農民運動㈠』）が、連隊による宿舎割り当て差別が明らかになると、水平社と呼応して、一一月に予定されていた佐賀県下の陸軍特別大演習の兵員宿舎拒絶を実行することにした。全国水平社は「在郷軍人青年団の請願運動を起せ」、「一戸十銭の戦費（闘争資金）を寄付せよ」のビラ一万枚を全九州に発送するとともに、連隊当局の宿舎差別に対しては「演習期間中軍隊の宿舎を拒絶せよ」のビラをこれまた一万枚、演習地帯の各水平社に配付したのである。

「軍隊内の兵卒の人格権の確立」、「民衆を軍国主義化する一切の政策に反対」、「侵略的国際戦争反対」などを綱領に掲げて「全日本無産青年同盟」が創立されたのは一九二六年八月一日であったが、全日本無産青年同盟福岡県支部はそれより前、六月に佐々木是延を委員長にして組織されていた模様で、労働運動、農民運動、水平社運動の中で中核的役割を果たし、「街頭でのビラまき、署名運動、カンパの募集、農村での宿舎拒絶などの活動に若い行動力を発揮し」（木村京太郎『水平社運動の思い出』）た。

聯隊の留守を狙て
千餘名で示威運動
營内に爆弾投下の企て
物々しき家宅大
福岡地方裁判所判檢
及び警察官
福岡日日新聞
號外
自分の影に驚く月夜のカニ物語
所謂陰謀事件の正體
何事もない水平社が
何故そんなに恐いのか
正義に破滅の來る筈がない
水平社の聯隊當局糺彈は
決して行き詰つてはゐないぞ
最後の手段などとは
彼奴等がつくりごと
正義が行詰るなど
そんな筈がない
水平月報

記事解禁（1927年２月12日）後，いわゆる「水平社事件」を報じた２月12日付『福岡日日新聞』号外(上)と３月１日付『水平新聞』

「爆弾なき爆弾事件」

こうしたたたかいが「今や問題は単なる水平社だけの問題でなく全被圧迫階級の支持と応援の下に全階級的政治闘争へと進展」（『水平新聞』昭和二〔一九二七〕年三月二五日付）しつつあった時、突如加えられたのが一九二六年一一月一二日の「爆弾なき爆弾事件」の大弾圧であった。

この弾圧事件については一切の報道が禁止されたが、翌年一九二七年二月一二日、三カ月ぶりに「記事解禁」になると、三月二五日付『水平新聞』は三面分を使って事件の真相・経過を事細かに特集し、支配階級の「陰謀」（デッチアゲ）を暴露した。

『水平月報』第二六号（三月一日）も、「予審終結決定書」を含めて、四ページにわたって特集した。これらの特集記事によって、一九二六年一一月の連隊内差別の摘発・糺弾から、「連隊爆破陰謀事件」の記事解禁までの経過を知ることができるが、弾圧当日から予審終結までのことについて、前記『水平新聞』は次のように記録している。

俄然大正十五年十一月十二日より福岡地方裁判所検事総動員で物々しい警戒と鳴物入りの大逆宣伝の下に、所謂大検挙が始められた。十二日正午九州連合会本部の家宅捜査を行うと同時に、同所より藤岡正右衛門、西岡達衛、木村慶太郎の三君を福岡署に引致し、更に全国水平社中央委員会議長松本治一郎氏宅を始め目星い所の家宅捜査を行い、前記三君外松本治一郎、高岡松雄、梅津伝司、下田梅次郎、吉田泰造、和田一新〔藤助〕、斎藤新太郎、高丘吉松、大野清之助、萩原俊男君等並に大阪より木村、松田の両君、熊本より清住君等を護送し、それぞれ強制処分に附して未決監に収容し、同時に新聞記事を差止めた。

右の中、高岡、梅津、吉田、斎藤、松田の諸君は解放されたが他の諸君は予審に附せられ、浜嘉蔵、柴田甚太郎の両名は後から追訴された。

かくて福岡地方裁判所井上予審判事の手で予審中の所、去る一月三十一日、木村慶太郎、浜、清住の三君は免訴、残り十一名は爆発物取締罰則第三条・第四条、及び銃砲火薬取締法施行規則第二十二条・第三十九条第一項・第四十五条に該当するものとして公判に附せらる。

公判は五月二日より福岡地方裁判所で開かれた。「予審決定書」（『水平月報』第二六号）によれば、松本治一郎以下九名の被告を公判に付す理由は大要次のようなものであった。

大正十五年一月頃より福岡歩兵第二十四連隊内で差別事件が縷々発生したとのことで、これが糾弾及び差別の根絶につき連隊当局に対し交渉することとなり、同年六月末より談判を開始したが容易にまとまらず、遂に九月中旬頃決裂状態に陥った。水平社九州連合会では諸種の対策を協定して実行に着手したが、事態すでに行き詰まり、尋常一様の方法をもってしては目的を達することが至難だとして、十月二十二、三日頃、被告和田宅で会合評議し非常手段として、佐賀県で行われる陸軍特別大演習に二十四連隊が参加する留守に乗じ営内にダイナマイトを投げ、問題の局面を転化し、解決を促進するに如かずとし、かくて治安を妨害する目的を以て爆発物を使用すべきことを共に謀議した。

これが徹頭徹尾でたらめな作文であることは、公判廷で次の諸点が明らかにされて、事件は警察・軍隊が仕組んだデッチアゲであることが暴露された。

①和田宅で行われたという「謀議」そのものが虚構で存在しなかった。

②一般新聞が鳴り物入りで報道した家宅捜査の証拠物件――火薬（花火用）、ピストル、手榴弾は最初から裁判所によって証拠として採用されなかった。ダイナマイトを入手するために和田一新が出したとされる手紙も、上告審（大審院）で退けられた。

③「尋常一様の方法」をとらなければならないほど「事態」は行き詰まってはいなかった。むしろ糾弾闘争の共同戦線は拡がり、政治闘争として発展しつつあった。

④スパイが介在し、警察の手引き、証拠の捏造に手を貸した。

こうした裁判闘争の結果にもかかわらず、一九二七年の第一審判決は、松本・和田両名が懲役三年六カ月、藤岡以下九名が懲役三年、他に手榴弾（シベリア土産）所持で一名が懲役三カ月であった。長崎控訴審では木村京太郎の記すところによると、一九三八年二月二五日の第二回公判で「断定する証拠はないが、三年や三年半の懲役は軽すぎる」という枝光検事の乱暴な論告が行われたという（木村前掲書）。第二審の判決も第一審と同様であった。同年一〇月八日の大審院判決は、和田藤助がダイナマイトを注文した事実はないとして三年の懲役に変わっただけで、他は変わることはなかった。

「爆弾のない爆弾事件」、「謀議のない陰謀事件」は、「大逆事件」以来の国家権力による大陰謀事件であった。しかも拷問による自白強要や厳しい獄内生活によって健康を破壊された被告たちは、松本治一郎と木村京太郎の二名を除いて、ほとんど全員が出獄後若くして死亡した。木村京太郎は「絞首台によらざる死刑」、「間接的な虐殺」だと言ってよいと述懐しているが、まさに司法ファッショであり、昭和暗黒史の幕開けであった。

「天皇主義」から帝国主義戦争反対へ

福岡連隊差別糾弾闘争から「福岡連隊爆破陰謀事件」へとたたかいが進展するにつれ、水平社運動内部にあった日本の天皇制軍隊に対する基本的捉え方に変化が生まれた。それは水平社運動にまつわる「天皇主義」の問題である。

一九二四年三月、全国水平社は徳川一門に対する「辞爵勧告」を行った。この時全国水平社は、徳川一門に対する辞爵勧告の「理由」に、「全国に散在する六千部落三百万余の吾々水平社同人の過去現在の生存歴史は血と涙の惨ましくも呪われた虐待史である。〔略〕之れ徳川幕府が専恣極まる暴政をしき、自家一門の安寧幸福栄華を本旨としたる卑劣なる階級政策がもたらしたる極悪非道の遺産であり、因襲である」としながらも、「徳川家一門に対する位記返上勧告の趣旨」では、「上皇室に弓を引き抵抗したる国賊逆臣の一家一門悉く位人身を極め栄華を尽して豁然（かつぜん）として居りながら、国民の思想善導が出来得るでありましょうか。国民思想の善導と言うことは皇室中心である以上、皇室に弓を引き永い間皇室に対し奉り抑制的法度を設けた不忠極りなき徳川家一門が、たとえ陛下から爵位を賜っても辞退するのが当然である」と主張する。そして「陸海軍人に賜った御勅諭は拝するだにも恐懼（きょうく）の極みである」といって、いわゆる「軍人勅諭」を楯に君臣の大儀を明らかにするため、徳川家一門に爵位返上を迫るのである。

こうした論理は、福岡連隊差別糾弾闘争においても展開された。一九二六年九月一日付の『水平月報』第二二号は、「福岡二四連隊当局糺弾号」として「軍隊の蠹毒（とどく）、[16]国家の罪人／連隊当局を糺弾せよ／福岡二十四連隊の主張は／軍隊の威信に叶えりや」という論説を一面トップに載せた。

この中では、軍隊内に起こった侮蔑差別の行為や暴言を糺すのに、「軍人勅諭」に示された五カ条の軍人精神を引用しながら、「即ち上は下を下は上を侮辱し、しかも軍隊の蠹毒、国家の罪人と断ぜられたことが起ることは兵力の消長に関係する。それは直ちに国家の盛衰に関することであるから此際、かかるいまわしき事の絶滅を期したい。〔略〕軍隊の威厳などと勿体らしいことを看板にしてぬらりくらりとお茶を濁そうとするではないか。之が果して真の武勇でありで礼儀、義理をわきまえ、軍人精神を会得した仕草と云えましょうか」と問い、「之が糺弾は単に水平社ばかりの仕事ではなく、御勅諭の精神を守る軍人、在郷軍人、農民も労働者も官吏も、少くとも国家の盛衰に心をいたし、皇恩に酬い奉らんとする者の当然なすべき義務であること」を高唱したのである。

「天皇主義」の呪縛は、一九二六年一〇月の福岡連隊による「宿舎差別事件」で軍隊そのものが差別の元凶であることがわかりかけた時期にもなかなか解けず、一〇月二〇日の「福連事件真相報告演説会」においても、弁士として立った田中松月は「連隊当局の取った態度と陸海軍人に賜りたる御勅諭の精神とを照らし合せ、如何に連隊当局のとれる態度が上陛下の思召に叛くかを説」いたという。この記事を載せた一二月一日付『水平月報』の「水平問答」にも、次のような回答が見られる。「日本における最上の上司は大元帥陛下であります。連隊当局がいうように上司に対する責任を感じているならば、この御勅諭のおさとしに厳重にいましめられてある御言葉にそむいた差別事件に対して充分に自分の責任を感ぜねばならぬ筈です」という具合である。

ところが「福岡連隊爆破陰謀事件」がデッチアゲられ、公判が進む中で「支配階級の弾圧政策」が明らかになるにつれて、それまでの「天皇主義」の論調は影をひそめ、福岡連隊事件を「警察と軍隊側の共謀に依る捏造事件」と捉え、「差別糾弾闘争」は軍隊の本質に迫る運動＝反軍闘争に転化していった。そしてさらに、その方向は一九二八年の「三・一五事件」と昭和天皇の即位「大典」でますます明らかになっていった。

昭和四（一九二九）年一月一日付『水平新聞』は、「狂圧の嵐渦巻く中に／新しく闘争の歳を迎う／入営期を前に控え軍隊内の差別撤廃の闘争を大衆的に巻き起し暴圧をはねのけよ!!」と題した巻頭記事で次のように論じた。

全国の兄弟諸君！　一九二八年は日本の無産階級運動にとっての一大受難の年であり、且又一大試練の年であった。三・一五事件に依って数百の前衛闘士は奪われ、引続いて三団体の解散等を通じてわが全国水平社にも暴圧の追撃をもってした。〔略〕

十月二十八日払暁、全国一斉に総検と家宅捜査は行われた。本部は全くガラ空きとなった。地方水平社の闘士も皆やられた。残った闘士でも厳重な尾行をつけて禁足処分だ。実に大典に名を藉る暴圧はわが水平社が最も著しい攻撃の的となった。〔略〕

一月十日には我等の若き兄弟の入営する日だ。差別の充満せる軍隊へ凡ての自由を奪われて若者達の押込めらるる日だ。そこには幾多の兄弟が同じく差別に泣いている。だが然し一片の「軍規」はそれに対して糾弾する事は許されていない。それ許りか差別に対する個人的抗議すらも許されない。

我等の若き兄弟は等しく被圧迫民衆の子弟である我兵卒仲間から差別される。我等はこの無産階級の子弟である兵卒達に対し差別の撤廃を叫ばなければならない。

そのための我等のスローガンは

軍隊内の差別を撤廃しろ！
軍隊内で糺弾の自由を与えろ！
兵卒の言論、集会、結社の自由を認めろ！
兵役を一カ年に短縮しろ！
××××戦争反対！

（ゴチック体は原文、傍点引用者）

巻頭記事は、傍点部を「兵卒の最も深刻な要求」と指摘し、「かくして軍隊内の差別撤廃運動は兵卒の自主権確保闘争とむすびつく時、水平社同人及びその強力なる同盟者である全被圧迫層の階級の問題となり、全国的大衆化する可能性を持つ。被圧迫層の自覚せる部分と水平社との共同闘争は、必然そこに『軍隊内の差別撤廃』『兵卒の自主権確保』闘争と『暴圧反対』の闘争とが結びつけられ、より強力な大衆運動となり得る」と論じた。

「×××戦争」はもちろん「帝国主義戦争」である。天皇制権力による治安維持法の発動である「暴圧」に反対し、天皇制軍国主義のもとでの中国侵略（日本帝国主義は一九二七年五月第一次山東出兵、二八年四月第二次山東出兵、五月第三次山東出兵と、事実上の中国侵略を開始していた）に反対することは、「天皇主義」を克服することなしにはできないことであった。

Ⅲ

「昭和暗黒史の序幕」三・一五

1 大嘗祭と三・一五事件

一九二八（昭和三）年三月一五日、新聞各社は一斉に特別号外を発行した。大正天皇が死去（一九二六年一二月二五日）し、天皇の代替わりに行われる大嘗祭（だいじょうさい）で新天皇裕仁が神に供える新穀を栽培する斎田（さいでん）が決定し、その正式発表を報ずる号外である。

斎田は、悠紀（ゆき）地方（京都より東）は滋賀県野洲郡三上村（現野洲町）に、主基（すき）地方（京都より西）は福岡県早良郡脇山村（現早良区脇山）に決まった。『福岡日日新聞』号外は、四段をぶち抜いた「光栄の主基田」の全景写真と「主基田に決定した／光栄ある早良脇山の地／春色になごむ一帯の浄田／—— 奉仕者は篤農家石津氏」の大見出しを四段四行に配するなど二面にわたって報道した。そして「昭和御治世に只御一度の御大礼大嘗祭、然（しか）も福岡県は愚か九州の初めて浴する主基斎田にこよなき光栄を担（にな）った福岡県早良郡脇山村の歓喜は更なり。斉（ひと）しく福岡二三〇万県民の喜びとするところ」、「光栄ある主基斎田は遂に早良郡脇山村の浄地に決定発表されました。御大典に関する重大な主基の地が我が福岡県に選定されたことは二三〇万県民の無上の歓喜」などと県民あげて喜びに沸いているように書きたてた。

同じ三月一五日、天皇制政府＝田中（義一）内閣は午前五時を期して、全国一斉に日本共産党に対する大弾圧を開始した。全国で一九六八名の日本共産党員や党支持者、労働運動・農民運動・無産者運動の活動家が治安維持法（一九二五年四月二二日公布）違反容疑で検束（検挙）され、労働農民党、全日本無産青年同盟、日本労働組合評議会、日本農民組合などの団体事務所、個人の家宅など百数十カ所が徹底的な捜索を受けた。

福岡県では三月一五日から三月二七日までの間に一一一名が検束され、後に三五名が起訴された。同時に政府は、報道機関に対して、一五日の午前五時以降この事件に関する一切の記事を差し止めた。したがってこの弾圧事件については、関係団体や個人、限られた地域の人々を除いて一般の国民はその実態を知るよしもなかった。

三・一五事件についてその全貌を国民が知り得たのは、それから一カ月近く経った四月一〇日に一部記事解禁が行われ、各紙が一斉に特別号外を出してからである。事件の全貌といっても、その内容は検事局や警視庁、あるいは各府県警察部発表をもとに、「天下の一大事」（小山検事総長）として、〝共産党の首魁・一味を捕えた全国の判検事・警官の大活躍〟を報じたものであった。

弾圧された側の情報としては次のようなものがあった。

第一回普通選挙の実施を前に、一九二八年二月一日創刊されたばかりの非合法の日本共産党中央機関紙『赤旗(せっき)』は、三月二二日付の第五号で「去る三月十五日早朝全国廿一の検事局は大活動を開始して全国に亘って、労働組合、農民組合、労農党の各支部に、本部は数度の泥靴に蹂りんされ七百数十名の労働者農民の活動分子は検挙された。支配階級は新聞記事を差止め一切の暴行をインペイしている」と報じ、「共産党検挙は――全労働大衆に対する弾圧だ！　社会民主主義に抗して戦線統一を実現せよ！」と訴えた。だが『赤旗』は非合法であったから、持っているだけで逮捕・投獄を免れなかったし、部数もきわめて少なかった（戦前の最盛期〔?〕一九三二年でも七〇〇〇部）ので一般の人々の目にはほとんど触れることはなかった。

戦前最大の社会運動機関紙といわれた『無産者新聞』（一九二五年九月二〇日創刊）も、三月二三日付で「日本共産党弾圧のため／全国に亘る大検挙／千名を検束百五十名を起訴する／と資本家地主政府の豪語／犠牲者を即時解放しろ／治安維持法を撤廃しろ」という見出しで抗議・訴えの記事を載せた。『無産者新聞』は最大時四万部前後発行されたが、もちろんこの号は発禁（発行禁止）処分を受けて日の目を見ることはなかった。

労働農民党の合法機関紙『労働農民新聞』（一九二七年一月一五日創刊）は、三月一五日の一斉検挙に抗議して、三月一八日付の号外を一万部印刷したが発禁になり、週刊であったこの新聞は以後五週連続で発禁になった。

天皇制権力に反対する日本共産党員およびその同調者と目される人々に対する弾圧は、天皇の大々的な即位行事の陰に隠され、国民の耳目の届かない所で密かに画策・実行されたのである。

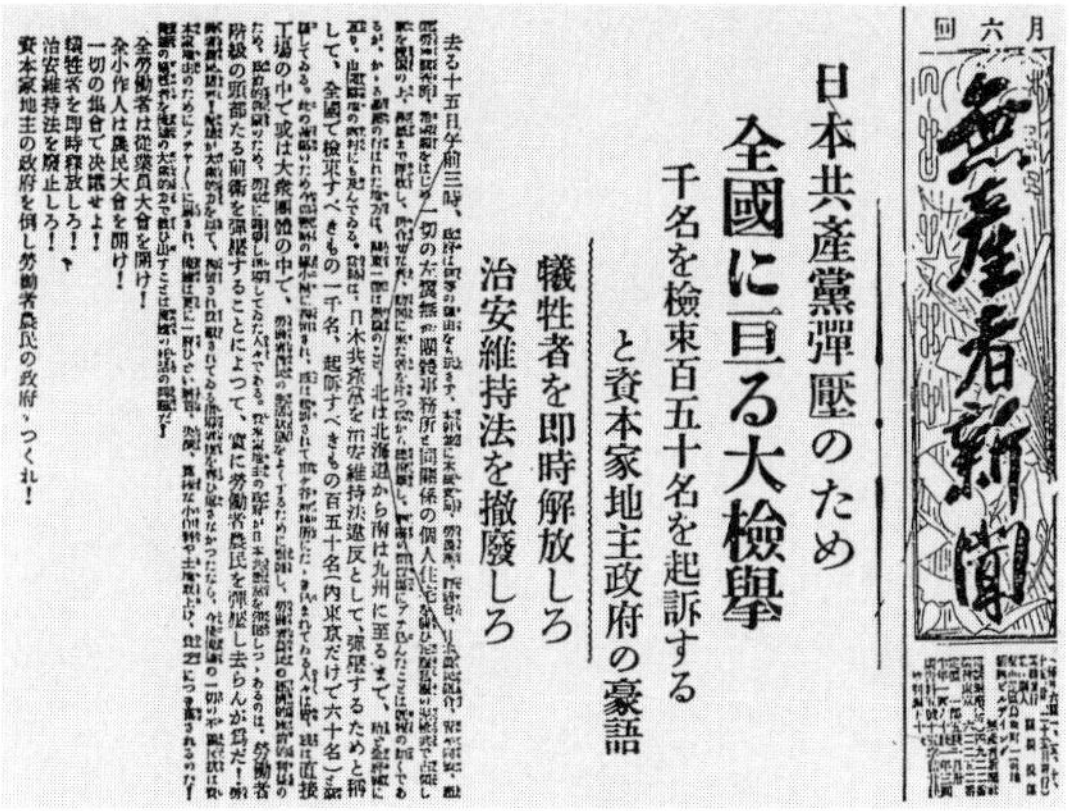
月六回
無産者新聞
日本共産黨彈壓のため
全國に亘る大檢擧
千名を檢束百五十名を起訴する
と資本家地主政府の豪語
犧牲者を即時解放しろ
治安維持法を撤廢しろ

3・15弾圧を報じる『無産者新聞』
（昭和3〔1928〕年3月23日付）

政府は四月一〇日の新聞記事解禁と同時に、労働農民党、日本労働組合評議会、全日本無産青年同盟の三団体に対して、治安警察法第八条二項により解散命令を出した。理由は「一、労働農民党、日本労働組合評議会、及び全日本無産青年同盟はその主要人物が日本共産党と共通なる事／二、右三団体の綱領が日本共産党と同一方針に基づいて成立せる事／右は治安警察法第八条第二項に該当し、社会の安寧秩序を紊（みだ）すものと認む」というものであった。一九〇〇年に作られた治安警察法には「第八条　①安寧秩序ヲ保持スル為必要ナル場合ニ於テハ警察官ハ屋外ノ集会又ハ多衆ノ運動若ハ群集ヲ制限、禁止若ハ解散シ又ハ屋内ノ集会ヲ解散スルコトヲ得／②結社ニシテ前項ニ該当スルトキハ内務大臣ハ之ヲ禁止スルコトヲ得」とある。治安警察法は言論・集会・結社の自由を大幅に制限し、労働・農民運動、その他の社会運動を抑圧する最も有力な武器であり、治安維持法とともに戦前日本の民主主義を圧殺するのに威力を発揮した悪法であった。

三団体禁止理由に関連して、内務大臣鈴木喜三郎は次のような談話を発表した。

過激なる思想乃至主張に基づき社会革命を企て国体の変革を図らんとする運動に至りましては、之国家の存立を危殆（きたい）ならしむるものであって、実に我光輝ある三千年の歴史に悖（もと）り、又我国民精神の真髄たる国家国体の尊厳を冒瀆する之より甚だしきはないのでありまするが故に、断乎として之を排除しなければならないのであります。

（『福岡日日新聞』四月一〇日夕刊）

さらに、内閣総理大臣田中義一は一般国民に訓示する趣旨から声明書を発表した。

共産党事件の発生に対し私は国体(1)の精神と君臣の分義とに鑑み実に恐懼置く所を知らない。事件の内容は金おう無欠(2)の国体を根本的に変革して労農階級の独裁政治を樹立し、その根本方針として力を労農ロシアの擁護および各植民地の完全なる独立等に致し、もって共産主義社会の実現を期し、当面の政策として革命を遂行するにあったのである。しかも国体に関し国民の口にするだに憚（はばか）るべき暴虐なる主張(3)を印刷して各所に宣伝はん布したるに至っては、不ていろうぜき言語道断の次第で天人ともに許さざる悪虐の所業である。〔略〕国体国憲を破壊するが如き組織的大陰謀が幾百の兇徒によって企画されたるに至っては、上御一人(4)を始め奉り皇祖皇宗(5)在天の御威霊は申すにおよばず、下っては忠誠なる国民の祖先に対してまことに申訳のない次第、これは不肖義一一人の感想に非ずして国民全体必ず同感の事と思う。

（『法律新聞』二八二〇号、四月二〇日）

新聞の記事掲載を一切禁止し、掲載したものは発行禁止処分にして国民の耳目を奪い、発表されたものは政府側によって描かれた「悪逆非道な凶徒による恐るべき大陰謀事件」であった。まさに三・一五弾圧事件は「昭和暗黒史の序幕であった」（森長英三郎『史談裁判』日本評論社、一九六六年）のである。

2　福岡における三・一五弾圧

一九二二年七月に創立された日本共産党は、翌年の一九二三年六月、第一次共産党事件で弾圧され、やがて解党することになった。その後一九二六年一二月、山形県五色温泉で再建党大会を開き、「山川主義」や「福本主義」を克服して、一九二八年二月一日には非合法の中央機関紙『赤旗』を発行し、労働運動、農民運動などの大衆運動に一定の影響力をもつようになった。とりわけ一九二八年二月二〇日に実施された日本最初の普通選挙では、無産政党（労働農民党、日本労農党、社会民衆党、日本農民党など）から八八名が立候補したが、大山郁夫以下四〇名が立候補した労働農民党には山本懸蔵、徳田球一など一一名の日本共産党員が含まれていた。当時、日本共産党は非合法であったため共産党を名乗って候補者を立てることはできなかったが、前述の『赤旗』や共産党名の入ったビラで党の政策を明らかにし、「天皇と結びついたブルジョア議会を破壊し労農の民主的議会をつくれ。労働者へ食と仕事を与えよ。大土地の没収。共産党の旗のもとに」などのスローガンを宣伝し、公然と国民の前に姿を現した。

三・一五事件は、こうした日本共産党の半ば公然化した活動と大衆運動への進出に恐れをなした政府支配層が「伝家の宝刀」を抜いた弾圧事件であった。

この三・一五弾圧は福岡県ではどのように行われたか。

東京地方裁判所検事正塩野季彦は、一九二八年三月一三日付で福岡地方裁判所検事正寺島久松に対し、左記のように「強制処分」を行うことを嘱託（依頼）した[6]（〔 〕は引用者加筆）。

強制処分請求方嘱託

住所不定　無職　福本和夫　当三十三年

〔他一一名。住所、職業、氏名、年齢を略す――引用者〕

右ノ者等ニ対スル治安維持法違反被疑事件ニ付キ捜査上必要有之候条左記事項ノ強制処分ヲ貴庁予審判事ニ請求相成度及嘱託候也

昭和三年三月十三日

東京地方裁判所　検事正　塩野季彦

福岡地方裁判所　検事正　寺島久松殿

被疑事実

被疑者等ハ現時ノ我カ国家組織ヲ変革シ無産階級独裁ニ依ル共産主義社会ノ実現ヲ目的トシ大正十五年末頃東京市内ニ於テ前示ノ目的ヲ有スル秘密結社日本共産党ヲ組織シ爾来同市其ノ他ニ於テ秘密ニ会合ヲ為シ各種ノ労働者農民団体ニ潜入シ党員ノ増加檄文ノ頒布等ヲ為シ以テ其ノ主義ノ宣伝並ニ其ノ実行ニ従事シタルモノナリ

処分事項

左記場所ノ捜査並ニ左記物件ノ押収

捜査スベキ場所

一、筑紫郡堅粕町字馬出　日本農民組合福岡県連合会
労農党支部連合会　労農党福岡支部

一、同郡堅粕町八五〇（吉塚駅前）労農党福岡県支部連合会書記長　愛甲勝矢宅

一、同郡堅粕町字馬出（東公園）労農党福岡県支部連合会幹部員　塚本三吉宅

一、同郡堅粕町馬出一一二二　無産者新聞福岡支局

労働組合評議会九州地方評議会
福岡合同労働組合

一、同郡堅粕町字松園（水平社無産青年同盟） 一新事 和田藤助宅
一、久留米市原古賀町北本通リ二五一 木原金吾方 無産者新聞久留米支局
一、同市日吉町一丁目四二 労農党久留米支部
一、同市櫛原町 野田弥八宅
一、同市東町 労農党三井郡支部
一、同町 元労農党衆議員候補者 重松愛三郎選挙事務所
一、大牟田市久保町 労農党大牟田支部
一、門司市通町一丁目 黒田信一方 無産者新聞門司支局宗関蔵方
一、小倉市紺屋町一六二 労農党小倉支部 高野邦武方
一、同市古船場町三〇 林 英俊方
一、同市同町三八 白草久夫方
一、八幡市丸山町一丁目 森下敏夫方
一、同市京町一丁目 佐々木是延方
一、同市藤田新町 無産者新聞黒崎支局 今永普一郎方
一、同市藤田裏町 田中次郎方
一、同市通町六丁目 松本惣一郎方
一、戸畑市三六 中山国俊方
一、同市川松小路 中川清造方

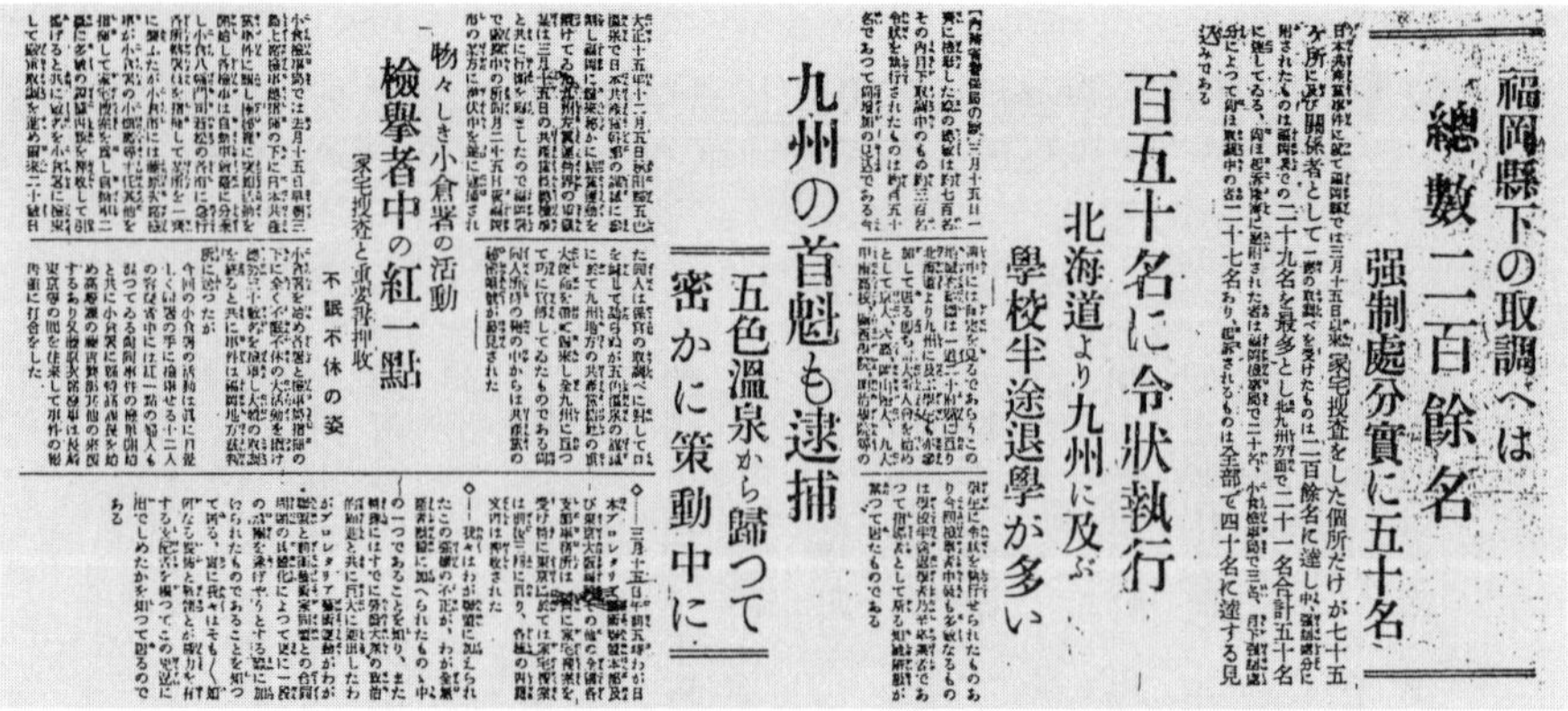

3・15弾圧で福岡県下では取り調べが二百余名に及んだことを
報じる『福岡日日新聞』号外（昭和3〔1928〕年4月10日付）

一、同　　　　　　　玉谷留雄方
一、同市新町小路　篠崎豊樹方
　　押収スベキ物件
一、日本共産党ニ関スル一切ノ書類（宣言綱領規約各会合議事録等）並ニ右共産党ニ関スル指令及宣伝文書類（檄文引札(ママ)パンフレット等）
一、被疑者間並ニ右共産党ニ関係アルト思料セラルル者ノ間ニ往復シタル書簡又被疑者並ニ其ノ関係者ノ日記手帳類等
一、雑誌「労働者」「マルクス主義」「青年大衆」「政治批判」「文芸戦線」「前衛」
　新聞「無産者新聞」「労農新聞」
　秘密出版物「赤旗」「日本共産党パンフレット」

この「嘱託」にもとづいて、福岡地方裁判所検事局検事石塚揆一は三月一五日をもって福岡地方裁判所予審判事に「強制処分」を請求した。こうして福岡でも三・一五の弾圧が始まったのである。

すべては秘密裡に進められたが、前述のように約一カ月後の四月一〇日に新聞記事が解禁になると、『福岡日日新聞』は号外で大検挙の模様を次のように報じた。

「福岡県に於ては、福岡署高等係は去る三月一四日夜俄然大活躍を開始し、県特高課刑事課同署司法行政巡査等四〇余名の応援を得て一五日午前三時迄(ママ)の間に福岡市外某所の家宅捜査を厳重に行い、多数の証拠書類を押収し、一方福岡地方裁判所検事局より石塚次席検事は福岡署に出張し、同日午後二時まで厳重取調べの上、引致した者は全部検束処分に付し、事件は極秘に付した」。そして一七日には、さらに捜査陣は三隊に分かれて捜査を続けたことや、飯塚署、久留米署、八幡署、後藤寺署(田川)などの捜査状況を報じている。

発禁処分を受けた三月二三日付の『無産者新聞』は、前記「全国に亘る大検挙」の記事の中に、福岡県からの二つの通信を載せている。

【福岡八幡発】十五日午前六時半労農党八幡支部、北九州金属労働組合、青年同盟福岡県支部、無産者新聞支局其他個人の私宅は一斉に襲撃され、佐々木、井上外数名が検挙されたが、井上君外三名は午前十一時頃釈放された。

【嘉穂発】十七日昼労農党嘉穂支部、九州鉱夫組合幹部の家はすべて捜索され、国武勝、池田太八、平川末記、佐野義雄等の諸君拘留中。

労働農民党の機関紙『労働農民新聞』四月七日付は「暴圧続報」の中で次の記事を載せたが、これまた発禁になった。

福岡県嘉穂郡支部に於いては、十七日事務所を襲われ書類全部を押収された。鉱夫組合、青年同盟等も同時に家宅捜査五名検束された。検束をまぬがれた支部幹部は直ちに犠牲者救済と反動内閣打倒に向かって邁進している。

なお、この「暴圧続報」には、九州では長崎と鹿児島の状況も報じられていた。

> 長崎支部は十六日家宅捜索を受け、執行委員長□〔不明〕原君を短銃隠トクの嫌疑だといって検束し、更に十八、十九日の両日に亘り市内無産者新聞の読者を全部召喚、一々履歴新聞の感想等を訊問し、威□した。
>
> 鹿児島支部では現在検束されて居る者は六名である。暴圧対策委員会が出来、救援活動、知事への抗議運動等が行われて居る。検束者は拷問されて四日問〔ママ〕に出た荒木君外二名から告訴した。

発禁処分のため国民の耳目に届かなかったとはいえ、これらの歴史的な記録は三・一五弾圧がどんなに徹底したものであったかを充分物語っている。

後に詳しく述べる四・一六弾圧（一九二九年四月一六日事件）が、官憲の入手した党員支持者の名簿や機関紙の配付網などをもとに全国一斉検挙を行ったのに対して、三・一五弾圧は前に挙げた「嘱託書」の内容を見てもわかる通り、一三名の中央幹部に対してのみ令状による強制処分（逮捕）を行い、福岡など地方においてはその証拠固めとして、捜査する場所および押収物件を明示するに留まった。しかし、実際の捜査は「嘱託書」に明示された場所に限らず、日頃から官憲が目をつけていた団体事務所や活動家の私宅を片っ端から捜索し、居合わせた者を手当たりしだい検束したのである。

令状なしでしょっぴいて、残虐な拷問を加えて自白を強要し、その自白をもとに送検するというのが特高警察（特別高等警察）の常套手段だった。

こうして、福岡地方裁判所においては「全国検事局ト歩調ヲ合セ県特高課ヲ始メ各所轄警察署ヲ督励シテ予テ視察、注意中ナリシ労働組合、農民組合、プロ芸聯盟、青年同盟、水平社、無産新聞支局、及ビ之等ノ団体ニ属シ又出入スル左傾分子ノ居所等、容疑ノ箇所九十三箇所ノ家宅捜査ヲ為スト共ニ同日ヨリ同月二十七日迄ニ合計百十一名ヲ検束シテ鋭意系統ヲ逐フテ取調ヘタル結果、犯罪ノ充分ナラザルモノ及学生其他ノ事情ニ依リテ起訴ヲ猶予セシモノヲ除キ、藤井哲夫外三十九名ニ対シ治安維持法違反トシテ福岡地方裁判所ニ予審ヲ請求[7]」したのである。

当時（大日本帝国憲法の時代）は、警察署で思想犯や反政府運動の取り締まりを担当する特高が調べた後、それをもとに検事局（今でいう検察庁）の思想検事がさらに調べて予審請求書（今でいう起訴状）にまとめ、裁判所の予審判事に回す。予審判事は予審請求書を見てさらに被疑者を尋問するなどして、「予審終結決定書」を作り裁判を担当する裁判所に公判を請求することになっていた。

福岡地方裁判所では、全国に先がけて八月二五日に予審を終結し、四〇名中五名を予審免訴にして、他の三五名を公判に付すことにした。第一審弁護人は細迫兼光、三輪寿壮、林達也、小林峰次、鶴和夫、日下部正徳であった。

3 弾圧反対のたたかい

(1) 〝大衆的抗議を起こせ！〟、ポスターやビラで反撃

一九二八年三月一八日、小倉警察署の林熊蔵巡査は次のような報告書を上司に提出した（『三・一五公判資料』――以下活動の大筋と引用文はこれによる）。

不穏宣伝印刷物ニ関スル件

昭和三年三月十八日午前一時頃日本共産党ニ関シ小倉市中富町東洋陶器会社及王子製紙会社附近視察警

戒中、同工場附近作物ニ別紙添付宣伝印刷物ノ貼付シアルヲ発見シタルニ、ソノ内容矯激ニシテ公安ヲ害スルモノト認メ之ヲ剝奪シソノ貼付者ヲ極力捜査スルモ発見セス。引続捜査中ナルモ別紙印刷物相添ヘ一応此ノ段及報告候也

「不穏宣伝印刷物」の内容は詳らかではないが、「全国ニ亘ッテ戦闘的労働者総逮捕サル労働者ハ一斉ニ大衆的抗議運動ヲ起セ」と題した日本共産党名義のポスターであった。

三月一五日当日には、福岡県下でも労農党福岡支部連合会執行委員佐々木是延、日本労働組合評議会北九州金属労働組合執行委員長井上易義など有力な幹部活動家が多数検束されたが、一方、日本共産党九州地方委員長藤井哲夫や徳田球一選挙オルガナイザーとして在福中の豊原五郎（労働農民党小倉支部書記）などは弾圧を免れた。

弾圧を免れた藤井、豊原らは、三・一五弾圧の直後の一六日の夜には小倉市田町一丁目の桐原某方に集まり、前記のポスターを作成・印刷した。その目的を、実際に印刷した原田民人は、後に小倉警察署の取り調べに際して、「官憲ノ一斉検挙ニヨリテ日本共産党ハ大ナル障害ヲウケズ、依然トシテ引続キ活動シテ居ルコトヲ労働階級ニ知ラシメル為ニ外ナラナカッタ」と述べている。

ポスターは半紙大（B４サイズ）で五〇〇部余り印刷し、内三〇〇部は藤井が福岡市に持っていき、残り二〇〇部ほどを小倉で貼り出すことになった。一七日夜貼り出すはずであったが、翌日が日曜だったので、一日延ばして一八日の晩（深夜）にしたという。小倉では一人が西小倉の門鉄小倉工場、九軌発電所を中心に電柱その他見やすい場所に「決死ノ覚悟デ」貼った。もう一人は東小倉の浅野製鋼、東洋陶器、王子製紙、東京製鋼兵器製造所を中心に電柱などに貼付した。

藤井が福岡（市）に持っていったポスターは、九州大学、九州歯科医専門学校、福岡高等学校（旧制）の六

人の学生活動家によって、一八日の夜、住吉鐘淵紡績株式会社博多支店工場の板壁をはじめ東邦発電所、渡辺通り三丁目九水電車車庫、渡辺通り六丁目福岡日日新聞社前ポスト、市外吉塚岡部鉄工所、同妙見専売局福岡工場、馬出東邦車庫などに貼られた。また彼らは、このポスターをビラとして四、五枚ずつを封筒に入れ、表面に「労働者諸君」と朱書して鐘紡工場、東邦発電所、九水車庫、専売局、岡部鉄工所などに配った。

さらに二〇日深更にも住吉鐘紡博多支店工場、渡辺通り三丁目九水車庫、天神町付近の電柱、吉塚岡部鉄工所、妙見専売局、東邦電車車庫、東公園付近、金平区内、松園区内に同様の印刷物約一〇〇枚が貼られた。

しかし、弾圧の嵐が吹きすさぶ中、果敢な反撃に立ち上がったこれらの労働者や学生も、すぐに警察の探知するところとなり、数日のうちに全員検挙されてしまった。

それでも労働者の抵抗はやまなかった。四月七日早朝、今度は「前衛闘士ノ大検挙」云々のビラが福岡市内の渡辺通り、新柳町、因幡町、大阪朝日新聞社前、福岡日日新聞社前の電柱、壁や塀などに貼られたり、福岡煙草専売局と渡辺鉄工所の門前では出勤してきた労働者たちに配られたのである。実行したのは九水（九州水力電気株式会社）電車部の労働者で、福島日出男（秀夫。車掌）他二名であった。彼らもやがて検挙されるが、このように三・一五弾圧に対しては執拗に抗議行動が繰り返されたのである。

(2)　解放運動犠牲者救援会の活動

一九二八年四月七日、東京の芝協調会館で解放運動犠牲者救援会（一九三〇年八月、国際赤色救援会＝モップルに加盟し日本赤色救援会と改称）が創立された。福岡では三・一五弾圧を契機に、その支部として四月二六日の夜に福岡救援委員会が福岡市土手町（どてのちょう（どてまち））（現大名二丁目）の弁護士鶴和夫宅で創立された。

参加団体は旧労農党、旧婦人同盟、福岡合同労働組合、農民組合、プロ芸福岡支部、松園青年同盟（水平社）で、各団体より二名の委員を挙げて「福岡地方救援委員」を組織した。委員長には旧労農党福岡支部書記長西山清、会計には福岡合同労働組合福島日出男が選ばれた。

ところが、創立したばかりの救援委員会は、裏切り者の介在により、警察当局に探知されて解散を命じられてしまった。そのため、その後の運動は極秘のうちに進められた。その上に、各種の檄文やニュースを作って配布しようとしても、警察当局に発見されては作成を中止させられたり焼却されたので、福岡救援委員会の活動を知る資料はきわめて乏しい。

ただ、内務省警保局保安課の『特別高等警察資料』（一九二八年九月～二九年八月。復刻版・東洋文化社〔以下『特高資料』〕）の中に、警察が押収したと思われる「無産者新聞福岡支局ニュース 第一号」と「福岡地方解放運動犠牲者救済運動」が資料として使われている。これを見ると、創立当時の福岡救援委員会の活動ぶりをある程度知ることができる。まず、前記「ニュース 第一号」を見てみよう。

それには、冒頭から「共産党を守れ！ 労働者農民諸君！ 三月十五日は我々無産階級の永久に忘れることの出来ない日である。田中反動政府は日本共産党の全国的大検挙を行った。現在未決監に起訴収監されている全国の同志約二百数十名。福岡九州の同志は目下福岡未決監に三十四名収監されている。其処に曾て総選挙に、福岡県第四区の労働者農民と隷属の解放の為に戦った、我々の代表者徳田球一氏(8)も居るのである。諸君はこれ等の人々が絶えず或は工場の中で、或は大衆団体やその他の組織でいつも諸君の生活をより善くするために、また諸君の経済的政治的要求のために、勇敢に闘争していた人々であることを熟知し居るであろう」と書き出して、犠牲者救援の意義と「暴圧反対運動の状勢」を明らかにし、福岡救援委員会の組織と運動の基本について述べている。

そこに述べられている運動の基本とは、「我々は全国的統轄の下に福岡支部として発展させねばならない。そして一時的なものでなく永続的大衆的救援運動であらねばならない。金を集めたり差し入れをしたりするばかりではない、被圧迫民衆のあらゆる層を抱擁して大衆的動員によって、大衆の階級意識を成長させ暴圧反対運動に統一し指導して行かねばならない」というきわめて運動論にかなったものであった。

運動方針・戦術などは、五月二日および五日に福岡市松園水平社茨与四郎方および同市金平西田ハル方で協議決定した（『特高資料』）。その時の資料は次のようなものであった（『特高資料』に引用されたもの）。

福岡地方解放運動犠牲者救済運動
運動方針戦術指針書

一、運動方針

(1) 全国的支部として発展される中央との連絡。
(2) 工場を中心として被圧迫民衆を大衆的に抱擁して初歩的の階級意識を発醸（ママ）させルーズな組織を造る。
(3) 市外の農村に働きかけ労農の提携促進。
(4) 救援金及書籍出来る丈け多く募集し氏名・住所・金高を記載すること。
(5) 入獄者に対する救済。
　(イ) 差入弁当。
　(ロ) 書籍の差入。
　(ハ) 慰問状を出す。
(6) 犠牲者家庭に対する救済。
　婦人を先頭にして家庭の慰問。
　犠牲者の子供を救済する。
(7) 被告人に対する法律的救済。
(8) 被告人釈放を大衆的に要求する（昨年の「サッコ、ヴァンゼッチの運動」(9)を思い起せ）。

(9) 確実な人々を会員に組織すること。

(10) 大暴圧にて意気消滅した同志を激励奮起せしむる事。

二、戦　術

(1) 工場を中心にして。

(イ)〔ママ〕ビラを工場の帰りを待って手交する。

(2) 工場労働者の知人朋友関係の系をたぐって二、三の労働者の私宅を訪問懇談する。

(3) 此等の分子を中心にして宣伝する。

(4) 此の際組織者は第一義に労働者の不平を抽闘し犠牲者と結び付け巧に暴圧に対する反抗を唆(そそ)る事（共産党云々は注意すること）。

(5) 意識標準〔ママ〕の低い労働者は単なる同情者をも抱擁せねばならぬ。

(6) 攻撃すべき重要工場。

九水、東邦、渡辺其の他工場稼ぎ場所。

(7) ビラの内容

労働者の不平を他地方に於ける実例をあげて比較闘争する文体は極く解り易く書く（闘争と宣伝とを区別せよ）。

(8) 無産婦人を動員し労働者の家庭婦人にも働きかける。

(9) 労働者に無産者新聞を読ます。

三、地域的宣伝

(1) 福岡市内のあらゆる社会事業家、精神救済家を訪問して救済金を募集する。

(2) 無産者新聞読者に宣伝する。

(3)　其の他個人朋友関係を訪問して宣伝する。
(4)　プロ芸婦人はブル青年学生「インテリゲンチャ」に宣伝する。
(5)　松園、松原、金平、大木は松園青年同盟にて宣伝する。

四、犠牲者家庭慰問

福岡市薬院　堀田　勇
早良郡　平田富雄
同　樋口佐竹

（平田、樋口の両名に対してはメーデーに村田、福島の両名が訪問す）
婦人は先頭に家庭慰問をする事。
県庁に大衆的に行き救援運動の合法を承認せしめよ。

なお、日本共産党の犠牲者に対しては、福岡地方無産団体の名義で救援金を募集することになっていたが、警察当局の検挙にあうかもしれないということで、今後は個人別に募集して、差し入れその他の救援をすることにした。そして、まず三四名の犠牲者に対して、褌（ふんどし）一枚あてを朝田登美、河野静子、西田ハルの名義で差し入れること（寄付金一五～一六円をもって一人当たり七〇銭程度の褌を作成）を決めた。また六月上旬には、ネルの着物一枚と浴衣一枚を差し入れること、および各無産団体員は書籍（主として小説もの）を集めて差し入れることを決めた。

以上、主に「特高資料」をもとに福岡市における犠牲者救援委員会の活動の模様を見てきたが、北九州でも四月二二日に北九州犠牲者救援委員会が開かれている。そして「直ちに基金募集を敢行し、福岡予審中の同志徳田球一、豊原五郎、佐々木是延君外十四名に差し入れをした」（『無産者新聞』五月一日付・発禁）のである。

しかし、厳しい弾圧の中、救援活動も潜行し、表面は合法的左翼団体運動のように見せかけながら、実際は救援活動を続けるという具合であった。

八月二五日に福岡の三・一五事件の予審が終結し公判に付されるようになると、二九日午後五時、福岡地方検事局の分のみ記事解禁になり、八月三〇日付で各紙一斉に号外を出した。同時に救援活動も、九月二三日の家族会議（慰安会）を皮切りに活発化した。この時期の救援活動の重点の一つは、保釈要求運動だった。公判に付された三五名は、一部予審書まで発表されたにもかかわらず、裁判所が保釈しようとしないので、八月二九日には早くも福岡犠牲者救援委員会、門司救援委員会、小倉合同労働組合、無産者新聞小倉支局は、共同して保釈要求陳情運動を開始し、刑務所内における犠牲者のハンガーストライキによる要求運動と連帯しながら強力に展開することとなった。

(3) 獄中のたたかいと公開裁判要求

解放運動犠牲者救援会を中心とする犠牲者救援活動や保釈要求運動と連帯してたたかわれた獄中闘争に、次のようなエピソードがある。

蟬の首に共産党のスローガン

一九二八年八月一四日、福岡拘置所土手町支所畠山雲平は、福岡地方裁判所検事局検事正寺島久松に次のような報告をした（『三・一五公判資料』）。

特異犯則発見ニ付報告

七月廿五日舎房担当看守尾崎正好舎房外部視察中、階下十一房目隠板張リ外側ニ蟬ノ宿リ居ルニ、熟視スルニ蟬ノ首ヨリ糸ヲ以テ細キ紙片ヲ結ビ付ケアルヲ発見シタル旨物件添付報告ニ接シタルニ付キ直チニ検査候処、幅一寸縦二寸ノ薄キ蠟紙ニ妻楊子様ノモノヲ以テ極細字ノ形態アルヲ以テ、指紋用ノ拡大鏡ヲ以テ精査候処、左記ノ通リ共産主義ヲ抱懐スル宣伝用ニ供スルモノト認メラレ候条御参考迄ニ及報告候也。

追テ文面ノ末尾ニ ユウ トアルヲ以テ類似ノ氏名ナキヤヲ調査候処、堀田勇ナルモノアルヲ以テ同人ヲ取調候処、初メ口ヲ緘シ陳述セザリシモ追及ノ結果自己ノ行為ナルコトヲ自白セシヲ以テ文書閲読禁止ノ懲罰ヲ科シ置キ候条申添候。

左　記

資本家地主ヲ打倒セ〔ママ〕 労働者農民ノ政府万歳 〔略〕 赤旗数号迄発行サレ共産党ハ今尚盛ニ活動シツツアル 暴圧ハ更ニ下ル 最後ノ一名ニナル迄戦フ 同志諸君ノ健康ヲ祈ル 全九州ノ労働者農民諸君大衆的抗議デ共産党員ノ釈放ヲ要求セヨ

日本共産党員 ユウ

蟬の首に結び付けられた小さな伝単を発見した拘置所当局側の狼狽ぶりが、目に浮かぶようである。

堀田（ほりた）勇は両親兄弟とともに福岡市薬院に住んでいたが、一九二七年一一月の九水争議（「Ⅴ 治安維持法下の労働運動」で後述）で首謀者の一人と目され、電車車掌を解雇されてからは福岡合同労働組合の常任委員として事務所に住み込んだ。三・一五弾圧で検挙され、一二月五日の第一審判決で懲役三年の実刑を言い渡されて控訴したが、控訴審も同じ判決だった。当年二一歳であった。彼は満期出獄の後、一九三二年七月に「マルキストは如何にして宗教を把握せしや」と題する二万字をはるかに超える手記（罫紙に手書きの草稿、藤野達善氏蔵）を残している。

この手記は「最も戦闘的なマルキスト」であった堀田勇が三年間の服役中、どのようにして宗教に近づき仏教に帰依するようになったか、自分の心の軌跡をたどり思想の転換を綴ったものである。この手記の中で堀田勇は〝蟬事件〟のことを書いている。

七月二四日頃、窓に来たセミを捕らえて、共産党のスローガンを書いて飛ばせたのがばれて、懲罰文書禁止二カ月に処せられ非常に残念がり、屁理屈をならべて役人を「テコズラシ」「ハンスト」までしたが、結局は惨敗する。かくしてブルジョア階級に対する不平不満は益々増長していった。

堀田勇がなぜ手記を書いたのか、またこの手記は整理されて公表されたのかどうかもわからない。しかし、まだ二〇歳になるかならないか（堀田の生年月日は一九〇九年三月二九日）の青年労働者が、労働組合の運動に参加し、階級的に目覚めていった気持ちが、筆者の意図とは無関係によくわかり、弾圧を乗り越えて階級闘争に邁進した当時の青年の心情を理解する上で貴重な資料である。

『資本論』を読ませろ

獄に囚われた者にとって「牢屋の一日は娑婆の一月」（『労働農民新聞』一九二八年六月二三日付「牢獄の同志より」）だったから、特に書物の差し入れは切実だった。

馬鹿に暑くなってきた。綿入れ冬シャツでは全く閉口する。誠にすまないが浴衣、夏シャツを至急差し入れて呉れる様たのむ。此処は獄用本が全くないといってもよい程粗悪な物ばかりで然も乏しい。それでどうしても自分の本を読まねばならぬ。資本論と大菩薩峠をすぐ送って呉れ。福岡土手町分監　徳×球×

これは昭和三〔一九二八〕年七月一一日付の『無産者新聞』の「獄窓の同志から」という欄に載った一文である。×印で伏せてあるが、これが徳田球一であることは誰が見てもわかるであろう。

しかし、『資本論』は、差し入れても当局によって閲読を禁止されたので、「資本論を許可せよ」という要求は獄中における要求闘争の一つの焦点になり、翌年になっても繰り返し要求された。昭和四（一九二九）年三月一三日付の『無産者新聞』は、「福岡の被告諸君／ハンガーストライキ決行／資本論講読その他を要求し」という見出しで福岡からの電文を載せている。

（七日福岡電報）フクオカミケツナイノド　ウシヒツボ　クノジ　ユウ　シホンロンコウド　クホンヤクヲヨウキュウシハンガ　ストライキニイル　ハメオ〔福岡未決内の同志　筆墨の自由　資本論講読翻訳を要求しハンガ(ママ)ストライキに入る　ハメオ〕

この結果については、『無産者新聞』五月二六日付が「戦線ニュースの差し入れ自由闘取る」と報じた他、『労働農民新聞』六月二八日付も「ハンストで差し入れの自由／福岡の同志諸君」という見出しで次のように報じている。ただし、両紙とも発禁になった。

福岡刑務所内の全被告が三月五日書籍の制限撤廃、食物の改善、房内筆墨の自由、即時釈放の要求を掲げてハンガーストライキに入ったことは既報の通りであるが、其後藤井哲夫、松尾勝、佐々木、豊原の四君を交渉委員に選び逆に刑務所側を屈伏せしめて戦線ニュースの差し入れの自由等要求の大部分を戦いとり大勝利解決した。

しかし、さすがに『資本論』だけは許可されなかったようである。前述の堀田勇の手記では「四年三月には資本論を許可せよと要求を持ち出し、豊原、佐々木等が交渉したが決裂し我々は各監房で革命歌を歌って、サンザンさわぐため遂に我等は監房から出され、しばられてしまった」とある。『無産者新聞』も「資本論の差入については□□[不明]に申告中」とだけ書いてある。なお、この時の「ハンスト」については『豊原五郎獄中からの手紙』[10]の「昭和四（一九二九）年四月十九日　田中歌子様」宛の手紙の編者注で次のように記している。

「四月十六日、獄中被告一同は待遇改善問題を中心にさわぎ出し、ハンストをはじめた。このため全員鉄砲（懲罰として、両手を背中の方に、ちょうど鉄砲を背負ったような形に縄でしばりあげる）、重屏（懲罰として、戸外運動を停止、独居房にいれて、運動、読書を禁止、減食させる）十日の罰を受けた。この時豊原らは、福岡市土手町の福岡刑務所土手町支所から本所におくられた」と。

ただ、豊原自身はこの手紙の中で、「藤崎の本所の方へ移されてしまった」理由については、「これには曰く因縁があるのだ。失敗話だからかくのはやめよう」と説明を避けている。佐々木是延と二人だけ同志と切り離されて土手町支所から藤崎本所に移されたことを「失敗」と言っているのか、獄中闘争の内容については検閲抹消されることがわかっていたので説明を避けたのかはわからない。いずれにしても、権力の中枢に囚われながらも、不屈にたたかった事実は残ったのである。

統一裁判・公開裁判を要求

一九二八年の秋には第一回公判が開かれることが決まると、被告人の釈放運動とともに統一裁判、公開裁判を要求する運動が展開された。

三・一五事件は一道三府二七県にわたって行われた空前の弾圧事件で、約一六〇〇名が検束され、うち四八三名が治安維持法違反で起訴された（内務省警保局）。

「統一裁判」の要求というのは、「日本共産党は一個の団体であるから共産党事件は一個の事件であり、判決の公平、事実認定および量刑の公平の観点からみて東京地裁に管轄移転すべし」というものであった（一九二八年一〇月二一日、大阪地方裁判所における布施辰治弁護人の申し立て理由[11]）。これより先、福岡土手町に収監中の藤井哲夫は弁護人の細迫兼光宛に次のような書簡を送っている。

もはや御存知と思いますが公判は来月十九日(ママ)と決定しています。

九州だけのことを考える時は早い方がよろしい。然し全国統一のためであるなら延期されても構いません。九州地方公判準備会と御相談下さい。

僕の考えでは公判が地方で分割され、然も各地方の被告が中央乃至その地方の事情を知らないで裁判されることは不合理と考えられます。証拠物件、予審決定書は全国のを全部の被告に官費で支給すべきであり、本事件に関する新聞記事の切抜き位は読ますべきでしょう。各被告が充分に公判において争うためには今度の事件につき充分な知識をもっている必要があると思います。これはザッとした考えなんですが、こういう事を主張するだけの法律的根拠のあるやなしやが僕にはわからない。神戸の石原君牢死したとか。九州では今のところ瀕死の病人もなさそうです。本の制限、厳重で憤慨に堪えぬ！（九月二十日付）

（『労働農民新聞』一〇月一三日付「獄窓から」）

「統一裁判」の要求は全国的に大部分の共産党事件被告の要求になり、大阪公判では布施弁護人から、前述のように東京地方裁判所への管轄移転を請求する大審院宛の申し立て書が提出された（一二月二四日、大審院によって却下）。福岡地方裁判所における第一回公判は一一月四日午前一〇時四三分開始されたが、冒頭、藤井哲夫は公判を東京で行うよう要求した。この時の模様を一一月一〇日付の『労働農民新聞』は次のように報じている。

井上裁判長が公判開始を宣告すると、藤井君は発言を求めてツトと立ち上がり「日本共産党事件は全国的なものであるにも拘らず、各地方別に公判を開くのは不合理ではないか。よろしく今日の公判はこれで閉廷して、中央に移送してもらいたい」と述べ、なお警察および未決監における虐待の事実をバクロして詰め寄るや、他の同志も呼応して戦い、裁判長は色を失い詮方なく念頭に入れておくと逃げ審理を続行した。

結局、三・一五事件の統一公判は実現しなかったが、この時の統一公判要求の基本理念は一九三一年になって、三・一五、四・一六両共産党事件の中央統一裁判の実現に道を開くことになったのである。

治安維持法違反に問われた三・一五事件の公判開始にあたって、もう一つ重要な要求は「裁判の公開」であった。

三・一五一斉検挙のよりどころとなったのは、一九二五年三月帝国議会で可決成立し、四月二二日公布された治安維持法であった。その第一条には「国体（若ハ政体）ヲ変革シ又ハ私有財産制度ヲ否認スルコトヲ目的トシテ結社ヲ組織シ又ハ情ヲ知リテ之ニ加入シタル者ハ十年以下ノ懲役又ハ禁錮ニ処ス　前項ノ未遂罪ハ之ヲ罰ス」とあった。ところが政府は、三・一五弾圧直後の四月二七日に治安維持法の重要改定案を議会に提出し、審議未了になるや、六月二九日緊急勅令で改正案と同様のものを公布し、即日施行した。これによって治安維持法第一条は次のように修正された。

国体ヲ変革スルコトヲ目的トシテ結社ヲ組織シタル者又ハ結社ノ役員其ノ他指導者タル任務ニ従事シタ

ル（担当シタル）者ハ死刑又ハ無期若ハ五年以上ノ懲役若ハ禁錮ニ処シ情ヲ知リテ結社ニ加入シタル者又ハ結社ノ目的遂行ノ為ニスル行為ヲ為シタル者ハ二年以上ノ有期ノ懲役又ハ禁錮ニ処ス

私有財産制度ヲ否認スルコトヲ目的トシテ結社ヲ組織シタル者、結社ニ加入シタル者又ハ結社ノ目的遂行ノ為ニスル行為ヲ為シタル者ハ十年以下ノ懲役又ハ禁錮ニ処ス

前二項ノ未遂罪ハ之ヲ罰ス

政府支配層の意図は明らかである。「国体ヲ変革スルコト」と「私有財産制度ヲ否認スルコト」とを並列し同罪としていたのを、両者を分離峻別して、「国体を変革すること」をより重罪として極刑を科すことにしたのである。もちろん三・一五事件被告に新治安維持法が適用されるはずはなかったが、こうした「国体＝天皇制」の別格化・特殊化は、当然その後の裁判の進行に大きな影響を与えることになる。[12]

大日本帝国憲法（旧憲法）下の裁判（司法権）は「天皇ノ名ニ於テ」裁判所が行うことになっていた。しかも裁判は一応公開を原則としていたが、「安寧秩序又ハ風俗ヲ害スルノ虞アルトキハ」裁判所の決議などにより非公開にすることができた。現行の日本国憲法でも「公の秩序又は善良の風俗を害する虞がある」場合には非公開にすることができるが、現行憲法では特に「政治犯罪、出版に関する犯罪」またはこの憲法で保障する「国民の権利が問題になっている事件」では常に「公開しなければならない」と規定している。これは大日本帝国憲法と治安維持法のもとでの裁判が、いくらでも非公開にされ、国民の権利が蹂躙される〝暗黒裁判〟といわれたことへの反省から生まれたものである。

三・一五事件では、捜査段階から極秘のうちに進められたが、公判についても司法当局は「国体＝天皇制」論議を避けるため、極力秘密保持をたてまえに公開を嫌った。たまたま日本では一九二三年に陪審法が制定され、一九二八年一〇月一日から施行されることになっていた。[13]陪審法適用によって裁判の秘密保持ができなく

なることを恐れた司法当局は、三・一五事件の予審を早期に終結し、一〇月一日以前に公判期日を指定することによって、陪審法適用を回避しようとしたといわれている（我妻栄編『日本政治裁判史録』第一法規、布施柑治『ある弁護士の生涯』岩波新書、など）。

こうした動きを背景に、被告・弁護団は当初から公開裁判を要求してたたかった。公開裁判要求の中心課題は、先に引用した一一月一〇日付『労働農民新聞』で藤井哲夫が述べているように、「警察および未決監における虐待の事実をバクロ」することと、言論・出版の厳しい統制下で、一般国民に訴えることができない「日本共産党の真の姿＝綱領や政策」を少しでも白日のもとに晒すことであった。

『労働農民新聞』は前述の記事の中で、さらに次のように報じている。

この時新党準備会から特派した弁護人細迫兼光君は、憤然立ちあがって公開禁止の理由なきを責て公判公開を要求し、同志三十五名も総立ちになって暗黒裁判反対を叫び法廷は忽ち騒然、狼狽した奴等は遂に休憩を宣し、午後一時から同志、弁護人の切なる要求にも拘らず、労働者農民の傍聴を蹴散らし暗黒のうちに公判を続行した。

この福岡地方裁判所第一回公判の模様については、当の細迫兼光が『労働農民新聞』一一月一九日付（発禁）に談話を寄せている。

藤井哲夫君はつっ立ち上がって分離裁判の不合理を攻〔ママ〕め立て裁判長をして先ず顔色なからしめ、次いで僕は公判公開の要求を提げて立ち追及したが遂に暗黒の下に進められた。拷問の事実は次から次に曝露せられ、旧党福聯書記長の愛甲君は八カ月の後尚残る煙管（きせる）攻めの跡を示して青白い顔を振り立てる。旧評議会の九州委員長永元君は只意□〔不明〕のみで支えているとしか見えない板張りの様な肩をそびやかし尚燃ゆる闘志の一言一言は、聞く者をして悽愴冷水を浴びる思いあらしめた。

さらに、弁護人からの証拠申請は全部却下されるなど一方的な訴訟指揮に抗議して、全裁判官を忌避するとともに弁護人は全員辞任を申し出で、「被告全部は弁護士なしで闘争する事を決意している」とある。まさに法廷内でも壮絶な階級闘争が繰り広げられたのである。

結局、福岡地方裁判所の審理は非公開のまま続けられ、一一月二〇日結審、一二月四日傍聴禁止を解いて判決言い渡しがあった。判決の内容は『福岡日日新聞』の一二月五日夕刊によれば次のようであった。懲役八年＝藤井哲夫、懲役六年＝佐々木是延・松尾勝・愛甲勝矢・豊原五郎、懲役五年＝永元光夫他三名、懲役四年＝楠元芳武他五名、懲役三年＝堀田勇他一一名、懲役二年＝渡辺憲治他五名（うち執行猶予四年四名）、この他に逃走中二名とある。

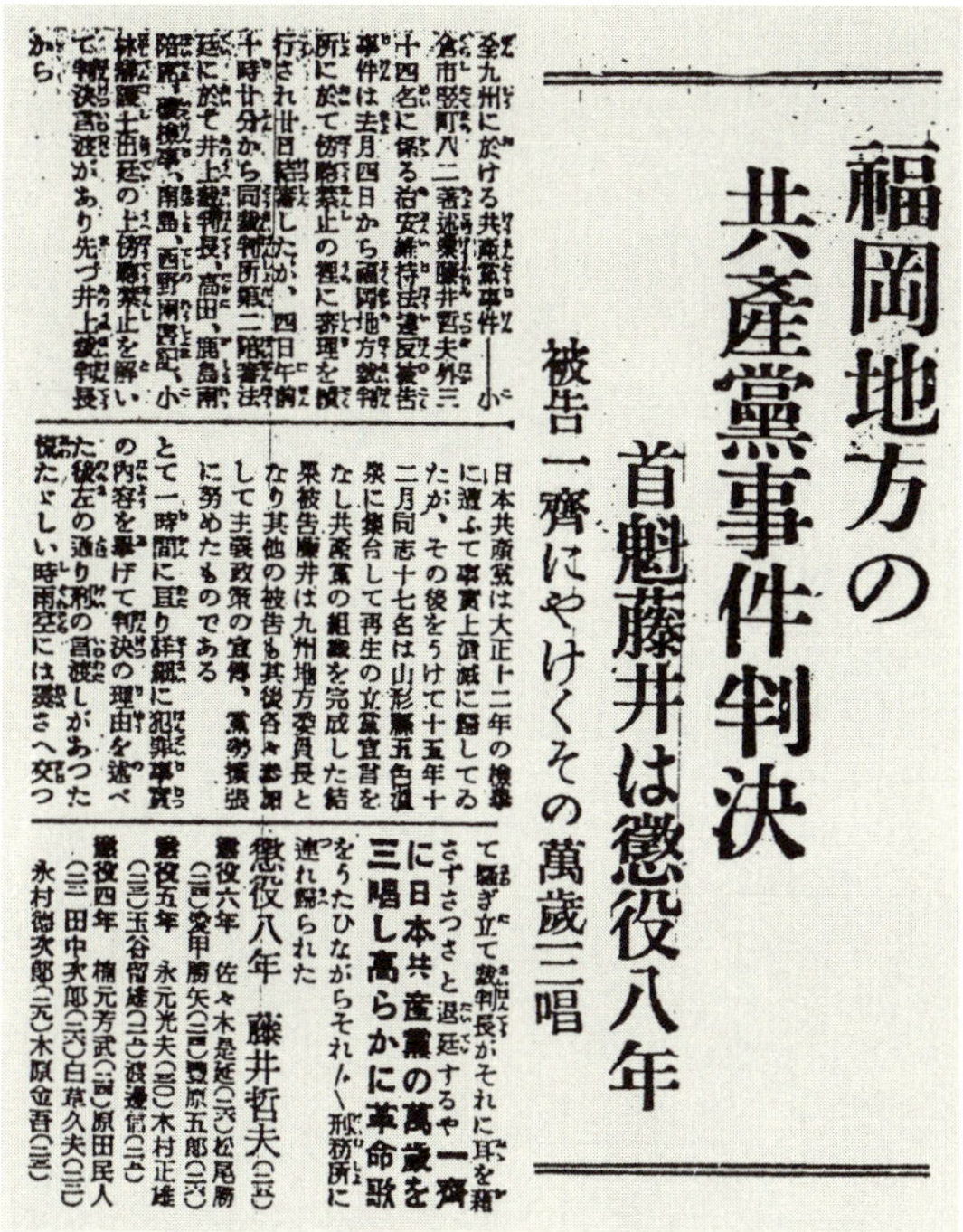

福岡地方の
共產黨事件判決
首魁藤井は懲役八年
被告一齊にやけくその萬歲三唱

全九州に於ける共產黨事件——小倉市堅町八二番地藤井哲夫外三十四名に係る治安維持法違反被告事件は去月四日から福岡地方裁判所に於て傍聽禁止の裡に審理を續行され廿日結審したが、四日午前十時廿分から同裁判所第二號法廷に於て井上裁判長、高田、鹿島兩陪席判事、南島、西野兩書記、小林檢事正出廷の上傍聽禁止を解いて判決言渡があり先づ井上裁判長から

日本共產黨は大正十二年の檢擧に遭ふて事實上潰滅に歸してゐたが、その後をうけて十五年十二月同志十七名は山形縣五色温泉に集合して再生の立黨宣言をなし共產黨の組織を完成した結果被告藤井は九州地方委員長となり其他の被告も其後各々參加して主義政策の宣傳、黨勢擴張に努めたものである

とて一時間に亘り詳細に犯罪事實の内容を擧げて判決の理由を述べた後左の通り刑の言渡しがあつた慌たゞしい時雨空には響さへ交つて騒ぎ立て裁判長がそれに耳を藉さずさつさと退廷するや一齊に日本共產黨の萬歲を三唱し高らかに革命歌をうたひながらそれぞれ刑務所に連れ歸られた

懲役八年　藤井哲夫（二五）
懲役六年　佐々木是延（二六）松尾勝（二四）愛甲勝矢（二四）豊原五郎（二六）
懲役五年　永元光夫（三〇）木村正雄（二三）玉谷留雄（二七）渡邊信（二七）
懲役四年　楠元芳武（二四）原田民人（二三）田中次郎（二六）白草久夫（二三）永村殺次郎（二九）木原金吾（二三）

福岡地方裁判所の判決言い渡しを報じる『福岡日日新聞』（昭和３〔1928〕年12月５日夕刊）

有罪となった三三名のうち二七名が控訴したが、長崎控訴院は一九二九年一一月六日、一名を無罪にした他は全員有罪の判決を下した。

三・一五事件の第一審は東京を除く一一の地方裁判所で、一九二九年二月の新潟を最後に判決が出されたが、被告人側の度重なる要求にもかかわらず、いずれも審理は非公開（傍聴禁止）で行われた。

東京地方裁判所における予審終結は大幅に遅れ、第一回公判は一九三一年六月に始まったが、ここでは三・一五、四・一六両事件の統一裁判が公開で行われるようになった。

これは被告人側の粘り強い要求と裁判所側の思惑が重なり合って実現したものであろうが、福岡で見たような地方における公開・統一公判要求のたたかいが力となっていたことも見逃せないであろう。

(4) 獄中からの励ましと連帯

『豊原五郎獄中からの手紙』を出版した「豊原五郎をたたえる会」の吉岡吉典は、その本の解説の中で「豊原は獄外の同志に手紙を書くことを、重要な獄内活動の一つとし、東京や郷里島根の同志につぎつぎと手紙を書き送って激励した」と書いている。豊原五郎は、一九二八年二月に実施された最初の普通選挙に福岡四区から立候補した徳田球一の選挙オルグとして、日本共産党中央から派遣されてきた島根県出身の労農運動家であった。選挙後一旦帰京したが、すぐ共産党九州地方オルグとして小倉で活動を開始したところを、三・一五弾圧で逮捕(三月二四日)され、一・二審とも懲役六年の判決を受けた。そして福岡、長崎、鹿児島と刑務所を回されるうち、結核性肋膜炎が悪化し、一九三二年六月七日に刑の執行停止で出獄したが、郷里の島根まで帰り着くことができず、途中小倉の姉のところで六月一五日に二九歳の生涯を閉じた。

三・一五弾圧後も屈せず活動を続けている同志を、豊原五郎が獄中から力強く励ました事例は、『無産者新聞』の連載コラム「獄窓の同志から」にも見られる。

同志諸兄　　　　　　　　　　　　　福岡　豊原五郎

兄等の美事な活動、整然と而も力強く労農大衆に訴え、正しく前の方へ指導しつつあるを聞いて尊敬と感謝に堪えない。繰返す迄もなく崩潰に到った諸組織を快〔ママ〕復し、より強固なもの、より統一的なもの、より多様複雑な結合へと導く重大な任務を貴社は持っている。従って敵の重圧は集中されるだろう。発禁の続出は如何に彼等が恐れおののいているかを表現している。より精密に、より計画的に、経験をくまなく生(いか)し、階級的に、労農大衆を導いて呉れ。僕は九州の同志にも「牛乳一本入れて呉れる余裕があれば、労働者に三枚の新聞を与えよ」と云っている。我々は拘留の生活の不自由などは問題ではないのだ。唯民衆に近づけない、民衆の仕事に力を及ぼされないのが苦痛なばかりだ。公判も後十日となった。僕は元気だ。同志も病気で仆れているようなものもないらしい。皆んな静かに待っている。秋は正に闘争の焦点である。兄等の強靭な闘争を期待する。随分御自愛を祈る。

(『無産者新聞』昭和三〔一九二八〕年一〇月二五日付)

とりわけ豊原五郎を直接指導し、不屈の共産主義者に育てあげた渡辺政之輔とその母渡辺テフ(14)に対する想いは深かった。

豊原五郎の碑(島根県旭町。1997年2月4日撮影)

渡政(わたまさ)追悼の闘争を／全国的に組織せよ

福岡刑務所　豊原五郎

同志諸君、今日はカール、ローザの虐殺された記念日(15)だ。渡辺政之輔の死(16)も思い併せて、深い感慨にひたって居る。福岡に於ても今日の記念日に併せて、渡政の追悼会をやるそうだ。強い指導者を失った事は惜みても余りある。故同志の追悼会が全国的に而も大衆的になされる事、唯一人の老婆(17)の今後の生活保証の為の基金募集、同志の功績追憶を記したパンフレットその他の刊行物の計画、死因の調査会等々の事業の貴社の手に依って為される事を望む。

（『無産者新聞』昭和四〔一九二九〕年一月二五日付）

右の文中に見られる福岡における「渡政の追悼会」は、一月一五日「カール、ローザ記念懇談会」として開かれた。二月一日付『無産者新聞』によれば、その席上「渡政」のお母さんへ左記の手紙を送ることを決定した。

於福岡、カール、ローザ記念日懇談会出席者一同より

親愛なる渡政のお母さん！

今日はあなたの唯一人の息子政之輔君と同じ様に憎んでもあきたらぬ資本家共に殺されたカール、ローザの記念日です。我々福岡の労働者達は此の日に政之輔君の追悼会をやりました。

政之輔君は自ら死んだかも知れない。しかし彼がそうしたことをしたのも奴等がそうせねばならぬ様にしたからなのです。

唯一人の政之輔君を奪われたお母さん、どんなにか失望しておられるでしょう。

然(しか)し、我々はお母さんを慰める唯一の方法を知っています。あなたの政之輔君は死んだ。しかし第二第三の政之輔君は全国に何千何万と居てお母さんを支持しています。我々はあくまで資本家地主と戦って政之輔君の仇をとらずには置きません。

同封の金は少しですが当日集った会費の半分です。皆んなの誠意のこもった金ですからどうぞお受け取り下さい。そして第二第三の政之輔君の為めに達者で暮らして下さい。

渡辺政之輔の母テフには福岡の獄中からも手紙が送られた。

渡政のお母さんへ

九州共産党被告一同

外部の同志から渡辺政之輔畏兄の死をききました。そして御母様も五十二の老齢にもかかわらず工場に通っていられる由も聞きました。御母さんの心はどんなでしょう。深くお察しいたします。けれども渡辺の死を惜しみ悲しむは私達とて変りはありません。何とぞ御達者にて御暮らし下さる事を願って止みません。私たち廿七名より僅少ではありますけれど三円集めました。お母さんの小使いとして下さい。今みんな貧乏にて思う程のことも出来ませんので残念に思って居りますが、同志一同皆元気ですから御安心ください。四月五日

（『無産者新聞』昭和四年四月二五日付）

豊原五郎は第一審判決後、長崎の刑務所に送られたが、そこからも渡辺テフに心温まる励ましの手紙を送っている。

プロレタリアのお母さんへ

長崎浦上刑務所　豊原五郎

おっ母さん　御手紙水曜日にいただきました。元気なお便りで本当に喜びました。このような元気あればこそお互に生きられるのです。おっ母さん屹度（きっと）生きていて下さいよ。私は三、四年ではなしに六年、出て行く時には私は三十二、おっ母さんは五十八です。お互に死ぬる年ではないのですからね。こういう話があるんです。浅草の欲ばり爺が十万円ためるまでは決して死なぬという誓を立てたそうです。何でも五万円頃にとても助からぬ病気にかかり医者もサジを投げたのだそうですが、とうとう病気を征服して生きぬき十万円ためこんで終った。これなども意気でやり通した面白い話じゃありませんか。おっ母さん私が

出たら温泉に連れてゆく。ハハハ。泉先生[18]が大資本家になると云う話じゃけ、あれに旅費は全部もたせてやることにしましょうよ。九州は花ふぶき。桜が散っているそうです。牢の中からは見えません。書留の手紙は手に入りましたか。もし入手なら御返事下さい。皆さんによろしく。又お便り致します。

（『無産者新聞』昭和四年五月二六日付）

渡辺政之輔の「お母さん」に関する記録は、弾圧の犠牲になった人たちの、同志としての堅い絆と人間性豊かな不屈の精神を伝えるものである。

Ⅳ

自由と自治を求めて

学生社会科学研究会の活動

1　旧制福高社会科学研究会

一九二二（大正一一）年一一月七日のロシア革命五周年記念日の夜、表向きは「学生相互の親睦」を看板にしながら、その実「社会科学の研究」を目的とした「学生社会科学連合会」（学連）が密かに結成された。加盟したのは東大新人会、早大文化会、建設者同盟（早大その他）、明大七日会、早高社会思想研究会、日大社会批判会、女子医専七日会、一高社会思想研究会、三高社会問題研究会、五高ＦＲ会、七高鶴鳴会、新潟高校文化会などであった（高桑末秀著『日本学生社会運動史』青木文庫、一九五五年〔以下『高桑運動史』〕）。

九州では熊本第五高等学校ＦＲ会（のち五高社会思想研究会）と鹿児島第七高等学校鶴鳴会（のち七高文化科学研究会）が加盟していた。福岡高等学校社会科学研究会（福高社研）は、学連から派遣された麻生久らの九州遊説を機に、「学校開設三年目の一九二四年六月二十八日学校当局の許可を得て成立した」（山内正樹著『旧制福高社研記』一九八五年〔以下『社研記』〕）。[1]

この間の前後の事情を前出（Ⅲの註7）の『社会運動情勢』では「学生運動」の項で次のように述べている。

東京、京都方面ノ学生生徒間ニ於テハ夙（つと）ニ社会科学ノ研究ヲ名トシテ科学的社会主義ノ研究セラルルアリ、又此ノ研究ニ基キテ組織的ナル学生運動ノ行ハレツツアリシニ不拘（かかわらず）、当管下学生生徒ハ大正十二年末迄ハ一般ニ着実穏健ノ風ヲ持シ労働問題、農民問題等ノ宣伝演説ノ際ノ如キモ聴衆中ニ殆ソノ姿ヲ見セズ、漸ク大正十三年初頭頃九州帝国大学ニ法文学部設置ノ議起リ、経済学・政治学等ノ教授、講師ノ来住スルニ及ビテ之ニ或種ノ刺戟ヲ受ケ、次デ同年六月福岡高等学校内ニ東大新人会ノ提唱ニ係ル高校連盟ノ一連トシテ福高学生社会科学研究会ノ組織アリテヨリ、急ニ管下学生生徒ノ間ニ科学的社会主義ノ研究熱起リ彼ノ第一次・第二次ノ福高学生事件ヲ惹起セシガ、其後九州帝国大学内ニ九大読書会或ハ九大社会文化研究会（其実ハ学生社会科学研究会ナリ）等ノ組織ヲ見ルニ至リテ、愈々管下学生運動モ白熱化シ遂ニ其ノ急進分子ハ空想ヨリ科学ヘノ言葉ニ魅セラレテ学窓ヨリ街頭ニ出テ労働運動、農民運動、水平運動等ノ実際運動ニ携ハルモノヲ生ジ、昭和三年三月ノ日本共産党事件ニ際シテハ此ノ種ノインテリゲンチャガ実ニ其ノ中心人物トシテ検挙セラルルガ如キ事態ヲ惹起セリ。

（傍点引用者）

文中「彼ノ第一次・第二次ノ福高学生事件」というのは、一九二四年一二月の福高社研解散と一九二五年の福高学生大量処分の二つの事件を指すものと思われる。

福岡高校学生社会科学研究会に解散・禁止命令

冒頭記したように、福高社研が創立されたのは一九二四年六月であったが、この時期はすでに見たように、労働争議や小作争議がともに高揚期を迎える時期で、これらに刺激された学生運動も学連を中心に活発化し、全国各地の大学・高校・高専に続々と「社研」が生まれた。こうして一九二四年には学連第一回全国大会が開かれ、「学生連合会」は「学生社会科学連合会」（加盟四九校、会員一五〇〇人）と改称した。当初は「漠然と『無産階級意識』あるいは『社会科学』という言葉を用いた」（『高桑運動史』）が、翌年七月の第二回大会で決定された学連テーゼ(2)が示すように、「その指導精神を明確化するとともに、マルクス主義の普及に大きな役割を果し、教育の軍事化および学校行政の反動化と勇敢にたたかい、またこれらの闘争を通じて学生運動を名実ともに『無産階級運動の一翼』たらしめた」（同前書）のである。
こうした学連の動きに対して、一九二四年一一月一〇日の全国高等学校校長会は文部省の意を体して、各高校の社会科学研究会を解散させることを申し合わせた。当時学連に所属していた高等学校連盟には二〇校が加盟していたが、九州では福高・七高・五高の三高等学校であった。そして五高が一二月三日に全国にさきがけて社研の解散を命じられ、以後翌年の一〇月に京都の三高が同じ措置をとられたことによって、合法的社研はすべて姿を消した。[3]
熊本の五高社会科学研究会の解散について、『福岡日日新聞』は一二月五日の夕刊に「学生之社会科学研究に／文部省が圧迫／高等学校長会で決議／当局糾弾の火の手揚がる」という見出しで、社研解散命令に対する次のような批判的記事を載せた。

さきに学生の演劇禁止令を発布して学生の反感を買い、次いで軍事教育案を実施せんとして学生側の猛烈な反抗を受けている文部当局は此の冬期休暇を利用して大運動を起こすらしい形勢で、学生側の反対気勢を殺ぐため主力となって活動する諸学生団体に露骨に圧迫の手を見せることになった。〔略〕去る三日熊本第五高校長溝淵進馬氏は突如文部大臣の名に依って同校社会科学研究会に解散を命じたので、同会は之を全国に報告し各校の奮起を促した。〔略〕右に対し全日本社会科学研究会は学生の真面目な真理追求に対する当局の圧迫的態度に憤慨し、近く大々的にその非を糺弾すべく協議中である。
当局のかかる態度は却って一層軍事教育案反対の気勢を助長し、全国学生軍事教育反対同盟はこの挑戦的の圧迫手段に対して何らかの対抗策をとるに至る模様である。

新聞が指摘した通り、こうした全国一斉の学生社会科学研究会の解散措置は、時を同じくして高まりつつあった学生軍事教育反対運動および治安維持法反対運動に、学連が決起するのを妨げるのに充分効果的であった。

福高社研に対する解散命令は一二月一一日付で出され、研究会の指導の任にあたっていた西南学院高等部（現西南学院大学）の二教授が校長から出入りを差し止められた。

前出の『社研記』によって当時の福高社研の活動を見ると、遠藤喜久郎や佐々木是延などがマルクス、エンゲルスの『共産党宣言』（マニフェスト）、クロポトキンの『青年に訴う』、あるいはブハーリンの『共産主義のＡＢＣ』（英文）などを講じていた。社研でその頃教材か参考書として使用されたり推奨されたりしていた著書は、ボグダノフ著『経済学概論』、プレハノフ著『マルクス主義の根本問題』、エンゲルス著『空想から科学へ』などであった。また第一次共産党事件（一九二三年）の被告で、当時弁護士として主に日本農民組合運動に関係していた小岩井浄を囲んだ座談会なども行っていた。さらに西南学院高等部の前記二教授――古市春彦、石渡六三郎――が時々応援に来ていたということであった。

社研禁止令が出た直後、福高社研解散会が校内の「亭々舎」（食堂兼小集会場）で約三〇名の参会者をもって開かれ、佐々木是延が英文の『空想から科学へ』をテキストにして哲学の部分を講義した。この福高社研の創立者であり、その活動の中心であった佐々木は明けて一九二五年三月、新学期の直前、学校当局によって放校処分にされた。「社研の中心人物佐々木是延の放校の理由の一つは、校外の労働組織との連絡、その実践への参加ということであった」（『社研記』）

学生運動史上かつてない過酷な学生大量処分

前記『社研記』は「弾圧も社研の息の根を止めることは出来なかった」と記して、福高社研の再建とその巧みな非合法活動を詳しく述べている。以下この著書によって、再建された福高社研の活動の概略を見てみよう。

「一九二四年（大正十三年）の冬休み早々の二日間、博多駅（旧）のすぐ近くの古刹東長寺の本堂で、九州数校の社研の協議会が行われた。もちろん非合法であった」。『社研記』は社研再建の始まりをこう記して、出席者は五高、福高、大分高商から、氏名を明記した者だけでも一六名、その他数名がいたことを明らかにしている。

福高の非合法社研が発足したのは一九二五年四月で、合法社研から残ったものとして遠藤喜久郎以下山内正樹を含めて一五名の氏名が挙がっている。そして佐々木是延は放校後八幡に住み労働運動に専念しながら、福岡（市）に出てきて「研究会についても指導していたことは当然考えられる」ということであった。

研究会は会員の下宿先でプレハノフ、スターリン、レーニン、河上肇の著書やマニフェストをテキストにして行われた。その他の活動として三Lデー（レーニン、リープクネヒト、ルクセンブルク）、マルクス生誕記念日、エンゲルス死去記念日などの集まりをやったり、一九二五年四月以降九大法文学部に赴任してきた石浜知行、佐々弘雄、向坂逸郎という少壮のマルクス学者を囲む座談会や私宅訪問を行った。またピクニックと称して今宿町（現福岡市西区）の大杉栄、伊藤野枝の墓を訪れ〝赤旗〟などの革命歌を合唱したり、校内弁論大会に社研として計画的に多くの弁士を送ったりした。

以上の他にも校友会活動などの校内活動に取り組みながら、社研有志は例えば粕屋郡亀山炭鉱のストライキ（一九二五年夏）を応援したり、無産青年同盟の組織、宣伝に参加したり、県下各地の農村を回って農民組合や水平社運動の活動家と交流した。『社研記』は「会員と交流のあった人々」として、「福岡合同労働組合、農民組合等に出入りした諸会員の記憶に残った人々は、西田ハル、秋本重治、西岡達衛、井元麟之、日高国夫（のち柴田姓）、岩田重蔵、藤井碩次、藤岡正右衛門等の諸氏であった」と記している。先に述べた一九二五年七月の学連第二回全国大会（五九校、一六〇〇名を代表する代議員八〇名）で決められた「無産階級解放運動の一翼としての学生運動」の実践であった。

この時期の社研運動の特徴を、菊川忠雄著『学生社会運動史』（海口書店、一九四七年〔以下『菊川運動史』〕）は次のように書いている。

第二回大会を中心として、大正十四年度の一年間は、我国の学生社会科学運動にとっての白熱化時代であった。之を批判的に冷静に見れば、支配階級が待ち設けた弾圧に対しては余りにも無頓着に、只管（ひたすら）無産階級的熱情にかられて突進したような傾向がないでもない。未だ嘗て（かつ）、非合法運動の経験をもたなかった学生運動が、その闘争の進展と共に、何時しか、非合法の分野にまで突入して、その結果は無意識の非合法運動としての失敗をした年であったかも知れない。しかし、何れにせよ、その闘争自体は必然的であり、学生運動は最も果敢に戦われた年であった。

そして、この年の主なたたかいの事例として「小樽高商事件糺弾運動」（一〇月下旬より一一月）、「京大学生事件検挙始まる」（一二月一日〜翌年三月）など二二項目をあげ、その中に「福岡高校事件」（一一〜一二月）を取り上げている。「無意識の非合法運動としての失敗」という単純な評価が妥当かどうかは検討する余地があるが、福高事件もまさにそのような時代的な制約の中で展開された運動であった。

『社研記』に戻ろう。

一九二五年秋は福高社研活動の最高潮期であった。

一一月七日にはロシア革命記念日の祝賀会を、密かに福岡市東中洲（現博多区）の書店積文館の三階広間で行った。参加者は九州帝大、西南学院高等部の社研会員を含めて三〇名位であった。

この秋、朝鮮で大水害が起こった。労働総同盟を中核とする救済同盟の呼びかけに応じて、社研は学校当局の許可を得て公然と募金活動を行った。しかし、送金の問題でこじれた。

学校当局は、学校を通じて朝鮮総督府に送金せよと言い、社研側は労働総同盟の救済会を通じて被害者に送金すると主張した。両者の交渉は難行したが、学校当局が処分をもって威嚇したためついに社研側が譲歩した。

一一月一八日、第一次共産党事件の中心人物佐野学の公開講演会が福岡合同労働組合の主催で行われた。場所は箱崎公会堂（現東区）で、論題は「労農政党論」と「労働組合論」であった。

「多くの社研員は午後の授業をサボって出かけた。社研は一般の生徒にも傍聴をすすめたので何人かが出かけた。入場に厳しい規制はなかった。聴衆の中には特高が潜入していたといわれる。会場の外には私服刑事が見張っていた。講演会が終ると何人かに尾行がついた」。『社研記』はこう書いて、吉田法晴や山内正樹が尾行をまいた様子を語っている。

一一月二一日、蜷川事件が起こった。その頃文部省は「思想善導」工作の一つとして、法学博士蜷川新を全国の高等学校に巡回させ反共思想を鼓吹させていた。彼は行く先々で左翼学生から野次られ、罵倒された。福高社研も彼を野次り倒すという決定をした。

『社研記』は講演会の様子を次のように書いている。


蜷川は当時六十歳前後であった筈であるが、小柄のせいか四十代に見えた。彼は彼なりの闘志の持主と見受けられた。講堂に溢れる全校生徒に向かって思い切り俗悪なデマを飛ばし始めた。

「マルクスの研究した対象は十九世紀のイギリス社会であった。今日のイギリスは事情が変っている。これを知らずにマルクス主義を弄んでいる新人会は旧人会と言うべきである。」

「世の中に無産階級というものはない。一銭のカネも持たない者はいないからである。」等々。

誰かが「質問があります」と叫んだ。無視。

野次が飛んだ。「御用学者」、「ひっこめ」、「……という本を読んだか」……等々。

蜷川は時々立往生した。

学校側は岩口生徒主事をはじめ体育教官数名が手帳と鉛筆を手にして文字どおり右往左往し、冷静に野次生徒をマークしていた。

蜷川事件直後から学校当局は取り調べを開始した。学校当局は独自の線からも警察関係からもかなりの情報を摑んでいた模様で、問題点は三つあった。すなわち、朝鮮水害義捐金問題、佐野学講演会、蜷川事件。取り調べにあたった生徒主事は、被疑者一人一人を自室に呼び出し三事件についての関連の有無、その度合いについて尋問した。この取り調べにもとづいて連日夜遅くまで評議員会、職員会が行われ、一一月二八日、処分が決定された。

「四名退校六名停学」の処分内容は一一月三〇日付の新聞で報道されたが、これに先立って『福岡日日新聞』は「福高学生間に／巣食うた左傾思想／研究の範囲を脱するものとして／十名の犠牲者を出さん」という見出しで処分を予見する記事を載せた。この記事では「学校側では之は思想問題研究の範囲を脱して外部に於る思想団体の延長として学校内の赤化を計る傾きあるものと認め」、「此等左傾中には操行上の批難ある者もあると云う理由で断然たる方針を執り十名内外の犠牲者を出す模様である」などと、一年前の社研禁圧の時とは打って変わって全く学校当局の立場に立った報道に終始した。

『社研記』は処分学生「放校二名、諭旨退学二名、無期停学六名、謹慎四名」計一四名の氏名を明らかにして、その中には社研員でない者も四名含まれていたことを指摘している。なお、同書の「福高事件に関する補遺」では「放校から短期停学にいたる十四名の他に当時、二、三十名の被処分者がいるという噂があった。一日か二日の登校停止、下宿預けという奇妙なものまであったという。この他口頭の戒告もなかったとは言えない」とも書いており、『福岡日日新聞』の一一月三〇日夕刊では、退学・無期停学一〇名の他、「父兄を呼び出して謹慎を命ぜられた者が二十名に及んでいる」としている。

いずれにしても学生運動史上かつてない大量かつ過酷な処分の発表は福高の内外に衝撃をあたえた。三〇日には多くのクラスで処分問題が討議され、社研会員が処分の不当を訴えた。午後は生徒控所で福高出身の九大生も加わり約二〇〇名の生徒が集まって生徒大会を催し、同日夜決議文を教頭に提出したが、受理されなかった。

一日午前中にも約三〇〇名の生徒が控所で生徒大会を開き、各学級から二名ずつの委員を選出して一切を処理することを決めた。二日の午後も生徒大会がもたれ、「減罰特に謹慎処分の生徒に対する減罰を求めること」および「学校当局はこれまで生徒側の意向を尊重せず圧迫的の行動あるを以て、この際秋吉校長並に岩口生徒監の反省を促すこと」を決議して学校当局と交渉することを決定した。

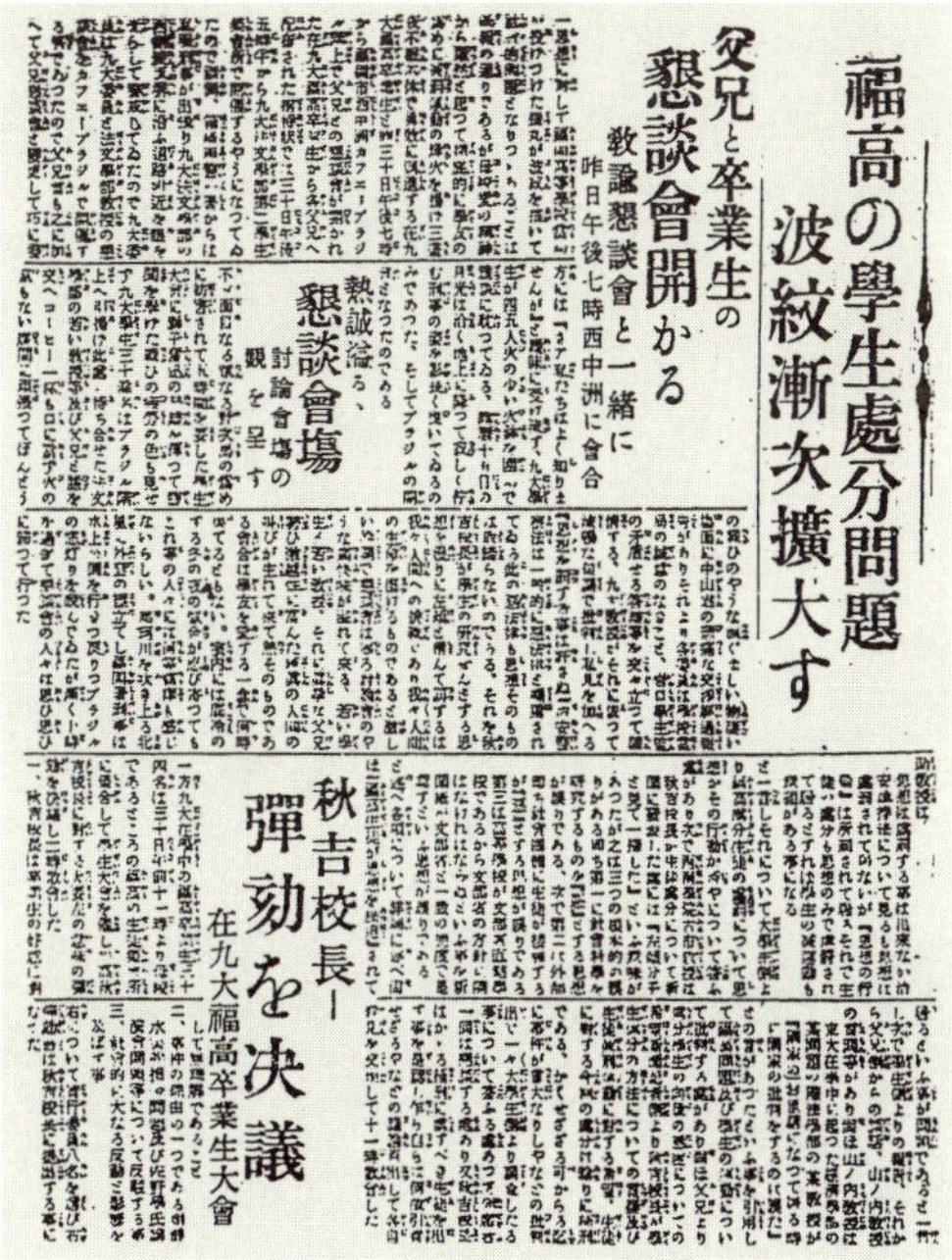
福高の學生處分問題 波紋漸次擴大す

父兄と卒業生の懇談會開かる
教諭懇談會と一緒に
昨日午後七時西中洲に會合

熱誠溢る、懇談會場
討論會場の觀を呈す

秋吉校長ー彈劾を決議
在九大福高卒業生大會

「福高事件」の拡大を報じる『九州日報』（大正14〔1925〕年12月1日付）

一方、福高卒業生で九大に籍を置く「九大在学卒業生」らは、二八日に会合を開き代表者を選んで、二九日には福高を訪れて学校側と会見し処分理由について質した。さらに三〇日にも、福高卒業生三十余名は福高に集まり秋吉校長に対する弾劾決議をした。また同日、東大、京大、九大の福高卒業生一同の名で、処分理由とする三件について反駁するとともに「我等の母校の尊厳と名誉のため不当なる処分を撤回する事を飽くまで強要し大いにその実現に努力せんとす」という声明書を発表した。

三〇日夜には、福岡市西中洲のカフェー・ブラジルで九大山之内一郎教授、佐々弘雄助教授、向坂逸郎助教授、波多野鼎助教授、西南学院高等部古市春彦教授、新聞記者、父兄など三十余名が出席して懇談会が開かれた。

『社研記』はこの懇談会を取材した新聞記事を引用しながら次のように述べている。

佐々助教授は、次の如く福高当局を批判した。――治安警察法は一般的に悪法と嘲罵されている。それでも、この法律は思想そのものは取締らない。それを秋吉校長が学生が研究せんとする思想をみだりに左傾として罰するは、我々人間への挑戦であり、我々人間の生命を傷つけるものである――（大正十四年十二月一日九州日報）。助教授は思想信条の自由を説いたのである。

古市教授は左の如く主張した。

――秋吉校長が生徒処分について、新聞に発表したところには、〔ママ〕『左傾分子と見て一掃した』という意味があったが、これは三つの根本的の誤りがある、即ち第一に社会科学を研究するものを「悪」とする思想が誤りである、次で第二は外部即ち社会団体に生徒が接触する〔こと〕が「悪」とする思想が誤りである。第三は高等学校が文部省直轄学校であるから文部省の方針に従わなければならぬということを新聞紙が文部省と一致の態度で是認すという思想が誤りである――と述べた（同前）。古市教授も思想信条の自由、学の独立を説いたわけである。

両氏の主張の中に大正デモクラシーの発露を感ずる者は私一人ではないであろう。

一二月二日には、同じカフェー・ブラジルで父兄の会が開かれ、「このたび退学を受けた生徒には遺憾ながらやむを得ざるものとするも、無期停学を受けた生徒については学校側に減罰を要請すること」となり、父兄懇談会の実行委員として六名を選んだ。

一一月二七日処分決定後ただちに上京してから一週間後の一二月三日、秋吉校長が帰ってきた。

一二月四日、在校生総代一名が校長に面会し、処罰の軽減を願った。校長は、被処罰生徒の悔悟が先決問題、諸君もそれに尽力してくれと言って代表をひきとらせた。

同日、在福父兄有志が校長と会見した。校長から釈明を聞き、「処分生徒中情状酌量すべきもの、また改悛の情顕著なるものはなるべく早く復学できるよう」申し出、校長の「異議はない」という答えを得て、父兄側は減罰運動を打ち切ることにした。

卒業生（九大一六名、京大二名）と学校側との会談は、新聞記者立ち会いのもと午後四時から午後一一時まで行われたが、平行線のまま卒業生の退場をもって終わった。

以上、主に『社研記』をもとに福高処分反対運動を追ってみたが、この運動は様々な立場や考え方の違う人々が、最終的には「思想問題」はさておいても、学園における自由と民主主義を守ろうとした点で一致した運動だったと言える。

2　九州学生社会科学連合会と三・一五

福高社研その後

一九二五年の福高社研事件で学校を追われた四名は、学友、父兄、卒業生などの「減罰運動」にもかかわらず、学園に戻ることはできなかった。無期停学になった六名のうち、一名は自主退学し、三名は一二月二二日に処分解除になった。一二月二三日付『九州日報』は「在福生以外の三名だけ／停学者のうち／受験を許さる」という小さな記事を載せた。受験を許されなかった「在福生」とは、松浦長彦と山内正樹の二人である。二学期の学期末試験を受けさせられなかった二人は、進級できずに留年せざるを得なかった。

山内正樹は『社研記』に書いている。「つまり学校当局はこの二人を特に重視し、留年という懲罰ならぬ懲罰を加重したとしか言いようがない。結果論的にいうとこれは逆効果を生ずることとなる」と。「逆効果」とは何か。留年した山内、松浦は処分を免れた芦塚東、丹生義孝、吉田法晴らと、一九二六年の新学期には完全非合法の社研を再建することとなったのである。

再建された研究会は雑誌『マルクス主義』その他を教材にして、定期的に行われた。九州帝国大学、九州歯科医学専門学校の社研と合同して研究会を行ったこともあった。当時は、天皇制権力の厳しい弾圧をおそれて、共産党を合法的無産政党に解消しようとする解党主義（山川イズム）に対し、労働者階級が政治闘争に進出するためには、組合主義や折衷主義から分離し純粋分子だけを結合すべきであるとする分離結合論（福本イズム）などの理論闘争を重視する立場からのマルクス主義の研究が、学生インテリゲンチャの間で盛んになってきた時期であった。

一九二六年は、福岡でも水平社青年同盟を中心に軍事教育反対闘争が果敢にたたかわれた年でもあった。しかし、「九州の高専では軍事教育反対闘争はおこらなかった」（『社研記』）。理由は、徹底した学生社研禁圧と再建社研が大衆闘争を軽視する「福本イズム」の影響を少なからず受けていたことによるものであろう。

九州学生社会科学連合会（九州ＦＳ）

一九二五年一二月一日、京都の同志社大学構内の掲示板に〝軍教反対〟のビラが貼られているのを特高が見つけたのを端緒に、かねてから狙いをつけられていた京大、同志社大などの学生三三名が一斉に検挙された。

日本における治安維持法の最初の発動であるいわゆる「京都学連事件」の始まりであった。当時の学連の実勢力は、一九二五年末で、大学高専三八校・約一一二〇名、他に高等学校連盟二〇校・約四五〇名、中学校約一五校であった（『菊川運動史』による）。このうち九州協議会に属するものは、九大五〇、大分高商一五、山口高商一五、西南学院一五、鹿児島高農二〇で、他に高等学校連盟に属する福高、七高、五高があった（同前書）。

京都学連事件に引き続き一九二六年五月二九日、岡田文部大臣は「社会科学研究会読書会など何らの名義を用うるを問わず、左傾思想研究を目的とする団体の設立を許さざるはもちろん、生徒が個人としても左傾思想に陥るの恐れある研究を為さざる様注意すること」以下六項目の「内訓」を発して、全国の高校・高専校長に通達した。生徒の読書についても特定の書籍雑誌を読むことを禁止した。禁止雑誌の中には、普通の書店で買える雑誌『改造』や『中央公論』も含まれていた。したがって輿論は一斉に反対し、新聞各紙は「未曾有の大弾圧」、「二十世紀の始皇帝の出現？」、「思想恐怖時代来る！」と叫んだ（『菊川運動史』）。

こうした文部省の暴圧に対して、学連はただちに自由擁護の運動に立ち上がり、六月二八日には全日本学生自由擁護連盟を結成した。

九大ではこれより早く、九大自由擁護同盟期成会が作られ、六月一四日岡田文相の来福を期して内訓批判演説会を開催しようとしたが、学校当局が会場を貸さず、やむなく同期成会を解散することを条件に、七月一日に演説会を開催した。しかし演説会後も期成会は運動を継続したので、学校当局は学生二名を譴責処分にして、九月には運動の中心であった九大読書会に対し学連脱退を強要した。『菊川運動史』は、「文部当局の学連脱退強要、内訓強行による攻勢と学生社会科学連合会を中心とする全国学生自由擁護同盟の抗争の間にあって、各校内に於ける学生運動は、文部当局の圧迫下にありながら一段と活気を呈した」と書いて、九州の事例として熊本五高と九大の学生運動を上げている。

五高では七月には例年の五高、七高の聯合演説会が催されるが、この演説会を前にして内訓による演説会取締りの条件を附され、且つ、予選演説会に於ける「社会進歩と日本」外一名の演説が禁止せられるなど事毎に干渉されて学生の憤慨を買ったが、折しも、一生徒が後輩の中学生に「資本主義のからくり」というパンフレットを取り次いだことによって十日間の停学を命ぜられたので、学生は起って学校当局に処罰軽減の嘆願をなした。

九州大学に於ては、十月六日突如四名の学生に対して、放校処分他一名には停学を申渡した。事件の内容は、学生監のいう所によれば、前記の学生が学生時事批判演説会のビラを撒布したことについて注意すべく学生等に出頭を命じたが、之に応じなかったからというにあったが、実際は既に述べた如く、九大読書会に対する圧迫に原因するものであった。

『菊川運動史』は以下この処分に関して、法学部の新進教授たちと当局との間にも対立をみたことや、全国学生自由擁護同盟が一〇月八日付で九大総長宛の公開状を発表して、学生の放校処分について詰問した事情を書いている。

この時、九大から放校された四名は愛甲勝矢、楠元芳武、日高正夫、原登であった。彼らは九大読書会に加わって学連に参加し、一九二五～二六年の軍事教育反対、福岡連隊差別事件糾弾、京都学連事件批判などの演説会を組織するなど、九大内外で活発に活動していたためリストアップされていたのである。

先にも引用した『社会運動情勢』では、九州大学を中心にした九州学生社会科学連合会（以下「九州学連」）の組織状況について次のように書いている。

大正十四年六月九大内ニ組織セラレシ読書会ハ、大正十五年十月九大当局ノ加ヘシ同学生愛甲勝矢外四名ニ対スル強行処分（放学、停学）ニ依リ会勢急ニ萎微シ事実上消滅ノ状態トナリシカ、残留分子等ハ昭和二年三月読書会ノ別動隊トシテ経済研究会、政治研究会ヲ組織シ依然トシテマルキシズムノ研究ニ没頭シ来リシカ、同年十二月其ノ会員タル学生篠崎賢治、同菰淵鎮雄、同磯崎俊郎〔俊治〕、同吉田保章、同田村幸一、同具島謙〔兼〕三郎等ハ指導者タル教授向坂逸郎、佐々弘雄、石浜知行等ノ慫慂ニヨリテ読書会及其ノ別動隊タル経済研究会、政治研究会ヲ母体トシテ九大社会文化研究会ナル単一社会科学研究会ヲ組織シ之ヲ政治班、経済班、哲学班、法制班ニ分、教授向坂逸郎、同佐々弘雄、同石浜知行、助手大山彦一、同塚本三吉、同上原道一ヲ夫々指導者トシテ、テキストヲ定メテ潜行的ニマルキシズムノ研究ヲ為スコトトシ、一方福岡高等学校ヲ始メ佐賀、熊本、鹿児島、山口等ノ高等学校等ニ連絡ヲ取リテ、事実上ニ於テ九州学生社会科学研究ノ聯合会ヲ組織セリ。

（〈図1〉参照）

もっともこの『社会運動情勢』は、治安維持法適用を視野にいれた権力機関の調査にもとづくもので、当然のことながら曖昧さやこじつけが見られる。例えば、当時九大法文学部には政治学講座を担当していた佐々弘雄教授のもとに具島兼三郎や磯崎俊次などの学生が政治研究会を作っていたが、これはあくまでアカデミックな研究グループであって、いわゆる九大社会文化研究会とは明確に一線を画していた(4)。しかし、権力側からしたら、ラジカルな社研も、リベラルな研究会も、同じ危険思想をもった左翼分子として弾圧の対象と見ていたことは確かであろう。

〈図1〉『長崎控訴院検事局管内　社会運動情勢　第二巻』より

昭和三（一九二八）年四月現在

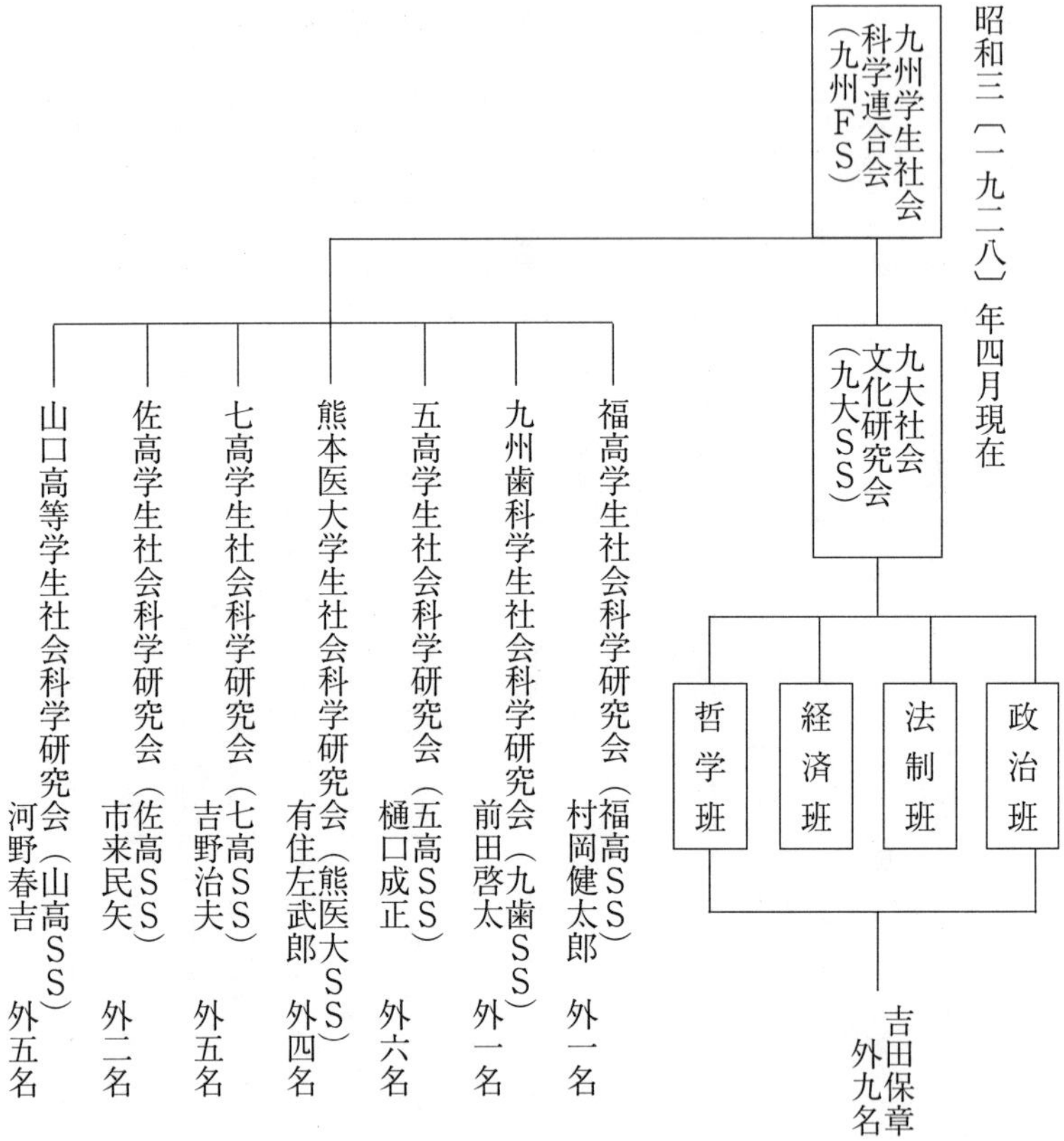

警察権力の学園侵入

『菊川運動史』は書いた。「京大事件以後の学生運動に表われた取締りの上における著しい変化の一つは警察権の公然たる学園侵入の傾向である」、「京大事件は、この大学に残存する『学の独立』と『研究の自由』をたたきつぶすことを一つの眼目としていた。大学に名残を惜しんでいた自由主義は反動の陣営に降った。警察権は正に『学校』と『学問』を取締ることとなった」

九大も例外ではなかった。九大法文学部ではかねてから講義に警察のスパイが入り込んでいることが問題視されていたが、一九二七年五月、水平社事件批判演説会で一学生が警官に暴行されるという事件が起き、九大で学生大会を開いて警察弾劾の抗議文を可決するに至った。

この事件は、「福岡警察の暴状に／九大生奮起す」という見出しで報じた六月四日付『無産者新聞』によると、次のようなことであった。

五月二〇日、福岡市記念館で開催された労農党後援水平社事件演説会に福岡警察当局は二〇〇名近い警官を派遣し、「之が暴圧に努め中止の連発という暴状を示した」ので市民はみな憤激したが、「傍聴中の九州帝大学生某君が階上より『弁士中止されぬ様に』と声援するや数名の警官は同君を階上より突き落し、検束して警察署に至り更に数名掛りで殴打し、十数ケ所に裂傷を負わせ、眼鏡を微塵に破壊した」というものであった。記事は、「福岡警察署は以前から学校内にスパイを入れ、学生の行動を捜〔ママ〕る等の卑劣な事をして来たので学生の憤激は極度に高まり、法文会の名の下に二十八日学生大会を開催し警察弾劾の抗議文を突きつける事を満場一致可決した」とも書き、また真相報告のビラも警察が押収してしまったことを報じた。[5]

前出の『社会運動情勢』で名指しされている具島兼三郎はその著書『奔流――わたしの歩いた道』（九州大学出版会、一九八一年）の中で、政治学研究会（政研グループ）の活動やエピソードを述べた後、「学園を襲う反動化の波」として、「中国に対する日本の侵略政策があらわになるにつれて、日本の国内でも普選獲得運動などで一時高まったかにみえた自由な雰囲気が、急に空気の抜けた風船のようにしぼみはじめた。国内の言論や集会、デモに対する締めつけが急にヒドくなり、自由な別天地のように考えられていた大学でさえもその例外ではなくなった。学内には私服の刑事が入りこみ、学生の読書会や研究会、文化活動に対する監視が、急に厳重になった」と書いて、学生だけでなく、教官たちまでが被害をこうむるようになったことを描いている。

刑事が学生のような身なりをして教室に入りこみ、教官達の講義を監視するようになったことが、すなわちそれであった。もとより講義の内容はむずかしくて、かれらの手に負えないのが多かったらしいが、かれらの目的は講義の内容を理解することではなく、教官の思想の鑑別を行うことであった。かれらもまた、ノートをとるような振りをしていたが、かれらがノートしていたのは教官の講義内容ではなく、教官が一回の講義のなかで何回社会主義や共産主義、無政府主義、自由主義、民主主義というような言葉を使うかであった。

教室のなかに刑事がいるということがわかると、それは直ちに教官達講義の上に反映した。気の小さい教官はオロオロして、持って廻ったようなしゃべり方をするので、さなきだにわかりにくい講義がますますわかりにくくなった。これに反して気の強い教官になると、刑事がなんだといわんばかりの講義をするので、聴いている学生達の方でハラハラした。

これが三・一五事件前の九州大学の教室であった。天皇制権力の魔の手がすぐそこまで迫ってきていたのである。

学園を襲った三・一五

一九二六年一二月、山形県五色温泉で行われた日本共産党第三回大会は、政治方針と党規約を採択して党を再建した。この大会には九州から藤井哲夫が参加した。次いで一九二七年七月、コミンテルンは「日本問題に関する決議」いわゆる「二七年テーゼ」を決定し、一二月、日本共産党拡大中央委員会が全員一致で採択した。これによって日本共産党は「福本イズム」を克服して、大衆的前衛党の建設に踏み出すことになったのである。

当時の九州学連と日本共産党との関わり具合を、『社研記』からの抜き書きによって見てみよう（〔 〕内は引用者補足）。

「そのころ三校〔九大、歯科医専、福高〕の社研員たちは、よく、吉田保章〔九大のキャップで九州学連の中心であった。因みに福高のキャップは山内正樹だった〕の新しい下宿〔福岡市住吉神社東横〕に集まった」

「九州の解放運動の先達、藤井哲夫の姿も時々見られるようになった。共産党再建の雰囲気が感ぜられた。『無産者新聞』の論調も変わった。九大の秋田五郎が山内に、『プロレタリアートと書いてあるところを共産党と読んでごらん。意味が良く通じるよ』と教えたのもここ吉田の下宿においてであった。新しい共産党に学生からは、七高の岩永七郎、歯科医専の渡辺信が抜擢されるらしいということが私たちのせまいグループの噂に上ったのもここであった」

「日本共産党が再建された。綱領、規約（皆極秘文書）が、吉田保章を通じて社研員に廻ってきた」

「昭和三年のはじめ（二月二〇日）、初めての普通選挙――衆議院議員選挙――が行われた。日本共産党は半ば公然と姿を現した。福岡県第四区から徳田球一が立候補した。学生たちも動員されて、ガリ切り、印刷、ビラはり等の仕事を受け持った。福高社研からは山内、村岡、中野らが投票日間際まで、連続五日間学校を休んで手伝った」

「吉田保章、赤羽寿あたりは一般学生よりももっと責任のある仕事を与えられていたようである。赤羽は佐賀市まで資金カンパに出かけた。詩人としての赤羽はビラによく詩をかいていた」

「中央から豊原五郎というすぐれた人物が、選挙オルガナイザーとして派遣されていることも、学生たちはすぐ知った」

「選挙が終って吉塚駅の西側（妙見町近く）にあった印刷所耕人社（経営名義人は古藤龍介、愛甲勝矢）二階の広間で、徳田球一を囲む座談会が行われた。福高からは山内、村岡が参加した。徳田球一は甚だ上機嫌で且つ威勢が良かった」

以上のことからも、九州学連が、再建された日本共産党の指導ないしはその影響下に活動していたことがわかるであろう。

昭和三年三月十五日、日本共産党事件ノ一斉検挙ニ際シ、其ノ矯激（きょうげき）ナル内容ノ曝露セラルルト共ニ社会文化研究会会員中ヨリ数名ノ関係学生ヲ出シタル為メ、九大当局ニ於テハ同年五月学生吉田保章、秋田五郎外二名ニ対シテ放学処分ヲ加へ、山内正樹、畑正世、井出一六ヲ諭旨退学処分ニ附シ、教授石浜知行、佐々弘雄、向坂逸郎、助手塚本三吉ニ対シテハ依願免官ノ形式ニ依リテ戒飭（かいちょく）ヲ加へ、社会文化研究会ニ対シテハ断乎トシテ解散ヲ口セリ。

（『社会運動情勢』）

三・一五事件に関連して九大を放学になったのは、法文学部学生吉田保章、秋田五郎の他、法文学部専科生赤羽寿（筆名伊豆公夫または赤木健介）と農学部学生中野充であった。

処分された学生たちは「一旦検挙取調を受けたが、無罪放免されたのである。無罪のものを処分した大学は恐らく九大だけであっただろう」と『社研記』は書いている。ちなみに高等学校では五高生六名、七高生四名、六高生八名が退学させられた（『菊川運動史』）。「左傾教授」の追放は「三・一五事件に関係あるものと推定す」という理由で水野文相が指名した東大助教授大森義太郎、京大教授河上肇、および九大の向坂・石浜・佐々各教授と、九大助手塚本に対する辞職強要という形で強行された。

大学を追われることになった九大の三教授は、四月二一日夜次の声明書を発表した。

> 大学存立の意義は一に研究の自由にある。而してその拡充は吾々の窃かに期したる処であった。然るに今やその自由は不当に縮小され終るのをみる。吾々はこれ以上かかる学苑に留まるの無意義を信じ爰に連袂辞職を決意したのである。去るに臨み従来研究を共にしたる同僚諸氏並に愛する学生諸君の健在を祈る。
>
> （『九州大学新聞』四月二四日付）

東大も京大も九大も、「大学の自治」をよそおいながら文部省に屈伏して、同僚教官を守ることができなかったことから、進歩的世論は一斉に「大学の反動化」、「大学の転落」を叫んで当局を糾弾した。大学は転落した。しかし、この時期から学生運動は全国的高揚期を迎えるのである。いまここに年次ごとの事件数、処分数を挙げれば〈表3〉の通りである。一九二八年から急増していることは一目瞭然である。

「学校紛擾」の主な要求は、学校の経営内容改革、授業料値下げ、学友会解散・選手制度廃止（学友会の右翼化阻止）、学生新聞および研究会解散反対、寮の自治、学生処分の緩和、教職員排斥もしくは留任などで（『高桑運動史』）、学園の民主化と自由を要求するものであった。

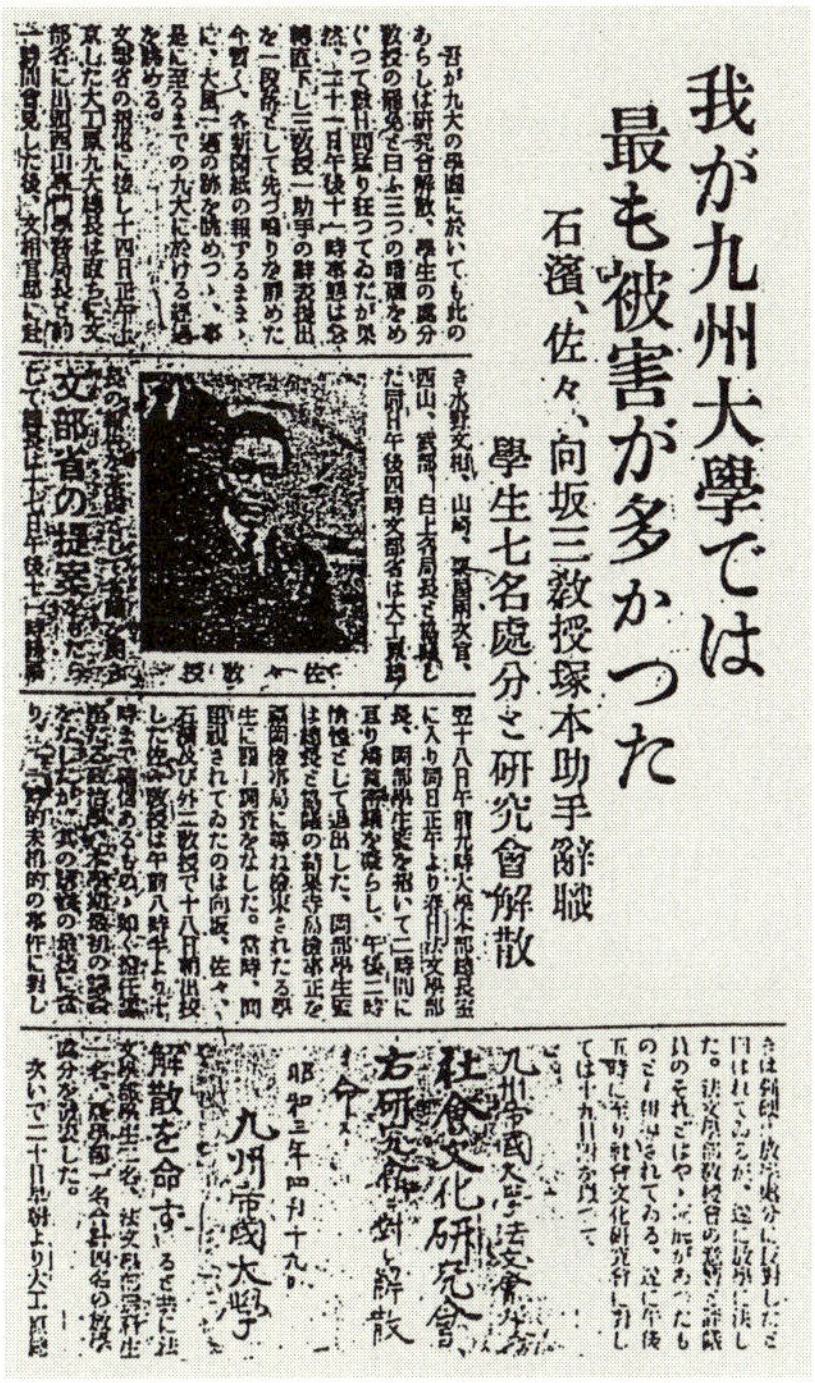
我が九州大學では
最も被害が多かつた
石濱、佐々、向坂三教授塚本助手辭職
學生七名處分さ研究會解散
文部省の提案
社會文化研究會
右研究會に對し
解散を命す
昭和三年四月十九日
九州帝國大學

学生処分と社会文化研究会の解散命令を報じる『九州大学新聞』（昭和3〔1928〕年4月24日付）

〈表3〉年次別学生事件・処分数

年次		1925	26	27	28	29	30	31
事件数	大学	9	5	6	18	55	87	193
	高校	1	1	5	28	26	54	98
	計	15	7	13	75	117	223	395
処分数	大学	−	23	9	77	80	227	278
	高校	4	−	3	140	166	428	456
	計	8	28	12	284	312	864	984

＊高桑末秀著『日本学生社会運動史』所収の別表「学生運動の全国的高揚」から作成した。ただし，検挙者数および起訴者数は省略した。
原書注　(1)文部省思想局の調査による。
(2)計の中には大学・高校の外専門学校・中学校および教職員関係の全左翼思想事件を含む。

なお、『社会運動情勢』によれば、「九州学連では一九二八年三月一高から九大法文学部に入学した岡田源二が村岡不二雄、岩下勝太郎、小島正平〔昌平〕、山内正樹らと共にその再組織を協議し、福高の村岡健太郎、小川和夫は福高社研を確立し、九州歯科医学専門学校をはじめ熊本、佐賀、鹿児島、大分等九州における高等学校・専門学校並びに山口県下の高等学校・専門学校と連絡をとって、機関紙『火花（イスクラ）』を発行した」となっている。実際に九大で組織再建の中心になって献身したのは、山内正樹、村岡不二雄らであった[6]が、山内は三・一五事件に関連して三月二〇日に諭旨退学になった。

一九二八年七月、福岡地方裁判所検事局は残りの活動家を治安維持法違反容疑で検挙したが、不起訴になった。ところが学校当局は、九大の村岡、岡田および福高の村岡、小川を退学処分にした。その後も残ったメンバーは秘密裡に活動を続けたが、二九年の四・一六の弾圧で中心人物の前田啓太、吉田法晴が検挙されたことにより、九州学連の組織的活動は終わった。しかし、そのたたかいの流れは、一九三一年の学生消費組合の設立運動を経て、三二年二月の全協事件（九大全協支持団一斉検挙）に続くのである。

V

治安維持法下の労農運動

1　九州評議会の成立

一九二五（大正一四）年三月、治安維持法が衆議院で可決成立し、四月に公布されると、かわって翌二六年四月には治安警察法改正（第一七条削除）、労働争議調停法、暴力行為など処罰に関する法律がそれぞれ公布された。

〝労働組合死刑法〟といわれた治安警察法第一七条の撤廃によって労働組合のストライキは合法性を獲得したが、治安維持法に加えて労働争議調停法や暴力行為など処罰に関する法律によって、労働運動、社会主義運動に対する弾圧体制は一層強化された。

こうした中で、一九二五年三月一五日から一七日まで開かれた日本労働組合総同盟（以下、総同盟）の「大正十四年度大会」では、前年からの左右対立による内紛が頂点に達し、ついに五月一六日、総同盟中央委員会は左派系二三組合を除名するにいたった。排除された左派系労働組合は五月二五日、戦闘的労働組合の最初の全国組織ともいうべき日本労働組合評議会（以下、評議会）を結成した。谷口善太郎著『日本労働組合評議会史』[1]（以下『評議会史』）によれば、評議会に参加したのは三二組合一二五〇五人、総同盟は三五組合一三一一〇人であったという。日本の労働組合組織はここに真っ二つに分裂してしまったのである。

総同盟九州連合会に加入していた五組合――九州鉄工組合、九州合同労働組合、九州ガラス工組合、九州鋳物工組合、福岡合同労働組合――の八五〇人は総同盟に留まった（『評議会史』）。しかし、同年一〇月以降、東邦電力争議で入獄していた藤井哲夫が出獄して九州連合会書記に入り、大塚了一が八幡に無産者新聞支局を作って活動するようになると、佐野学を講師にして秋期労働講座を開くなど、「総同盟に籍を置きながらその行動は全く評議会と同一であった」（『八幡製鉄所労働運動誌』）。

この間九州連合会は、労働者の間にとかくの噂（各所争議に際し労働者を売り物にするなど）があった執行委員長浅原健三を除名し[2]、九州民憲党からも離脱して、評議会と連絡をとりながら単一無産政党支持をうちだした。このため、総同盟中央委員会は一二月一日、「総同盟の統制を紊るもの」という理由で九州連合会に解体を命じ、九州鉄工組合、九州ガラス工組合を除名した。この日には単一無産政党として農民労働党が結成されたが、加藤高明内閣が三時間後に、治安警察法によってこの党の結社を禁止し、解散を命じた日でもあった。

解体と除名の通告を受けた九州連合会は、執行委員長鈴木留次をはじめ佐々木是延、藤井哲夫らが中心となり、九州連合会の結束を図って一二月一七日、除名反対の声明書を発表した。そして依然として総同盟九州連合会の名で、二六年三月の和白硝子争議（Ⅱ－２で既述）、四月の東京製鋼小倉工場争議、八月の旭硝子牧山工場主任排斥ストライキなどを指導した。ところが、東京製鋼小倉工場の争議では総同盟本部が争議切り崩しに回ったため、九州連合会の要求を容認するかにみえた会社側は急に硬化し、争議は一二名の解雇者を出して敗北するという事態が起こった。

ここに至って九州連合会は一〇月末、ついに総同盟を脱退して、独立した「労働組合九州連合会」となり、翌一九二七年二月に日本労働組合評議会に加盟して「日本労働組合評議会九州地方評議会」（以下、九州評議会）と改称した。

2　九水電鉄争議

共同戦線としての工場代表者会議

評議会は一九二七年五月、第三回全国大会を大阪天王寺公会堂で開催したが、加盟組合数五九、組合員数三万五〇八〇名（『評議会史』）で、総同盟を上回る発展を示していた。そしてこの大会では、「組織未組織あるいは所属組合のいかんにかかわらず、当面の具体的な経済的利害の一致によって各工場の代表者――正常的には工場委員会の代表者――によって永続的な共同戦線として」工場代表者会議を組織する方針を決定した。

また評議会中央部は、七月に「工場代表者会議運動に就て」という指令の中で「いわゆる『市民層』獲得に関する公式」を樹立した。これは一九二七年の小樽運輸労働者のゼネスト、四国塩田労働者の総罷業、川崎造船三〇〇〇名解雇問題に関する闘争などから得た、「勝利を得るためには、ストライキは市民と結合して、その強力なる援護をうけなければならぬ」という教訓から導き出された方針であった。

一九二七年三月一五日に始まった金融恐慌は、労働者を大量解雇、賃下げ、工場閉鎖などの激しい資本攻勢にさらすことになったが、評議会は前述の方針にもとづいて各地で工場代表者会議を開き、労働者の要求をまとめて「五法律獲得闘争」を全国的に組織していった。五法律とは、失業手当法、最低賃金法、八時間労働法、健康保険法の徹底的改正（「保険料は全額政府・会社で負担せよ」）、婦人青少年労働者保護法であった。

九州評議会は七月三一日午後一時から福岡市記念館で、工場代表者会議福岡県大会を開催した。『八幡製鉄所労働運動誌』はこの大会に対する、今からみれば信じられないような官憲の弾圧の様子を次のように記録している。

大会は代議員百五十名が出席し、鶴和夫が議長となり経過報告をなし、議事に入ろうとした処、臨官は経過報告書及議案の全部を押収したので議案を失った会議となり、殆ど議事らしい議事も出来ず午後六時頃となったので、代議員から緊急動議として「委員をあげて官憲の横暴に抗議せよ」と提案し、満場の拍手で動議が成立せんとするや解散を命ぜられ、約十名が検束されて此の大会は大弾圧の中に幕を閉じた。

再建されたばかりの日本共産党の指導下にあるとみられた九州評議会の運動は、当初から弾圧の嵐に遭遇することになったのであるが、上述のような評議会の方針のもとにたたかわれた福岡の労働争議の一つに、九州水力電気株式会社電鉄部[3]（以下、九水電鉄）乗務員争議がある。

九水電鉄争議の経過

一九二七年一一月八日から始まった九水電鉄争議については、『福岡日日新聞』が連日のように報道しているので、その記事をもとに争議の経過をまとめてみると次のようになる。

(a)　不満足な会社回答　福岡市渡辺通り九水会社電車（博軌・城南・姪ノ浜各線）乗務員の待遇改善要求に関し、従業員代表と会社代表者の会合は従業員の要求通り一〇日正午より会社会議室において行われた。会社側から永井管理部長以下数名、従業員側から各組より代表者一名宛都合一〇名出席。

嘆願条項のうち会社側は、

・築港荷扱所信号人に対し雨具を支給すること

・昇給に関しては最低八銭の金額を保し難いが、来る一二月一日昇給を発表する

の二項を認めたが、社宅建設、期末賞与、退職慰労金その他八項目については満足な回答を与えなかった。従業員側は同夜半の一時から某所で従業員全部連合集会を催し、将来の方針を決する模様。

従業員幹部の語るところでは、会社側の回答では到底従業員の生活上、勤務の安意〔ママ〕を得ることあたわざるところなれば、初志を貫徹するため改めて「要求」の形式で会社に迫り、もし容れられなければ、規則運転、事故なしデー、親切デーなどの名目で一種の怠業を行う形勢である（一一日朝刊）。

(b)　要求書の提出・のろのろ運転　一一日午前一時より渡辺通り車庫において従業員大会を開き、会社の回答には誠意がないとて、嘆願書を要求書の形式に改めて、会社の反省を促すため怠業の挙に出ることを決議して午前三時散会。一一日は午前八時、代表者で要求書を会社に提出し、午前八時から「事故なし週間」に倣って電車の速度をゆるめて運転したが、会社では外勤監督を乗り込ませて緩慢運転の緩和を図った。

従業員側は緩慢運転に先立って「福岡市民諸君並に労働者諸君に告ぐ」というビラを配り、緩慢運転を「私たちの切実なる嘆願を実行させる為めの行動」として一般の了解を求めた。なお要求に対する会社の回答を午後三時までに期限をきったので、多分午後三時までには再び労資の会見が行われるだろう（一一日夕刊）。

(c)　三カ条を追加要求　争議団代表と会社側の第二回会見は予定通り一一日午後三時半、会社会議室でおこなわれた。

争議団側からは要求一二項目に対する即答を要求したが、永井支配人は、自己一存では即答しかねるところであるから、会社重役、要路者と協議するためとして一二日午後五時まで延期を懇請し、争議団も賛成して午後六時半会見を終わった。

ちなみに争議団は昨午前一〇時要求提出に際し、

一、争議費用は会社で負担すること
一、争議に関し犠牲者を出さぬこと
一、四大節(4)は特別勤務日として倍額の日給を支給すること

の三カ条を要求項目に加えた。

争議団の用いた「事故なしデー」の怠業手段（のろのろ運転）は、一二日午前一時の終電車まで続いた（一二日朝刊）。

(d)　「親切デー」、「靴なしデー」の新戦術　争議団は一二日午前一時より車庫において全員の集会を開き、対会社会見委員より一一日午後の会見顛末を報告して散会した。

一二日は始業時間より予定の「親切デー」の名目で怠業を開始し、電車は随所に停車して乗客を乗せ、全く停留所なしの状態を呈し、博軌線においては八台の電車が連続して列車の形を呈し、運転時間不定で、はなはだしきは四五分間間隔で運転した例もあり、乗客通行人に奇異の感を懐かせた。

また要求事項にある靴代一カ月一円支給の条項の貫徹を期するため、「靴も帽子洋服と共に労働用具である」という主張から靴代を支給せずして靴以外の履物を禁じたのは不当だとして、午後二時二〇分の交替時間から「靴なしデー」なる変わった方法を並行し、車掌運転手の中には下駄や草履（ぞうり）ばきの者もあって乗客の目をそばだたせた（一二日夕刊）。

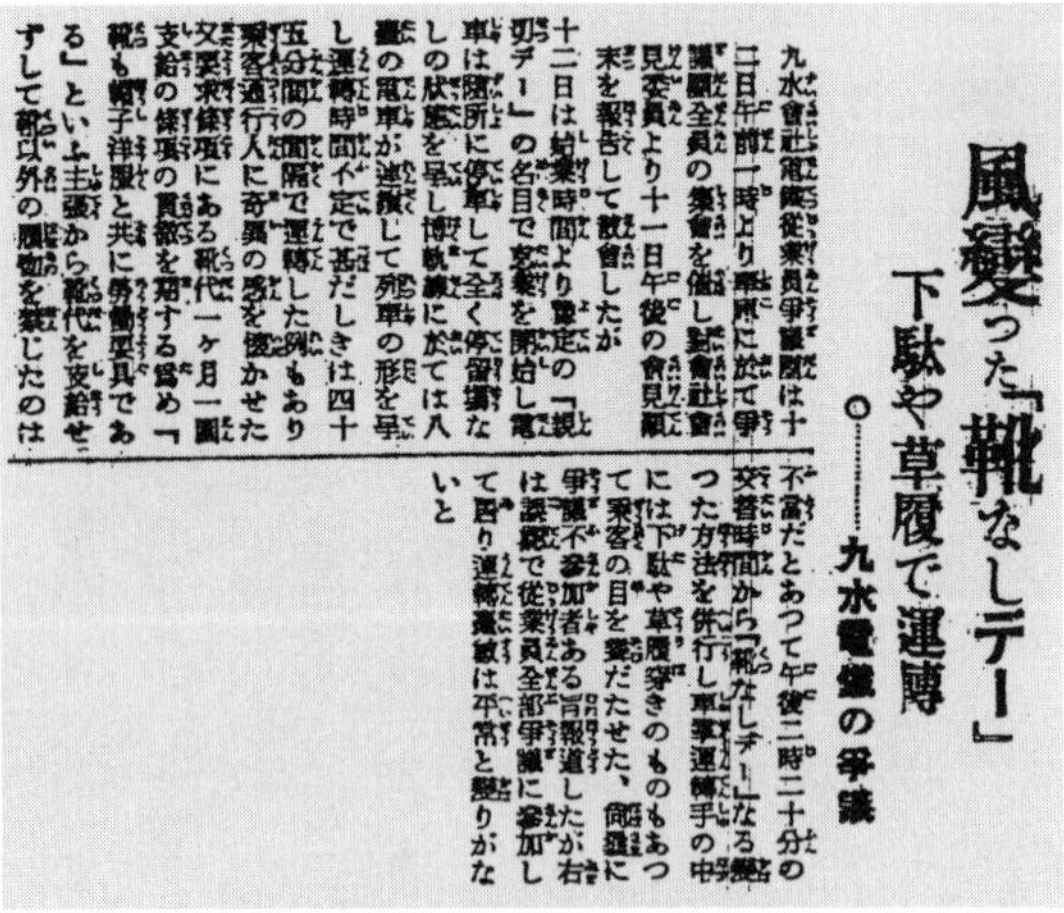
風變った「靴なしデー」　下駄や草履で運轉　○……九水電鐵の爭議

九水會社電鐵從業員爭議團は十二日午前一時より車庫に於て爭議團全員の集會を催し對會社會見委員より十一日午後の會見顛末を報告して散會したが十二日は始業時間より豫定の「親切デー」の名目で怠業を開始し電車は隨所に停車して全く停留所なしの狀態を呈し博軌線に於ては八臺の電車が連續して列車の形を呈し運轉時間不定で甚だしきは四十五分間の間隔で運轉した例もあり乘客通行人に奇異の感を懷かせた又要求條項にある靴代一ヶ月一圓支給の條項の貫徹を期する爲め「靴も帽子洋服と共に勞働用具である」といふ主張から靴代を支給せずして靴以外の履物を禁じたのは不當だとあつて午後二時二十分の交替時間から「靴なしデー」なる變つた方法を併行し車掌運轉手の中には下駄や草履穿きのものもあつて乘客の目を聳だたせた、尙爭議に爭議不參加者ある旨報道したが右は誤報で從業員全部爭議に參加して居り運轉系統は平常と變りがないと

九水電鉄争議を報じた『福岡日日新聞』（昭和２〔1927〕年11月13日付）

(e)　最後的回答　争議団から提出した要求書に対する回答は、一二日午後五時半、渡辺通り三丁目の九水会議室で永井管理部長から福島茂他委員数名の従業員代表に「この回答書が絶対的に最後のものである」として交付された。従業員側も一応受理することになり、午後七時、会見を終わった。一二項目の要求に対する回答は次の通りであった。

①期末賞与の件（一人頭平均一カ月分を支給する）

②退職慰労金の件（保留）

③昇給の件（平均して五％の割合で昇給せしむるが、その率は各人同率にあらず）
④社宅建設の件（拒絶）
⑤靴代として毎月一円支給せられたき事（拒絶）
⑥忌引の件（一等親(ママ)は七日、二等親は三日）
⑦公休制度の件（拒絶）
⑧善行賞の件（拒絶）
⑨病欠扶助料支給の件（保留）
⑩祝大節を特別勤務として給料倍額支給の件（承認）
⑪争議費用の会社分担の件（拒絶）
⑫犠牲者を出さぬ事（拒絶）

この回答に対し従業員側は、「この度の争議の原因は公休制度の改廃から端を発したもので、即ち以前は月三回の公休があったが現在では公休繰替えができないため平均一人当たり五円以上の減収になっている。それでその改良策を講じるため争議がおこったのに、会社は根本的には触れず、ただ皮相の解釈をしている。我々は必ず初志を貫徹するつもりだ」という趣旨の談話を発表して怠業を持続することにし、一三日午前一時、従業員大会を開催した（一三日朝刊）。

(f)　三〇分間罷業　争議団は一三日午前九時頃、同社会議室で永井部長らと会見し会社側回答にもとづき交渉を開始したが、結局要領を得なかったので、さらに木村重役に面会を求め、一四日正午最後の交渉をすることになった。木村重役と争議団との会見の際、二百数十名の従業員は会議室を包囲して交渉の結果を待ち受け、電車は博軌本線をはじめ城南吉塚各線とも全線にわたり約三〇分間一斉罷業をすることになった。そのため九水本社前は約三〇台の電車が延々長蛇の列をなして停車し一異観を呈したが、木村重役との会見が終わるとただちに運転を開始した（一四日朝刊）。

(g)　遂に一〇名検束　争議は時日の経過とともにますます深刻味を帯びてきて、ことに一三日夜の市民大会〔内容不明〕から形勢一層険悪となっていった。こうした情勢の下に中根以下争議団二〇名は、一四日正午から三たび会社側永井部長と会見することになった。

従業員側では正午少し前から続々渡辺通り五丁目本社前に集まり、午後零時半までには本社前に博軌内外線あわせて二六台、城南線一四台、空の電車は長蛇のごとく延々立ち往生して人目をひいていた。ところが、従業員代表福島茂以下一〇名は、会見直前になって福岡署に検挙された。そこで従業員側はさらに二〇名をあげて管理部長と会見、二百余の従業員は会議室を囲んで模様如何と案じていたが、会社側は「これ以上断じて譲歩できない」とあくまで強硬に主張し、会見一五分で決裂しそうな形勢になった。会議室前の一般従業員も管理部長の不誠意を罵り喧騒をきわめた。そこで部長は今井・木村両重役と密議して従業員代表と会見したが、まとまらずに終わった。従業員側では直接重役と会見することを要求して、四〇台の電車は一斉に運転を開始した（一四日夕刊）。

(h)　交渉決裂　従業員代表西山以下六名は、一四日午後一時半から九水重役室で今井・木村両重役および永井支配人と最後の会見をしたが、会社側は一歩も譲らず、従業員側からはさらに「犠牲者を出さざる事」について承認をもとめたが、会社側はそれも一蹴した。

こうして午後二時交渉は遂に決裂し、従業員側は憤慨して席を立って退出し一般従業員に報告した。

争議団の福島茂以下多数の幹部は全員、一三日夜から福岡署に検束されたまま一四日日没まで帰宅を許されず、幹部を総検束された争議団では多少戸惑いぎみである。

会社側はあくまで高圧的に出て、この際危険分子と目されている幹部二〇名を一斉に解雇する腹を決めて、すでに解雇辞令を準備している模様である。永井支配人は重役室で福岡署の福田高等主任、高木・百武両県特高係警部補と会見し何事か密議していたが、その後談話を発表して「市民に申し訳ない」と語った（一五日朝刊）。

(i)　幹部一七名を解雇　会社側ではこの際断乎として首謀者を解雇することを決意し、一五日朝、左記一七名の車掌運転手を二八日かぎりで解雇することを発表した。

福島茂、禿年光、石見利男、柴戸辰蔵、村田順、新幸四郎、広滝架裟雄、山内繁光、南義嗣、有住稔、長尾栄次、堀田勇、西山清、山口軍平、斎藤新太郎、瀬戸満雄、山下一郎

これらの被解雇者の大部分は福岡署へ検束されており、うち数名は今朝帰宅を許されたが、従業員一同も被解雇者に同情して反対運動を画策しており、一般にサボ気分横溢して博軌は内外線とも九台運転で緩慢な運転を続けている。

福岡県警察部当局では争議の悪化をおそれ、関係従業員以外の労働運動家の来援を特に厳重警戒している（一五日夕刊）。

(j)　留置所から解雇辞令を突き返す　十七名が解雇されたことから、従業員側は硬軟両派に分かれ、一五日午後一時から四時半までの従業員大会では、硬派は一五・一六両日罷業を断行してあくまで会社側とたたかうと主張したが、軟派はこれに対し不賛成を唱え、結局一五日の罷業は不履行に終わった。軟派は一五日午後三時から車庫内で協議し、平常通りの勤務につくことを決議した。

また争議団首脳の福島茂は解雇辞令を留置所で受け取り、同日午後五時半、会社糾弾の決議文とともに九水営業部宛につきかえしたが、他の被解雇者も同様つき返すらしい（一六日朝刊）。

(k)　争議解決　八日以来約一週間、「事故なしデー」、「親切デー」、「靴なしデー」など深刻な争議を続けていた九水会社電車乗務員側は、一五日、首謀者福島茂以下一六名の車掌運転手が解雇されてからは気勢とみにくじけ、かつ会社側の切り崩しも奏功し、結局従業員側は一三日の回答をもって満足し、一五日夜、会社に対し

「会社並に市民諸氏に御迷惑をかけて誠に済まなかった。今後誠心誠意を以て従業する」意味の一札を入れて、八日間にわたった交通労働争議は一六日をもって円満に解決を告げた。

福岡署に検束中だった福島茂以下一六名は、争議解決とともに一六日午後四時半帰宅を許されたが、福岡署では高等係数名に厳重監視させている。会社側でも変電所その他は警戒厳重にしている。

新聞は会社側・従業員側双方の談話を載せているが、従業員側の談話は次の通りである。

「長い間市民諸氏に対し御迷惑をかけて済みませんでした。吾々としては無理な要求ではないと信じますが、しかしこのまま争議を長引かせることは市民諸氏に一層御迷惑をかけることになるばかりなので、今度はそれで一先ず結末をつけることになりました。一七名の犠牲者には厚く敬意を表しますが、しかし問題が根本的に解決されない以上、会社としてはたとえ一応はここに結末となったとて将来永久に安心はできますまい」（一七日朝刊）

(1)　待遇改善に六千円　なお『福岡日日新聞』は一八日付記事で「九水博軌電車の争議も結局会社側の勝利となって終を告げた」としながらも、「争議の結果会社側で承認した車掌運転手の待遇改善に依って少なくとも年額五、六千円の営業費の増加をきたしたことはあきらかである」と記している。

3　九水電鉄労働者と三・一五

九水電鉄争議と評議会の方針

これまで九水電鉄争議を地元紙『福岡日日新聞』の記事をもとにその経過を追って明らかにしたが、前に述べた評議会第三回大会の方針と照らし合わせると、九水電鉄争議は評議会の指導のもとにたたかわれた争議であったことがわかる。

争議の発端は、一九二七年三月に始まった金融恐慌のもとでの、九水労働者の待遇改善要求に関する嘆願であった。一一月一〇日に会社側が出した回答はとうてい満足できるものではなかったので、従業員は嘆願書を要求書の形式にかえて怠業（サボタージュ）に入り本格的な争議が始まった。

しかし九水電鉄労働者が立ち上がった理由は、単に待遇改善の要求に対し会社が不満足な回答しか出さなかったから争議に入ったという単純なものではなかった。金融恐慌のもとで日本の労働者は大量解雇、賃下げ、労働強化の資本攻勢に対して各地で日常的要求を掲げてたたかったが、九水労働者においても日頃から会社の圧制に対しての不満が鬱積していた。こうした情況を物語るものとして、『無産者新聞』昭和二〔一九二七〕年一〇月二〇日付に載った「前哨から」というコラム欄の記事を紹介しよう。

九州水力電気株式会社で従業員の慰安会をやり、十月十日・十一日の両日三百人の職工を二手に分け、名島という所へ遠足に出掛けた。おでん、酒肴、福引等で従業員の日頃の不平不満を眠らそうとした迄はよかったが、興たけなわになった頃、平素から従業員を酷使した藤崎監督は従業員に袋叩きにされ、顔や手足がはれ上がってしまった。

それでも翌日の慰安会を止める訳にもいかず、巡査を用心棒に引っ張っていった。従業員が手ぐすね引いて待っているとも知らず、巡査先生御馳走酒に酔っぱらって従業員に喧嘩を吹っ掛け、用もないのに手帳を出して名前を聞いたりして得意になっている所へ、たちまち拳骨の雨が降り、眼鏡はこわれ、顔は血だらけという目に逢〔ママ〕ってほうほうの体で逃げ帰った。労働者にとっては闘争こそ慰安だったのだ。

この従業員慰安会の一カ月後に、九水電鉄の労働者は本格的な争議に決起したのである。だから九水労働者の結束は固かった。『福岡日日新聞』が一一月一二日付朝刊で、「『事故なしデー』の怠業手段は一二日午前一時の終電車まで続いたが、中に争議に参加せざる乗務員もあって通常通り運転を試み」云々という推測記事を載せながら、一二日夕刊では「さきに争議不参加者ある旨報道したが、右は誤認で従業員全部争議に参加しており」云々と訂正記事を出したことでもわかるように、おおかたの予想を裏切るほどの団結力を示したのである。

この時とった戦術は、規則運転（遵法闘争）、「事故なしデー」、「親切デー」など乗客サービスを徹底して乗客市民の共感を得るものであって、これはまさに評議会が打ち出した市民とともにたたかう新しい戦術の一環であったと言えよう。

こうした戦術が実際に市民の共感を得たことは、後のことになるが『福岡市史 第四巻 昭和前編下』（一九九六年）がこの九水電鉄の争議を取り上げて、『福岡日日新聞』の記事を採録しながら「それ〔九水電車スト〕は大衆にめいわくをかけるどころか、大衆の味方となって、停留所なし、乗客の希望の場所にどこにでも停めるという〝親切デー〟名目の作戦もあった。そして解決にあたっては、従業員は素直に市民に謝っているのである」と特記していることでも窺える。

九水労働者の不屈のたたかい

争議団幹部が福岡署に検束・留置されたまま一四日に交渉が決裂すると、会社側は一五日朝、一七名の車掌運転手を「争議首謀者」として解雇したことはすでに述べた。

解雇された者のうち堀田勇は、翌年の三・一五事件で検挙され控訴審で懲役三年の判決を受けたが、三・一五事件では堀田勇の他にも九水労働者が何人も検挙・取り調べを受けたのである。福岡における三・一五事件については、「藤井哲夫外三四名治安維持法違反被告事件予審調書」（既出『三・一五公判資料』）や「藤井哲夫外三九名治安維持法違反被告事件予審終結決定書」（『現代史資料⒃』〔みすず書房〕所収）などによってある程度知ることができるが、これらをもとに九水労働者と評議会や日本共産党との関係を探ってみよう（以下、カタカナ文の引用は「予審調書」や「予審終結決定書」からのもの）。

三・一五事件に連座して治安維持法違反で起訴され有罪判決を受けた九水労働者は、栗林渉・平川平（共に車掌）の二名であったが、九水争議で解雇された堀田勇（車掌）は三・一五事件当時、福岡合同労働組合の書記をしていた。

堀田、栗林、平川らは九水争議の前に、九水労働者の中に四〇名程の『無産者新聞』の読者をもち、無産者新聞読者会を組織していた。九水争議後一時会員が減ったが、二八年に入ると再び読者も増え、一〇日に一回位の割合で会合し、九州評議会から原登、堀田勇、山田健次らが来て講義をしたりした。読者会は三・一五直後解散したが、九水研究会と改称して密かに「マルクス主義ヤ共産党ヲ研究スルコト」、「九水内部ニ於ケル無産者新聞ノ事務ハ研究会員デ引キ受ケテ宣伝拡張ニ従事スルコト」などを決めていた。

この研究会には七、八人の九水労働者が集まり、九水争議で馘首された長尾栄次（車掌）も顔を出していた。しかしこれらの労働者も、三・一五以後三月から四月にかけて福岡署に検挙されて日本共産党との関係を取り調べられ、研究会も消滅してしまった。

前記「予審終結決定書」は、堀田、栗林、平川について「公判ニ付ス」理由を次のように上げている。

堀田勇は「福岡合同労働組合常任書記ニシテ、〔略〕昭和三年二月中耕人社ニ於テ愛甲勝矢ノ勧誘ニ依リ情ヲ知リテ日本共産党ニ加入シ〔略〕、数回福岡細胞会議ニ出席シ〔略〕、昭和二年十二月頃被告人栗林渉、平川平等ヲシテ九州水力電気株式会社経営ノ福岡市内電車従業員間ニ無産者新聞読者会ヲ組織セシメ、爾来（じらい）引続キ其ノ会合ニ出席シテ指導ノ任ニ当リ其ノ間共産主義精神ノ鼓吹（こぶ）ニ努メ、以テ日本共産党ノ目的達成ニ努力シ」。

栗林渉は「福岡合同労働組合員ニシテ、平川平ト共ニ九州水力電気株式会社経営ノ福岡市内電車従業員中ニ於ケル九州地方評議会系ノ闘士ナルトコロ〔略〕、堀田勇ノエージェントトシテ、昭和二年十二月頃九水従業員無産者新聞読者会ヲ組織シ、爾来引続キ共産主義ノ研究及ビ鼓吹ニ努メ居ル内、翌昭和三年二月上旬ヨリ三月上旬ニ亘リ日本共産党機関紙赤旗中央版各号及ビ九州版第一号ノ交付ヲ受ケテ閲読シ、同党ノ主義政策ヲ知リ之ニ共鳴シタル結果其ノ主義ノ宣伝実行ニ協力シテ、後日同党ニ加入セムト欲シ同会社ニ於テ赤旗各号ヲ平川平ニ交付シ、尚中央版第三号ヲ同会員山浦喜七郎、山崎勇、福島日出男等ニ閲読セシメ、其ノ他共産党ノ檄文ヲ平川ノ手ヲ経テ同会員中村代光、藤本次走ニ配布シ、其ノ後三月十五日ノ第一回検挙後数回平川等ト共ニ右読者会ヲ福岡市大字住吉字花園前田一太郎方ニ招集シ、同会員ヲ以テ新ニ研究会ヲ組織シ、堀田其ノ他被検挙闘士ノ後ヲ承ケテ共産主義ノ研究及ビ鼓吹、被検挙者ノ救護等ニ従事スベキコトヲ取極メ、只管（ひたすら）加入ヲ期待シタルモ未ダ目的ヲ遂ゲズ」。

平川平は「福岡合同労働組合員ニシテ、栗林渉ト共ニ九州水力電気株式会社電車従業員中ニ於ケル、九州地方評議会系ノ闘士ナルトコロ〔略〕、栗林ト共ニ九水従業員無産者新聞読者会ヲ組織シテ、共産主義ノ研究及ビ鼓吹ニ努メ居ル中、前記ノ如ク栗林ヨリ赤旗各号ノ配布ヲ受ケテ閲読シ、日本共産党ノ主義政策ヲ知リ之ニ共鳴シタル結果進ンデ同党ニ加入セムコトヲ企テ、同年二月中赤旗中央版第二号ヲ同会員前田一太郎ニ交付シ、尚栗林ノ旨ヲ受ケテ共産党ノ檄文ヲ中村代光、藤本次走等ニ配付シ、其ノ後三月十五日ノ第一回検挙後数回栗林ト共ニ右読者会ヲ前記前田一太郎方ニ招集シ、同会員ヲ以テ新ニ研究会ヲ組織シ、堀田其ノ他被検挙闘士ノ後ヲ承ケテ共産主義ノ研究及鼓吹、被検挙者ノ救護等ニ従事スベキコトヲ取極メ、只管加入ヲ期待シタルモ未ダ其ノ目的ヲ遂ゲズ」。

もちろん、権力側が拷問、脅し、懐柔などあらゆる手段を使って取り調べ、治安維持法違反で起訴するために作りあげた公判向けの文書であるから、どこまでが真実であるかはわからないが、三・一五弾圧の後も栗林、平川らが組織の立て直しを図って活動したことは窺うことができる。

栗林は三月三一日、平川は四月八日に検挙されたが、裁判の結果はいずれも懲役二年であった。

昭和初頭、九水電鉄の労働者もまた、会社側の攻撃や三・一五の弾圧によって一気に潰されてしまったわけではなく、繰り返し組織の再建を図り不屈にたたかった事実は福岡の歴史に刻まれなければなるまい。

前記栗林渉の項に名前を挙げられている福島日出男（車掌）は、福島茂の弟で、四月七日に弾圧反対のビラを福岡市内に貼り出して引致（いんち）取り調べを受けたが、その後三・一五犠牲者のための福岡地方救援委員会で活動し（Ⅲ－3(1)(2)に既述）、一九三六年の福博電車争議（後述）を前に、福岡地方合同労働組合福博電車分会を組織して争議の指導にあたった。

長尾栄次は、三・一五に関係して福岡署の取り調べを受けたが、その後行き先不明になったという。

九水争議で馘首された西山清（運転手）は、馘首後、労農党福岡県支部連合会常任執行委員になっていたところ、三・一五で検挙取り調べを受けたが不起訴になった。

九水争議の際争議団の代表となって会社側と交渉した福島茂（車掌）は、馘首された後、熊本で飲食店を始めていたので三・一五に連座することを免れた。

九水の労働団体は労働組合といわず「自助会」と言っていたが、会社側からも左翼的な労働者の組織と見られ、九水争議団の主体もこの「自助会」であったと思われる。

一九二七年の九水電鉄争議は、福岡地方史研究の中でもほとんど取り上げられずに来ているが、市民と直結した交通機関の労働者のたたかいとして、その戦術も含めてさらに詳細に掘り起こし、研究する必要がある。また、三・一五をはじめとする弾圧体制の下で、自覚的労働者がどうたたかいを続けたのかも、もっと明らかにする必要があるだろう。

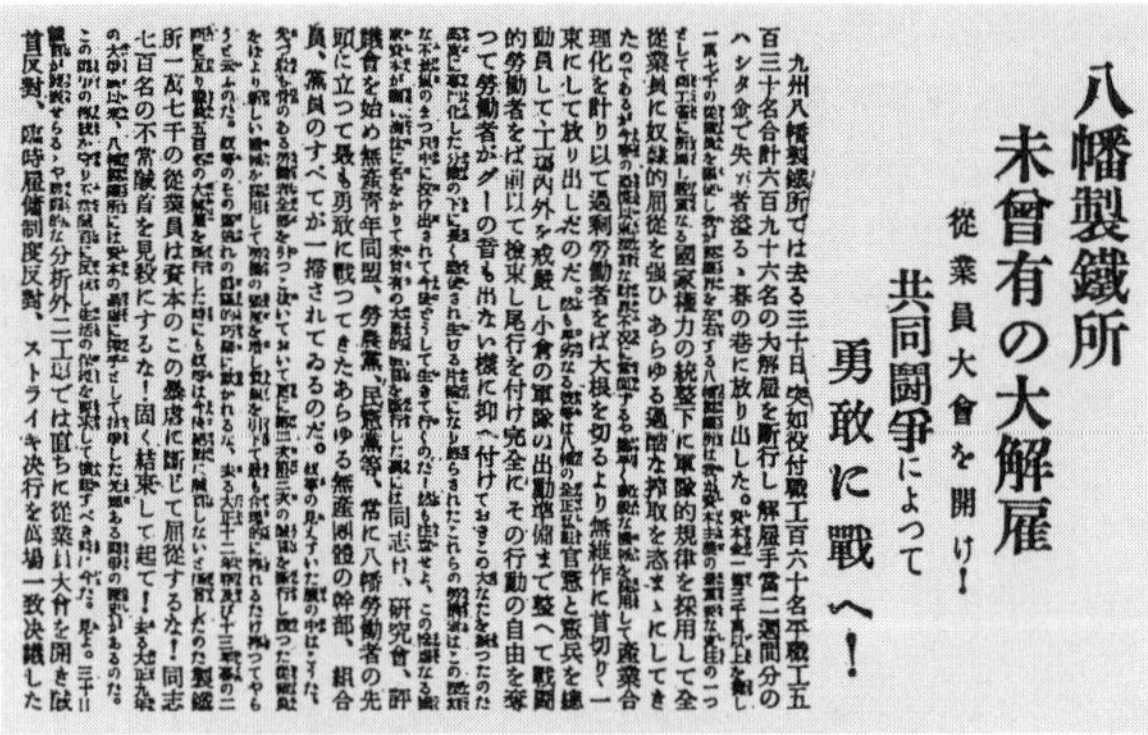

八幡製鐵所
未曾有の大解雇
從業員大會を開け！
共同闘爭によつて
勇敢に戰へ！

九州八幡製鐵所では去る三十日突如役付職工百六十名平職工五百三十名合計六百九十六名の大解雇を断行し解雇手當二週間分のハシタ金で失業者溢るゝ暮の巷に放り出した。[illegible]從業員に奴隷的屈従を強ひあらゆる過酷な搾取を恣まゝにしてきたのである。[illegible]産業合理化を計り以て過剰労働者をば大根を切るより無雑作に首切り、一束にして放り出しだのだ。[illegible]官憲と憲兵を總動員して、工場内外を戒嚴し小倉の軍隊の出動準備まで整へて戦闘的労働者をば前以て検束し尾行を付け完全にその行動の自由を奪つて労働者がグーの音も出ない様に抑へ付けておいて[illegible]同志會、研究會、評議會を始め無産青年同盟、労農黨、民衆黨等、常に八幡労働者の先頭に立つて最も勇敢に戦つてきたあらゆる無産團體の幹部、組合員、黨員のすべてが一掃されてゐるのだ。[illegible]所一萬七千の從業員は資本のこの暴虐に斷じて屈従するな！同志七百名の不常解首を見殺にするな！固く結束して起て！[illegible]首反對、臨時雇傭制度反對、ストライキ決行を満場一致決議した

八幡製鉄所700名の大解雇を報じる『無産者新聞』（昭和２〔1927〕年12月５日付）

4　福岡合同労働組合のたたかい

治安維持法反対！　戦争反対！　合理化反対！

三・一五弾圧に引き続いて、田中義一内閣は四月一〇日に、労働農民党、全日本無産青年同盟とともに日本労働組合評議会を治安警察法第八条によって解散させた。しかし、福岡の労働者は評議会の伝統をうけつぐ福岡合同労働組合を先頭に、「治安維持法改悪反対」、「対支（中国）侵略反対」、「帝国主義戦争の危機と戦え」などの政治的課題とともに、「馘首反対」、「労働条件改善」の要求を掲げたたたかいを止めることはなかった。

すでに八幡製鉄所では、一九二七年に突然、三八名の評議会員を含む七〇〇名の職工を整理解雇した。これに対して八幡製鉄所の労働団体の主流であった同志会と共同研究会は、「解雇手当て増額」、「爾後（じご）かかる解雇者は絶対に出さざる事」などいくつかの陳情をしただけでたたかわずに終わった。ところが二八年六月、またまた一二〇名の労働者を馘首した。『無産者新聞』（六月一七日付）は「戦争準備の合理化政策」であるとして、労働者に決起するよう呼びかけたが、ついに反対運動は起こらなかった。

同じ時期、三・一五弾圧で満身創痍の福岡合同労働組合は渾身の力をふりしぼって、資本攻勢と侵略戦争に反対してたたかった。

昭和三（一九二八）年七月五日付『無産者新聞』は、「暴圧裡の諸団体巡（めぐ）り」として「北九州の守本尊／福岡合同／評議会の伝統を守り／一路闘争へ」のレポートを載せ、次のように福岡合同労働組合を紹介している。

コン棒と白刃の閃く北九州の政治中心地福岡！　地名を聞いただけでも腕がむずむずする。福岡合同労働組合、水平社青年同盟、無産者新聞支局は一つに固まって共同事務所を持っている。(5)

先ず下の水平社の方の事務所に顔をだすと、燃ゆる焔の様なまっかな旗地に荊冠の中に鎌とハンマーを交えた連合会旗が目につく。『差別撤廃の自由』『一切の賤視差別を無くしろ』『連隊事件を即時無罪にしろ』のスローガンが壁一面に貼りつけてある。例の福岡連隊事件では八名の闘士を奪われたが、後から後から新しい闘士がでる。現在常任として和田、茨、下田、大野、西岡君等がある。

◇

階上には『評議会の伝統を守れ』『工場はわれらの城塞(とりで)だ』が一番目につく。共産党弾圧で同志数名を奪われた福岡合同は、他の旧評議会のドレにもひけを取らないで勇敢に再組織の闘争を進めている。今は鉄火の試練の真っ最中、ガラス工場で従業員大会を開き、『治維法（治安維持法）を撤廃しろ。労農党奪還。俺たちの指導者をかえせ！』とたたかい抜いた福岡合同の底力は資本家と警察の奴らをブルブルとふるわしたろう。

◇

無産者新聞の方は村田の健さんがガン張って四百名も読者を獲得してきた。支局は今全力をあげてコツコツと自己の階級的任務をつとめている。

労働組合の北九州連絡委員会が成立した。農民諸君の土地取り上げを機会に労農協議会が生まれた。機関紙として労農闘争ニュースを発行している。福岡の闘士はみんな勇敢と敏捷を誇る青年によってみちあふれている。

（無産者新聞福岡支局レポーター）

弾圧によって指導的幹部を奪われながらも、勇敢に革新の砦を守り続けている青年闘士の姿が彷彿とするレポートである。

三・一五弾圧後、福岡合同労働組合が再組織(6)される中で、最初に決起したのは、前記レポートにあるガラス工場の労働者であった。

福岡市住吉ガラス工場の労働者三十余名は六月一七日、工場内で従業員大会を開き、「馘首絶対反対、労働者にパンと仕事を与えよ」と絶叫し、「治安維持法改悪緊急勅令絶対反対！」を決議し、ただちに枢密院議長に抗議文を叩きつけた。ここでは六月三〇日にも五名を除く全労働者五〇名が炉を中心にして従業員大会を開き、「工場閉鎖絶対反対」、「健康保険掛金（資本家）全額負担」を決議して従業員委員会を組織した。もし工場閉鎖でもやれば労働者自身の手で管理するためであった。さらに、「労農党奪還」を決議し、内務大臣、行政裁判所に抗議文を送ったりもした。

一〇月三一日にはまたも従業員大会を開き、「大典休業中日給十割増し」の要求を提出すると同時に、従業員の名をもって全福岡の労働者に対し「大典公休要求」のビラを撒布したが、福岡合同労働組合もこの運動を積極的に支持することを決議したのである。

渡辺鉄工所は福岡市唯一の軍需品工場であったが、前年の一〇月から使っていた臨時雇四五名を「鼻クソ程の手当て」で解雇してしまった。解雇された職工は「相当の手当てを支給せよ」と会社に迫り争議を起こしたが、これを機会に五百余名の全従業員も待遇改善を叫んで立ち上がった。このたたかいの模様を六月一〇日付『無産者新聞』は次のように報じた。

「渡辺鉄工所は昨年九月から海軍省の命により佐世保、呉軍港の魚形水雷を盛んに製造している軍需品工場だ。政府が先に対支出兵を断行するや従業員中の戦闘分子は直ちに出兵反対、対支非干渉を叫び、ビラを撒布して全従業員に檄した。会社と官憲はひどく狼狽し、二名の労働者を四日間も不当検束した。会社は今度の争議が総罷業に拡大するのを恐れ、守衛、警官、憲兵、在郷軍人会の分会長等を動員して入り〔ママ〕替わり立ち替わり門の内外を厳重警戒している」

渡辺鉄工所の争議がどのような結末になったかは不明であるが、反戦平和（出兵反対、対支非干渉）の立場を明確にした軍需工場の労働者のたたかいが福岡にもあったということは特筆すべきことであろう。

原田製綿所の女工たちも三たび決起した。大正時代末の二度の争議に勝利した（Ⅱ－2）とはいえ部分的なもので、女工たちの過酷な労働条件は決して好転したわけではなかった。博多駅裏の原田製綿所では九月一一日の昼食中、突然、女工たちが福岡合同労働組合の指導のもとに食堂で従業員大会を開き、待遇改善の要求をまとめ工場主に提出、一二日には要求を貫徹した。

九月二二日付『労働農民新聞』の「婦人欄」は、このたたかいの様子を「争議に勝って女工大会」という記事にしている。

「あまりにもくやしくって、泣くにもなかれない思いでジット憤りを押えていた九州博多駅うらの原綿〔ママ〕工場の女工たち（約二百名）は、去十一日の昼休みに食堂で従業員大会を開いて決議し、工場主に対して嘆願書を差し出した。ところが工場主は何等考えて見ようともせず一言の下にハネつけてしまった。そこで全女工の憤起となり、十二日は再び従業員大会を開き、福岡合同労働の応援の下に嘆願書を要求書にかえて叩きつけ、強力に戦った結果、（一）残業の歩増し、（二）休業者及び早引者の給料は残工に年二回に分けて支給すること、（三）衛生設備の改善、（四）健康保険の改善、（五）利益配当を最低額五円とすること等を戦いとって勝利解決し、夜は松園公会堂で女工大会をやって組合婦人部を確立した」

この時の福岡合同労働組合のオルガナイザーは西田ハルと朝田登美であった（『社会運動情勢』）。

この争議に勝利した原田製綿所の女工たちの活動については、一〇月五日付『無産者新聞』が「ぜんざいで／支部員を犒（ねぎら）う／原田製綿所の女工さん」という見出しで次のような記事を載せている。

「先に争議三日で大勝利した原田製綿工場の女工さんたちは、〔九月〕一九日〔新党準備会福岡〕支部を訪い、折から共産党事件の調書複写に大汗の支部員をぜんざいで労をねぎらった」

原田製綿所の女工たちは自らの生活と権利を守るためにたたかっただけでなく、地域における革新運動の担い手でもあったのである。

古賀鉄工所では一人につき五円の解雇手当てで三名の労働者が馘首された。工場法も無視した会社のやり方に対し、全従業員は解雇反対を決議し、従業員代表は県庁にまで抗議した。(7)

この鉄工所では翌二九年の三月にも争議を起こし、全面的に勝利している。その模様は三月一五日付『無産者新聞』が次のように報じた。

「劣悪な徒弟制度に反抗してたった古賀鉄工場の全徒弟十二名は五日、十ケ条の歎願書を工場主につきつけたが、工場主が返事をせぬので要求書として出しすぐストライキに入った。福岡合同からは全市の金属工場への檄をとばし、争議団員からも訴え、青年同盟もニュースを発行、争議ニュースも発行され、六日は団員遠足して結束をますます固めたので、官憲も争議が他工場へひろがるのを恐れ、工場主も結束に恐れて七日の晩、とうとう要求条項の殆んど全部を戦いとって大勝利解決した」

なお、獲得した要求内容は、「定休日に徒弟のみの作業を禁ずること（止むを得ぬ時は代休させる）、作業に必要な服や履物をくれること、夜学を改善し又それに必要な道具を支給すること」など一一項目であった。

こうしたたたかいの連続の中で、福岡合同労働組合主催の福岡市労働者大会が一九二八年一一月三〇日、福岡市記念館で開催された。議長には住吉ガラス工場の茨与四郎がなり、「婦人労働者の夜業反対の件（提案者西田ハル）」、「健康保険資本家全額負担の件」、「大典日給全額並びに十割増支給の件」など数項目を可決した。

また、この大会では「新労農党準備会支持の件」が緊急動議として提出され、西田ハルが説明して満場一致で可決された。

なお、続いて行われた演説会では、出る弁士ことごとく中止を命じられ、検束者まで出たというから、この大会がどういう状況下でもたれたかがわかる。

この福岡合同労働組合の不屈のたたかいを襲ったのが、翌一九二九年四月一六日の日本共産党大弾圧（四・一六事件）であった。

5　全協の創立と四・一六

三・一五弾圧とそれに引き続く評議会の解散命令（四月一〇日）によって、多くの指導者を奪われ、労働者の全国的組織は解体させられたが、評議会傘下の労働組合の組織までが根こそぎ破壊されてしまったわけではなかった。逮捕拘禁を免れた革命的労働者が弾圧直後から組織の再建に取り組んだのは、福岡合同労働組合だけではなかった。七月頃には関東地方協議会をはじめ各地に地方労働組合協議会の結成がみられるようになったが、当局はこうした動きに対して相次ぐ弾圧解散命令で臨んだので、運動は半ば非合法とならざるを得なかった。

こうした労働組合の再組織を指導したのは地下にあった日本共産党だったが、市川正一がコミンテルン第六回大会から帰国してから一〇月に党中央が再建され、労働組合の全国組織の再建に取り組んだ。

一九二八年一二月には、結党を禁止された新党準備会の結成大会に参加した労働組合関係の代議員が集まって「日本労働組合全国協議会」（全協）が創立された。機関紙も評議会の『労働新聞』を受け継ぐことになった全協は、「半非合法状況とあいつぐ弾圧という困難な条件に抗して、階級的民主的な労働者の組織として、労働者の生活と権利の擁護、帝国主義戦争反対、民主主義の確立をめざす労働者のたたかいを積極的に組織して不屈の活動をつづけ」(犬丸義一・中村新太郎『物語日本労働運動史 下』新日本出版社、一九七七年〔以下『物語労働運動史』〕)ることになった。

福岡県下ではすでに一〇月に村田健児、堤重郎、阿部五郎らによって、北九州労働組合協議会組織準備委員会を八幡に設置していたが、福岡市では前田啓太、村岡健太郎、秋田五郎、辻公雄らが一二月一六日、福岡市簀子(すのこ)町で極秘裡に集まり、日本労働組合九州地方協議会を創立した。そしてその綱領では「一、帝国主義戦争反対ノ為メノ闘争　二、国際的及国内的労働組合統一ノ為メノ闘争　三、言論、出版、集会、結社ノ自由獲得ノ為メノ闘争其他十八項目」を決定した(『社会運動情勢』)という。まさに自由と民主主義、反戦平和のためにたたかう労働者の組織として再建されたのである。

しかしながら、全協が正式の創立大会を予定していた一九二九年の六月をまたずに全国一斉の大弾圧(四・一六弾圧)が加えられ、全協も日本共産党の外郭団体として治安維持法の対象とされるようになった。

福岡の全協運動と四・一六

一九二九年四月一六日、一道三府二四県で約七〇〇名が逮捕され、その後の波状検挙で逮捕者は四〇〇〇名に及んだとされるいわゆる四・一六共産党弾圧事件では、『福岡県警察史　昭和前編』(福岡県警察本部、一九八〇年)によれば、福岡県は福岡署、小倉署、飯塚署などが中心となって五七名を検挙し、パンフレット、檄文、テーゼ、機関紙など三百数十種類、約四五〇〇点の文書を押収した。この事件で起訴された者は全国で二六六名、うち福岡県は二〇名であった。また、この年中に起訴された者は全国で二六地方裁判所三三九名であったが、九州では福岡二〇名、熊本三名、佐賀、宮崎、鹿児島各一名で、福岡が群をぬいて多かった。起訴された福岡の二〇名中五名は予審免訴になり、公判に付されたのは辻公雄以下一五名だったが、三一歳の惣門小太郎を除くと他はすべて二〇歳台で、その平均年齢は二二歳という若さであった。

第一審判決は一九三〇年四月一〇日福岡地方裁判所で、いずれも治安維持法第一条に該当するものとして言い渡された。

有罪とされた一五名のうち、特に労働運動の再組織、全協運動との関わりについては、「治安維持法違反被告事件予審終結決定（前田啓太他一七〔ママ〕名、福岡地裁）」（『思想統制史資料　補巻』生活社、一九八一年）によれば次のようにいわれている。

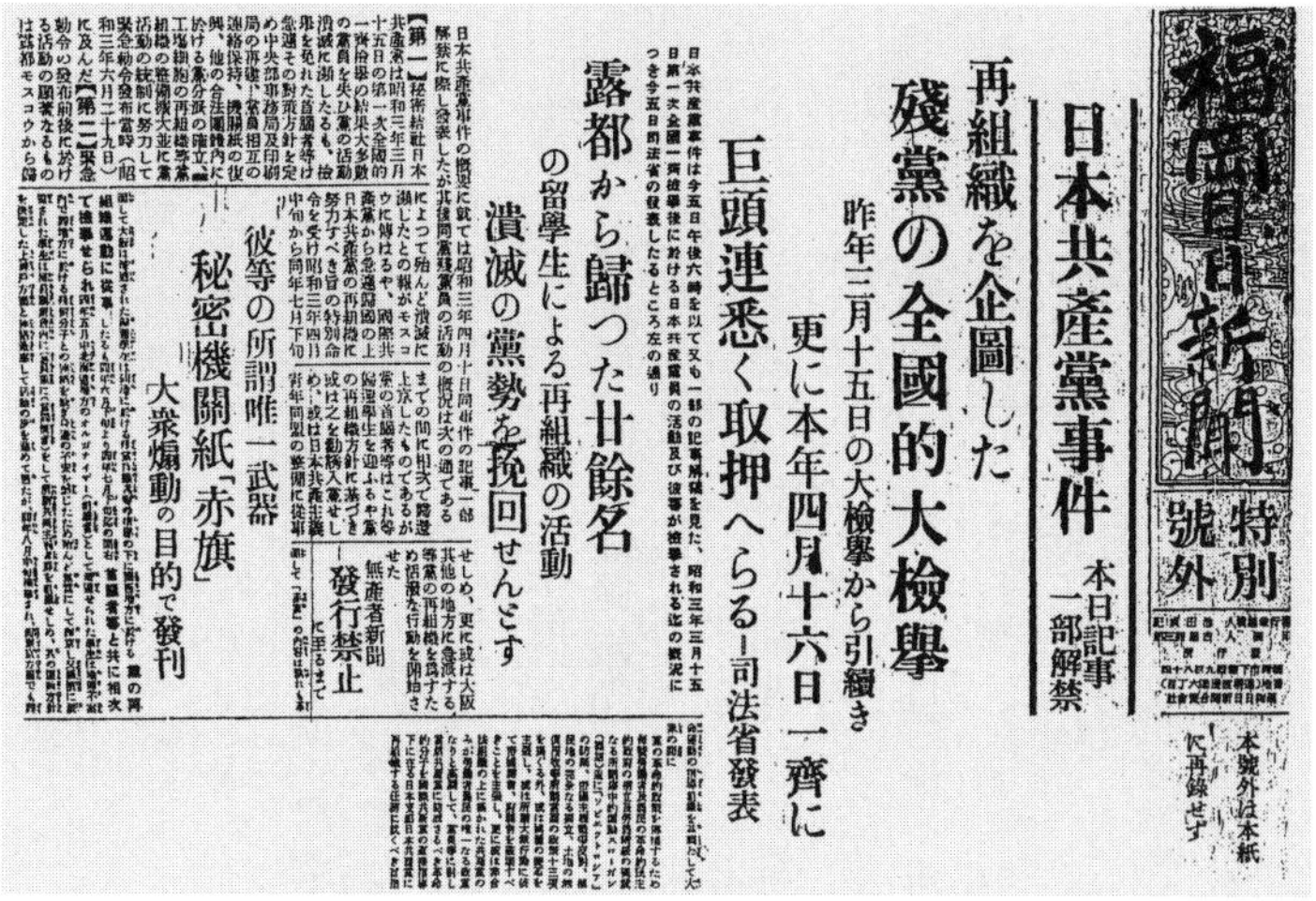
福岡日日新聞　特別號外

本號外は本紙に再錄せず

本日記事一部解禁

日本共産黨事件

再組織を企圖した殘黨の全國的大檢擧

昨年三月十五日の大檢擧から引續き更に本年四月十六日一齊に

巨頭連悉く取押へらる―司法省發表

露都から歸つた廿餘名の留學生による再組織の活動

潰滅の黨勢を挽回せんとす

無産者新聞發行禁止

彼等の所謂唯一武器

秘密機關紙「赤旗」

大衆煽動の目的で發刊

1929年11月５日の記事一部解禁にともない，4・16事件を報じる『福岡日日新聞』特別号外

前田啓太「九州歯科医学専門学校在学中渡辺信（所謂三、一五事件ノ被告人）等ト交リ予テ学生社会科学研究会ニ加盟シテマルキシズムノ研究ヲ為ス中、日本共産党ノ存在及同党カ前記ノ如キ目的ヲ有スル秘密結社ナルコトヲ知リテ之ニ共鳴シ、昭和三年三月下旬日本共産党検挙ノ際藤井哲夫（三、一五事件ノ被告人）ノ命ヲ受ケ福岡市ニ於テ検挙反抗〔ママ〕ノビラヲ撒布シ、其ノ為強制処分ニ依リテ一時拘束セラレタルモノナル処〔略〕、日本共産党ヲ九州ノ地ニ招来シテ其ノ拡大強化ヲ企図スルニハ須ク合法運動ノ形式ヲ藉リテ労農大衆ニ接触シ、以テ所謂党ノ大衆化ヲ図ルノ要アリト為シ、其ノ方法トシテ先ズ旧評議会系ノ労働組合ノ連絡ヲ計ッテ日本労働組合九州地方協議会ヲ確立スルト共ニ、九州ニ於ケル新党組織準備会支部ノ連絡協議会ヲ組織シ以テ之等ノ合法団体ニ働キカケザル可ラズト決議シ、右決議ニ基キ同年〔一九二八年〕十二月十六日辻公雄、村岡健太郎ト協力シテ長崎、北九州及福岡地方ニ於ケル旧評議会系労働組合ノ代表者ヲ福岡市簀子町小田部末三郎方ニ招集ノ上、日本労

働組合九州地方協議会ヲ組織シテ之等ノ労働組合ト連絡ヲ執リ〔略〕、政治的自由獲得労農同盟九州地方協議会ヲ組織シ、其ノ席上同協議会ノ行動方針トシテ労働者農民ノ政党ハ単リ日本共産党アルノミニシテ而カモ同党ノ指導ニ俟ツニアラザレバ労働者農民ノ解放ハ得テ期スベカラザルニ依リ、須ク目標工場及農村ニ該同盟ノ分派ヲ結成シ日本共産党ノ主義方針ノ下ニ工場代表者会議農村代表者会議ヲ開催セシメ、日常闘争ヲ通シテ労働者農民ヲ革命的意識ニ誘導シ、以テ大衆行動ニ依リ国家権力ヲ労働者農民ノ手ニ掌握セシメザルベカラズ〔略〕旨決議シ」

村岡健太郎「福岡高等学校在学中ヨリマルキシズムニ興味ヲ覚エ、村岡不二雄等ト共ニ九州ＦＳ（九州学連）ノ組織ヲ計画シ、其ノ機関紙トシテ火花ト称スル共産主義宣伝ノパンフレットヲ発行シ、昭和三年七月頃之ガ為遂ニ同校ヲ中途退学ノ余儀ナキニ至リシカ、其ノ間日本共産党ノ存在及同党ガ前記ノ如キ目的ヲ有スル秘密結社ナルコトヲ知リテ之ニ共鳴シ、〔略〕昭和三年十月中〔略〕前田啓太、辻公雄及秋田五郎ト〔略〕日本共産党ノ支持拡大ヲ目的トスル秘密グループ日本共産党九州地方支持委員会ヲ組織シ〔略〕、同年十二月十六日前田啓太、辻公雄ヲシテ日本労働組合九州地方協議会ヲ確立セシメ、更ニ同月末頃政治的自由獲得労農同盟九州地方協議会ヲ組織セシメ、以テ日本共産党ノ支持拡大ニ資スル為大衆接触ノ方法ヲ講ジ」

辻公雄「千葉医科大学薬学専門部在学中社会科学ニ関スル研究グループヲ作リ、マルキシズムノ研究ニ没頭スル傍、校外ニ出テ矯激ノ言辞ヲ弄シ居タル為、遂ニ昭和三年九月三十日諭示（ママ）退学ノ処分ヲ受ケシガ、予テ日本共産党ノ存在及同党ガ前記ノ如キ目的ヲ有スル秘密結社ナルコトヲ知リテ之ニ共鳴シ〔略〕、同年十二月十六日前田啓太ト共ニ日本労働組合九州地方協議会ヲ組織シ」

村岡不二雄「九大法文学部在学中村岡健太郎ト九州ＦＳ（九州学連）ノ組織ヲ企テ、機関紙火花ト題スルパンフレットヲ発行シテ、マルキシズムヲ実際運動ニ結ビ付ケントセシコトヨリ、遂ニ放学処分ヲ受ケ且所謂三、一五事件ノ被告人永村徳次郎ヲ蔵匿セシ為罪ニ問ワレシモノニシテ、夙ニ日本共産党ノ存在及同党ガ前記ノ如キ目的ヲ有スル秘密結社ナルコトヲ知リテ之ニ共鳴シ〔略〕、昭和四年一月上旬頃北九州合同労働組合ノ集会ニ赴ク途中、戸畑市牧山峠ニ於テ桝添勇ニ対シ日本共産党ノ支持拡大ヲ目的トスル秘密グループ同党九州地方組織準備会ノ存在並其ノ内容ヲ告ゲテ之ニ加盟ヲ勧誘シ」

その他、阿部五郎は「党員徳田球一ノ選挙運動ヲ応援シテ以来左翼運動ニ身ヲ投ジ、旧評議会系ヲ標榜シテ北九州合同労働組合ヲ組織スル等所謂三、一五事件以来北九州ニ於ケル労働運動ノ指導者トナリ」。山口撃は「旧評議会系ノ北九州合同労働組合員ニシテ予テ村岡健太郎、辻公雄等ト交遊シ、其ノ稼働先ナル戸畑市旭硝子牧山工場職工間ニ無産者新聞ヲ配付スル等左翼運動ニ携ワ」った。河野静子、西田ハル、朝田登美が全協系福岡合同労働組合の活動家であったことは前節（4　福岡合同労働組合のたたかい）で明らかにした通りである。

四・一六事件で公判に付された一五名のうち、以上が直接全協運動に関わった被告人であった。「予審終結決定書」では、被告人を治安維持法違反で有罪にするため、前田らが日本共産党の拡大強化のため（「目的遂行」）労働組合の再建・再組織をしたかのように描いているが、事実は逆で、日本共産党の指導援助のもとに旧評議会系の先進的労働者が労働組合の再建（全協運動）に精力的に取り組んでいたのである。公判に付された理由は、全員いずれも「日本共産党ノ目的遂行ノ為ニスル行為ヲ為シ」たというものであった。

「日本共産党ノ目的」について「予審終結決定書」は、「日本共産党ハ〔略〕我国家成立ノ大本タル立憲君主制ヲ廃止シ、私有財産制度ヲ否認シ、無産階級ノ独裁ニ依ル共産社会ノ実現ヲ目的トスル」ものであるとし、これが治安維持法第一条第一項の「国体ヲ変革スルコトヲ目的トシテ結社ヲ組織シ」の目的に相当するというのである。判決は、懲役五年＝前田啓太・辻公雄・中島芳喜、同四年＝村岡健太郎、同三年＝村岡不二雄、同二年六カ月＝西田ハル・山口撃・村田賢吉・吉田法晴、同二〜一年・いずれも執行猶予＝河野静子・阿部五郎・朝田登美・桝添勇・茨金次郎・惣門小太郎であった。

6　各地に渦巻く戦争反対の叫び

全協の創立から四・一六事件までの全協の主な活動として、前出『物語労働運動史』は以下のことを挙げている。

一九二八年一二月末のフランス改良主義組合指導者アルベール・トーマ来日排撃運動[8]。労農党解散、新党準備会禁止に対する「政治的自由獲得労農同盟」の組織化。一九二九年は、カール、ローザ記念日（一月一五日）、建国祭撲滅デー（二月一一日）などのカンパニア。議会即時解散、治安維持法撤廃、暴圧反対、団結権・罷業権要求の全国的スト・デモの呼びかけ。朝鮮元山の朝鮮労働者のゼネスト支援[9]。地方議員選挙。山宣（山本宣治）・渡政労農葬準備闘争。横浜市電、横浜ドック、東京モスリン争議応援。

福岡における全協の組織も、ほとんどの指導的幹部を奪われ壊滅的打撃を受けたが、それでも全国と同じように不死鳥のようによみがえり、差し迫った帝国主義的侵略戦争に反対して不屈のたたかいを続けた。

兵役短縮のたたかい（『無産者新聞』昭和四（一九二九）年一月一五日付）

福岡地方では〔一月〕四日より十日まで「兵役短縮週間」として福岡地方労農青年評議会準備会と福岡合同青年部確立準備会との共同のもとに、各工場、農村はもちろん入営者の家庭にむけて兵短のビラがまかれた。また福岡連隊営門近くにある入営者合宿所には、青年闘士山口君によって「入営者心得書」と書いた包み物を市役所の小使の名でとどけられた。そして宿屋の女中さんの無意識的な応援によって、入営者ひとりのこらずに、真の意味における「入営者心得書」兵短のアジビラが手渡しされた。裏をかかれて口惜しがった福岡署員は早速福岡合同の事務所を襲って福島君を検束していった。

福岡のカール、ローザの日（『無産者新聞』二月二五日付）

福岡のカール、ローザ記念会は、新青年同盟準備会および労働組合青年部の主催で労働組合ナップの約三十名が集まって行われた。カール、ローザの虐殺と渡政（わたまさ）の追憶について語り、帝国主義戦争切迫を討論し、今後大衆的な規模において反戦運動を起こすことを誓った。会が終わると同時に共産党被告の収容されている土手町の刑務所にむかって示威運動をやり、赤旗の歌を高唱した。高い壁の外から××党万歳を叫ぶと内にいる藤井をはじめ三十名の同志も同じく万歳を叫び、拍手の嵐を巻き起こしてお互いに闘争を誓い、一名の検挙者も無しに引き上げた。

記事中、「……準備会」というのが出てくるが、これは三・一五の弾圧で破壊された組織の再建を準備しながら、同時に具体的な実践活動に乗り出したことを物語っている。以上は四・一六事件以前におけるたたかいの例であるが、『無産者新聞』は四・一六弾圧以後も労働者の生活を守り、戦争準備に反対する報道姿勢を変えなかった。

一名解雇から福岡印刷罷業（『無産者新聞』五月二一日付）

福岡市福岡印刷株式会社の職工一名解雇され会社が従業員の復職嘆願書を拒絶したのにたいして、印刷工全部男女四十名は五日夜業終了後、婦女工少年工の夜業撤廃、最低賃金制、婦女生理公休三日、解雇手当て制定、政党加入自由等々十六ケ条を要求して一斉罷業を開始して戦っている。

八幡製鉄所内で戦争準備に反対しろ（『無産者新聞』五月二六日付）

五月十二日八幡製鉄所内で九州、中国、四国の全師団の参謀演習が行われた。これはサヴェート同盟〔ソ連〕乃至アメリカ帝国主義と戦争開始の場合、いかにして日本内地の要塞を守るか、航空機の襲来をどう防ぐかを研究したもので、奴らは戦時における労働者や農民その他一般小市民をどうゴマ化し、動員するかまで詳細に討議し、かくて着々爪をみがいているのだ。さらに今度の演習を基礎として来春大々的に防空演習を実行するという。日本帝国主義者のこの公然たる、しかも万能的な戦争準備をみろ！

民衆×殺の戦争準備絶対反対だ！

いたるところで防空演習／益々拡大する戦争準備（『無産者新聞』七月五日付）

最近の戦争の決定的力は軍艦と航空機だが、なかんずく空中からの偵察、攻撃、爆弾投下は最有力な武器だ。だからこそこの頃はいたるところで防空演習だ。去年の夏は大阪で大規模な防空演習をやった。日本帝国主義者は、今度また京阪神の国家総動員演習にさいしてもさかんに敵機襲来の想定のもとに実戦の準備をやっている。

さらに去月三十日から七月六日までは北九州で防空演習をやるし、同じく七月初旬には名古屋で実弾をつかって防空演習をやろうとしている。かくも公然たる戦争準備は、みんな労働者農民の汗と血のかたまりを税金としてしぼりあげた巨額の金を煙にしてやらかすことだ。労働者農民の生命を犠牲にし、「お国のためだ」とゴマ化す新帝国主義戦争の準備だ。これにたいして北九州の労働者は早くも演習反対闘争の準備中である。

中国に対する全面的侵略戦争（一九三一年・満州事変）を控え、治安維持法下の言論統制はますます厳しくなり、新聞、雑誌、ラジオなどのマスメディアが権力側に屈伏してしまった時期、唯一労働者・農民の先進的な活動＝反戦平和のたたかいを伝えようとしたのは、非合法の日本共産党機関紙『赤旗』であり、一応合法機関紙といわれた『無産者新聞』であった。しかし『無産者新聞』も発禁に次ぐ発禁で、一般の人々の目に触れることはほとんどなかった。例えば一九二八年は七六回発行して三八回発禁になり、二九年は四二回発行して、八月二〇日最終号まで四一回発禁になった。戦前の日本人民は、反戦平和、生活と民主主義擁護のためにたたかわなかったのではなくて、たたかいの真実と実相を権力とマスコミによって抹殺されたのである。

7　福岡全協事件

全協福岡支部協議会の結成

四・一六弾圧で壊滅的打撃を受けた福岡の全協組織が再建の緒についたのは、東京で全協金属（日本金属）東京支部江東地区オルグとして活動していた山田竹次郎（当時二一歳）が福岡に帰って、一九三一年二月頃から山崎明治郎や遊上（ゆがみ）孝一と連絡を取り合ってからであった。山田竹次郎は福岡市御笠町の出身であったが、四・一六事件の追及を逃れて一九三〇年頃上京し、全協金属のオルグとして活動中、「向島ヲ朝早ク歩イテ居タ際警察官カラ不審尋問ヲ受ケ、所持品中ニ戦旗二冊アッタノヲ発見サレテ向島署ニ二九日間拘留サレ」（二・二四治安維持法違反事件予審調書）、結局父親に連れられて、その年の一一月に福岡に帰ってきたのである。

一九三一年二月に山崎や遊上が検挙されると、さらに山田は中村元次郎、城島覚（きじまさとる）や笹倉栄（のちスパイ）と相談して、主要工場に全協支部を組織するために運動を続けた。対象になったのは斎藤鉄工所、原田製綿所、渡辺鉄工所、博多コースターなどの工場の労働者で、機関紙の読者として組織していった。

八月になると全協本部から山内秀雄がオルグとして来福し、同月上旬には全協福岡支部協議会が結成された。協議会を構成する支部としては金属（キャップ山田竹次郎）、繊維（同古藤龍介）、出版（同高口鉄雄）の各支部が確立し、準備支部として一般、食料、電気が将来の支部確立を図ることになった。

大牟田では一〇月には全協大牟田支部協議会の確立が準備されたが、一〇月八日の大牟田全協一斉検挙にあって、田尻豊、桑原録郎（ろくろう）などの活動家が検挙されたため組織は完全に破壊された。

こうした中で、九月に始まった八幡製鉄所大量馘首反対闘争を県下全協の全組織をあげてたたかい、一県一産別支部の方針のもとに、ついに一二月二七日、若松市で全協福岡県支部協議会の結成をみたのである。

一九三一年は満州事変（九月一八日、柳条湖事件）が起こった年で、日本帝国主義によるいわゆる〃一五年戦争〃の始まりであった。一九二九年に始まった大恐慌下の首切り、賃下げの嵐は日本国民に深刻な影響を及ぼし、階級闘争はますます激化していった。一九三一年の労働争議は二五〇〇件（そのうちストライキは一〇〇〇件）に迫り、戦前では最高の高まりを示した。同時にこうした情勢を革命的情勢と見誤った日本共産党中央の田中清玄や佐野博は極左的な冒険主義に走り、権力側に弾圧の口実を与えることになった。

一九三一年の弾圧事件

福岡県では五月に首切り・賃下げに反対する筑豊炭田の大争議が起こり（後述）、一二月には八幡製鉄所首切り反対闘争が起こったが、この間、共産党や全協に対する弾圧は間断なく続けられ、熾烈を極めた。

二月無青弾圧事件　二月六日の一斉検挙では無青福佐（福岡・佐賀）支局が襲われた。「無青」とは日本共産主義青年同盟の機関紙『無産青年』のことで、主に全協の青年活動家によって配布されていた。

起訴されたのは次の五名であった。宮崎吉武（無青福佐支局責任者、全協繊維支部、九大法二年）、槌尾鶴一（無青福佐支局学生班責任者、全協繊維支部、九歯専三年）、遊上孝一（無青福佐支局工場班責任者、元五高SS〔社会科学研究会〕、九大法二年）、長沢安次郎（第二無新[10]福岡支局責任者、無青配布、全協博軌分会、元福岡合同労働組合）、中田栄（無青福佐支局九大班責任者、九大SS、九大法卒）。

『九州大学七十五年史　史料編　上巻』（一九八九年）所収の「思想調査資料」によれば、一九三〇年四月、九大法文学部学生宮崎は、遊上および九州歯科医専学生槌尾とともに福岡市住吉宮崎方に中心指導部を組織し、無青福岡支局（のち福佐支局）を設けて『無青』の受配をし、九大読者会を中心に配布網を確立した。また、学外運動では全協系労働組合を支持援助し、『無青』配布は久留米方面にも達した。さらに、全協系日本繊維労働組合福佐支部を設けてその機関紙『福佐繊維』、『赤イ足袋』を発行し、全協機関紙『労働新聞』、『繊維労働』などとともに配布するというように活動を拡大していったという。

なお『福岡日日新聞』昭和七（一九三二）年四月一二日付（同月一一日、一年二カ月ぶりに記事解禁）では、長沢らが「九州歯科医専を中心地盤として『第二無新』の配布網を確立し」、ラミー工場、福岡電気学校、佐賀市戸上電機工場および佐賀高等学校方面に働きかけた事実を伝えている。

福岡地方裁判所判決（一九三二年一一月二二日）は槌尾懲役三年、遊上懲役二年六カ月、長沢懲役二年、中田懲役二年六カ月（宮崎は逃亡のため分離〔三二年、東京で検挙〕）であった。

一〇月大牟田全協事件　一〇月八日には大牟田全協事件で二八名（『特高月報』一九三一年一〇月分）が検挙された。この一斉検挙は一〇月九日付の『福岡日日新聞』が報じているように、「来る陸軍特別大演習に数千万〔ママ〕のアジビラを撒布すべく計画を着々進めつつあった」全協系の「組織活動」に対する弾圧であった。この結果、全協大牟田支部の田尻豊、山口高徳、石田豊、山崎斉（ひとし）、雪野政行、桑原録郎らが治安維持法違反で起訴された。

この時の「陸軍特別大演習」について『第二無産者新聞』（一一月七日付）は、「九州で天皇軍閥の大デモ／労働者農民の血税を使って大演習」という見出しで、次のようにその本質を暴露し、演習反対を呼びかけた。

中国ソヴェート[11]及び赤軍への攻撃を実行し、中国本土への進出の機会をねらっている日本帝国主義は、天皇及び軍部総動員の下に十一月中旬から支那の対岸九州地方熊本を中心として大演習を行う。そのために九州地方、殊に大牟田と熊本等には左翼労働者農民の検挙が行われている。この大演習は、中国及びソヴェート同盟攻撃及び国内労働者農民への弾圧の軍部を中心とする帝国主義戦争大示威運動である。これらの大示威運動の費用は悉く労働者農民から搾ったものだ。不作でわらびをとって食っている農民は放っておいて、戦争のために数万円を大砲の弾丸の煙にすることには反対だ。これによって空費される数万円を失業者農民の救済に向けよ。

帝国主義戦争のための費用支出反対。

ソヴェート同盟及び中国ソヴェート攻撃戦争反対だ。

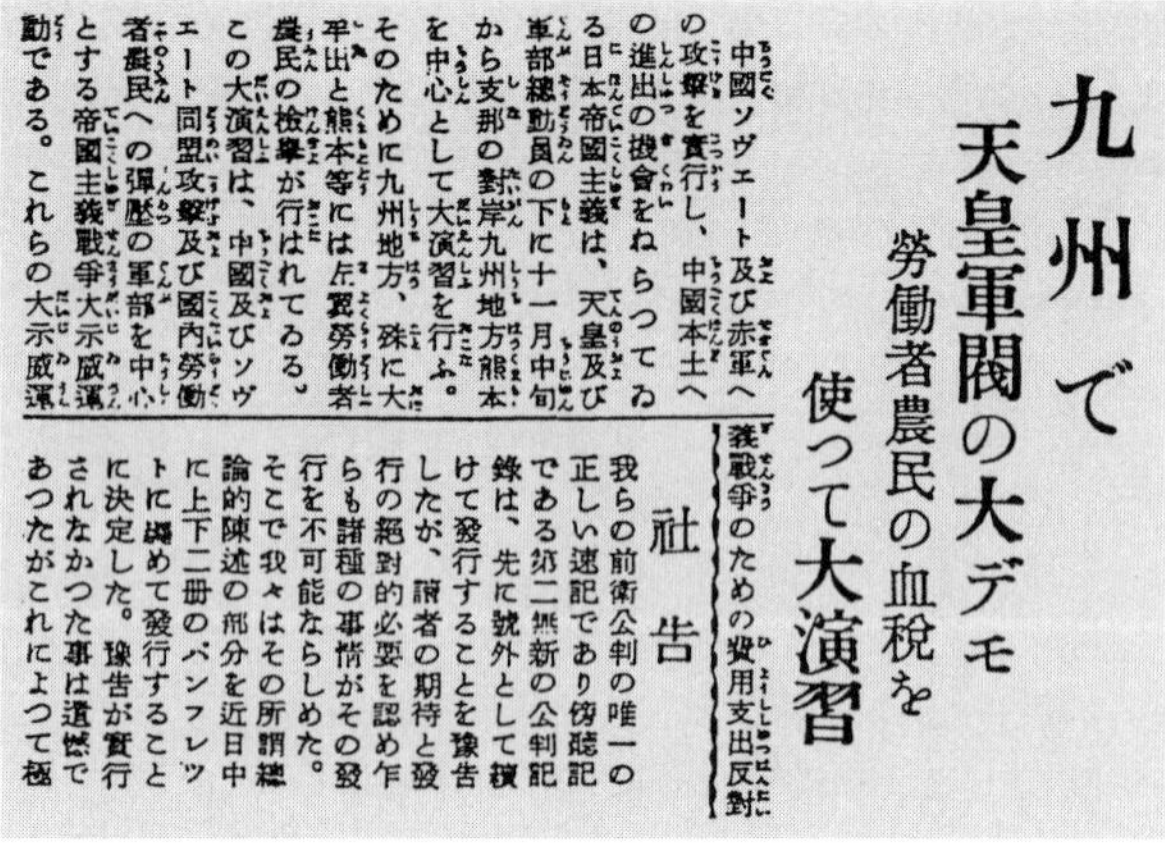

九州で
天皇軍閥の大デモ
勞働者農民の血税を
使つて大演習

中國ソヴエート及び赤軍への攻撃を實行し、中國本土への進出の機會をねらつてゐる日本帝國主義は、天皇及び軍部總動員の下に十一月中旬から支那の對岸九州地方熊本を中心として大演習を行ふ。そのために九州地方、殊に大牟田と熊本等には左翼勞働者農民の檢擧が行はれてゐる。この大演習は、中國及びソヴエート同盟攻撃及び國內勞働者農民への彈壓の軍部を中心とする帝國主義戰爭大示威運動である。これらの大示威運

……義戰爭のための費用支出反對

社告

我らの前衛公判の唯一の正しい速記であり傍聴記である第二無新の公判記録は、先に號外として續けて發行することを豫告したが、讀者の期待と發行の絕對的必要を認め乍らも諸種の事情がその發行を不可能ならしめた。そこで我々はその所謂總論的陳述の部分を近日中に上下二冊のパンフレットに纏めて發行することに決定した。豫告が實行されなかつた事は遺憾であつたがこれによつて極

「陸軍特別大演習反対」を呼びかける『第二無産者新聞』(昭和6〔1931〕年11月7日付)

実際に一一月一二日から大演習が始まると、『第二無産者新聞』はさらに一一月一五日付で「熊本地方の暴圧／大演習始まる」と題して次のように訴えた。

既報の如く、大演習は十二日から熊本県下で行われ、既に軍部を始め天皇も出かけて行ったが、殊に最近全協一般、労働、交運等の指導下に組織運動を進めていた熊本市の戦闘的分子百余名は、十月二十七日早朝、検事局の指揮する数百の警官隊に一斉襲撃され、『不穏計画』の名で十四名の者は強制執行で刑務所へ収容されて了った。支配階級は此検挙を秘密にしているが、熊本地方の同志達は帝国主義戦争の大示威運動である大演習の陰謀と戦うため、当日を期して全地方のゼネ・ストの計画を進めていたとのことだ。

熊本地方の同志に加えられた暴圧抗議の闘争を起して、大演習の陰謀と闘え。

こうしたことは『特高月報』などの権力側の記録にも残っていない。戦争遂行の妨げになるような民衆の動きや弾圧の実態は、一切を国民の目から覆い隠し、マスコミを挙げて戦意高揚だけを煽ったのである。

一二月筑豊全協事件　一九三一年の福岡県における最後の全協事件は、一二月一日に一斉検挙された筑豊全協事件である。これは全協鉱山労働筑豊支部結成の運動をしていた山内秀雄、永露文一郎、小鶴利明、尹小述（いんしょうじゅつ）らをはじめ四二名が検挙され、そのうち上記四名が翌年早々起訴された事件である。

「この頃、筑豊炭田争議のなかで製鉄二瀬炭鉱高尾坑の、世にいう『もぐら』闘争を非合法に指導していた全協、日本礦山労働組合準備会筑豊支部の活動家、小鶴利秋、永露文一郎たちと知り合いになり、思想的啓発をうけるようになりました。これらのたたかいの指導には全協オルグ山内秀雄があたり、日礦筑豊支部の確立に全力をあげていました」。この事件で検挙された当時二〇歳だった天野竹雄はこう語っている（日本共産党福岡県委員会県党史資料委員会編『たたかいの思い出　第二集』福岡民報社、一九八七年）。

この事件は、筑豊炭田大争議を背景に全協系労働組合と活動家を狙い撃ちにした治安維持法違反被告事件として審理されたが、山内秀雄は公判廷で次のように裁判の不当性を追及したという（『福岡日日新聞』昭和七〔一九三二〕年一二月一四日付）。

「全協は労働者のための経済闘争であり、共産党は政治的の闘争を主眼とするもので、各々綱領目的を異にする別個のものである。自分は全協のためには働くが党の拡大強化を図ったものではない。全協それ自身を非合法だと見るならば別だが、そうでない限り治安維持法にひっかかる訳はない」

これに対し広重検事は、「共産党そのものの活動に比してその質、程度は幾分軽くはあるが、要するに全協の組織によって党の拡大強化を図った事に帰着する」と、党と全協の関係の密接を説いて論告求刑した。

判決は一二月二六日に行われ、山内懲役四年、永露同三年、小鶴同二年半、尹同二年・執行猶予四年であった。正当な労働運動・組合活動を共産党にひっかけて弾圧した典型であった。こうして治安維持法は労働組合運動にまで深く食い込んでくるようになった。

一九三二年福岡全協事件

福岡全協事件といわれる一九三二年二月二四日の大弾圧は、検挙と同時に新聞報道が禁止されたため、事件の存在が国民の目に明らかにされたのは、事件後一年一カ月以上も経った三三年三月三〇日であった。この日各紙は一斉に号外を発行したが、もちろん当局側の一方的な発表を鵜呑みにしたもので、例によって「全協系の赤い運動」(『福岡日日新聞』)、「魔手、遂に銀行へ」(『九州日報』) などという日本共産党や全協を〝悪〟とするセンセーショナルな見出しを使って報道された。

検挙は二月二四日午前五時を期して、福岡、久留米、八幡、小倉、戸畑、若松、門司など県下一斉に行われ、引き続き三月上旬までに被検挙者は一九四名に達した。検挙された者の中には、十七銀行や安田銀行の銀行員、九大の学生、中学修猷館の生徒などが含まれ、女性も福岡女専の学生、タイピスト、日本足袋の女工など一三名が検挙された。

『福岡日日新聞』三月三〇日号外は冒頭次のような記事を、「福岡市上御笠町無職山田竹次郎外一七名に係る治安維持法違反被告事件」として掲載した。

　福岡県下における極左運動は昭和六年二月の福岡、久留米を中心とする無青福佐支局の検挙、続いて同年十月の大牟田、同年十二月筑豊地方の全協系検挙によって完全にその陣営を踏み潰され一たん清算された形になって居たが、其の前後、福岡市を中心にわずかに残されて居た主として全協系に属する分子の間

福岡日日新聞號外

【昭和八年三月三十日】 編輯發行人 池田貞記 印刷人 古屋熊三郎 發行所 福岡市下... 福岡日日新聞合資會社

七年二月事件の相貌

總選擧を狙つて全協系の赤い運動

福岡支部協議會を再建

縣下一齊、斷然掃蕩に着手

百九十四名檢擧、十八名起訴

本日午後二時解禁

…福岡市では一昨年七月の防空演習を機とし極左の反戰ビラが先づ當局の神經を尖らし同年九月の縣議選擧の際にも亦不穩のビラがばら撒かれた、斯て福岡に於ける組織が先づ形をなすや次いで北九州地方にも久留米地方にも忽ち彼等の手は伸びて昨年の一月には早くも全縣下に連絡網は張られ加之從來各地區によつて分散的に行はれて居た運動は新たに全協福岡支部協議會の名の下に統一され、各産業別の支部を設置する一方には地域別による地區協議會を組織して縱に横に陣容を固むるに至り運動は漸く表面に現はれて來た、…

…選擧取締に不眠不休の活動を續けて何れもが極度に疲れてゐる際にも拘らず直ちに陣容を整へて二月二十四日拂曉午前五時を期して全縣下一齊に檢擧の手を下し各地方の全協系分子、九大を中心とする學生等々の極左分子を片つ端から襲うて百九十四名を檢擧し、引續き取調の結果右の内十八名を福岡で起訴した

起訴された氏名

福岡關係

若松關係

1933年３月30日の記事解禁にともない，7年２月事件を報じる『福岡日日新聞』号外

にはようやく再組織運動が台頭し、福岡市では一昨年七月の防空演習を機とし極左の反戦ビラが先ず当局の神経を尖らし、同年九月の県議選挙の際にも亦不穏のビラがばら撒かれた。斯て福岡に於ける組織が先ず形をなすや次いで北九州地方にも久留米地方にも忽ち彼等の手は伸びて、昨年の一月には早くも全県下に連絡網は張られ、加之従来各地区によって分散的に行われて居た運動は新たに全協福岡支部協議会の名の下に統一され、各産業別の支部を設置する一方には地域別による地区協議会を組織して縦に横に陣容を固むるに至り運動は漸く表面に現われて来た。

かくて昨年二月の総選挙に臨んでは県下を統一して候補者に佐野学を推薦し、仮装候補として福岡では消費組合理事長たる印刷工某を推し立てて盛んにアジプロ闘争をやるに至ったので、福岡県当局に於ては前年防空演習ビラ撒き以来陰に陽に現れたこれらの事実に鑑みて状勢は最早棄て置き難しとなし、〔略〕二月二十四日払暁午前五時を期して全県下一斉に検挙の手を下し、各地方の全協系分子、九大を中心とする学生等々の極左分子を片っ端から襲うて百九十四名を検挙し、引続き取調の結果右の内十八名を福岡で起訴した。

（ゴチック体は原文）

一九二九年の四・一六弾圧以後の福岡の全協組織の再建運動から一九三二年の二・二四弾圧までの概要を述べてきたが、この間の福岡における日本共産党を中心にしたたたかいについては、『たたかいの思い出』第一集（一九八四年）、第二集（一九八七年）の「聞き書きシリーズ　岩田正夫氏」、同「天野竹雄氏」が貴重な記録である。また党史的には『わが地方のたたかいの思い出 第三集』（一九九三年。第三集より『たたかいの思い出』を改題）所収「九州地方の日本共産党の誕生とそのたたかい」にまとめられている。詳しくはこれらの出版物を読んでいただきたいが、以下ではこれらの出版物では触れられていないが当時九大内に「全協支持団」という学生の組織があったということから、学生運動の側面から全協運動、二・二四事件を見てみよう。

ある医学生と二・二四事件

昭和六年三月〔昭和七年二月〕のある日である。ぼくは例の如く、朝の講義をサボって、旧柳町で電車をおりブラブラとセツルメントの方へ歩いていった。いつもの通り、医療部の部屋で雑用をしたり、雑談したりするつもりだったのである。

そのとき、顔見知りの法学部の学生がぼくの方へ近づいてきた。彼の顔は蒼白だった。彼はぼくをもの蔭へ引きこんで声をころして囁いた。

「やられたんだ。弾圧があったんだ。今朝、セツルメントが特高のガサ（家宅捜索）をくったんだ。T君、H君などがみんなそのまま持って行かれちゃった（検束された）」

ぼくは来るものが来たなと思ったが、それほど驚かなかった。こういうこともあるかもしれぬと考えていたからだ。

「特高張り込んでいるか？」

ときいてみたが、それははっきりわからなかった。しかし、ぼく自身が目標になっているとすれば、すでに下宿を襲われているはずである。一応、ぼくは対象外にあることはたしかだと思う。しかし、党の機密文書がぼくのところまで流れこんでいるのだから、いつそれが暴露されないともかぎらない。

もちろんぼくは党員でもないし、党活動もしていない。ただ、シンパサイザーとして、党活動に対して多少の援助をしただけである。しかし、それだけでも当時の治安維持法によれば、すでに有罪である。ぼくの立場は俄然緊迫したものになってきた。今までは多少ロマンチックな英雄気どりも手伝っていたわけだが、この事件で事はきわめて現実的なものになった。

桜井図南男（となお）著『人生遍路』（葦書房、一九八二年）に記された著者自身の体験である。二・二四弾圧当日の緊迫した状況が窺われる。著者は自分のことについて「党の機密文書がぼくのところまで流れこんでい」たが、「ただ、シンパサイザーとして、党活動に対して多少の援助をしただけである」と書いている。しかし、当時の権力側の記録には彼の名前が頻繁に出てくるのである。

『特高月報』の「昭和七年九月分　学生運動の状況」では、「九州帝国大学左翼学生の検挙状況」について次のように述べている。

「九大内左翼組織は昭和六年二月無産青年配布の検挙により一応その組織破壊されたるも残留分子たる工学部縄田四郎、医学部桜井図南男等再建を志し、本年に入りて相当発展の模様あり。二月二十四日他の極左とともに再び検挙に着手し、遂に縄田四郎は五月三十日起訴収容さるるに至りたるが概況次の如し。

縄田四郎は学内に於ける各種諸組織の進展とともに法文学部、学新配布責任者吉村正晴と協力し、ＲＳ、赤救、全協支持団、自学並に無産青年配布網等の共青補助組織の運動統一の為め共青九大細胞確立を企図し、本年一月頃全協出版責任者高口鉄雄の了解を得、二月十二日幹部会を開催したるが、出席者は縄田四郎、吉村正晴、桜井図南男、森山繁樹の四名にして桜井議長となり、〔略〕更に細胞フラクション運動として自治学生会桜井、縄田、吉村、赤救森山、RS縄田の各分担を定め」と。

同「十月分」の「九州地方協議会組織委員会の検挙及其の組織状況」では、「九州地方に於ける全協の主動勢力たる福岡地方支部協議会は、本年二月二十四日全県下に亘る一斉検挙により、殆ど其の組織壊滅せられたるが〔略〕、当時検挙を免れたる川島某〔中央派遣オルグ伊藤一郎〕、笹島栄〔ママ〕、新津甚一、上松英雄、桜井図南男等は再建に奔走し、機関紙『労働新聞九州版』再建号を発行（日付不明）すると共にメーデー闘争、敷島炭坑労働争議、八・一カンパ等を通じ、アジビラの撒布等により煽動宣伝に努むる所あり」とある。

しかし、八月には檜垣真吉、森山繁樹、上松英雄、飯島政雪が逮捕され、十月には中央部よりの派遣オルグ吉田寛らも逮捕された。また伊藤一郎は四月に上京したが、同月一九日警視庁によって逮捕されていた。

この間、桜井図南男は笹倉栄と連絡を取り、四月中旬、福岡市室見川鉄橋付近において支持再建委員会を開催し、運動方針、機関の構成、機関紙の発行などを協議し、その後組織活動に努めたことになっている。

前掲の『九州大学七十五年史』の資料「本年二月九大学生等検挙に関する件（学報）」では次のように書かれている。

> 福岡県下極左運動に関し本年二月二十四日一斉検挙あり、本学関係学生その他、他学生等にして検束又は参考人として呼び出されたるもの三十二名ありたるが、此の中卒業せるもの起訴二名（五月十七日及び五月三十日）、起訴猶予一名、在学生起訴保留三名、起訴猶予四名を出せり。事件の概要左の如し。〔略〕
>
> 四、無産青年並にレーニン青年配布
>
> 昭和六年六月医学部学生桜井某は学外極左分子の指導を受け、本学内に無青配布網を作り、其後工学部縄田某にその地位を譲り、学校班、農村班、工場班等の責任者となりたり。〔略〕

五、全協支持関係

昭和六年十一月頃、〔略〕前記縄田某は九大内に全協支持団を組織することとなり、法文学部[ママ]桜井某、森山某（いずれも逃走中）と協議したる結果、三班の支持団を作りたるものの如きも、桜井、森山は未検挙なるため未だ詳細判明せず。

現在迄の検挙学生十二名にして内本年三月卒業せるもの二名あり。

本件に対し大学当局は七月五日評議会を開き、協議の結果左の如く処分並処置せり。

諭旨退学　七名　　訓戒　三名（別に誓書を徴せり）

こうした資料を見る限りでは、桜井図南男は縄田四郎とともに九大の「極左運動」の中ではかなり重要な役割を担っていたようになっている。

話をもとに戻してみよう（以下「」内は『人生遍路』からの引用）。

二月二四日の難を逃れた桜井は急いで下宿をかえた。そして同じく逃亡中の「M君〔森山繁樹〕ともっとも緊密な連絡をとって、しばらく様子をみることにした」。

五月になって、二人は特高の指名手配が出ていることを知った。

「指名手配をされたと聞いたとき、ぼくたちは本当にハラをきめた。そこまでいったのだったら、よきにつけ、あしきにつけもうこの道一筋を進むより仕方がない。あくまで逃げぬいて、地下で左翼運動を続けてゆこう。そんなふうに気負った気持にもなったのである」

しかし、父やセツルメントの指導教官であった大平教授のすすめに従って自首を決意する。六月のことであった。

『人生遍路』には書かれていないが、この時のいきさつに関連して、石田精一[12]（一九九三年当時、日本共産党中央委員会顧問）は次のように語っている。

「桜井さんは弾圧のあった年の六月頃突然上京して来られ、特高の指名手配が出たのでどうしたらよいかと相談を受けたので、私はその時、君は医学で身をたてようとしているのだから、医学部にもどるべきだとおもう。大平先生とよく相談して、検事局に出頭して取調べを受け、一日も早く医学部に復学した方がよいとすすめました」

福岡に帰り検事局に自首したのは九月になってからであった。一〇月になって特高の取り調べが始まった。『人生遍路』は書いている。

係の警部補が順を追ってぼくを尋問していった。なかなか、頭のよい調べ方だった。共産党の地下組織はすべてわかってしまっているようだった。ただ、驚いたことは、すでに逮捕されている人たちが、いろいろな面倒なことを、すべて逃げまわっていたぼくたちへ転嫁していることだった。だから、ぼくは身に覚えのない重大なことをいくつもやったようなことになっており、状況は非常に悪かった。この分では、二、三年刑務所へ行かねばならぬかなと思ったりした。〔略〕

そこでぼくはいちいち事実とちがう点を、頑強に反駁した。警部補はそういうぼくの態度に気を悪くしたらしく、こんなふうにいった。

「オメエ、そんなことを言ったたって、こっちにはすっかりわかってんだぞ。やったやらねえってことより、相すみませんとあやまって、お情を願ったほうが、トクなんじゃあねえか」

旧幕時代の目明しの言いそうなことである。一応、事件の体系ができているのを、今さら訂正するのが厄介なのだろう。

警部補がちょっと所用で立ったときに、そばにいた書記が、「君、ずいぶん頑張ったな。どうやらこれで、起訴と不起訴の境までぐらいになったね。さて、どうなるかな」といって、ニヤッと笑った。

ぼくは逃げまわっているうちに、すでに逮捕された人たちから、青共の福岡地区の責任者であるかの如くされていた。逃げまわっていたので、当局にも、ぼくがいかにも大物らしくみえたのであろう。その点をぼくは特高から執拗に追及されたが、ぼくはついに頑張り通してしまった。事実、青共の地区責任者であるとしたら、実刑をくらうことは間違いないのである。

一一月に「起訴猶予」処分になった。遅れて逮捕、取り調べをした桜井図南男の主張を認めれば、すでに出来上がっている事件についての検察側の筋書きを大幅に変えなければならない。それでは公判維持も難しくなる。治安維持法下の警察・検事調書というのはそんなものであった。

一二月に九大医学部教授会は、警察から回ってきた調書をもとに「諭旨退学」処分を決定した。

前掲の『九州大学七十五年史』は次のような「共青其の他極左組織発覚に依り学生検挙に関する件」を載せている。

「昭和七年八月以降九大に於ては学内極左組織及学生の外部に対する秘密策動発覚し、八月より十月に亘り学生五名検挙せられ爾来取調を受けつつありたるが〔略〕、大学当局に於は関係学生に付て慎重調査し、同年十二月九日評議会に於て協議の結果、十二月十二日付放学二名（起訴）、十二月二十八日付諭旨退学二名（起訴保留）の処分を行い、更に本年一月十七日評議の結果他の一名（一月一日付起訴留保）を一月十八日付諭旨退学に処したり」

九州帝国大学は一九三一年二月から三三年一月までの二年間に、警察情報をもとに放学三名、諭旨退学一三名の処分を行い、学生の運動を圧殺したのである。

桜井図南男は〃政治運動から全く手をひき、純粋に医学生として再出発する〃ことを条件に、一九三三年復学（再入学）を許され、三五年に卒業してただちに精神病学教室に入局した。

明治時代に建てられた九州大学病院の精神科病棟が全面的に建て直されたのは一九六五年であるが、その時の精神科教授が桜井図南男であった。彼は医学生の時、治安維持法で逮捕・留置された戦前の留置所と当時の精神病院とが不衛生な面で大差ないことを知り、人間を狭く暗い所に閉じ込めることが、どんなに残酷であるかを身をもって体験した。この体験が明るく開放的な新しい精神科病棟作りに大いに生かされたという[13]。

8　筑豊のモグラ争議

大恐慌と炭坑労働者

一九三二年の労働争議はその件数において戦前の最高を記録した。福岡県では「筑豊五山」が大揺れに揺れて、「東に煙突男[14]」あれば「西にモグラ戦術」ありと新聞記事を賑わわせた。

この筑豊炭田の争議については、「その規模の大きさとはげしさ、争議団の団結の強さのため、炭坑資本家を震撼させた大争議であった」と『日炭高松組合十年史』（日炭高松労働組合編、一九五九年〔以下『十年史』〕）は書いている。このような大争議が起こった背景には次のような事情があった。

一九二九年にアメリカで始まった世界大恐慌は、日本資本主義を根底から揺るがし、長引く不況の中で多くの弱小企業は次々と倒産していったが、巨大財閥は全産業にわたってその独占的支配力を強めていった。この時期の「炭界不況」のありさまを、前記の『十年史』は次のように述べている。

炭価がつるべ落しになったありさまは、昭和四年屯当一六円七三銭、五年一四円九〇銭、六年一三円二三銭、七年一二円一八銭（門司相場九州一種炭—商工省調）であった。そのため、昭和五年から送炭制限をはじめた炭界は、翌六年には五〇％におよぶほどの制限を実施し、石炭生産指数は昭和四年三月三三六が、六年同期には二九二にガタ落ちした。七年には業界の販売・価格統制機関（カルテル）「昭和石炭会社」を設けたが、それでも市場の安定は得られなかった。このような炭界不況のまさにどん底にあって、財閥系諸社は、その業界支配力にものをいわせて、生産制限・価格協定を自分に有利につかい、他面、豊富な資力をもって〝合理化〟に着手した。切羽の集中、長壁式払、坑内外の電化、ドリル・ピック・カッターなどの新鋭機械の導入、運搬系統の機械化、など発達した新技術をとり入れた。それと同時に、首切り、賃下げ、能率向上によって、山元原価のきりさげをどしどしはかった。その結果、大正一四年と、昭和六年を比較すると、約四割の人べらし、約三～四割の賃下げ、二倍以上の能率向上となり、屯当山元原価は二割以上ひきさげられるほどの大合理化が強行された。

「賃下げ」の実際はどうだったのか。後で述べる筑豊の「モグラ争議」を報じた『福岡日日新聞』（昭和六〔一九三一〕年五月一三日付）は炭坑労働者の生活実態を次のような記事にしている。

先鋭化されたこの炭坑争議は要するに惨憺たる彼等炭坑労働者の現状の一反映と見ても差し支えない。今彼等の生活振りを見ると、毎月の坑内稼働は平均二十日となっていて、一月の内の三分の一たる十日間は遊ぶ勘定である。好景気時代は働いても働いても人手が足らぬといった状態だったが、いまはそれは夢である。

労賃単価を調べてみると、昭和四年十二月一円九十五銭のものが同五年十二月には一円七十三銭で二十銭余の低下を示し、一カ月の一坑夫の平均収入を見ると、昭和四年十二月の三十八円三銭に対し五年十二月には三十四円四十三銭となっている。炭坑地方の噂話によると、現在炭坑夫の賃金は三分の二までは現物現品で支払われている。月三分の一は仕事がなく遊ばねばならず、そしてその働いた二十日間の給料の内現金を貰えるのは僅かにその三分の一に過ぎぬとすれば、炭坑夫の生活は恐らくみじめなものであろう。

争議は四月下旬の蔵内大峰炭坑のストライキ突入をきっかけに、五月にかけて住友忠隈炭鉱から八幡製鉄所潤野・中央・稲築・高尾一坑に波及し、筑豊全山に拡がる様相を示した。

住友忠隈炭鉱争議

四月二〇日に田川郡の蔵内大峰二坑が解雇手当制度などを要求して争議に入り、争議団のデモ隊が炭鉱の人事係と衝突し検束される者も出たが、有力者（県会議員）が調停に入って二七日には解決した。その同じ二七日、住友鉱業経営忠隈炭鉱は業績不振を理由に二〇〇人を解雇し、二八日賃金三割値下げを行った。日本石炭鉱夫組合はただちに争議団を編成し、一五カ条の嘆願書を提出した。五月一日有力者二名（いずれも忠隈炭鉱ゆかりの県会議員）の調停によって、解雇手当の支給、八時間労働制、最低賃金一円六〇銭制などが承認され、一旦解決したかに見えた。

ところが解雇手当は支給日（四日）になっても支給されず、他の解決条件をめぐっても紛糾したため調停者も手を引いてしまった。

争議団は八日までに、先の要求事項にさらに「労働組合の公認」など三カ条の追加要求を提出し、第二次争議に入った。この頃入坑者は従業員一四〇〇人中三割程度で、操業はほぼストップした。一〇日、炭鉱側が争議団員一五二名の解雇を通告したため、争議団は事務所前に坐り込み、警察によって一〇三名が検束された。

一一日、前記両県議が再び調停に立ち、一三日午前四時、双方合意に達し覚書を取り交して解決した。日本石炭鉱夫組合の報告書「筑豊炭田争議情報[15]第九号」は「忠隈鉱争議大勝利解決」として「覚書」を載せているが、附帯条項・追加要求を含む要求項目二〇カ条三項のうち炭鉱側が可（承認）としたものは六項目（入坑中の私傷病者の昇坑、扇風機運転手は一台に一人宛つける、消耗品受け入れ時間を勤務時間に含める、病院の徹底的改善、坑夫労役扶助規定の厳守、坑夫倶楽部の急設）だけで、賃金・労働条件（最低賃金・八時間制を含む）はすべて不可になった。

八幡製鉄所二瀬出張所争議

潤野坑、二瀬中央坑、稲築坑、高尾坑はいずれも八幡製鉄所二瀬出張所所属の炭坑であった。

潤野炭坑　五月一日、従業員規則の改正・採炭賃金の一函当たり一〇銭値下げ[16]を発表した。坑夫側は四日午前、就業中の採炭夫一五〇人が突然昇坑し、西部鉱山労働組合の応援を得て、賃金値下げ絶対反対、馘首絶対反対、退職手当法の設置、借金棒引き、最低賃金制設定（一人一円六〇銭以上）など二一カ条よりなる嘆願書を事務所に提出した。

六日、争議団員約五〇人が回答を求めて出張所本部に押しかけたがまとまらず、飯塚署員数十名が警備配置に着くという状況の中で、元出張所世話役四名が調停に入った。その結果、最低賃金一円六〇銭以上に制定の件、借金棒引きの件などを除き、退職手当法制定の件、争議につき犠牲者を出さぬこと以下各項目ほとんど従業員側の要求をいれることとなったので、七日は一番方から入坑して平常に復した。ところがこの日、争議団の代表が二瀬本部に出向き調停事項覚書への調印を迫ったところ拒絶された。

八日午後、争議団代表四名と調停者四名とが会見したが激論となり、集まっていた坑夫三〇〇人が会見場の坑夫倶楽部のガラスを破壊し、屋内に侵入しようとする事態にまでなった。そのため覚書は破棄され、翌朝五時を期して飯塚署は一五〇名の警官を動員して争議団本部を襲い、団長手島延右衛門、副団長詫間静馬、西部鉱山労働組合谷口国松以下五二名を検挙した。このため一一日朝までに約五〇〇名が復職を申し出て、争議は自然消滅してしまった。

二瀬中央炭坑　六日、日本石炭鉱夫組合の光吉悦心、坑夫代表佐々木岸太郎ら一三名が炭鉱係員詰め所に一三カ条の嘆願書を提出したが一蹴された。そこで翌七日、争議団を組織し一八カ条の要求書にして争議に入り、一二〇〇人の坑夫の七割が休業した。

八日、争議団員約一五〇人が回答を求めて二瀬本部に向かい、警官隊に制止されたが、光吉ら三名が二瀬庶務課長と直接交渉を開始し、団員には解決案に不満の声もあったが、翌九日午後五時、覚書に調印して争議団は解散した。

一八カ条の要求項目のうち、「承認」されたものは次の七項目であった。

・傷病者を強制的に就業させないこと　・指定鍛冶屋の増設
・病院の藁蒲団を時々取り替える　・医師の敏速誠意ある往診
・指定理髪店の設置　・不当なる馘首反対
・今回の争議による犠牲解雇者を出さない

その他の項目についても、「善処」、「考慮」、「研究」することでほぼ全面的に「大勝利解決」(「筑豊炭田情報 第四号」)した。

「承認」項目の最後の二項目を除けば、実に初歩的、日常的な要求であるが、それだけに当時の労働環境の劣悪さを知ることができる。要求項目の一つに「鉱山監督局指定ノ拾時間労働ヲ厳守セラレタキ事」というのがあったが、回答は「厳重励行シツツアリ」というものであった。八時間労働制は問題にもなっていなかった。

稲築炭坑　六日に嘆願書を作成し、田中静ら四名の委員を決めて、翌七日炭鉱事務所に提出し二瀬本部で回答を求めたが、その際不穏な言動があったとして田中他二名が飯塚署に検束された。

八日午前四時、急進分子約二〇人がストライキに入ったが、回答は延期された。九日、田崎巳喜造を団長に争議団を組織し、労務主任から回答を得たが、中央坑の条件を確かめた上で態度を決めることにした。一〇日、元納屋頭ら四名が斡旋に乗り出した。夜、争議団員約一三〇名が交渉委員の帰りが遅いのを心配して事務所に押しかけたが、警官隊によって阻止された。

一一日、回答の多くが中央坑の解決条件と符合することを確認したが、共助会の件（今でいう互助会の民主化？）で難航し、調停者が辞任した。

一二日、坑外の料理業者ら六名の有志が斡旋に入り、坑長と会見して新嘆願書を提出した。翌一三日に回答を得て覚書に調印し、午後五時、解団式を挙行した。「筑豊炭田争議情報　第十号」は次のように記している。

「稲築礦争議団円満解決／御用暴力団正義団に切崩されながらも辛うじて統制を保ち、官犬の弾圧に抗しながら悪戦苦闘を続けて居たが、一三日午後一時阿部鹿造氏外四名の調停により有利解決、争議団を解散す」

高尾一坑のモグラ戦術　高尾炭坑が動きだしたのは六日だった。その日の夜、全協系組合員の立野二(つぐ)、高村光、川原鉄夫らは佐々木栄（幸袋(こうぶくろ)で飲食店経営）らと連絡を取り、争議戦術を協議した。中一日おいて八日の午前五時入坑後、坑口より約六〇〇間(けん)（一〇〇〇メートル。坑底までのほぼ中間の位置）の坑内詰所付近に坑夫を集め、入坑に先立って作成した嘆願書の提出を決議した。

入坑者は坑内係員一〇人、坑夫一九七人、女坑夫七六人の計二八三人であった。正午、女坑夫全員が昇坑した後、坑内からの電話依頼で高村他一名が坑口で嘆願書を坑主任を通して出張所長に提出し、坑内籠城組は要求貫徹まで出坑しない旨を伝えた。

坑内では立野の指導のもとに警備隊四班を組織し、バリケードを築き、電話を管理した。坑外では高村光を

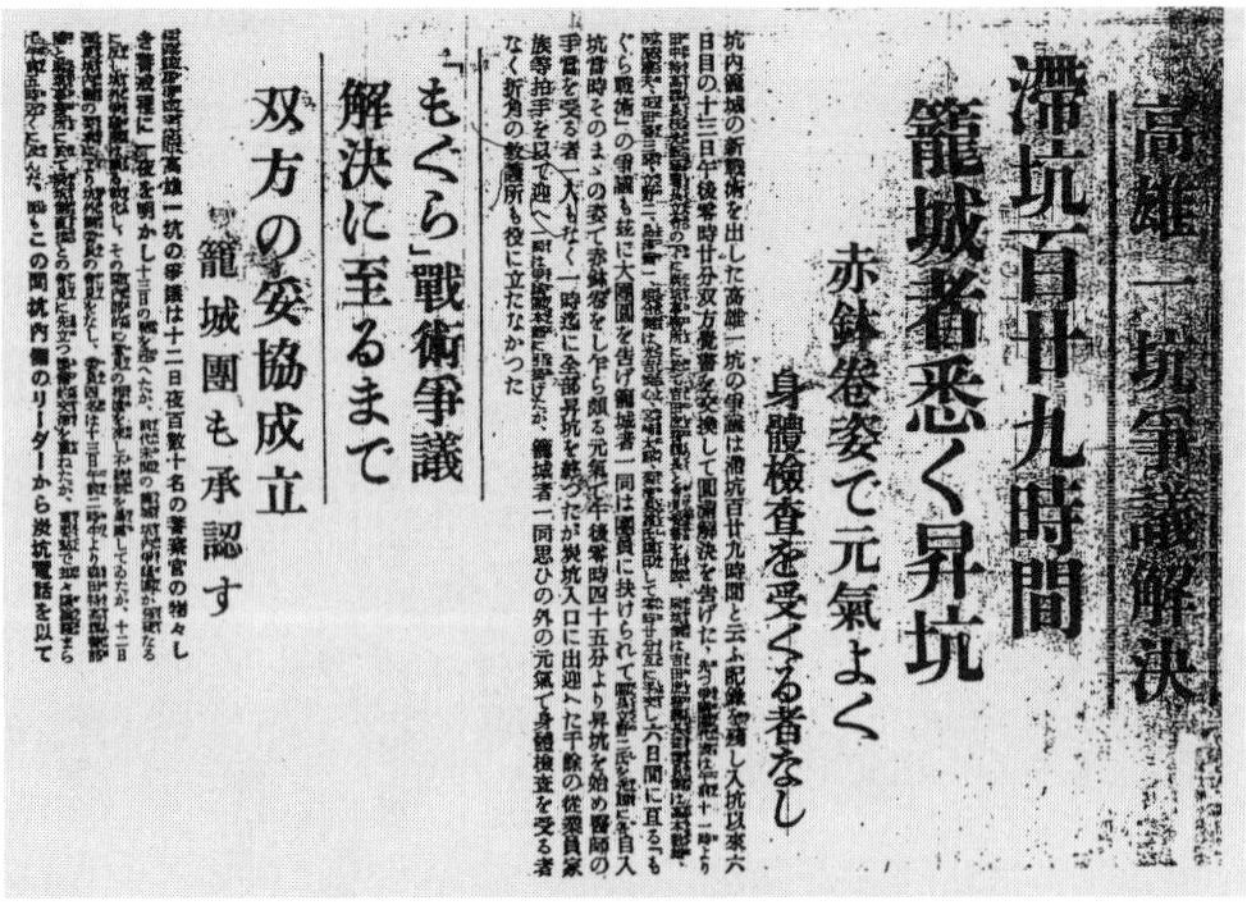

高尾一坑争議解決を報じる『福岡日日新聞』（昭和6〔1931〕年5月13日夕刊）

団長に争議団本部を設け、食料と衣服を坑内に送り込んだ。

争議団員に大衆党支持と社民党（社会民衆党）支持があり、争議団は両党による共同支援を希望したが、日本石炭鉱夫組合（社民党支持）から支援に来た六名は共同闘争を嫌って引き上げた。

九日、西部鉱山労働組合（合法的左派組合、大衆党および労農党支持）の応援を得て、高村他六名の委員が二三カ条の要求書を二瀬所長に提出した。その後大衆党が支援から手を引いたので、社民党支持の日本石炭鉱夫組合が応援することになった[17]。

一〇日、争議団は環境悪化のため、坑口から三〇〇間（五〇〇メートル）の所に移動した。坑内争議団は脱出者や病気出坑者があり一八〇名位になった。

一一日、二瀬本部で交渉委員五名（争議団二名、日本石炭鉱夫組合三名）と庶務課長との会見が三回行われ、一二日午前五時からは坑内代表者川原鉄夫も参加して第四回目の会見が行われたが、「借金棒引き問題」[18]をめぐって合意に達しなかった。坑内ではハンガーストライキを計画したが、争議団幹部の勧めで中止した。警察、医師団が入坑し、診察往診した。

一三日、争議団は坑内外の協議で意見の一致をみたので、第五回会見は特高課長立ち会いの上で始まり、一二時二〇分、覚書を交換して坑内争議団は昇坑した。坑内籠城実に一三〇時間であった。

「高尾一坑争議解決」を報じた『福岡日日新聞』五月一三日夕刊は、吉田庶務課長および坑内争議団のリーダー立野二の談話を掲載した。

吉田「要求の条項は懇談会設立、退職手当規程の公表、賃銀内渡方法を設定、その他出来得る限りの要求を容れておる。賃銀値上、借金棒引、最低賃銀の設定などはどうしても出来ぬのでお断りしたが、借金棒引については何等かの方法で払込の猶予をするつもりです。今回の争議について乱暴などする者なく、美しく解決することを得たのは、全く統制宜しきを得た結果であり、又争議費用要求など先方より潔く撤回されたことは洵（まこと）に欣びに堪えぬ」。

立野「我々は今回の争議に死を賭して臨んだが、幸い我々の要求の大部分を貫徹し得、且つ円満に解決する事が出来たのは団員一同の奮闘の結果であったが、後（うしろ）に日本石炭抗夫組合の絶大な援助があった訳で、我々はそれを篤く感謝すると共に、又将来も一層一致結束して我々の権利の為に勇往邁進せねばならぬ」。

争議団の「統制宜しきを得」て「円満に解決する事が出来た」にもかかわらず、争議直後の五月一五日以降、高尾一坑争議の首脳者三〇名が検挙され、立野、川原、佐々木、高村らを含む一二名が公務執行妨害、坑内不法監禁、暴力行為、電話線切断で起訴された。

筑豊炭田争議では全協系の活動家が狙い撃ちにされたが、その後も一九三一年一二月、一九三三年二月と連続して全協系に対する弾圧が加えられ、同時に大衆党系、社民党系の右傾化が進んでいった[19]。

9　若松港沖仲仕労働組合争議

『花と龍』

金五郎は、日記の前のページを繰ってみた。

――三菱炭積機建設問題。

この文字は、一年間以上も、前の日記に、いたるところ、散見している。前年四月、上京したときには、三菱本店を訪問した。四度も行ったのに、四度とも玄関払いを食わされた。この問題は、年が改まってから、にわかに表面化した。

「洞海湾における数千の石炭仲仕は、石炭荷役をすることによって、僅かに、生きている。然るに、次々に、荷役は機械化されて、仲仕の仕事は減少した。仲仕の生活は、貧窮の底に叩き落された。このうえ、またも、三菱炭積機が建設されるということは、そのまま、仲仕の飢餓と死とを意味する」

建設中止歎願書に記された、この明瞭な道理によって、反対運動が起されたのである。それが、うまく運ばない。〔略〕

毎日のページに、憤りや、歎きや、自嘲や、ときには、放棄的な、暗澹とした文句が書き列ねてある。

二月二十五日――聯合組小頭、集マラヌタメ、流会。単独ニ重役ニ当ッタガ、「玉井君、コノ問題、アマリツツクナ」トイウ。

三月一日――路上デ、友田ニアッタ。「君ガ、昔、小頭ノ組合ヲ作ッタガ、セガレガ、又、仲仕ノ組合ヲ作ッテ、港ヲマゼクルラシイナア」トイウ。「マゼクルノデハ無クテ、オサメルツモリデショウ」「親子トモドモ、若松港ノガンジャワイ」トイッタ。友田ハ胃カイヨウノ手術ケイカガヨカッタノカ、昔ヨリ血色ガ善クナッテ居ル。モウ少シ病院ニ居レバ良カッタノニ。

三月五日――極楽寺ニテ、「若松港沖仲仕労働組合」結成式。ソノアト、スグ、三菱炭積機反対沖仲仕大会ニ引キナオシタ。勝則、議長。

火野葦平の代表的小説『花と龍』（新潮文庫、一九五三年）に描かれた「若松港沖仲仕労働組合」結成に至る事情である。

『花と龍』は火野葦平の多くの小説の中でも特異な作品の一つである。この小説は火野葦平自身の父母を主人公にした、いわば実話小説であるが、登場する人物はすべて実名で出てくるのである。このことについて火野葦平は自分で次のように書いている。

「この作品の登場人物は、すべて実名になっている。それだけに書きにくい点があった。無論、実録でも伝記小説でもなく、多分に小説としてのフィクションが織りこまれているけれども、骨組は事実にもとづいているので、方々にさしさわりが出来た」（『火野葦平選集　第五巻』〈東京創元社〉解説）

冒頭『花と龍』からの引用中、「金五郎」は「玉井金五郎」で、火野葦平の父の本名である。また終わりに出てくる三菱炭積機反対沖仲仕大会の議長になった「勝則」は、筆名火野葦平の本名「玉井勝則」である。

玉井金五郎は愛媛県松山の出身で、裸一貫で郷里をあとに門司から戸畑、若松と流れわたって、当時日露戦争後の石炭景気に沸くこの地で石炭仲仕として働きながら、やがて小頭（こがしら）として玉井組の看板をあげるまでになった。一九三〇年の普選法実施後最初の若松市議会議員選挙では、立候補して当選した。また「若松港汽船積小頭組合」の組合長でもあった。

洞海湾石炭荷役の仕組み

石炭仲仕というのは、筑豊炭田などから運ばれてきた石炭を港に入った大型船に積み込む荷役に従事する労働者のことであるが、それには陸（おか）仲仕と沖仲仕とがあった。

陸仲仕は、沖仲仕が本船に到着して作業を始める前に、艀（はしけ）に石炭を積み込んで本船の両舷に横付けする仕事をした。貯炭場の石炭をバスケ（バスケット＝籠）にスコップやガンヅメで盛る入鍬（いれくわ）は、主に女仲仕が受け持った。火野葦平の母マンも、門司や戸畑、若松で働いた女仲仕であった。

沖仲仕は担込荷役（にないこみにやく）であるが、別名「バイスケ荷役」といわれた。バイスケ（籠）に入れた石炭を、艀から大

復元された「ゴンゾウ小屋」。中に「ゴンゾウ」に関する資料が展示されている。若松区本町1丁目14

型汽船に縄梯子用の棚（通常は五段）を使って、リレー式に運び込む作業をした。いわゆる「ゴンゾウ」である。ゴンゾウの仕事は体力があれば誰でもできるというものではなく、大変な技術と忍耐力を必要とした。当時、仲仕には甲種と乙種の鑑札が発行され、正規のゴンゾウはみなこの鑑札を持っていた。甲種は組所属の仲仕に、乙種はそれ以外の者に発行した。二〇～三〇人位の仲仕を配下にもって組を作り、石炭荷役の労力を請け負ったのが小頭で、玉井金五郎はこれらの小頭四一名を組織して「若松港汽船積小頭組合」を作っていたのである。一方、三井、三菱、麻生、古河、住友など大手と地元中小炭鉱の資本家は、石炭商（同業）組合を作り、請負業組合（聯合組、共働組、山九組など）を通じて、仕事を請け負う各組に配分した。

ちなみに、この時、炭積機の建設を計画して、玉井金五郎の交渉相手になった三菱鉱業は、一九三〇年の若松港における着炭一五〇万六九五七屯、積出し一一二万一四九六屯で、二位の三井物産（着炭一二五万四四三三屯、積出し九五万五二六三屯）、三位の貝島炭鉱（着炭一〇六万三一七七屯）など約二〇店を押さえてトップの取扱高を誇っていた（『若松市史』所収「若松石炭商同業組合員最近八年間取扱高」より）。

火野葦平と若松港沖仲仕労働組合

玉井金五郎の長男玉井勝則は、旧制小倉中学校から早稲田第一高等学院を経て、一九二六年早稲田大学英文学部に入学し、同人雑誌などに小説を発表していた。

在学中一九二八年二月一日、福岡歩兵第二四連隊に幹部候補生として入営したが、レーニンの『第三インターナショナルの歴史的地位』、『階級闘争論』の訳本二冊を隠して読んでいたのを発見された。この年の三月一五日に日本共産党の大検挙があった直後だったので、特に軍隊では思想問題がやかましかった。さいわい、中隊長が勝則に好意をもっていてくれたので、憲兵隊に引き渡されるまでに至らず、なんとかうまくごまかしたが、除隊の時には軍曹から伍長に降格された。

除隊後、勝則は「文学廃業」を宣言し、労働運動の実際活動に傾斜していくようになった。この時期の勝則の変化を、火野葦平はその「自筆年譜」（『火野葦平選集　第八巻』東京創元社、一九五九年）に次のように記している。

私はそのすこし前から、家業が沖仲仕であったせいもあって、次第に労働運動に関心を抱きはじめていた。滔々とマルキシズムの波が高まっていた時代で、周囲の友人たちにも左翼がいたため、私の赤化の速度は早かった。十二月、除隊してみると、父は休学届の代りに退学届を出していた。長男の私に「玉井組」を継がせるための配慮だったのだが、私はそれをかえってよいことにして、若松港で労働運動に没頭する決意をした。それで、東京から若松へ持って帰った数千冊の文学書類を、一冊残らず二束三文で古本屋にたたき売ってしまった。私の本箱には、新しく、マルクス、エンゲルス、ブハーリンをはじめとする赤い本が詰まりはじめた。

一九三〇年九月二四日、長男が生まれた（同年八月、若松の芸者日野良子と駆け落ち結婚していた）。「自筆年譜」には「労働運動に熱中しているときだったので、闘志（たけし）という勇ましい名をつけた。長男である。そのころ、赤ん坊に、礼人（レーニン）とか、丸楠（マルクス）とかつけた闘士がいた」と書いている。

「若松港沖仲仕労働組合」の看板がかかっていた玉井組事務所跡。若松区本町１丁目14

こうした時期、冒頭に引用した『花と龍』に出てくる荷役の合理化「三菱炭積機建設」反対運動が発展して、一九三一年三月五日に若松港沖仲仕労働組合が結成され、玉井勝則は書記長に就任した。そして、父玉井金五郎が組合長をする若松汽船積小頭組合と歩調を合わせて闘争を展開することになったのである。

四月七日に小頭組総会が開かれた。ここでたたかいの目標を、「炭積機反対」から「仲仕失業による転業資金二五万円要求」に転換することを決議した。沖仲仕労働組合も全面的に同調し、嘆願書が作られた。しかし、資本家で作る石炭商同業組合が相手にしないため、数カ月がいたずらに過ぎた。半年間にわたる争議の末、石炭商組合は、二万円なら出す、それ以上は絶対に駄目だと通告してきた。そこで、ついに八月二三日午後三時を期して、ゼネラルストライキが敢行された。

「洞海湾内のすべての沖積荷役は停止された。港は死んだようになった」

「沖仲仕の総罷業は、洞海湾のみでなく、石炭を掘り出す炭坑元（やまもと）をはじめ、鉄道、桟橋、汽船、帆船、沿岸諸工場、関門地方から、阪神方面にまで、さまざまの影響をおこして、問題は重大化したのである。水上警察署が、調停に乗りだしてきた」

「解決をみたのは、二十七日、午前十一時である。二十五万円要求に対して、六万円と、争議費用、三千円、計六万三千円というものであった」

若松港沖仲仕争議の結末を、『花と龍』は以上のように書いている。「自筆年譜」では、八月二三日の総罷業から「四日目の八月二十六日、仲裁が入り、炭商組合が転業資金六万円と争議費用六千円とを出すことで解決した」とある。

なお、若松石炭沖仲仕の争議解決を報じた八月二八日付『福岡日日新聞』は、「〔二七日〕午後九時半に至り双方歩み寄り、救済金六万円別に争議費用として金一封、これを以って妥協成立、目出度く手打ちとなり争議解散、(ママ)同夜十二時から荷役を開始する事となった」と書き、『九州日報』（二八日夕刊）も「午後十一時三分遂に石炭商側が譲歩して六万円を支出する事となり、ここに紛糾を極めた争議も怠業勃発以来十日目に急転直下的円満解決した」と報じた。また、両新聞とも調停者として、大町若松市長、光山若松陸署長、小野若松水上署長などの名前を上げている。

仲仕側の勝利であった。しかし、「この六万円によって、大量整理が行われた。多くの小頭と仲仕たちとが、なれ親しんだ港の仕事をはなれて、転業した」（『花と龍』）。

若松港沖仲仕争議と全協

火野葦平がその作品中、若松港沖仲仕争議を扱ったものには、『花と龍』の他に『青春の岐路』という小説がある。この小説は、火野葦平が軍隊に入営してから早稲田大学を退学し、玉井組で沖仲仕労働組合を結成した頃までを書いたものだが、主人公は若松石炭仲仕「辻組」の小頭の倅「辻昌介」で、火野葦平の化身として描かれている。

『花と龍』は、一九五二年の六月二〇日から翌年五月一一日まで、『読売新聞』に三二四回連載された。『青春の岐路』は一九五八年、雑誌『世界』の一月号から一〇月号まで一〇回連載された。

若松港沖仲仕争議に関連して火野葦平自身が「自筆年譜」で書いている。当時「〔沖仲仕労働〕組合は、友人を通じて、日共麾下の全協（日本労働組合全国協議会）と連絡をとっていたのである」が、『花と龍』はストライキのことよりも、父母一代の苦闘史や、私と女房との恋愛や結婚が主題になっていて、思想の面はわざと伏せられてある。『青春の岐路』は思想の面からこのストライキを追求するもので、去年は、沖仲仕労働組合結成のあたりまでしか書けなかった。早く続編を書きたいと考えている」と。[20]

全協と連絡を取っていた友人とは、玉井勝則の妹秀子と結婚した夫、中村勉であろう。中村勉は『青春の岐路』では、共産党のオルグ「曾我勇二」として登場する。彼はレーニンの言葉を引いてはしきりに公式的なことを言う、そのくせ警察からはつかまらないスレスレの線で、革命を謳歌する人物として批判的に描かれている。

のち一九三二年の全協事件に関連して火野葦平が検挙された時、「前年のストライキのころから、日本共産党とコミニズムとに疑惑を抱きはじめていた私は、この検挙にあってハッキリと転向を決意し、ふたたび文学へと還る気持ちになった」(『自筆年譜』)ことに、こうした人間関係も影響していたかもしれない。

実際の中村勉は、一九四〇年若松生まれで、早稲田大学在学中労農党員になり、大学を中退して帰郷してから、『無産者新聞』の配布をしながら、青年たちを音楽や文学のサークルに組織していったり、評議会所属の北九州サラリーマン・ユニオンを作ったりした。三・一五、四・一六以後は全協オルグとして活動し、事実上若松沖仲仕労働組合を指導したのである。社民党系の総同盟からの誘いがあったにもかかわらず、沖仲仕労働組合が総同盟に入らなかったのは、この中村勉の存在があったからであろう。

沖仲仕争議関係者座談会

一九三一年の若松港沖仲仕争議から二一年後の一九五二年、『花と龍』の新聞連載を始める一カ月ほど前に、火野葦平は一席をもうけて、若松港沖仲仕争議についての座談会を開いている。

この座談会についての記録は、「自筆年譜」をはじめ火野葦平に関する公刊された文書資料のどこにも見当たらないが、たまたま一九七七年頃、この座談会の速記録の存在が明らかになった。[21]

この座談会の速記録（以下「速記録」）によれば、座談会の最初に火野葦平が「この集まりの主旨」を話している。その中で葦平が次のように言っていることでもわかるように、この座談会で話し合われたことが、小説『花と龍』で扱われた若松港沖仲仕争議の構成部分になっていることは明らかである。

その一つの主旨は、若松市民史といった、市史というお役所式の歴史でないところの、お互い若松に生まれ育って、そして若松で生活しながら、その中にどういうことがあったのかを考える……色々な意味で庶民の市民史といったものを編纂してみたい、そういうことを記録にして編輯して本にしたら、非常に大きな仕事になるのではないかと思うのです。

それからもう一つは私事になりますが、私が前からどうしても洞海湾についての書き物を考えておったのでありますが、今度その機会がきまして、読売新聞に来月の十日頃から連載小説を書きますので、この事件を書きたいと思うのです。之はウッカリ書いては今日直接関係者もおられますが、もう二十年も経って、戦さも終わった今日ですし、昔の思い出話として懐かしく新聞に書けるのではないかと思っておりります。

その当時の記憶も幾らかありますが、当時の直接関係者が集まって話したら随分面白い話がでるのではないかと考えております。それで、この機会にお話を聞いて作品に書きたいと思うのです。

さらに葦平は、その映画化のことにも触れているが、これは省略する。

この座談会に参加したメンバーを葦平の紹介によって挙げると、次のような人がいた。

「当時の組合の関係の方（中村勉など）」、「石炭荷役に関係しておられた方（堀内某など）」、思想方面の「当時のお目付役の警察の人達（西岡某など）」、「九州民報（政友会の機関紙）の高野君（高野貞三）」、「当時の朝日新聞記者の木下君」、「古場さん（左翼劇場の公演計画中になぐり込みをかけた急先鋒）（暴力団）」。

正確な人数は記録にないが、各分野から複数の人間が集まり、まさに「呉越同舟」で、話はやはり葦平の主導で「昭和六年の三菱の炭積機の頃から」始まっている。なまの言葉でずいぶん面白い話が記録されているが、割愛せざるを得ない。基本は『花と龍』に描かれている通りである。ただ一つ、次のことを付け加えておこう。

若松港沖仲仕争議の総罷業には、組合に入っている者も、入っていない者もほとんど全部が参加した。火野葦平は朝鮮人仲仕の問題について「速記録」の中で語っている。

それから困ったのは朝鮮人の仲仕が半分位おって、なんぼ話しても判らんで困った。此処に統計がありますが、昭和五年に日本人の男仲仕が五一一人、女が七一人、朝鮮人五七二人、合計一一五四人で（男では）朝鮮人の方が多い。昭和六年になると、一月の統計が日本人の男が四八七人、女が一〇八人、朝鮮人が五四四人、合計一一三九人、だから（男では）朝鮮人が半分以上です。（略　争議が始まってからの組合の出したニュースがあるが）昭和六年三月二四日付で、私が謄写版にきって、私が自分で印刷しておるが、朝鮮人が多かったので半分は朝鮮語で書いてある。

朝鮮人労働者とも共闘できるように努力した様子である。

こうしてストライキは成功したのである。

座談会では「左翼劇場なぐり込み事件」についても、争議団と暴力団と警察（特高）が三者三様に発言して「真相」を明らかにしているが、この事件は『花と龍』の中でもいきいきと描かれている。

沖仲仕争議の最中の六月一九日に、「若松港沖仲仕労働組合」の名で、東京から「左翼劇場」を呼んで旭座で公演することになった。争議団の意識を向上し、士気を鼓舞するためであった。出し物は、徳永直原作『太陽のない街』（四幕五場）と『プロ裁判』（一幕）の二つであった。「ところが吉田磯吉[22]大親分が警察に赤の芝居をたたきつぶせという命令をくだしたため、前日の六月一八日、暴力団がなぐりこみをかけて来て、遂に公演不能におちいった」（「自筆年譜」）のである。「自筆年譜」では続けて、「後年『花と龍』が映画化されて、若松でロケーションがおこなわれた時、『左翼劇場』時代にひどい目にあった滝沢修さんが吉田磯吉親分に、佐々木孝丸さんが吉田の一の子分に、松本克平さんが大庭親分に扮することになって皮肉だった」とも書いている。このなぐり込みで一番怪我をした劇団員は山本安英だったという。

10　全農全会派福佐連合会

日農福岡県連と三・一五

一九二二年に創立された日本農民組合（日農）は、「小作料永久三割減」、「耕作権の確立」の要求を中心に果敢な農民運動を展開したが、一九二六年になると平野力三（日農山梨県連主事）らは、総同盟の鈴木文治や赤松克麿らに同調して、日農内に右派勢力を形成していった。二六年三月一〇日に京都で開かれた日農第五回大会で、その裏切りを追及された平野らは、山梨県連と福岡県連の一部を引きつれて大会場から退場し、四月には日農から分裂して全日本農民組合同盟（農民同盟）を結成した。

日本農民組合福岡県連合会（福岡県連）内部では、平野力三ら日農脱退派と行動をともにした高崎正戸、阿部乙吉らに対して、福岡県連内の青年部を中心にした藤井哲夫、古藤駿介ら左派グループが、高崎らを糾弾して日農の分裂回避に努めた[23]。

五月に福岡で開かれた第五回全国水平社大会で「農民同盟排撃決議」（緊急動議）を可決し、「農民同盟の成立は少数幹部の野望により支配階級の分裂政策に迎合して無産農民を売らんとするものである」とする声明を発表した（『水平新聞』第七号、五月二〇日）ことによって、大勢が藤井ら青年部派に有利に移った。こうして七月二三日には箱崎公会堂で、福岡県連合会支部長、争議部長、会計の拡大委員会を開き、連合会長高崎正戸、組織部長城戸亀雄、顧問阿部乙吉の三名を除名し、争議部長藤崎常吉の辞職を承認した。[24] 当時の福岡県連の現勢は、二市一一郡一二四支部であった（『福岡県史』）。

刷新された日農福岡県連は、会長に群馬県の農民運動の指導者吉田鋼十郎（日農総本部の指示で九州に来る）を迎え、執行委員には藤井哲夫（書記）、花田重郎（主事）、鶴和夫（本部）、徳安徳三郎（糸島郡）、山本作馬（早良郡）、斎田甚四郎（筑紫郡）、八尋八十右エ門（朝倉郡）、永野十三（三井郡）、奥野広吉（嘉穂郡）がなった（八月三〇日現在、『福岡県史』）。

この福岡県連で中核的働きをして運動をリードしたのが、古藤、藤井などの青年幹部であった。青年部が「日本農民組合青年部福岡県支部連合会」（町村を単位に支部を作り県で連合体を組織する。以下「県連青年部」）として組織的に確立したのは一九二六年一二月であった。県連青年部の執行委員には原国雄（委員長）、平田富雄（富男）、荒谷芳夫、古藤駿介、楠元芳武など十数人が決まった。

こうして、県連青年部は水平社青年同盟とも連携しながら、各種の小作争議、労働農民党支持拡大運動、軍教反対・反軍闘争（福岡連隊事件）、あるいは政治的な選挙闘争などに取り組む中で、農民組合の組織拡大に努めた。その中でも特に、「対支非干渉運動」に象徴される反戦平和の運動を唱導したことに注目したい。

日農福岡県連は一九二七年七月五日付で「情報 №.1」を出した。その情報の中の一つに、「平和と自由への日支両国無産階級の固き望みは出兵反対、[25] 戦争反対の気運を全九州に巻き起す」と題して六月一四日に開かれた「支那問題意見交歓会」の記録がある。

豚か犬の如き生活をさせられて、苦しみに苦しんで居る支那四億民衆の解放のための唯一の希望、輝ける明星、支那国民党の北九州支部の主催で開かれた意見交換会には、市民、学生、大学教授、新聞記者、無産団体代表等々百余名の多数の出席があった。其の中には早良、筑紫等の鍬取る農民も見え、又久留米、八幡方面からも見えて居た。座長に鶴弁護士を推して、主催者国民党側より、〔警察官の〕中止の連発に屈せず入れ替り立ち替り拾数人の弁士によって国民党の主義綱領、安賃金で朝から晩までこき使われる労働者、四十二種類という多くの税金に身動きの取れぬ農民、はては小商人を柱とした団結、国民党の使命が述べられ、日本政府の出兵がこの民衆の起き上らんとする力強い解放運動を資本家のために弾圧せんとするものだと万雷の如き拍手の中に叫び、次いで出席者各方面より出兵反対、国民革命軍支持の火のような意見が叫ばれ、無産者を更に踏み付けにせんとする帝国主義戦争には絶対反対を誓い、このために村に町に各自宣伝組織に全力を尽すことを申し合せた。

口から口に話せ!!

井戸端会議にのぼせ!!

対支非干渉同盟を作れ!!　と。

（『福岡県史』所収）

二七年七月一四日に箱崎公会堂において、五時間ぶっ通しで開かれた福岡県連の支部長会では「支那出兵反対に関する件」を楠元芳武が次のように提案して可決されている。

御互から搾った税金で資本家、地主の利益の為に支那の労働者、小作人の解放運動鎮圧の為に出兵、引いては欧州大戦以上の世界大戦をも惹き起そうとしている今回の出兵は、我々小作人に取って迷惑至極、最も反対すべきものである。此意味の声明書を支部長会議の決議に依り出すコト。

可決　声明書起草　本部員一任

出兵反対の為の宣伝をするコト。
（イ）ビラ、ポスターを各支部で作る。
（ロ）風呂屋、其他集合場所で宣伝するコト。
（ハ）組合の支部集会では必ず此問題を徹底さし、宣伝隊を拵える(こしら)コト。(26)

（同前）

すでに、三月三〇日に労農党が対支非干渉に関する声明を発表して以後、各府県連は対支非干渉地方同盟を結成していったが、史料でわかる通り、日農をはじめ日本の無産運動の内部では、弾圧と分裂の危機にさらされながらも、働く労働者農民の階級的連帯の立場からの中国侵略・帝国主義戦争反対が主流だったのである。もちろんこの間、農民運動本来の役割として、日農福岡県連は農民運動を通じて農民の政治意識高揚とともに、組織拡大を図ったことは言うまでもない。そして、八女（豊岡支部）、三井、朝倉、筑紫、田川、嘉穂などで小作争議がたたかわれたが、運動は「永久三割減から耕作権確立へ」と発展していった。

例えば、三井郡善導寺村（現久留米市善導寺町）の小作争議については、二七年一一月三〇日の福岡県連支部長会で鶴和夫が次のように報告している。

一昨年、筑後農民組合として野口君等四十七人で減額要求を起して兇作減だけやっつけた。その後日本農民組合に加入して三割減運動を起した。それが調停に成り、組合員六十名に対して百八十名の警官に蟻ももらさぬ厳重さを以って包囲され、昼間は調停夜間は署長のおどし（婦女子に至るまで）に会い〔ママ〕、その暴虐なる弾圧にも拘らず一週間ガンバッタ！　そして争議は一割一分で解決した。これは組織的団結力が如何に強大なものであるかがわかる。

（同前）

この争議における「暴虐なる弾圧」の模様については、一一月一〇日付の『無産者新聞』が次のように報道している。

福岡県三井郡善導寺村及び既報山門郡瀬高町高柳の立毛差押えに際し、彼等〔官憲〕は近郷近在の農民組合、労農党幹部をば前以て一人残らず総検束し十余日に亘って不法監禁し、更に善導寺村に於ては官憲二百四十名、高柳に於ては百七十名の動員を行って連日、駅、電車停留場、村の道路等に張番し、村民の交通遮断を行い、応援の出入を厳禁し、農民組合員、労農党員と見れば片ッ端から検束拘留し、更に郵便物までも一々点検して、完全に周囲との連絡を断ち、袋の鼠同然に封鎖した。そして村内をば三々五々隊をなして徘徊し、組合事務所はもとより臨検、家宅捜索を勝手気儘に行ってビラ、ポスターを一枚残らず押収し、焼却し、更に戸別訪問をなして「組合を脱退せよ」と威嚇し、農民の一切の言論集会の自由、一切の闘争手段を剥奪し、農民にはグウの音も出ない様にして、強制的に無条件調停委任を迫ったのだ。

すさまじい弾圧である。このような弾圧体制は、すべての小作争議、集会、大会、演説会につきものであった。それでも、農民組合は団結を唯一の力にたたかい続けた。これに対して田中義一内閣は、一九二八年三月一五日、弾圧の集大成として、治安維持法違反容疑で全国一斉に日本共産党とその同調者に過酷な弾圧を加え、四月一〇日には労働農民党、日本労働組合評議会、全日本無産青年同盟に対し治安警察法による解散を命じたのである。

日農福岡県連も藤井、楠元、平田、中島芳喜など幹部を奪われ大きな打撃を受けたが、残された荒谷芳夫、秋本重治、矢野勇助、高島日郎らが日農組織の再建に取り組んだ。

全国農民組合福佐連合会

三・一五に勢いづいた地主は土地取り上げ、立毛差し押え、動産差し押えを強行して小作農民に襲いかかった。日本農民組合は「戦線の分裂が、いかに無産階級の闘争力を消滅せしむるかということが痛切に感じられ、全国農民団体の即時合同は、目下の最緊急事である」と訴え、五月二七日に全日本農民組会と合同して全国農民組合（委員長杉山元治郎）を結成した。そこで、日農福岡県連も全国農民組合（全農）に加わることになった。

一方佐賀県では、それより前一九二四年に、重松愛三郎を会長に日農三養基郡連合会として結成された農民組合が、小作料永久三割減などの要求で地主組合と小作争議をたたかう中で、二五年九月、日本農民組合佐賀県連合会へと発展改称した。三養基郡の争議は一部地主が強硬な態度で対抗したため、ついに放火・騒乱事件にまで発展し、石田樹心、伊藤光次など多数の組合幹部が逮捕、起訴されるに至った。

福岡県連合会も、三・一五をはじめとする相次ぐ弾圧と分裂、地主側の攻勢によって一時的に運動の沈滞を招かざるを得なかった。こうした情況の中で「福岡・佐賀連合会の合同問題」が浮上してきたのである。

もっともこの問題は、三・一五以前から組織的に討議されており、一九二七年一一月の福岡県連の支部長会では「福佐連合会設立ニ努力ス」という決議もされている。その時挙げられた合同の理由は、「一、佐賀県連合会支部ノ大半ハ福岡県山門、三潴両郡ナリ。二、両連合会ノ合同ニ依リ現在特ニ欠乏セル人員ノ配置按分上頗ル良ク、活動力ヲ倍加スル事ヲ得。三、両連合会ノ合体ニ依リ、経済上ノ節約ヲ可能ナラシムル事。四、斯クシテ活動力ノ充実ニ依リテ佐賀県連合会ノ確立ヲモ最モ促進スルコト疑ナシ」（『福岡県史』）というものであった。

ところで三・一五では、佐賀県連合会は組合幹部と支部長などが一時的に検挙されただけで、組織的には福岡県ほどには大きな被害はなかった。こうした事情もあって、三・一五直後、懸案の両連合会の合同が実現することとなった。

「全国農民組合福佐連合会」（以下「福佐連合」）の合同大会は一九二八年八月一二日に佐賀県鳥栖町の鳥栖座で開催された。八月一五日付『無産者新聞』は「全農福佐連合会／合同大会開かる／戦線統一其他を決議」という見出しで次の議案を審議したことを報じた。

「一、全国農民組合合同促進に関する件／一、全国無産政党合同促進に関する件／一、水害地に於ける一切の公課小作料免除の件／一、治安維持法反対に関する件外五件」（大会の全議案および大会議事録などは『福岡県史　近代編　農民運動㈠』に収録されている）

執行委員長には重松愛三郎、委員に鳥居重樹、石田樹心、伊藤光次、秋本重治、荒谷芳夫、野口陽彦（彦一）、書記長に伊藤光次、書記に高島日郎、矢野勇助らが選出され、本部は鳥栖駅前旧佐賀県連合本部に置かれることになった。

こうして陣容を整えた福佐連合は、福岡・佐賀両県農民の組織化と小作争議を精力的に指導することになったが、翌一九二九年四月一六日の全国一斉共産党検挙事件（四・一六）で、またも組合幹部は総検挙され、農民運動は頓挫した。

それでも、重松、秋本、石田、矢野、北口栄らは釈放後ただちに活動を再開し、農村恐慌の深まりとともに運動も先鋭化していった。

一九三一年三月の全国農民組合（全農）第四回大会で、政党支持問題をめぐって全農総本部から排除された全農内の左派が、八月に「全農全会派（全農改革労農政党支持強制反対全国会議）」を結成すると、福佐連合会は全国会議派を支持し、「全国農民組合全国会議派福佐連合会（全農全会派福佐連合）」と称するようになった。

福佐連合では、七月に連合会本部事務所の家賃不払い問題から「事務所差し押え・家財競売事件」が起こり、警察が介入したため乱闘事件に発展して、重松会長をはじめ、北口書記長、矢野争議部長および久留米合同労働組合の古賀寅男らが暴力行為取締法違反で収監されるという事態になった。

全農の中央委員だった福佐連合の石田樹心は、四月の全農拡大中央委員会で右派と対立し、全農から除名されていたが、九月中旬に帰郷して、斎田甚四郎、森田幸吉、上滝繁、中尾新一、山県平らと図り、指導部の陣営を確立して、支部の強化と組織の拡大に奔走することとなった（前出『福岡県農地改革史 上』）。

一九三二年一月、田川郡金川村の小作争議は「立ち入り禁止」の執行をめぐって、後藤寺警察署員が出張っている中、ついに地主宅襲撃事件に発展し、組合員九四名が騒擾、毀棄、公務執行妨害、傷害によって検挙された。

二月一六日付『第二無産者新聞』は、「三百名の動員で／警官隊を粉砕！」という見出しでこの小作争議の「詳報」を次のように伝えた。

既報＝全農福佐連合会金川村支部夏吉班（組合員四十）は一九二八年度以後の小作料減額闘争を続けてきたが、悪ラツな地主友清は昨年十二月、不納分小作米の差押をやり、更に本年一月七日組合員中村、野村二君の田に立禁の制札を立てようとしたので、これを知った夏吉班では直ちに棚木班に報せ金川支部総会を開いて立禁フンサイを決議し、附近の未組織農民及び一番近い（三里ばかりある）感田支部（一月六日発会式を挙げたばかり）へ応援を依頼した。

そして七日午後四時頃までには未組織者百五、六十名、感田支部二、三十名の応援に金川支部百余名を加え、総数約三百となり、自動車できた執達吏を追い返し、地主友清の邸に押かけた。地主は三十余名の警官に守られ同地の地主共と酒を飲んでいたが、大衆行動にぶったまげ、三人の委員を挙げて交渉さしたところ「二八、九年度の小作料は他の地主通りにまける」その他数項を持出し一先ず解決せんとしたところ、そこへ更に二、三十名の官犬が応援に来て外で薪火をたいて示威していた組合員を検束し初〔ママ〕めたので、組合員はタキ火の薪を以て防衛し、官犬の自動車を破壊し、付近の鉄道線路に陣をしいて双方対峙したが、官犬隊はさんざんにやっつけられ七名の重傷者を出して逃げ出し消防組に応援を求め警鐘を乱打するに至ったので、組合員は一時解散した。
　然るに官犬は翌早朝から組合員の総検を始め十日までに八十余名検挙され、そのうち三十四名（金川二十一、感田十、未組織三）が小倉検事局に送られたが、警察の拷問は残酷を極め卒倒者、発狂者さえだした。県連本部では直ちに抗議運動を起こした結果、検事は立禁は絶対に行わぬと言明した。なお金川支部では断乎としてこれに復讐すべくすでに再び闘争に起ち上っている！　感田支部では愈々団結を固め未組織をどしどし組織している。暴反闘争をまき起せ！

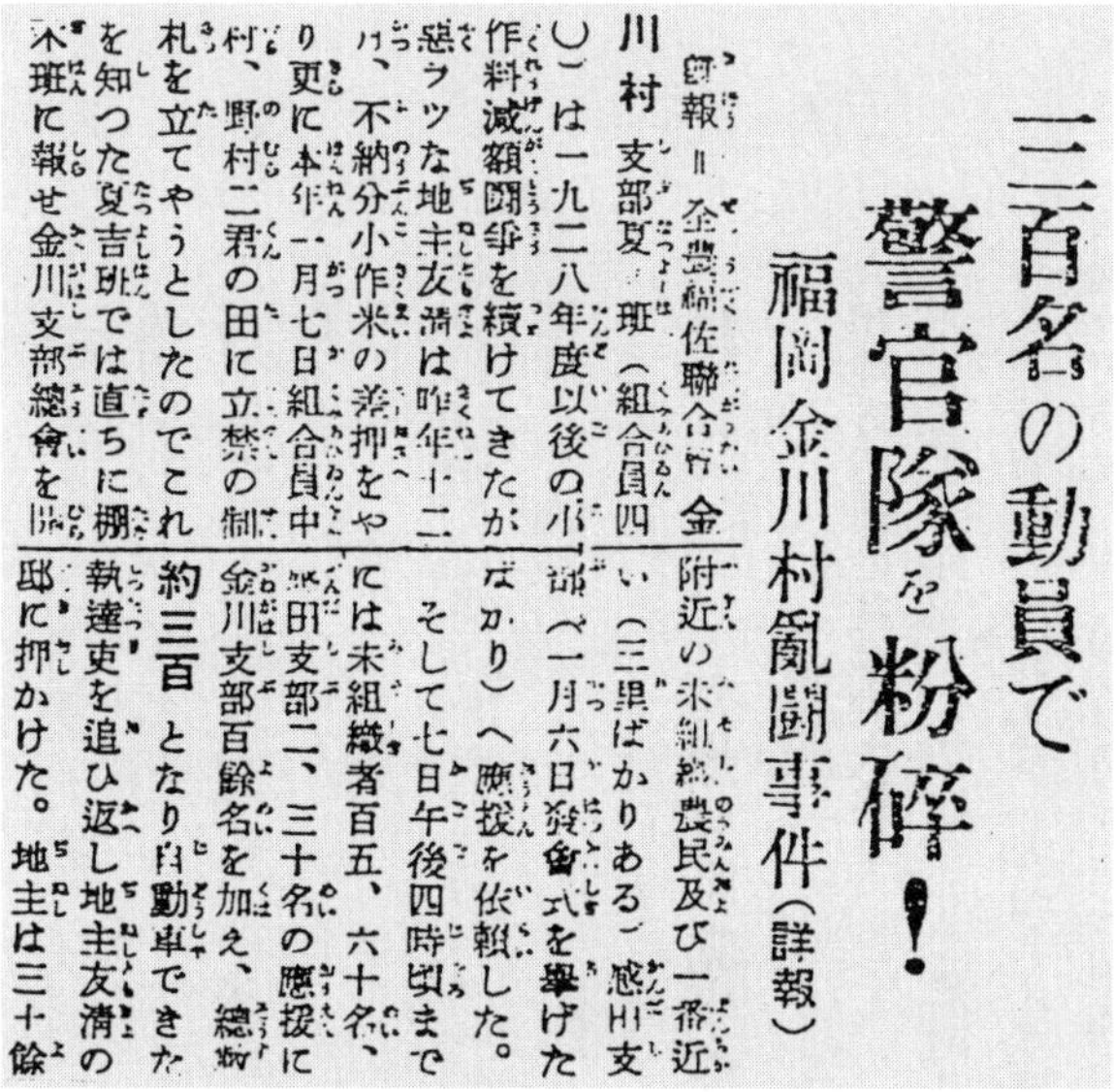

三百名の動員で警官隊を粉碎！

福岡金川村亂鬪事件（詳報）

既報＝全農福佐聯合會金川村支部夏吉班（組合員四）は一九二八年度以後の小作料減額闘争を續けてきたが惡ラツな地主友淸は昨年十二月、不納分小作米の差押をやり更に本年一月七日組合員中村、野村二君の田に立禁の制札を立てやうとしたのでこれを知つた夏吉班では直ちに棚木班に報せ金川支部總會を開

附近の未組織農民及び一番近い（三里ばかりある）感田支部（一月六日發會式を擧げたばかり）へ應援を依賴した。
そして七日午後四時頃までには未組織者百五、六十名、感田支部二、三十名の應援に金川支部百餘名を加へ、總勢**約三百**となり自動車できた執達吏を追ひ返し地主友淸の邸に押かけた。地主は三十餘

金川村事件を報じる『第二無産者新聞』第90号（昭和7〔1932〕年2月16日付）

小作料減額、土地引き上げ反対などのたたかいの中でこのような事件が相次いだが、福佐連合はかえって整備、強化された。北口栄は『福岡県農地改革史　上巻』の中で次のように書いている。

　組合幹部に対する不断の弾圧による組合支部の動揺もさけられなかったが、嵐は強い樹をつくる譬にもれず、弾圧のたびに農民のあいだには誰が真の味方として信頼できるかを知り、支配階級への憤激はたかまり却って組

織の強化される支部もあって、七年末には筑豊、北九州、福岡、早良、筑紫、朝倉郡各支部は再建闘争に起ち上がり、新たに四支部一ケ班二三三名の組合員獲得をみるなど頽勢（たいせい）挽回へと漸進するにいたったのである。

しかし、そこに襲いかかったのが、一九三三年二月一一日の治安維持法違反の名のもとに行われた「九州共産党事件」であった。

11 二・一一九州共産党事件

九州地方空前の共産党大検挙

一九三三年二月一一日に始まり、福岡県を中心に鹿児島・熊本・長崎・佐賀・大分の九州六県を襲った治安維持法違反容疑の大弾圧は「九州共産党事件」といわれる。その規模は、福岡県警察部調査によれば〈表4〉の通りであった（『福岡日日新聞』昭和一〇〔一九三五〕年六月一五日付特別号外より）。

福岡県は検挙数および起訴数とも六県総数の六割を占め、起訴留保数は約九割、起訴猶予数は約六割に及んでいる。このことは、この時期福岡の共産党が「党勢は戦前の最高を示した」（『わが地方の日本共産党史』日本共産党中央委員会出版局、一九九二年）こと、および日本共産党九州地方委員会の拠点であったことの反映であった。

しかし、この事件は一切の報道が禁止されたため、関係者の周辺を除いては全く秘密にされ、事件そのものの存在が一般に知られたのは、二年四カ月もたった一九三五年六月一五日午前一〇時に記事解禁になり、一部の新聞に全容が報道されてからであった。もっとも、この間唯一、日本共産党の非合法機関紙『赤旗』が、事件直後の二月二八日に「九州一帯に亘り／大弾圧下る！」という二段抜きの見出しで、全文次のような記事を載せている。

〈表４〉各県別検挙起訴数

県　名	検挙数	起訴数	起訴留保数	起訴猶予数
福　岡	323	50	50	60
長　崎	40	3	2	10
佐　賀	20	3	1	9
熊　本	46	13	3	28
大　分	6	5	1	−
鹿児島	73	6	1	不明
合　計	508	80	58	107

八幡製鉄所の大動揺と北九州一帯に亘る農民の革命的闘争の真っ只中に天皇制テロルは再三、二月一一日より全九州に亘って暴れ狂っている。確実な詳報は未着であるが、被検挙者は数百名より数千名に上る予測である。

この短い記事の中に、天皇制権力が九州の共産党に大弾圧を加えた当時の九州、特に福岡の情勢の特徴が明らかにされている。すなわち「八幡製鉄所の大動揺」と「農民の革命的闘争」である。

二年四カ月後、記事解禁にともない特別号外を出した『福岡日日新聞』（昭和一〇〔一九三五〕年六月一五日付〔以下『福日号外』〕）は「福岡県下に於ける事件の内容」という項目をおこして、「三百廿三名を検挙／五十名を起訴／建国祭当日未明を期して／一斉大検挙の手下る」という見出しのもとに次のような記事を掲載した。

福岡県下の共産主義運動は去る昭和七年二月全協及び赤救〔赤色救援会〕並に極左学生団体等の一斉検挙が行われ、さらに残留分子の再建組織に対しても同年の八月、九月にわたり中心分子の検挙を断行の結果その陣営は混乱するに至ったが、これより先同年八月七日、執拗にも日本共産党

1935年６月15日の記事解禁にともない，1933年の２・11事件を報じる『福岡日日新聞』特別号外

九州派遣オルグ坂田某が来県し、当時全協九州地方協議会組織委員会を指導していた全協中央部九州派遣オルグ後藤または石井事吉田寛および全農全会派内部に於いて党運動に努めつつあった藤田事矢田磨志等と組織的連絡成るに及び、日本共産党九州地方委員会組織に関する積極的運動を進め、同年九月下旬には党中央農民部オルグ並に、全会本部員今井事真栄田三益の来県援助を得て、農村方面の活動を強化伸張するなど党、全協、全農各オルグを迎えて県下乃至全九州の極左運動は急激な勢いで全面的迅速にかつ深刻に進展し、同年十一月七日のロシア革命記念日を契機に組織内に於いて文書活動を開始するとともに全農、全協其の他の左翼団体内に潜入して、巧妙なフラクション活動によって大衆運動の指導に任じつつあったが、同年十二月下旬には遂に党九州地方委員会を結成し、全九州の指導統制機関を確立した。かくて組織の拡大強化は著しきものあり其の行動は益々深刻化の傾向が窺われたので、県特高課並に関係各署では緊密な連絡のもとに傾向分子の動静を厳重に内偵中たまたま八年一月以来八幡製鉄所の官民製鉄合同反対運動が悪化し、しかも極左分子の存在により情勢刻々に危機を孕み重大事態を惹起の懼れなしとせぬ状態となったので、県特高課では日常内偵の資料にもとづいてこれが検挙計画を樹立し、中心人物の所在捜査に努めた結果、ほぼ其の全貌を摑み得たので同年二月十一日午前五時を期して一斉検挙に着手することに決し、猪俣福岡地方（現東京地方）裁判所検事正の采配を受け青柳県特高課長（現上海駐在内務事務次官）総指揮のもとに検挙地域を大たい福岡、北九州、筑豊、久留米の四地方に区分すると共に前日来各地方に特高課員を派して各署と緊密な連絡をとって検挙決行の結果、容疑者総数三百廿三名を検

挙すると同時に多数の重要証拠物件を押収し、厳重糺治の上送局された九十五名のうち起訴五十名を算し、同県空前の共産党事件の大検挙たるに至った。

発表された特高・警察の情報のみをもとに書かれたものではあるが、度重なる弾圧にもかかわらず、不屈に組織の再建を図り大衆運動を前進させようとする日本共産党や労働者、農民のたたかいの様子を窺い知ることができる。またその運動の進展に深刻な危機感を抱き、凶暴な弾圧を加える支配階級の意図があからさまに窺える。

八幡製鉄官民合同反対闘争

それまで幾度か議会に上程を伝えられた製鉄官民合同問題が、一九三二年一二月二六日に開会された第六四議会に上程される可能性が強くなったので、八幡では労働組合同志会の提唱で三三年一月一一日に、同志会、鉄連、職労および社大党支部の右翼四派で「製鉄官民合同反対期成同盟会」（期成同盟会）を結成した。旧労大党支部も一月一五日、「製鉄官民合同反対闘争委員会」を結成し、九合組合（九州合同労働組合）がこれを支持した。

国社党（国家社会党）支部も米村長太郎を委員長に委員会を開き、軍（第一二師団および連隊区司令部）を訪問して反対の陳情をすることなどを決めた。

しかし、伊藤卯四郎が指導する期成同盟会は四派の団結を固くする一方、「左派社大党支部、九合組合、国社党支部から共同闘争を申込んでも之と提携せず、〔略〕四派以外とは絶対に提携せぬことに方針を定めた」（『八幡製鉄所労働運動誌』）ために、運動は最初から足並みが乱れ、主導権をめぐって相互の間に辛辣な批判攻撃が展開された。

そうした中で、反対側は期成同盟会の四回に及ぶ上京団をはじめ、八幡市会議長以下各派代表や国社党、国民同盟からも陳情団が送られた。

前記『福日号外』は「八年一月以来八幡製鉄所の官民製鉄合同反対運動が悪化し、しかも極左分子の存在により情勢刻々に危機を孕み重大事態を惹起の懼れなしとせぬ状態となったので」云々と書いているが、当時の緊迫した情況について『八幡製鉄所労働運動誌』は次のように書いている。

地元八幡に於ての運動は懇談会員、職工総代によって労働組合に関係のない者も一体となって、工場の従業員大会を開催し、旧労大党の宣伝する従業員大会そのままとなって合同反対運動に熱狂し、群衆心理は一方ならず尖鋭化し、中には非常手段を暗々裡に希望するが如き者も若干あり、之に流言が加って最後は合法的怠業位は決行しかねまじき形勢となったので、何等かの方法で之を統制する必要から一製鋼関矢直その他で二月八日に職工総代全員協議会を招集し「工場毎に行われている反対運動の統制をとり、一面左翼派の侵入煽動を防止して、従業員としての自主的闘争同盟を確立する」事を目標として協議を促進する事とし〔略〕。

ここには、右翼的労働組合幹部の指導を乗り越えて前進しようとする戦闘的労働者の動きと、これを抑え統制しようとする右翼幹部の動きが映し出されている。

もっとも、ここに出てくる「左翼派」とは、旧労大党（労働大衆党）の沢井菊松、青野武一、堂本為広、浅原健三などの「大衆党製鉄官民合同反対闘争委員会」を指したものであろうが、製鉄官民合同によってもたらされる合理化によって犠牲を強いられる労働者の不安と動揺が抑えがたいものになっていたことを示している。

日本共産党の非合法機関紙『赤旗』は、すでに前年の一二月三〇日付で、「戦争と産業統制」という記事を掲載し、「世界に例のない／天皇国家の統制ぶり」の見出しで、「目下あらゆる産業特に重要産業部門に合同――統制が行われている。政府は製鉄合同案や為替管理法案を議会にまで持ち出して国家権力の下に強行するのだ」、「戦争によって太り、又戦争の為に太くされた重要産業が今、満州掠奪を第一歩とする反ソ帝国主義戦争の為、又その原因たる恐慌切り抜けの為国家権力の下に統制されているのだ」と、「合同－統制」が戦争と合理化のためであることを暴露していた。

全協系の活動家が製鉄官民合同反対闘争の中でどのような役割を果たしたのか、資料不足で明らかにすることができないのは残念であるが[27]、二・一一弾圧事件が官民合同反対運動の戦術転換（絶対反対から既得権確保へ）に影響を及ぼしたことは明らかであろう。

『八幡製鉄所労働運動誌』は「二月上旬の右翼四派の指導による反対熱が最高潮に達したころ、或は嬌激な言動もあり又は突発的な行動も予想されて八幡署は非常時としての活動を開始した」と書き、県下各署から総計一一六名の官憲を動員するなど警備警戒にあたったことを述べ、さらに次のように書いている。

「この取締まりによって突発事故の防止が出来、更に二月十一日からの共産党の検挙は、合同反対運動で過激な言動（怠業又はストライキの煽動）のある者をほとんど引致し、職工十五名、職夫約三十名は拘禁され[28]、一般従業員は何故の拘引なるかを知らぬため合同反対運動に関連して拘引さるるが如く考え、為に戦々恟々[ママ]として反対運動の気勢を削ぐことに効果があった」

二月二八日、日本製鉄株式会社法案が上程されたが、「製鉄合同に参加を予定されている工場は八幡製鉄、東洋鋼業、九州製鋼、浅野小倉（以上九州）、輪西製鉄（北海道）、釜石製鋼（岩手）、日本鋼管、富士製鋼、浅野造船（以上神奈川）、大阪製鉄（大阪）、三菱製鉄の十一社と中山製鋼、徳山鉄板が参加し、その他三井、三菱、住友系の各製鉄工業等主要工場のすべてを網羅することになって」（『赤旗』昭和八〔一九三三〕年三月一〇日付）いた。しかし翌年の四月一日に発足した日本製鉄株式会社は、「予定の十一社中経営内容の優秀と言われている六社は合同に参加せず、内容劣悪な五社で構成されたので結局、ボロ会社救済の非難の渦中にあるのが現状である」（日本製鉄従業員組合第二回拡大執行委員会発表の運動方針書、『八幡製鉄所労働運動誌』所収）といわれる始末であった。

それはともかくとして、「製鉄所では、二月二十四日総務部長名で合同案の内容を詳細に説明した『くろがね』の号外を配布して、従業員の既得権は確保せらるることを告知し、二月二十五日の各新聞も合同案の内容を掲載して待遇に変りのないことをつげた」（『八幡製鉄所労働運動誌』）。こうして三カ月にわたる官民合同反対運動は、三月二二日の従業員大会をもって打ち切りになったが、全製鉄労働者への攻撃は一層激しくなることが予想された。

『赤旗』（三月一〇日付）は「合同は法案決定後ただちに諸種の準備が進められ、三、四月頃に具体化し、従って遅くも四月頃から合同によってもたらされる合理化政策、（イ）賃下げ（賃下げ賞与の制限廃止）、（ロ）大量馘首整理、（ハ）労働強化、（ニ）勤続年限の打ち切り、（ホ）本工を臨時工へ切替、臨時工の本工への移動廃止等々の攻撃が開始され、これと共に警戒の厳重化、工場内の一切の集団的活動の禁止、反動教育の強制等々の圧迫が加わってくる」ことを指摘し、全工場の統一戦線による統一的共同闘争を呼びかけた。そしてこの闘争自身が「一つの反戦闘争たる意義をもつものである」ことを明らかにした。

しかし、八月に新たに単一労働組合として結成された「日本製鉄従業員組合」は、「共産主義並びにファシズム運動に絶対反対」することを宣言し、その綱領に「われ等は国情に則し、健全なる労働組合主義に依って産業に協力し、合理的なる社会進化を促進して健全なる新社会の建設を期す」と掲げたように、労資協調主義から産業協力主義に「一歩進んだ」（伊藤卯四郎）労働組合は、全面的に戦争体制に組み込まれていったのである。

虐殺された西田信春

二・一一弾圧は、八幡製鉄の官民合同反対運動を潰すためだけのものではなかった。『福日号外』が当局の発表をもとに「官民製鉄合同反対運動が悪化し、しかも極左分子の存在により情勢刻々に危機を孕み重大事態を惹起の懼れなしとせぬ状態となったので」、「一斉検挙に着手することに決し」たと書いたり、同じく二面には「製鉄合同反対運動から／従業員の暴動化を企つ／大検挙断行の時期を早めた／尖鋭化した一味の策動」という四行四段の見出しで書きたてているが、こうした論調は、右翼的な労働運動でもストライキやゼネストに発展するならば、これを未然に防止し労働者を分断する政策に利用しようとする意図を示したものであった。

しかし、二・一一が治安維持法違反容疑を楯にした弾圧である以上、全九州に共通する状況にはもっと本質的な問題があった。それは、一九三二年五月にコミンテルンが「日本における情勢と日本共産党の任務にかんするテーゼ」(「三二年テーゼ」)を決定し、七月一〇日付『赤旗』特別号に発表したことにあった。

この「三二年テーゼ」は、「日本の当面の革命の性質を『社会主義革命への強行的転化の傾向をもつブルジョア民主主義革命』と規定し」、「この民主主義革命の主要任務として①天皇制の打倒、②寄生的土地所有の廃止、③七〔ママ〕時間労働制の実現(および革命的情勢のもとでは銀行や大経営の人民的統制)をあげ、当面の中心スローガンとして『帝国主義戦争と警察的天皇制反対、米と土地と自由のため、労働者農民の政府のための人民革命』をかかげた」(日本共産党中央委員会『日本共産党の七十年 上』新日本出版社、一九九四年)。そして、これにもとづく党の再建が急務となったのである。

一九三二年二月二四日の全協事件後、大分県出身の矢田磨志は全農第五回大会出席のために上京し、日本共産党中央と連絡をつけ、党再建のために九州派遣オルグを要請した。

これによって八月七日、「三二年テーゼ」の方針にもとづき、労働者・農民など「広範な大衆」と結びついた日本共産党を再建するため、西田信春が日本共産党九州地方オルグとして福岡にやって来た。西田は全協九州地方オルグ吉田寛（一〇月一七日、スパイ富安熊吉の手引きで逮捕）、全農九州地方委員会常任書記矢田磨志らと日本共産党九州委員会を確立するため精力的に活動し、早良、福岡、筑豊、粕屋、八幡・小倉など北九州に、また久留米等筑後地方に細胞（党支部）組織を確立するとともに、相次ぐ弾圧で破壊された全農（福佐連合）および全協組織の再建強化に努めた。

その結果、一九三二年一二月二七日に八女郡船小屋温泉で共産党九州代表者会議が開かれ、西田信春を委員長とする日本共産党九州地方委員会が確立した。こうして、前述したように戦前最高の党勢を示すようになった共産党の成長と、全協や全農全会派福佐連合会などを中心にした労働者農民の運動の発展に恐れを抱いた天皇制権力による弾圧が二・一一事件であった。

ところで、この二・一一事件を「九州地方空前の共産党大検挙」として報じた前記『福日号外』の中で、記事の至る所に「坂田某」という人物が出てくる。「執拗にも日本共産党九州派遣オルグ坂田某が来県し」、「党中央部でも〔略〕優秀オルグ坂田某を派遣する事になり〔略〕、坂田は〔略〕愈本格的党組織に着手するに至った」ということから始まり、全協、全農内における党組織の拡大でも、福岡、早良、北九州、筑豊、南筑の党組織建設でも、「坂田某」が中心になって組織していったことが書かれている。

この「坂田某」が西田信春であることは、後述するように戦後になってわかったことであるが、「坂田某」は二・一一事件でどうなったのか、新聞記事には全く触れられていない。『福日号外』は起訴された五〇名全員の氏名（仮名も含めて）を顔写真入りで公表しているが、「坂田某」に相当する人物は見当たらない。『特高月報』など権力側の文書資料にも、二・一一事件以後の記録には全く出てこない。「坂田某」は歴史の舞台から消されたのである。

ところが、共産党九州地方委員会が確立した時に九州地方委員の一人になった紫村一重が、戦後の一九五五年、「党九州地方委員会の責任者で、伊藤または岡（本名不明）が福岡署で一言もしゃべらずに虐殺されたと考えられ、わすれることができない」という内容の手紙を日本共産党中央委員会に送ったことなどから組織的な調査が始まり、牛島春子など二・一一事件関係者などの努力でようやく真相が明らかになった。それは次の事実である。

——坂田・岡と名乗った中央からのオルグは西田信春であったこと。氏名不詳で「犯人不明障害致死被疑事件被害者」の「鑑定書」（九大法医学教室で発見）は西田信春のものであること。「鑑定書」によれば拷問死としか考えられないこと。西田信春が検挙されたのは二・一一の前日二月一〇日で、その日の夜福岡署で虐殺されたこと——などである。そして、これらのことは、事件当時福岡地方裁判所主任検事であった広重慶三郎の談話（一九六〇年）や死体解剖を行った（記録した）医師石橋無事の証言（一九七〇年）でも疑う余地なく明らかにされた(29)。

虐殺された時、西田信春は三〇歳であった。作家小林多喜二が東京築地警察署で特高に虐殺されたのは、それから一〇日後の二月二〇日で、同じく三〇歳であった(30)。

12　思想攻撃とスパイ・挑発

二・一一事件と建国祭

九州の日本共産党に対する大弾圧が行われた一九三三年は、〈表5〉の年次統計でわかる通り、治安維持法が最も猛威をふるった年であった。

一九三一年九月、日本帝国主義が満州侵略を開始し、次いで三二年一月には上海をも占領（上海事変）して、中国一九路軍を中心とする中国人民と全面的に敵対することになった。

同時に日本国内では、新聞ラジオなどマスコミが政府の報道統制のもとで戦争宣伝・国威宣揚に血道をあげ

〈表５〉治安維持法違反事件関係人数

年	検挙者数	起訴者数
1928	3,426	525
29	4,942	339
30	6,124	461
31	10,422	307
32	13,938	646
33	14,622	1,285
34	3,994	496
35	1,718	113
36	1,207	97
37	1,292	210
38	789	237
39	389	163
40	713	128
41	849	205
42	332	217

『現代史資料　治安維持法』（みすず書房）掲載の治安維持法違反事件年度別処理人員表による。ただし「左翼」のみ。

るようになり、社会民衆党はいち早く「国民大衆の生存権確保」のため満州侵略を認め、やがて国家社会主義へ傾斜していった。

　戦争開始直後は「帝国主義戦争反対」のスローガンを掲げた全国労農大衆党も、一九三二年、社会民衆党と合同して社会大衆党となり、軍部に接近して国策遂行・聖戦貫徹の道を歩むようになる。

　しかし、侵略戦争の拡大の中でも、一気に総力戦としての戦争体制が確立したわけではなかった。三・一五、四・一六をはじめ間断なく続く弾圧にもかかわらず、日本共産党は決して「侵略戦争反対」、「絶対主義的天皇制打倒」の旗を降ろさなかったし、日本共産党の影響下にあった労働者・農民、文化団体は自らの生活を守るたたかいと、自由と民主主義のためのたたかいを止めはしなかった。だからこそ支配階級は、治安維持法によって過酷な弾圧を加える一方で、「聖戦」を支える天皇制イデオロギーを不動のものとして国民に押しつけたのである。

　二・一一九州共産党事件が二月一一日の「建国祭」（紀元節[31]）を期して仕組まれたことも、こうした支配階級の思惑を考えれば、決して偶然とは思えない。

　二・一一弾圧の前日にあたる二月一〇日の新聞は、福岡県が川島学務部長の名で県下市町村長宛に「紀元節の家庭祝祭化と建国精神の宣揚」のための綱領・行事などを通達したことを報じた。それによると、「紀元節の家庭祝祭化を図り併せて我が建国精神を宣揚せよ――と言う趣旨の下に」、綱領として「(1)建国祭は日本建国の理想に基づき高明なる国民精神を発揚するに在り、(2)建国祭は紀元節奉祝と共に全国民の精神的総動員を為すに在り」というのを掲げ、式典、行列、神社参拝など八項目の行事を挙げて、その中にはポスター、花電車、梅中心の生花会などまで例示している。

二月一二日の『福岡日日新聞』は、「非常時局下の紀元節」として、県下各地の「建国祭」の模様を二面にわたって大々的に報じた。それによると、福岡市の「建国祭」は「十一日午後一時より東公園亀山上皇銅像前で挙行されたが、国民の対聯盟感情著しく興奮をたかめておる際とて例年になく一般の参列者多く〔略〕、全部を合すれば約三万に及ぶ大勢であった」。

一九三二年一月までに、全満州（中国東北部）を占領した日本は、三月には「日満議定書」を押しつけて「満州国」を独立させた。国際連盟は日本の行動を侵略行為と見なしたリットン調査団の報告書をもとに、一九三三年二月二四日の総会で日本軍の撤退を勧告する決議案を四二対一（日本）で可決した（三月二七日、日本は国際連盟を脱退）。二月一一日はまさに「満蒙問題」が極度に緊張した時期であった。『福岡日日新聞』は二月一一日をはさんで一〇日、一二日と相次いで、国際連盟一九カ国会議（委員会）と日本代表部とのやりとりを内容とした号外を出した。国を挙げての「建国祭」に際して、国際的に孤立している日本政府が、国際連盟の勧告をしりぞけ「重大決意」をするために、「全国民の精神的総動員を為す」ための下地作りでもあった。

前出の『福岡日日新聞』も書いている。「斯くて『連盟を脱退せよ』『愛国運動』等と書した旗指物数十本立てられ、満州国をもじった『大饅頭』、リットン卿を皮肉った『スッポン狂』の大造り物も出来て居た」と。

「紀元節」はその制定の時から、超国家主義と軍国主義の記念日として国民に押しつけられてきた。天皇主権を謳った「大日本帝国憲法」が公布されたのは、一八八九年の「紀元節」であった。神武東征にちなんで武功抜群の軍人に与えられた金鵄勲章が制定されたのは、一八九〇年二月一一日だった。日清戦争の時、清国艦隊の根拠地威海衛陥落を発表したのも、日露戦争の時、日本の宣戦布告、仁川・旅順の勝利を新聞が報道したのも、同じ二月一一日であった。日中戦争やアジア太平洋戦争では「紀元節」を期して総攻撃を計画したので、二月一一日前後には多くの戦死者を出したといわれる（歴史教育者協議会編『新版 日の丸・君が代・紀元節・教育勅語』地歴社、一九八一年）。

戦前にこうした「紀元節」、とりわけこれを「建国祭」として国民の思想統制のためのキャンペーンに組織するようになった時、いち早くその本質を暴露して、大衆的に反撃することを呼びかけたのは、創刊されたばかりの非合法機関紙『赤旗』であった。

一九二八年二月一日付『赤旗』第一号は、真っ先に「二月十一日に全国に／労働者貧農の大示威運動を組織せよ！／資本家地主の総動員に労働者／貧農の総動員をもって答えよ！」と題して、「プロレタリア及び貧農の多数のおくれた層を青年団、在郷軍人等の中に吸収している彼らは、封建的伝統を利用し、おくれた層の階級意識をマヒさせ、それらを動員し、今度の建国祭をして次の階級的意識を持たせようとしているのだ。第一は総選挙戦におけるプロレタリアートおよび貧農の政治的台頭の弾圧、第二は帝国主義戦争の準備だ」。こう指摘し、「共産党員および革命的プロレタリア貧農の大衆はあらゆる合法的大衆団体の中に於て、労働組合、農民組合の支部において、大衆党――労農、日労、社民、日農の各支部において、更に組合の地方連合会、大衆党の地方連合会等において活動し、イニシアチーヴをとり、広大なる大衆の要求とせよ」など九項目の運動を提起した。

こうして、日本共産党はそれから後、毎年激化する「建国祭キャンペーン」に対して大衆的にたたかうことを繰り返し呼びかけた。「建国祭」闘争はまさにイデオロギー面における階級闘争であったのである。

一九三三年の二月一一日を前にして『赤旗』が呼びかけた記事のタイトルは次の通りであった（本文省略）。

一月三〇日付「二月十一日―建国祭／一三日は二十二億の軍事予算を決定する日だ！／天皇的ファシストの愛国運動を倒せ！／国際プロレタリアートの革命的連帯！／帝国主義戦争絶対反対！　暴圧反対！／二十二億の軍事予算反対の／大衆闘争を組織せよ」[32]

二月五日付「建国祭を赤色示威にかえろ！／サボ、ストライキ示威と大衆的集会で／十一日―十三日を戦え！／二十二億の大軍事予算を葬れ！／万国の労働者団結のために！／天皇政府転覆のために！／すべての人民の解放のために！」

二月一〇日付「ドイツ・ヒトラー独裁樹立に抗議せよ！／戦争・飢餓・テロルの天皇主義ファシズムに反対し／建国祭「愛国」行進を粉砕せよ！／★万国労働者の団結のために！／★日本共産党の旗の下に！」

いずれも『赤旗』一面トップに載った記事の見出しである。二月五日の記事の一部を紹介すると、次の通りである。

我々が解放を望むならば万国の労働者と団結し、日本の天皇政府を倒さねばならぬ。我々が彼を倒さんとするならば！　奴等の戦争に反対しなければならぬ。十一日と十三日、それは天皇陛下の名に於いて人民大衆を血の海に押しやる日だ！　我々は此の日を戦争反対！　天皇制打倒！　万国の労働者団結の闘争の日としなければならぬ。

それには工場に農村に兵営軍艦に、街頭に人民の利益要求をもって天皇反対の力を集めねばならぬ。

まことにストレートであるが、ここにも帝国主義戦争と絶対主義天皇制に反対する日本共産党の立場が明確に示されている。同じ五日付の『赤旗』付録は表裏二面を使って、一月三一日の日本共産党中央委員会の「当面のカンパニアに於ける党の主要なる任務」を発表した。そこでも「来る二月十一日天皇主義者共によって年中行事の一として挙行される建国祭に対しては、特に帝国主義戦争反対！ブルジョア地主の軍事的警察的天皇制打倒の中心スローガンを対置して、これを出来るだけ広汎な人民大衆の間に浸透さすため、工場・農村・兵営・軍艦・住宅・学校等々を中心に座談会、懇親会、従業員大会を開き、ビラを撒布する等あらゆる種類の合法非合法の機会が利用されねばならぬ」と訴えた。

こうして見てくると、二・一一弾圧が二月一一日を期して行われたのは、決して偶然ではないことがわかる。二月一一日の一斉検挙に関わって、公には「検挙時期の決定は資料の蒐集及び極左思想の発展に伴う社会に対する影響力の増大等の観点から特に慎重に考慮されていたが、製鉄合同反対運動の昂揚と事態の窮迫は一刻の猶予も許さず、二月十一日早朝を期し彼等の検挙対策の裏をかき一斉検挙に着手した」（『福岡日日新聞』昭和一〇（一九三五）年六月一五日付夕刊）と発表されているが、より直接的には建国祭「紀元節」反対闘争との関わりを無視することはできないであろう。警察発表であろうとも、当時は弾圧の対象が直接、「天皇制打倒」であることを明らかにすることはタブーであったのである。

「紀元節」は戦後、一九四八年「国民の祝日に関する法律」の制定によって廃止されたが、一九六六年、二月一一日は「建国記念の日」として復活し、〝憲法改悪〟の政治的イデオロギー・キャンペーンの日となっている。

「転向を肯んぜないのは脇坂栄ただ一人」

「福岡県下の二・一一事件で起訴された五十名のうち、第一審終結に至るも猶お頑として転向を肯(がえ)んぜないのは脇坂栄のただ一人にすぎない」。昭和一〇（一九三五）年六月一五日付『福日号外』は、「五十名のうち四十九名は転向」の見出しで掲載した「〝赤の清算〟挿話」の記事の冒頭にこう書いた。

そして、一斉検挙に至るまでの福岡県下各地区ごとの状況を述べたくだりでは、早良地区について次のように書いている。

七年三月頃より、全農全会派早良地区常任書記脇坂栄はモップル福岡地方委員会責任者河村昇(33)と協力してモップル運動に従っていたが、同年八月坂口(ママ)の紹介で入党、その指導に依り赤旗読者網を確立し党員数名の獲得に成功し戸切細胞、福重細胞、樋井川細胞を結成して部落新聞の発行、小作米減免闘争等根強い活動を続けた

また、同紙の「各地の検挙状況」では次のように記している。

早良方面は所轄西新署で目標人物十九名の検挙をめざして署員卅四名を召集し容疑者の大部分をその自宅で検挙するを得たが、党早良地区責任者脇坂栄及び有田孝次（仮名）の両名は検挙決行の二月十一日の前夜自宅に就寝しなかったので逮捕に至らず、脇坂は一斉検挙の報を聞くや現金十円を所持して逸早く京阪地方に逃避せんとしたが、途中の警戒厳重なるを察知して取敢ず粕屋郡志免村の親戚先に潜むことにして同家の農事に従っておるのを探知し捜査隊が赴くや、早くもこれを察知した脇坂は田圃から逸散に付近の山中に逃げ込み、折あしく薄暮の頃だったので一時は容易に発見することができなかったが、所轄箱崎署との共同そうさによって同月十五日漸く捕縛するを得、有田も検挙状況を聞いて素早く福岡市千代町の義兄宅に赴き潜伏中をまもなく検挙された。

検挙された脇坂は五月四日起訴され、第一審判決は翌一九三四年七月二六日、福岡地方裁判所で行われた。

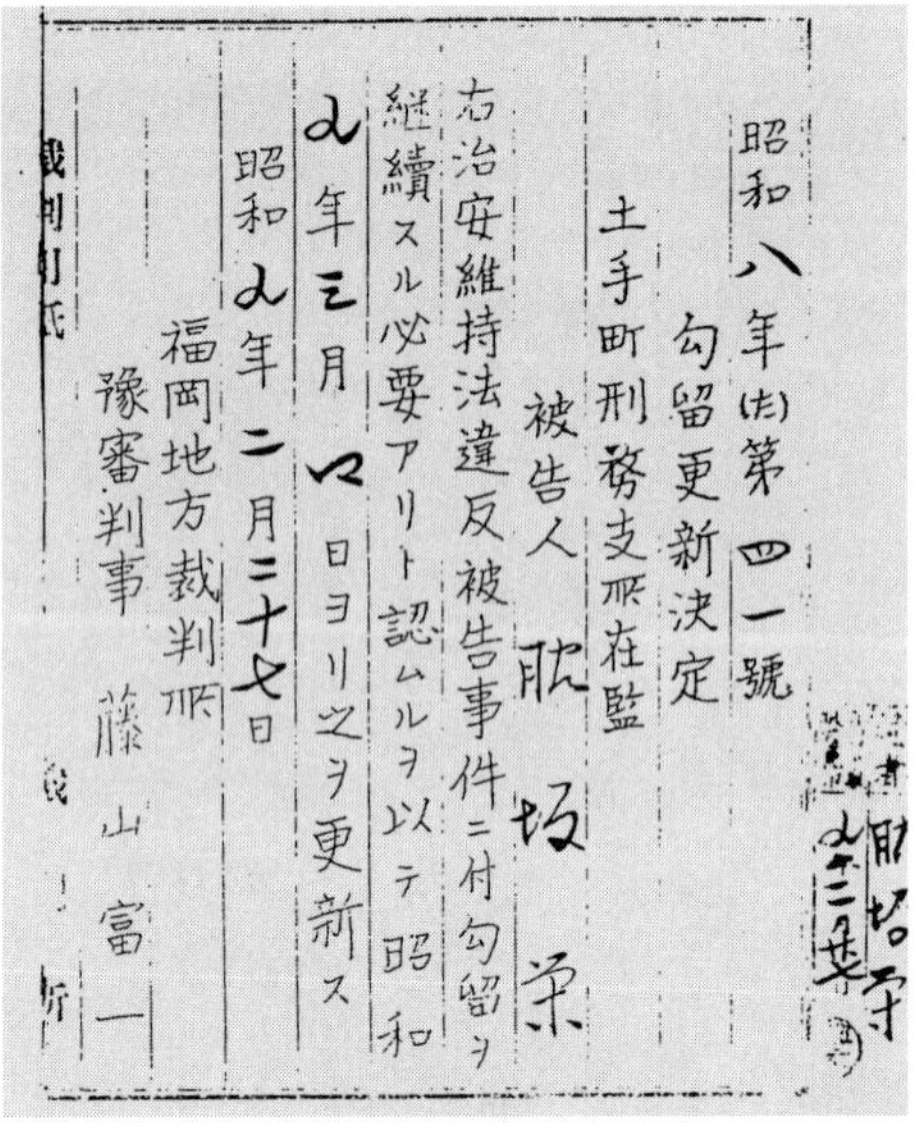
昭和八年(た)第四一號
勾留更新決定
土手町刑務支所在監
被告人　脇坂栄
右治安維持法違反被告事件ニ付勾留ヲ
継続スル必要アリト認ムルヲ以テ昭和
九年三月四日ヨリ之ヲ更新ス
昭和九年二月二十七日
福岡地方裁判所
豫審判事　藤山富一

次々と勾留を更新する福岡地方裁判所の決定書

「主文　被告人ヲ懲役六年ニ処ス　但シ未決勾留日数二百四十日ヲ右本刑ニ算入ス」というものであった。

懲役六年というのは、起訴された五〇名のうちで最高であった。警察情報で指導的幹部と目されていた吉田寛、金子政喜が懲役五年でこれに次ぎ、その他は懲役三年（二名）、同二年が大部分（ほとんどが執行猶予三～五年）だった。しかも脇坂は、検挙翌年の一九三四年まで「他人トノ接見並ニ書類其ノ他ノ物ノ授受」を禁止された。勾留期間は次々と更新され、判決後は勿論、一九四〇年四月二〇日に出獄するまで、一度も保釈・仮出獄もなく、逮捕以来七年三カ月もの間自由を奪われたままだった。

なぜ、脇坂栄が特別に重刑を科せられたのか。それは『福岡号外』の記事に見られる通り、公判を通じて「頑として転向を肯んぜないのは脇坂栄のただ一人にすぎな」かったからである。

長崎控訴院における控訴審一九三四年一二月一〇日の判決は、全く第一審と同じであった。大審院（現最高裁判所）への上告は、一九三五年三月四日「棄却」された。

後日の話であるが、一九七七年八月三〇日、筆者は脇坂栄氏とともに福岡地方検察庁（警務二課記録係）を訪れた。脇坂氏の治安維持法違反事件に関わる判決文を見るためであった。福岡県歴史教育者協議会の藤野浩巧氏が接眼レンズを付けたカメラを持って同行してくれた。おかげで、しぶる検察庁職員に強引に頼んで、短時間のうちに判決文を写しとることができた。

一九七五年一二月、立花隆が『文芸春秋』一月号に「日本共産党の研究」を発表したことから、日本共産党機関紙『赤旗（あかはた）』〔34〕は、一九四六年一月八日付『アカハタ』に発表した「われらは抗議す――天皇制権力の復権拒否にたいして」を再録して、戦前の天皇制権力によって投獄されていた一切の政治犯の復権が保証されなくてはならないことを明らかにした。一二月二三日のことである。続いて七六年一月二七日には、春日一幸民社党委員長が衆議院で「共産党スパイ査問事件」（一九三三年）の究明を要求し、それが鬼頭判事補の不当に入手した資料にもとづくものであったことが明らかになって、大きな政治問題に発展した。日本共産党はこれを機会に、治安維持法や特高犯罪の糾弾、犠牲者の復権運動を呼びかけた。だから脇坂氏が福岡検察庁に乗り込んでまず言ったことは、「自分は治安維持法の犠牲者である。復権のために是非とも必要であるから公判記録を見せてほしい」ということだったのである。

判決文を見ただけで、治安維持法違反事件の裁判がどんなにでたらめで不合理であったかがわかるが、脇坂栄自身が語ったところをもとにまとめてみよう。

私が逮捕されたときは二七歳〔一九〇八年一月二二日生〕で、入党二カ月目〔一九三三年一二月一〇日入党〕だった。西新警察署に連行されたとき、同じ部落の仲間が十二人検挙されていたが、結局最後には一人だけ残され、「仲間の名前を言え」「どこで何をしていたか白状しろ」「言わなければ身体に聞くぞ」と毎日のように引きだされ、ころがされ、青竹でびしびし打ちまくられた。激しい拷問で脚気でむくんでいた身体はダルマのようにはれあがった。〔略〕

裁判官は特高とぐるになって終始私を侮辱する態度でのぞみ、はじめから〝犯罪〟をきめつけてかかり、特高が勝手につくった調書はどんなに抗議してもかえなかった。（『福岡民報』一九七六年二月一五日付）

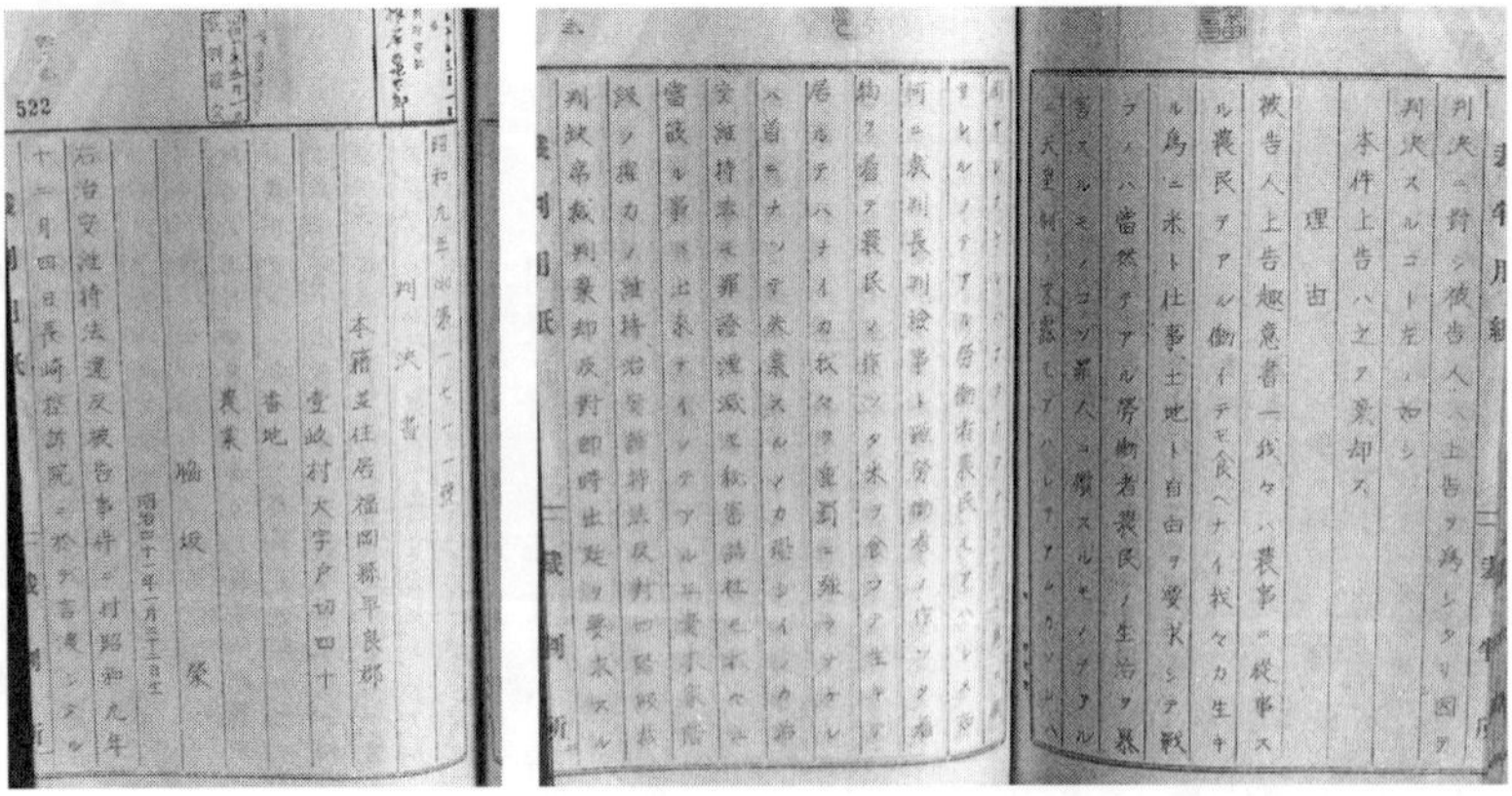

脇坂栄上告審判決文（1935年３月４日）

治安維持法違反容疑取り調べの核心部分は、日本共産青年同盟や日本共産党にどのようにして加入したかを立証することにあった。一審判決は、「昭和七年八月上旬福岡市西公園付近ニ於テ日本共産青年同盟員檜垣真吉[35]ヨリ同同盟ニ加入スベキ旨勧誘ヲ受ケ直ニ承諾シテ之ニ加入シ」、「同年九月頃福岡市内ニ於テ日本共産党オルグ大石ノ勧誘ニ応ジテ同党ニ加入シ」となっている。正式には、脇坂が入党したのはその年の一二月であった。なお、「大石」とは西田信春のことで、西田を脇坂に紹介したのは平田富雄（富男）だった（脇坂栄著『たたかいの思い出』[36]による）。

また、判決文によれば、脇坂は公判を通して最後まで自分が党員であることを秘匿して頑張ったが、裁判所は平田富雄など他の被告人の供述をもとに「総合シテ」脇坂が党員であることを認定している。例えば、同じ戸切在住の平田富雄の予審尋問調書をもとに脇坂が党員であったことを立証しているが、判決文によると平田は次のように供述したことになっている。

「昭和七年一二月五、六日頃、脇坂が平田方にきて入党の勧誘をした。平田は一応断ったけれどもあまり熱心にいうので、やむをえず入党を承諾して、戸切だけで活動することを約束した。平田は結局党費も機関紙代もだしていない。脇坂とともに戸切細胞を結成したことになっているが、細胞会議と明らかに意識して脇坂と会合したことはない。七年一一月下旬頃、脇坂から党への千円基金カンパの話を聞いた。八年一月五・六日頃、脇坂から部落新聞発行の話があったが、平田は『然ル可クヤリ呉レト云ヒ置キシガ』脇坂は蓆旗（むしろばた）という部落新聞を三号まで出した」

平田富雄は一九〇六年生まれで、脇坂より二歳年長。一九二六年創立の日農福岡県連青年部で常任執行委員、組織部長。一九二八年の三・一五事件で検挙されたが、免訴になった。

一九二六年の福岡連隊差別糾弾闘争の時、未解放部落の演説会に平田から誘われたのが、脇坂が革命家として育つきっかけになった。また脇坂は、一九二八年創刊の『赤旗』第一号を平田から見せてもらったという。

判決文を読んだ脇坂栄は次のように語った（一九七七年）。

判決文は検事や特高が勝手に思案し、期日その他も作為したもので実際ではありません。戸切での組織活動、細胞会議なども彼等が想像して作りあげたものです。しかし名前のあがっている人達は皆当時早良における農村の勇敢な青年活動家でした。

カンパ問題などについては知るよしもなかった。平田富雄氏が早く死亡〔一九五二年一月〕して今聞くこともできませんが、抜け目ない平田富雄氏がそういうことを言うはずもなく、彼らが勝手につくり出したものです。部落新聞『蓆旗』は出していました。

また脇坂栄は、「一審の判決は聞いていない。裁判官と喧嘩して、公判廷で大声で演説した。土地と貧乏から解放されるため人民革命をやるんだ、と。裁判官は逃げ散らかしてしまった」とも語った。

上告審の判決書に脇坂栄の上告趣意書が引用されている。

一、我々は農事に従事する農民である。働いても食えない我々が生きる為に、米と仕事、土地と自由を要求して戦うのは当然である。労働者・農民の生活を暴害〔ママ〕するものこそ罪人に価するものである。二、天皇制の末路もあわれであるが、それは倒されなければならなくなったが為に倒されるのである。〔略〕如何に裁判長・判検事と雖も労働者の作った着物を着て、農民の作った米を食って生きて居るではないか。我々を重罰に強(ママ)らなければ首になって失業するのか。恐しいのか。治安維持法も罪証湮滅も秘密結社も我々に当てはめる事は出来ないのである。〔三、四は略〕五、我々は残念乍らまだ共産党員ではない。従って共産党員を獲得すべき資格もない。〔略〕六、調書は下卑なる事を大々的に取り上げて我々を重罰に処せんが為の術策である。〔略〕七、我々労働者・農民は共産党を守るものである。労働者・農民を飢餓から救わんがために働いて呉れて居る共産党員の即時無罪釈放を要求する。八、共産党員に罪が無い以上党外の我々が無罪であることは当然である。（原文はカタカナ文）

弁護人石原毛登馬の上告趣意書も引用してある。

「上告申立人〔脇坂栄〕に対し治安維持法違反の行為ありとしての原院の御認定に付いては毫も非難すべき所なし」といって大要次のように述べている。

「しかしながら、彼は高等小学校中途退学程度の学習で君主制及び私有財産制のなにものなるかを理解する学識はないから、法学博士や学士が関係した違反行為のように治安を害することはない。原院法廷で退廷を命ぜられたような躁暴な行為は彼の無智を示し、寧ろ憐れむべきで、懲役六年に処せられたのは却って改悛の見込みを失わせることになるから、原判決を破棄してより軽い刑に処せられるよう希望する」というものであった。

いずれの上告趣意書も「論旨理由ナシ」として上告は棄却された。

戦前の治安維持法による弾圧は、その裁判も含めて、まさに天皇制権力のもとでの日本の暗黒を象徴するものであった。そしてその陰では常に「スパイ・挑発者」とのたたかいが欠かせなかったのである。

スパイ・挑発とのたたかい

「昭和参年度から昭和九年度迄の間に於けるプロレタリア運動の為の送局者は大体四万人から五万人に上って居り、この中から三千乃至四千人の人間が起訴されているのです。そしてそれ等の大部分が、直接的に或は間接的にスパイ挑発者に依って検挙されたということが言い得るので、殆んど九十九パーセントがスパイ挑発の結果に依ってそういう事態に立至っているのです」。宮本顕治は一九四〇年七月二〇日、自らの公判でこう述べた（『宮本顕治公判記録』新日本出版社、一九七六年）。

戦前の治安維持法違反容疑で検挙された者の九九％は、直接または間接的にスパイ挑発によるものであったというのである。そして宮本顕治自身も一九三三年一二月二六日、スパイ荻野増治の手引きにより警視庁特高課員によって検挙されたのである。

もちろん福岡においても例外ではなかった。一九三二年二月二四日の福岡全協事件で壊滅させられた組織の立て直しのため、中央から八幡に派遣されてきた全協日金オルグ飯島政雪は、一九三二年八月二三日、スパイ富康熊吉の手引きで検挙された。同時期、全協全般の活動の指導のために来福していた全協中央オルグ吉田寛も、同年一〇月一七日、同じく富康熊吉の手引きで検挙された（『たたかいの思い出 第一集』「聞き書きシリーズその4 金子政喜氏」および同『第二集』「聞き書きシリーズその7 天野竹雄氏」福岡民報社）。

富康熊吉は一九〇四年一月八幡市に生まれ、高等小学校一年終了後、神戸に出て東亜ゴムの職工になって労働運動に入り、神戸化学労働組合委員長になった。一九二八年の三・一五で検挙・起訴されたが、執行猶予になって八幡に帰った。二・一一事件では「富康熊吉も縄つきできましたが、これは特高の猿芝居で、この後、農民たちの間でも鬼熊とあだ名されていたと聞きますが、この男は、昭和九年事件でも、スパイをやって多くの仲間を売っています」と天野竹雄は証言している（前掲書第二集）。

『特高月報』（一九三三年八月分）によると、富康熊吉は一九三二年一二月に西田信春らによって確立された日本共産党九州地方委員会で、「全会フラクビュウロウ」に位置づけられ重要な地位を占めているが、二・一一事件では起訴もされていない。

二・一一事件には、もう一人のスパイ笹倉栄が介在していた。笹倉は既出『福日号外』では、「笹田栄（仮名）」として九州地方委員会確立時の首脳会議（五名）の一人として名が挙がっており、前記『特高月報』でも全協九州地協委員会のフラクのメンバーになっている。しかし、二・一一事件以後笹倉はどうなったのか、これらの資料からは全く姿を消してしまう。

二・一一事件の被告人関係者の間で笹倉はスパイだったということが次第に明らかになり、山本（林）斉（ひとし）や牛島春子らによる調査・追及は戦後まで続いた。次は、『わが地方のたたかいの思い出 第三集』に紹介された山本斉と牛島春子の証言である。

このスパイ笹倉は、私の調査では、昭和六年、七年、八年頃うまく泳ぎまわり組織を敵にうりわたした男だ。しかも驚くことには戦後は静岡県下で党組織に所属し〔その後除籍〕、岡さん〔西田信春〕の事務局員をしていた八幡市在住の酒屋の娘さんであった人と夫婦になっていたのである。〔山本斉〕

あの一斉検挙で最後までつかまらず、そして遂に最後までつかまらなかった男が一人いた。それは君島（本名、笹倉栄）だった。検挙がはじまって、君島とまあ公は一緒になった。本当の夫婦になり東京に行ったのである。そして戦争中は、中島飛行機工場で旋盤工をしていたが、戦後は浜松で鉄工場をひらいた。〔牛島春子〕

また、大場憲郎(37)も語っている（『たたかいの思い出 第二集』「聞き書きシリーズその6 大場憲郎氏」）。

この〔古賀鉄工所の〕徒弟の中に、戦前の福岡県党を破壊し、西田信春を虐殺にみちびく上で大きな役割を果たしたスパイ笹倉栄がいました。古賀鉄工所の組合が弾圧をうけないで、比較的ながくつづいたのは、笹倉栄の影響があったのかも知れません。笹倉栄は粕屋郡瀬戸村の出身で、一九二九年（昭和四年）の古賀鉄工所のストライキのときに労働運動に入り、〔略〕その後スパイになったようです。那珂川に首をつけられスパイになることを強要されたといわれています。

こうして、天皇制権力に操られるスパイの手引きによって、九州の日本共産党組織および全協、全農全会派など革新的・民主的組織は根こそぎ権力に売り渡されたのである。

第二次九州共産党事件

九州共産党事件で壊滅させられた日本共産党九州地方委員会や全協、全農全会派などの組織の再建に取り組んだのは、大分県出身の山中一郎であった。

大分県では、二・一一九州共産党事件で中村誠一（一九〇一年生まれ、全協、全農、文化連盟、プロレタリア科学などの組織づくりに取り組み、一九三二年四月入党の大分県で最初の日本共産党員）をはじめ六名が検挙され、うち五名が起訴されている。中村誠一は二月一九日に検挙され、三月一三日に起訴。裁判の結果は懲役二年執行猶予五年であった。中村はその後、一九三七年一二月「人民戦線事件」で検挙され、懲役二年の実刑判決で投獄。満期出獄後、一九四一年に山中らと一緒に九州共産党再建の活動をしたかどで三たび検挙され、懲役三年の実刑判決で服役。一九四三年四月、福岡刑務所で受刑中、結核の病状悪化し、危篤になって仮出所後死亡した。

山中一郎（一九〇八年生まれ）は、中村誠一の推薦で中村と同じく三二年四月に入党したが、中村の活動は非公然が多かったのに対し、山中は福佐連合を中心に全農九州地方組織確立に向かうなど、合法面を担当していたため、逮捕を免れた。これらの事情については、都留忠久著『大分県抵抗の群像』（国賠同盟大分県本部、一九九七年〔以下『抵抗の群像』〕）に詳しいが、以下の記述についてもこの労作によることが多い(38)。『抵抗の群像』には、一九三三年九州共産党事件とその後の再建運動について、次のように書かれている。

一九三三年二月一一日〜一二日西田はじめ全九州の反戦活動家が逮捕され、即日西田は虐殺され、つづいて東京では小林多喜二が虐殺された。大分県では中村が逮捕されたが、公然面で活動していた山中さんは免れ、上京して中央オルグを要請、金子治郎オルグが来九、大分県では山中さんが金子と協力して中津に党地区委員会を結成した。一九三四年一月二六日・二七日山中はじめ中津地区の活動家が一斉検挙され、山中さんは治安維持法違反として懲役刑で入獄。

この一九三四年一月二六・二七日の弾圧が「第二次九州共産党事件」といわれるものである。「大分県では三三年七月日本共産党中津地区委員会が組織されたが、三四年一月の一斉弾圧で山中、金子、真辺武夫、井上政治、井上覚司、佐藤チズら七〇名が検挙された」（『抵抗の群像』）。

権力側の資料である『特高月報』（昭和九年四月分）は「日本共産党の運動状況」の中で、九州地方再建委員会の検挙について次のように記録している。

九州地方委員会は、昨年二月の検挙により潰滅せしが、山中一郎（全農全会大分県評常任書記）は、その再建を志して同年五月下旬上京し、中央委員大泉兼蔵と連絡し、入党の上再建協議を為して帰県したり。

党中央部は、六月下旬金子治郎（全協長野地区協責任者）を九州地方党及全協「オルグ」として派遣せしを以て、両名協力の上、全協全会の線を通じて組織を進め、赤救筑豊及福岡両地区等と連絡し、八月二十四日頃金子及西山明（元東京市北部地区第四部オルグ）、大橋某（九州地方委員会残存分子）の三名にて、九州地方委員会を結成したり。

其の後金子は、九月上旬上京し、中央委員小幡達夫と連絡し、党中央部九州地方組織対策委員会に出席し、運動方針を決定して帰県し、日鉱筑豊地区、日金八幡製鉄所分会其の他に組織を進め、十一月上旬再び上京し、党及び全協中央部の九州対策委員会に出席し、本年一月二十一日頃帰県し民主的選出方法によりて九州地方委員会樹立の策動中一月廿六日検挙せられ、関係者も亦翌廿七日の一斉検挙により概ね検挙せられたり。

例によって特高の筋書きに合わせた報告であろうが、例えば山中一郎の入党時期は明らかに嘘である。治安維持法違反の構成要件（「情ヲ知リテ結社ニ加入シタル者」）を満たすためには、入党時期は必ず明らかにしなければならないが、『特高月報』によれば、山中に限らず「上京して入党」したケースが多い。

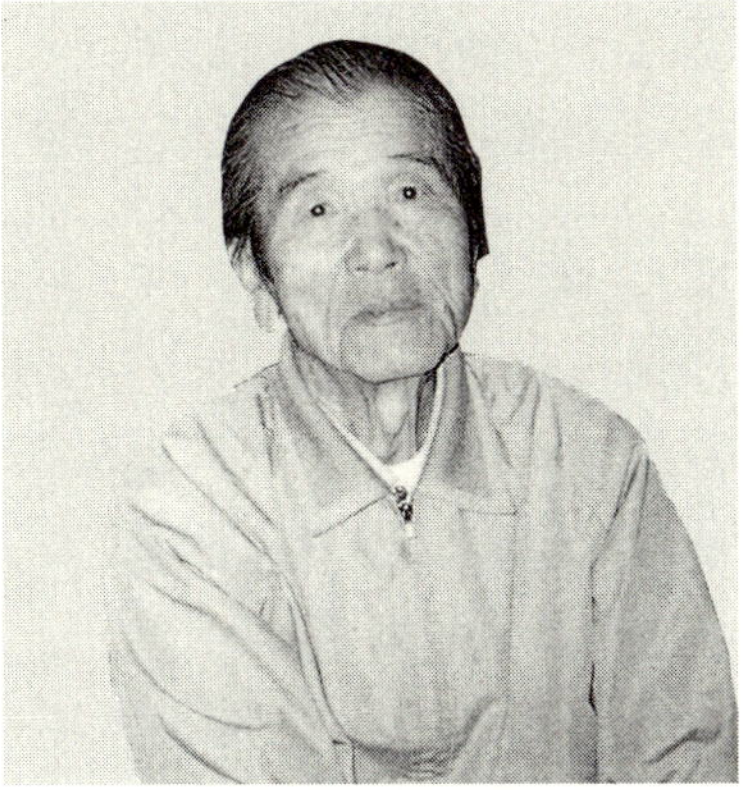
山中一郎氏（1997年10月21日撮影）

スパイ大泉の階級的犯罪・暗黒裁判

前出の『特高月報』が九州地方再建委員会を結成したといっている三名の中の一人「大橋某（九州地方委員会残存分子）」というのは、同じ『特高月報』が掲示している「検挙当時の組織」表に見える「山本某」と同一人物であろう。組織表の「山本某」は金子治郎、西山明と並んで九州地方再建委員会のメンバーになっており、八幡製鉄所細胞（準）の六人の中の一人になっている。この「山本某」したがって「大橋某」こそが、第二次九州共産党事件に際して、天野竹雄が指摘した通り、組織を売ったスパイ富康熊吉である。スパイであるが故に「某」なのである。

重要なのは、上京した山中や金子が中央委員大泉兼蔵や小幡達夫と「連絡」して活動していたということである。このことが事実であるとすれば、九州における日本共産党の再建運動はスパイ・挑発者の手のひらの上で行われていたことになる。

大泉兼蔵や小幡達夫が党中央に潜り込んだスパイ・挑発者であることが宮本顕治らの追及によって暴露されたのは、この年（一九三三年）の一二月であった。

一九三二年一〇月三〇日の熱海事件で、警視庁のスパイ松村こと飯塚盈延（みつのぶ）の手引きによって、日本共産党全国代表者会議に集まった一一名の地方代表と中央委員長風間丈吉、中央委員紺野与次郎・岩田義道（一一月三日、警視庁で虐殺された）が検挙された。引き続き全国で千五百余人が逮捕された後、一九三三年には長野、大阪、中部地方、九州地方と一斉検挙が相次ぎ、六月には佐野学、鍋山貞親が転向声明を出すと獄中転向が続出し、一一月には中央委員野呂栄太郎も検挙された。

この時期の警視庁特高部長は、思想弾圧に辣腕をふるった安倍源基（一九三二年七月～三六年七月在任）であった。(39) そして、「安倍の指揮の下で、直接、手をくだしたのが安倍直属の部下毛利基特高課長であった。毛利はその『功績』により勲五等旭日章をはじめ警視総監賞などたびたび表彰をうけている」（藤田明「戦前の反共主義にみる中世的弾圧法＝治安維持法と暗黒時代」、『前衛』一九九一年一〇月号所収）。

スパイ大泉・小幡を使っていた特高はこの毛利基であった。このことは大泉自身が後に公判廷で証言している。

大泉兼蔵は一九三三年一二月二三日、宮本顕治らによる査問委員会でスパイであることを認め、日本共産党から除名されたが、翌年一月一五日警察に自首し、治安維持法違反容疑で逮捕、起訴され、東京控訴審でも懲役五年に処せられた。大審院に上告したが、一九四二年上告棄却された。上告審の判決（『思想統制史資料　別巻下』〔生活社〕所収）によれば、大泉の上告理由はおおよそ次の三点である（「」内は判決文の引用。ただし原文はカタカナ文）。

①被告人大泉がした党活動は「官憲と相通じその意を承けて党を撲滅せんが為に」おこなったもので、罪に問われる理由はない。予審以来一審、二審を通して終始一貫そのことを主張し、上申書も出してきた。そして、一審では証人として毛利基および刀禰有秋を申請したが、却下されて核心に触れることができなかった。その他の証人は許可になったが、「不知」とか「記憶なし」との証言しか得られなかった。二審で証人として許可された大角善四郎は、大泉が「毛利課長に電話を掛けてくれれば判るから」とか「毛利課長の命令で日本共産党を潰滅させる為に党に入っているのだ」と言っていたことを証言した。毛利基を証人として申請したのに却下したのは、証拠に基づかないで犯罪事実を認定したことになり違法である。

②「被告人の新潟県下における活動は、当時の県特高課長刀禰有秋との連絡関係の下にスパイとして党撲滅の為になされた」ことは、被告人および刀禰有秋の予審における証言によっても明らかに窺えることである。大泉は控訴審で「新潟県に於ける昭和六年一二月八日の検挙は挙げて私の力によるものであることを、私は確信して申上げます」とも述べている。こうしたことを無視して治安維持法違反の事実を認めたのは「事実の誤認」である。

③被告人主張のように反対意思（党撲滅の意図）の下にスパイとして警視庁特高課ならびに新潟県特高課との連絡活動があったとしたなら、無罪の判決をいただけるはずだ。有罪判決を賜るとしても、涙あるご決裁をねがうものである。

相当省略したが、以上が大泉兼蔵とその弁護人が自ら明らかにした「階級的犯罪」の事実である。大泉は必死で自分がスパイであることを主張したが、「論旨はいずれもその理由なし」として上告は棄却された。スパイの末路はまことに哀れであった。

しかし、大泉が警察に逃げ込んだ一九三四年一月一五日から一一日目の一月二六日、そして二七日、九州では福岡と大分で一斉弾圧が行われたのである。

前記『特高月報』は、大分県「中津地区委員会の検挙」として次のように記している。「大分県に於ける極左組織は、昨年二月の検挙により破壊せしが、其の後山中一郎（全会書記）は之が再建を志し、党九州地方『オルグ』金子治郎と協力して活動し、同年七月井上覚司、井上政治、真辺武夫等と中津地区委員会を結成し、同地方の『メンバー』獲得に努めたるが、本年一月二十七日関係者検挙せられたり」

スパイ大泉とスパイ富康との関係はわからない。おそらく特高上部を通じて、間接的な情報網に組み込まれていたであろう。

『抵抗の群像』では次のように記している。

「山中と金子は一九三四年一月二六日列車に乗っていて、折尾駅で福岡県特高に逮捕された。同時に大分県特高もいっせい検挙。山中は福岡地裁で懲役四年の判決をうけて控訴し、長崎控訴院で同じく懲役四年と確定した。この時の国選弁護人は『山中には弁護してやる余地はない』というひどい弁護でありました。四年間諫早刑務所に服役し、一九三八年満期出獄」

諫早刑務所には脇坂栄が入獄しており、ともに「獄内での機織友達」であった。

山中一郎や脇坂栄の弁護人がともに頼りにならない国選弁護人であったことには理由があった。

一九三三年九月一三日早朝、日本労農弁護士団所属の弁護士一七名が、すでに弁護士資格を剥奪されていた布施辰治とともに一斉検挙された。その後一一月一五日までに検挙された者をいれると、総勢二五名に上った。

いわゆる日本労農弁護士団事件である。労農弁護士団の活動や弁護士としての弁護活動そのものが、治安維持法のいう「目的遂行罪」にあたるというのである。治安維持法違反に問われた者を弁護する弁護士が、治安維持法違反で起訴されることになった。中には裁判長の許可のもとに速記を行ったにもかかわらず、「公判記録が共産党などで利用されることを知りながら弁護士席で速記をおこないその速記原稿を渡した」のを「目的遂行罪」に擬せられたものもある（『自由法曹団物語　戦前編』日本評論社、一九七六年）。

「労農弁護士団検挙後も、一般の治安維持法違反事件の起訴はつづいた。しかし被告人の思想や立場を理解して弁護するものは、絶無ではないにしても少なくなり、非転向の被告に対して法廷で精神病者扱いをする弁護人もあった」。宮本顕治の弁護人を務めた森長英三郎はこう書いている（前出『史談裁判』）。

治安維持法違反に問われて法廷に立たされた被告人にとって、裁判そのものが「暗黒」だったのである。こうした中で、平和と民主主義のために不屈に戦い続けた人たちがいたということが、今の日本国憲法の基調にあるということを忘れてはならない。

13　福岡新教運動弾圧事件

福岡県の「新教支部準備会」大検挙

昭和九（一九三四）年一月二七日付『福岡日日新聞』は、「戦慄！　教壇から／児童に対し『赤』の講義」というセンセーショナルな大見出しを五段にわたって掲げ、「中学教諭以下／廿四名を検挙」の記事を掲載した。前年の八月二六日に治安維持法違反容疑で行った一斉検挙（福岡新教弾圧事件）の「記事解禁」が五カ月ぶりに行われたのである。この事件についての客観的資料はほとんど無いと言ってよい。唯一、事件のアウトラインを知り得るのは記事解禁当時の新聞報道である。

戰慄！教壇から
兒童に對し「赤」の講義
深刻さ實に長野縣事件以上
福岡縣の「新教支部準備會」大檢擧
元訓導二名起訴
中學教諭以下
廿四名を檢擧
うち小學教員十七名
參加した安武
赤い歌を合唱さす
深刻なる影響
連袂轉校騷ぎ
稻永の巧みな魔手
炭坑兒童を威化
貧窮兒童に接し
に共鳴
責任を痛感
猶豫なく

1934年１月27日記事解禁にともない，８年８月の「福岡新教事件」を報じる『福岡日日新聞』

新聞報道といっても内容は「県特高課から発表された赤化教員事件の恐るべき全貌」である。したがって地元紙の『福岡日日新聞』と『九州日報』（一月二七日付号外と同日付朝刊）の内容はほとんど同じである。[40]「小学校教員の共産主義運動としてはさきに検挙された長野県のそれに比して勿論その範囲こそ狭かったが、その影響の深刻さに至っては寧ろ長野県以上と見るべき性質のものであった」と新聞（『福岡日日新聞』）に発表された「事件」は次のようになっている（「」内は新聞記事の引用）。

一九三三年七月頃、福岡県粕屋郡内の某小学校に「相当組織的な運動」が行われ、「一部児童の思想に重大なる影響を及ぼしている」事実を探知した所轄箱崎署が極秘のうちに捜査を続けた結果、八月二六日、県特高課では関係各署（箱崎、中津、久留米、大牟田、福岡各署）とともに一斉検挙を行った。検挙されたのは、中学校教諭一名、小学校教員一七名、街頭分子六名の合計二四名で、その他関係小学校児童数十名などについて取り調べた。なおその結果は、『特高月報』（一九三三年一〇月分）によれば、稲永仁、今里博三[41]、川本初男[42]、安武東陽男[43]の四名が治安維持法違反（目的遂行）容疑で福岡地方裁判所検事局に送られ、稲永・安武両名は起訴収容された。

そして、起訴された稲永仁（二二歳、当時福岡師範学校専攻科生徒）について、新聞記事は次のようにも書いている。

「稲永は福岡県粕屋郡内某小学校訓導を奉職中、昭和六年九月頃よりプロレタリア教育雑誌新興教育などを入手研究し、その受持児童の大部分が貧困な炭坑稼働者の子弟で服装、学用品等十分ならず中には欠食するものすらあり、又性質粗放〔ママ〕の者もいるにかかわらず他の教師がお座なりの教育に過ごしこれら可憐な児童を深く顧みざる弊風あるに想い至り、深くプロレタリア教育理論に共鳴」していた。

そのうち稲永は、一九三三年四月に福岡師範学校専攻科に入学すると、新教本部と連絡し、師範学校内や小学校教員の間に組織を拡げ、また粕屋郡内の炭坑内で元教え子を中心に「経営サークル」を結成したり、青年会を中心に「農村サークル」の結成を企画するなどの活動をしながら、安武東陽男（三潴郡内某小学校訓導）らと「新興教育同盟支部準備会」を確立した。準備会の会合では「①全国委員選出問題、②夏休中の活動方針、③受持児童の指導方針、④新教の全協、教労への解消問題等を協議」した。

また、「新興教育、教育新聞、プロレタリア文化、コップ、大衆の友、全協一般使用人教育労働者版、ピオニイルの友等の左翼非合法文書」の「密送」を受け、配付した。

稲永の教育活動については「あらゆる社会現象を捉えて◇不景気及び失業者続出の原因◇炭坑労働者の惨状と資本家の横暴◇ソヴィエト事情の宣伝◇帝国主義戦争の排撃◇国定教科書の内容〔批判〕等を階級的見地から説明するなど巧妙に且つ平易に教え込んで階級意識を唆（そそ）った」と書きたてている。

もう一人の安武東陽男（二三歳）については、「福岡師範在学中から盛んに学校外の全協分子と連絡をとり防空演習反対等の反戦運動に行動隊員として参加した程である」として、昭和七（一九三二）年、福岡師範学校卒業とともに三潴郡内某小学校に赴任すると、その年の夏期休暇中には「我々の読本」（具体的内容不明）と題する印刷物を作成して児童に読ませ、また壇上から「◇階級闘争◇ロシア事情の宣伝◇教科書の暴露◇反戦思想◇国体否認の思想などを巧みに宣伝し」、「海岸や公園等にピクニックを行って、その間折にふれて左翼的の歌を合唱せしめた」りしたといっている。

新聞に載った警察発表のこれら「教育界赤化運動」の文章は、至る所に「戦慄すべき」、「影響の深刻さ」、「社会的危険性の重大さ」、「狂奔的活動」、「魔手をのばし」、「恐るべき深刻な運動」、「児童の左翼化」、「不敵な実際行動」などというどぎつい表現がちりばめられており、いかに彼らが「共産主義の宣伝に狂奔」したかの論調を展開している。

新興教育運動

新聞記事に出てくる「新教」、「新興教育」、「教労」などというのは一体どんなことなのか。まずこの点を明らかにしなければならない。

小・中学校の教員（教育労働者）の先進的教育運動が展開されるようになったのは、やはり「米騒動」以後である。米価をはじめとする物価騰貴、労働争議・小作争議の激化を背景に教育労働者の自覚も高まり、士族的聖職意識に替わって、増俸運動など経済的要求だけでなく「教師の権利」問題を正面に据えてたたかう教師像が見えてくるようになった。

こうした時期に、自覚的教員運動の組織として結成されたのが、平凡社を設立した下中弥三郎を中心として一九一九年に生まれた「啓明会」であった。この「啓明会」は翌一九二〇年九月に「日本教員組合啓明会」と名乗ったことでもわかるように、「教育運動が労働運動と組織的に結びつくという経験が、この時期に啓明会によって、はじめて生み出され」（岡本洋三「戦前教育労働運動史研究の問題点」、『教育労働運動の歴史』〔労働旬報社、一九七〇年〕所収〔以下「岡本論文」〕）たのである。

とはいっても、啓明会は「教師にたいする思想的啓蒙活動を専らにし、いわゆる大衆的な闘争実践においては、ほとんどみるべきものはなかった」し、「職場のたたかい、教育上のたたかいを組織的に指導したことはほとんどなかった」（「岡本論文」）。

その上、中心的指導者であった下中弥三郎の「思想的体質」（アナーキズム的傾向）もあって組織が弱体化し、啓明会は一九二八年四月六日には解散してしまった。

解散した啓明会の運動の経験に学びながら、教育労働者としての自覚を明確に意識して「新しい質の教育運動」を展開したのが「新教」であり、「教労」であった。

「新教」は一九三〇年八月一九日、プロレタリア教育の日本における中央研究所として創立された「新興教育研究所」（初代所長山下徳治）の略称である。

その新興教育研究所創立宣言は「教育が将来の社会を建設すべき未来の成員の養成をその本来の任務とする限り、明日の教育は新興階級のための、また其自体の新興教育以外には存しない」と謳い、「教育労働者組合はわれわれの城塞であり、『新興教育』はわれわれの武器である」と位置づけた。

ここでいう「教育労働者組合」は日本教育労働者組合（略称「教労」）であり、「新興教育」は新興教育研究所を指し、この研究所は機関誌『新興教育』を発行して、新興教育の理論や教育実践、教育労働者としての権利意識の啓蒙、ソビエト教育学の実態などの新鮮な内容で青年教師の間に読者を拡げた。こうして、全国各地に研究会や読者会が生まれ、教育労働者の組織化が進んだ。

「教労」の結成大会が開かれたのは、「新教」が創立された同じ年の一一月であった。前掲「岡本論文」は、当時の情勢から、先進的教育労働者の労働組合が結成される必然性について次のように述べている。

一九二八年二月、最初の普選によって、労農階級選出の代議士が八名当選しました。その事実が、労農階級を主体とする政治運動、組合運動、青年・婦人運動、学生運動、芸術科学などの文化運動の全面的な開花期を迎えて、運動の未曾有の昂揚・発展期を将来する（ママ）ものでした。教育運動ももはや啓明会の教化運動・社会改造の意識の枠をふみ破って、社会変革を目ざしていく労農階級運動につながる教育労働運動にまで発展していこうとします。つまり、一九二七～二八年になると、啓明会の体質改善では、もはやまにあいません。それは啓明会の内部からではなくて、その外側から、「教労」・「新教」の前史を実践的に担った人たちが出てきました。

しかしその頃は、教員が組合を組織しただけで検挙、投獄、懲戒免職にされて当たり前の時代であった。その上、「プロレタリアの解放なくして教員の解放なし」という階級的立場を鮮明にした「教労」は、結成の最初から「全協」（日本労働組合全国協議会）に加入を予定し、全協傘下の日本一般使用人組合教育労働部として全協に加盟した。すでに事実上非合法化されていた全協の中において、「教労」の活動もまた非公然を余儀なくされた。したがって、「教労」の運動方針、綱領などは合法的に発表できず、「新教」の機関誌『新興教育』第三号（一九三〇年一一月）に発表された渡辺良雄署名論文「日本に於ける教育労働者組合運動についての一考察」（以下「一考察」）が「教労」の基本方針に代わるものとされたのである。こうして、「新教」と「教労」との関係は教育労働者運動の二つの側面を分担することになった。前者は合法的に教育理論と実践、また研究と宣伝をリードし、後者は前者と表裏一体となって非合法的に組織の拡大や労農階級との連帯・共同を主眼において運動を展開した。特に、反戦平和闘争、建国祭反対、メーデー、国際婦人デー、選挙闘争などの取り組みは「教労」が、最も重視した政治課題であった。

前記「一考察」が、教育労働者組合の諸目的を遂行するための闘争目標として列挙したのは九二項目に及んでいる。そのうちの特徴的なものをいくつか上げてみると次のようなものがあるが、これを見ると「教労」・「新教」運動の目指したものが、まさに日本における民主主義と民主教育実現のためのたたかいであったことがわかる。

経済的領域について　一、教員の馘首反対。二、本人の意志によらざる転任反対。四、最低俸給制の確立。一一、教育労働以外の雑務反対。一五、時間外労働に対する手当支給。

兵役について　三〇、入営による代用教員、準教員の馘首反対。

教育の領域について　三二、資本家地主の利益×護の為の一切の反動教育反対。三三、国×××書反対、教員による教科目、教科書選択の自由。三四、軍×××教育に対する闘争。三八、強制的指導授業、研究授業反対。四一、一学級四〇名制の確立。四五、上級学校入学準備教育反対。六〇、植民地に於ける帝国主義的特殊教育反対。

児童の領域について　六一、授業料の廃止。六三、国庫による無産児童の雨具・履物等の通学用具、学用品及び昼食支給。六八、義務教育の延長。六九、児童に対する体罰及び一切の懲罰反対。七一、級長制の撤廃、自主的児童委員会の確立。七三、個人主義的競争心煽動の為の児童の成績表示、席次決定反対。

政治的領域について　七七、教育労働者組合の組織並びに活動の自由。七九、教員の罷業権獲得。八八、帝国主義××の危×に対する闘争。九〇、対支非干渉、支那××の擁×。九一、植民地の××運動の×護。

以上二四項目を抜粋した。×印は伏せ字であるが、大体の見当はつく。三三は「国定教科書反対」、三四は「軍国主義教育」、八八は「帝国主義戦争の危機（危険）」、九〇は「支那〔中国〕革命の擁護」、九一は「植民地の独立運動の擁護」であろう。

ここで注目しなければならないのは、特に「教育の領域について」と「児童の領域について」で掲げられている具体的目標は、第二次世界大戦後の日本が日本国憲法と教育基本法のもとで確立した平和と民主主義のための教育理念と完全に一致していることである。

先に挙げた新聞の「教育界赤化運動」の記事から反共的修辞語を取り除いてみれば、福岡における新興教育運動に関わった稲永や安武が、「新教」や「教労」の先進的な教育運動に学びながら、平和と民主主義のための教育を実践した姿が浮かび上がってくる。

なお、新聞記事に見られる「新興教育同盟（支部）準備会」というのは、全国的には一九三二年に結成された「新教」の、新しく発展した組織形態であった。これによって、三一年一一月にコップ（日本プロレタリア文化聯盟）に加盟した新興教育研究所は、「プロレタリア文化運動の一翼として工場、農村、学校における大衆的サークルを基礎にして、労働者、農民に反動教育に対する暴露、啓蒙を日常的、組織的に展開していくことになった」（「東哲朗　新興教育同盟準備会の方針に関する意見」森谷清解説、『社会運動と教育』〔国土社、一九六九年〕所収）のである。

教え子の証言

筆者は二〇〇一年四月に、福岡新興教育運動で検挙投獄された稲永仁の直接の教え子の一人中川昇氏にお会いして、稲永仁についてかなり詳しく話を聞く機会を得た。その中川氏のお話をもとに、稲永仁の教育活動を通した新興教育運動の一端を探ってみたい。

稲永仁（一九一二年四月二日生）は福岡男子師範学校の二部（中学校からの編入、一部は尋常高等小学校卒業）を卒業し、一九三一年福岡県粕屋郡宇美小学校に赴任した。その時最初に担任したのが、中川昇氏が在籍していた尋常五年生の学級（四〇名ほど）であった。以下、中川氏の言葉をかりて「稲永先生」を紹介しよう。(44)

稲永先生は五年生の一学期は何事もなく普通の時間割通りの教育をしていたが、一学期の途中で盲腸か何かで入院し、二学期になって帰ってきた。それからの教え方が、中川氏によると、最初は「先生は変なことを言わっしゃるなぁ」と思えるようなものであった。例えば黒板に線を引いて、「歴史はなるようにしかならんぞ」という話から入っていった。それからここは炭坑地帯だったので、弁当を持ってこれない子がいたり、弁当を持ってきても盗まれるということが起こったりした。そういう時は、貧乏で弁当を持ってこれない子がいるのは政府の政治のやり方が悪いからだということを教えた。勉強は修身や国史なんかせんでいいが、算数や理科はしっかり勉強しておけと言っていた。図工や作文の時間には野外に子供たちを連れていって詩を書かせたりした。

また「覇気・闘志・雄図・団結」というスローガンを黒板に書いて、「これから生きていくためにはこういう気概をもっていかなければならん。そして人間は団結しなければいかん」と言って、ライオンに対するシマウマの話をして団結の重要性を教えた。修身なんかやめてそういうことを教えていた。

昼休みの時間になると、机で円陣を組んで議長を決め、「学校のやり方をどう思うか」などのテーマで討論のやり方を教えた。

一九三一年に満州事変が起こった時、講堂で全校生徒を集めて「満州行進曲」[45]（「過ぎし日露の戦いに／勇士の骨を埋めたる」）の発表会があった。ところが稲永先生は、「この学級だけは歌いに行くことといらん」と言って籠城のようにしていた。もっともこの時は、どこでどう変わったかわからないが、途中で「涙をのんで、しかたないから歌いに行くぞ」と言って、隊列を組んで講堂へ行った。寒い日だった。

「天皇はいても役にたたない」というようなことも言っていたようだが、貧乏人の子供たちは「先生の言わっしゃることはよかねー」と小学校五年生ぐらいでも感じていた。

ある時、植木（粕屋郡須恵村大字植木）の稲永先生の家に井戸浚いの加勢に行ったら、「これを帰ったら読め」と言って、『蟹工船』や『プロレタリヤれんぽう』（プロレタリア文化?）などを貸してくれた。

新聞記事（『福岡日日新聞』昭和九（一九三四）年一月二七日付）にある「不景気及び失業者続出の原因」、「炭鉱労働者の惨状と資本家の横暴」などを階級的見地から説明したということについては、その通りである。

結局、お父さんやお母さんは搾取されて、一生懸命働いても楽な生活はできないということであった。

「ソヴィエト事情の宣伝」については、この国は平等でいい国だから日本もそんな国にならなければいけないということをしきりに言っていた。

「帝国主義戦争の排撃」については、満州事変の時、「そんな歌（満州行進曲）をなんで歌うか」と教室に籠城したことなどがその一つであろう。

中川氏が小学五年生の時、担任の稲永先生から直接受けた教育の骨子は以上のようなものであった。

中川昇氏（2001年４月26日）

六年生になると学級の子供たちは、中学受験組と高等科進級組とに分かれて、学級も編成替えになった。稲永先生は一年で嘉穂郡宮田小学校に転任し、短期現役で福岡二四連隊に入隊した。稲永先生が学校をかわってからも、中川氏たちは先生と文通したり、宇美小の校庭で集まったりしていた。先生が入隊してからは福岡連隊まで会いに行ったこともあった。

中川氏が高等科一年に進んだ時、元の五年生が再び一緒になった。中川氏によれば「稲永先生も元気にしている。またやろうじゃないか」ということで「実際運動」に動き出したという。新聞が「児童は学校内の自治会を利用して昨年（昭和八年）五月頃からあらゆる問題を捉えて実際運動にまで及び」云々と書いているのはこの時のことである。

新聞ではその「実際運動」を①「学校ニュースの発行」、②「級長問題による全組児童の血盟事件」、③「花祭り反対」、④「学級費[46]値下要求及び之に伴う連袂転校表明問題」、⑤「国史試験反対等々」として列挙している。これらのことについて中川氏は次のように語った。

①のニュースの発行はしていたかもしれないけれど、はっきり覚えていない。②は「級長はいらん、級長制に反対しよう」といって中川氏が真っ先に小指を小刀で切って、名前に血判して回した（ちなみに、中川氏は小学校五年生の時も級長をしていて、常にクラスのリーダー格だったようである）。③はお釈迦さまの花祭り。宗教問題とは関係なく、歌や踊りで華美なことに流れるのはおかしいじゃないかということで反対した。④は「授業料値下げ」だったと思う。三〇銭を五〇銭に値上げするとかということだったので、とにかく授業料を

元通りか、もっと下げさせようと。転校ではなくて、ストライキをしようということで、大野城に行くところにある井野の赤出地区で授業をほっぽらかしてサボタージュをした。結局授業料は、この運動とは関係なしに値上げされなかった。

⑤については思い出せないが、とにかく、稲永先生は「修身や国史やらは勉強せんでよか」と言っていたから……。

中川氏の証言によって裏づけられた福岡における稲永仁らの教育実践は、戦前の一時期全国的に展開された新興教育運動の諸記録と照らし合わせてみると、完全にその路線の上にあったということは明らかである。それでは、稲永仁が学んだ新教運動における教育闘争の基本的立場はどのようなものであったのか。それを知る上で参考になる資料として、『抵抗の歴史――戦時下長野県における教育労働者の闘い』（労働旬報社、一九六九年）に採録されている座談会（一九六九年）の発言をあげておこう。

この問題〔天皇制の問題〕をさけて、資本主義の諸矛盾の本質の認識も、社会変革の歴史観もありえないことは、はっきりしていました。しかしそのことを、たとえば修身のなかで、どのように具体化していくかということになると、子どものことではあり、観念的になまの形での天皇制批判の教育は危険であるから、直接なまの形では出さない方がよいというようなことで教科観を話しあったと思います。算数・理科のような自然科学の教科なんかは、科学の法則・科学の方法の基礎認識を養うのでまだいいのですが、修身・国史には天皇が出てきますし、それを全然扱わないで、そっと通りすぎてしまうわけにもいきません。教材によって、または教科によって、逆用したり、別のものをもってきておきかえたり、補ったりするなど、教授法にはいろいろ方法が考えられ、くふうされました。

（事件当時小学校訓導、二八歳、教労長野支部書記長）

なお、「新興教育同盟準備会青森支部昭和八年度闘争方針書（草案）」（前掲書所収）には各教科（一一教科）の教授法（教育課程の自主編成）が掲げられた。そのうち、修身と国史の一部と算数、理科の基本点を紹介すると次の通りである（原文は旧仮名遣い）。

修身科　絶対支配の擁護は何よりも先ず主幹をなしいるこの科に強く表われている。〔略〕忠君愛国の思想の根本原因を忠君一致の思想に於て見、それが世界に類のない思想であるとするが如き、何もそれが生産諸関係とは無関係なものであり、如何なる経済的変革にも動かされ得ぬ思想であるが如きである。だが斯る見方の中からも吾々は支配階級の最後の理念をうち壊すことは極めて容易である事を知らなければならぬ。

国史科　此の科は支配階級の集中力点である。主観的観点から、支配階級に奉仕仕様としている事は他の科と殆んど変りはないが、特に史観を主観的に歪曲している事は他のどの科よりも著しいとしなければならぬ。第一日本民族の発生を神秘的な伝説を以て出発し、それをさながら現実的に存在したかの如く考えしめるために汲々としている。

算術科　此の科に於ては成る可く数を具体的に取扱わなければならない。抽象的な数は児童をして観念的な世界に追いやり、唯物論的な観点に立たしめる事が困難になる。

理科科　此の科に於て唯物論の基礎理論を養うべきである。

ここには軍国主義的国家主義の厳しい教育統制のもとで、「一旦緩急アレバ義勇公ニ奉シ以テ天壌無窮ノ皇れる。
運ヲ扶翼ス」（教育勅語）べき臣民を育成することを強いられる、良心的な教師たちの苦渋と抵抗の姿が見ら

中川氏の話は続いた。

九月一日になり、始業式が終わって帰ってきたら、学校の小使さん（技術員）が呼びにきたので、五人ほどの子どもが学校に行った。一教室に一人ずつ入れられて、それぞれ三人の警察から取り調べられた。取り調べは「お前は稲永先生から習ったことをどう思うか」ということから始まった。中川氏は「先生の言われることだからいいと思っていました」などと答えた。その日は夜中の一二時過ぎぐらいまでかかって帰ると、稲永先生が捕まっているということを聞かされ、「稲永仁さんが調べられて全部白状しているから、先生から習ったことはなんもかも言いなさい。明日は学校に来んでいいから、また呼び出しがくるまで待っといてくれということだから」と言われた。

明くる日は校長舎宅に呼び出されて、そこでまた調べられた。三、四日ばかり毎日調べられた。天皇のことをどう言ったかということを一番しつこく聞かれた。「天皇はいらんもの」と言ったかとか、天皇はどうとか。最初は、絶対言ったらいかんと頑張っていたが、友達と連絡し合って全部白状してしまった。

取り調べには父母・保護者などはついてこなかった。校長などが、遅くなった時はパンなどを買ってきていたが、「パンを喰えとはどういうことか、パンは喰わんで帰ろう」というようなこともあった。

中川氏は物静かに、淡々と、時折り新聞のコピーに目を落としながら、当時を思い出しながら話して下さった。一九二一年一月一〇日生まれの八〇歳、傘寿の祝いをされたばかりだったが、その記憶力のすばらしさには敬服した。「強烈に印象に残っている」とはいえ、小学五年生の頃のことからなぜそんなによく覚えておら

れるのか、不思議なほどであった。それは、稲永先生のもとで級長を務め、特別に可愛がられた幼い中川氏にとって、先生が検挙され、自分たちも特高警察の厳しい取り調べにあったことが、忘れられない衝撃的な事件であったからでもあるが、「先生はアカじゃなかか」、「そんなこと言うとお前も引っぱられるぜ」と言われながらも、先生に対する悪口に反発し、「先生が言われることだからいいことに違いない」と、稲永先生に対する信頼をくずさなかったからだということが、中川氏の話から窺われたのである。

稲永先生が捕まってから、中川氏は一度も会ったことはない。後に新聞を読んで、稲永先生は監獄[47]に入って転向し、中国で特務機関として活動していることを知ったという。

中川氏自身は「×点（ばつ）がついているので、アカの烙印がついているので」上の学校には行けなかった。伝（つて）があって町役場に出ていたが、あだ名は「アカ」だった。「アカじゃなか」と言って反発していたが……。軍隊に召集されて現役で終戦になったが、明くる年帰ってきて、国鉄志免に入って一一年間働いた。中川氏が国鉄志免に入った頃、稲永仁先生は国鉄志免の組合・労働運動で、共産党のリーダー格で活動していた。中川氏に会いたがっていることを人伝に聞いたが、とうとう会う機会がなかったという。

本稿がここまで進んだ時、偶然にも稲永仁が書いた自伝的手記「夜行羅針」（未刊、以下「手記」）を見る機会を得た。それを読むと、中川氏が語ったことがきわめて正確であることがわかった。新興教育に関わる部分を紹介しよう。

稲永仁は、担任した五年二組の子どもたちについて次のように書いている。

二組は殆ど炭鉱の子供達。破れた服は垢と鼻汁で光り、服のボタンが五つ揃っている子供はめったにいない。せいぜい二つか三つ。いたずらも喧嘩も激しいのだ。鞄を持って来る子供は半分もいない。風呂敷はまだ好い方で、破れたタオルにノート、教科書を二、三冊くるんで来る。〔略〕弁当持って来ない子も毎日必ず二、三人はいた。そんな子供達に、陰で幾度パンを買って与えたか。〔略〕私の子供達は、垢だらけで、顔も、手足も煤け、子供らしい生気も、健康さも見られない。授業も困難だった、と言うより成り立ちそうになかった。学級は騒然として、誰も何も聞いていなかった。声が涸れる迄怒鳴り、鞭を振り回し、威嚇しても全く効き目はなかった。

「手記」はこの子供たちの家庭・親の労働と生活についても書いているが、省略する。夏休みの前後、虫垂炎で入院し、九月半ばに復帰して、原田分校の今里博三、宇美小本校の白石順一郎[48]、橋口運平[49]らと新興教育運動に打ち込むようになった。稲永は自分の教育実践を次のようにまとめている。

そこで子供達の前に立って、「みんなの家の暮らしが苦しい事はよく解っている。しかしそれは君達のお父さん、お母さんの責任だろうか。決してそうではないと、君達も信じているに違いない。それは世の中の仕組みが狂っている、間違っているとは思わないか。ではどこが間違っているのだろうか？」私は静かに諄々と説いた。資本主義社会の矛盾について、歴史的必然について、労働者の闘いとその役割についてーー。するとどうだろう。今迄騒然として耳を貸そうともしなかった子供達がシーンと静まり返り、全身を耳にして話に聞き入っていた。

私はこの国の成り立ち、歴史、天皇制の起源、人民の闘いについて語った。〔略〕働くもののまとまりと規律が闘いの武器となる事を強調した。〔略〕やがて厳しいまとまりと規律が、学級の顔となった。四、五月頃は教室の床に寝そべって流行歌を喚いていた同じ子供達だったとは誰が信じよう。当然学習態度も日に日に変わった。正に目の色を変えて学習に取り組み始めたのだ。

新聞記事になり、中川氏もあまり鮮明に覚えていなかったことについても書いている。「一九三二年四月短期現役として福岡二四連隊の中隊に入隊した後、この子供達は独自で学級壁新聞を作り掲示した。国史（日本歴史）はみんな嘘だからと、そのテストをボイコット、全員白紙の答案を提出した」

書けばきりがないが、最後に稲永仁が一九三三年に検挙された時のことを記して終わる。

箱崎署の特高が、ある時呆れ顔で、驚嘆して語った事実がある。それは、私の教え子は校長や次席その他の教師達の執拗な説得、警察での特高共の脅迫や威嚇にも屈せず「稲永先生から習った事は絶対に正しい」と異口同音に繰り返した、と。この子供達の勇気と確信と気迫程、特高共の心肝を揺るがした物は他に多くはあるまい。それは私にとって誇りであり、〔略〕大きな自信につながったし、私を実刑に追い込んだ要因でもあった。

稲永仁は戦後、志免をはじめ福岡県下で労農運動に携わり、一九五二年長崎県で教職に復帰した。以後対馬、佐世保などの小中学校に勤務して一九七五年に退職するまで、最後の一〇年間は数教協（数学教育協議会）長崎県委員長、全生研（全国生活指導研究協議会）長崎県委員長を歴任した。

14 福博電車争議と反ファッショ人民戦線

労働争議の激化

昭和一一（一九三六）年一一月七日付の『福岡日日新聞』は、「労働争議の激化」という見出しで、福岡県特高課の調査結果を掲載した。それは以下のような記事であった。

> 福岡県下の本年の労働争議は、発生の総数五〇件で、この争議参加人員は三六二三名、これを昭和六年以降の最高記録たる六年中の件数五〇、参加人員四三九九名に比ぶれば、参加人員は七七六名すくないが件数においては同数となっている。即ち一〇カ月余にしてすでに昭和六年中一カ年の記録と同数を示しているのである。本年はなお約二カ月余しているので、結局五〇件を突破し参加人員においても六年来の新記録をとどむるであろう。
>
> 争議のうち、そのスケールの大きかったのは福博電車第一次争議、いわゆる電車占領事件で、争議団八〇名総検束の演ぜられた福博電車第二次争議をはじめ、福岡の昭和鉄工争議、八幡の銀バス争議、若松の帆船争議および日華製油争議等で、業態別に見て最も争議の多かったのは交通運輸事業、次が石炭鉱業であるが、本年の争議を全般的に見て特質とすべきは、賃金増額要求にせよ、馘首反対争議にせよ、二度も三度も争議を蒸し返し、甚だしきに至っては四度も五度も蒸し返された争議もあったことである。
>
> 争議頻発の最も顕著な原因としては、一般鉱工業界の景気躍進に伴う労使の対労働条件摩さつの尖鋭化が挙げられているが、いわゆる人民戦線運動の台頭の影響もいささかならざるべく、争議多発の傾向は今後ますます深刻性を加うるものとみられておる。
>
> 地方別にすれば福岡地方一〇件、北九州地方二二件、筑豊地方一一件、豊前地方五件、筑後地方二件で、福岡および嘉穂の各九件を筆頭に戸畑六件、若松および小倉の各五件、八幡および京都（みやこ）の各四件が市郡別にして多いほうである。
>
> （傍点引用者）

一九三一年以来の「労働争議の激化」は、何を意味するのであろうか。

一九三六年は、日本において軍部と右翼を推進力とする天皇制ファシズムが実質的に確立した年であった。

すでに前年の二月に、日本共産党の非合法中央機関紙『赤旗』は停刊に追い込まれ、三月には袴田里見が検挙されて、日本共産党中央委員会の統一的機能は失われてしまっていた。ファシズムの進行と軍事費の増大（一般会計に対する直接軍事費の占める割合は、一九三〇年度二八・五％に対し、三五年度四六・一％、三六年度四七・七％）は、国民の自由と生活を圧迫し、不満を増幅させた。三六年二月に行われた総選挙では、無産政党として命脈を保っていた社会大衆党が三名から一八名に当選者を増やしたのをはじめ、無産団体は二二名を当選させた。軍部支持を強めていった社会大衆党であったが、「帝国主義戦争反対」、「軍事予算反対」を掲げた加藤勘十が全国最高点で当選したことは、物価騰貴に対する不安やファッショ的風潮に対する危機感をも反映していた。

こうした時に二・二六事件（二月二六日の陸軍青年将校の反乱）が起こった。反乱軍は天皇の軍隊によって鎮圧されたが、戒厳令は七月まで解除されないまま、言論・集会の自由は一切認められず、第一六回メーデーも禁止されて、ついに敗戦まで一〇年間復活することはなかった。

このような状況の中で、特高が報告するような〝一九三六年の福岡の労働争議〟もたたかわれたのである。全国の年次別労働争議は〈表６〉の通りであるが、一九三六〜三七年は労働争議件数において、戦前最後のピークであった。

この時期、特に一九三六年の福岡県における主な労働争議を『日本労働年鑑』（大原社会問題研究所）によって見ると、次の通りである。

三月　昭和鉄工鋳物部（二〇〇人）　戸畑工作所（二〇人）　豊国セメント門司工場（二六人）
九州製油所（四九人）　日華製油若松工場（二五〇人）

四月　共同石炭横島炭坑（六〇人）　北九州合同バス（一五〇人）〔～五月〕
五月　東洋セメント小倉工場（六〇人）
六月　高田炭坑（一五人）　昭和炭坑（一五〇人）
　　　飯塚バス（二〇人）　☆豊国セメント門司工場（二一人）（解雇者の復職要求）
七月　昭和石炭会社（一〇〇〇隻）　古川下山田鉱業所（四人）
八月　日本鋼業会社（三六人）　若松循環バス（一五人）　☆九州製鋼
九月　日本晒工場（二六人）　福博電車（七〇〇人）
一〇月　福博電車再燃（八一人）　門司石炭商組合（一五〇〇人）　阪若汽船組合（一六〇人）
一一月　黒崎窯業結束部（一〇〇人）
一二月　大塚鉄工所（四三人）　☆新川貯炭近藤組（二三〇人）　☆東洋セメント採石場（六〇人）
　　　☆筑豊バス（七〇人）　☆東洋化学（一六人）
　　　☆九州曹達（一三〇人）

＊人数は争議参加者数、☆印は『福岡県労働運動史』（福岡県、一九八二年）より。

〈表6〉全国の年次別労働争議

昭和	労働争議総数	
	総件数	総参加人員
5	2,290	191,834
6	2,456	154,528
7	2,217	123,313
8	1,897	116,733
9	1,915	120,307
10	1,872	103,962
11	1,975	92,724
12	2,126	213,622
13	1,050	55,565

（社会局労働年報）

福博電車争議[50]

福岡県特高課の調査結果で、スケールの大きい争議の一つとして挙げられている「福博電車争議[51]」について、その内容を全面的に明らかにし、この争議の歴史的意義、とりわけ第二次世界大戦前夜の反ファッショ人民戦線との関係を追求したのは、福岡県歴史教育者協議会（県歴教協）の「人民のたたかいの掘り起こしとその教材化」運動であった。

福博電車争議の発端は、一九三六年九月八日、福岡地方合同労働組合福博電車分会の杉本勇分会長以下乗務員代表六名が、同会社の高田電車課長に次の五項目の待遇改善要求を提出したことにあった。

①食事時間一五分を制定。
②居残りの廃止。居残りの場合は、五割の手当て支給。
③最低賃金制の制定。初任給を一円二〇銭にすること。★
④昇給制の制定。年二回の定期昇給を行うこと。★
⑤減点制を廃止すること。★

九月一四日一一時、各車庫から選ばれた運転手・車掌の代表者一八名が、八日に出した要求に対する回答を求めるため会社に行ったが、内田常務が不在のため会見できなかった。従業員側は市内渡辺通一丁目に闘争本部を設けて、怠業（サボタージュ）決行を決め、要求項目を再検討して二〇項目にまとめた。付け加えられた要求は次の一五項目であった。

⑥休職期間は一年延長せよ。★
⑦散水車を増発せよ。
⑧吉塚駅に便所を設置せよ。
⑨車掌にゴム長靴の使用を許可せよ。
⑩忌引は一親等七日、二親等五日、三親等三日にせよ。★
⑪家族パスを発行せよ。★
⑫過不足金の罰金制を廃止せよ。
⑬賜暇は無条件に与えよ。

⑭購買会をただちに設置せよ。
⑮病気欠勤者の救済機関をつくれ。
⑯慰安会の班別開催を許可せよ。
⑰業務中の負傷は公傷と認め、完全なる治療を施し、日給全額を支給せよ。
⑱争議前後を通じ犠牲者を絶対出さないこと。
⑲争議費用の全額を会社負担とせよ。
⑳争議中の日給は、全額支給せよ。

要求項目は東・南・今川橋の各車庫ごとに控所に集合した従業員の間で読み上げられ、激励演説の中で確認された。電車は車庫に入れられ、サボタージュはゼネラル・ストライキに発展した。渡辺通三丁目の操車場広場に集まった電車労働者によって選ばれた西野鉄雄委員長以下一三名の交渉委員は、午後六時三〇分、内田常務以下の会社幹部と会談するために、西新町福博電車会社に向かった。

九月一四日は博多三大祭りの一つである筥崎八幡宮の放生会（ほうじょうや）で、博多の街は多くの人々で賑わっていた。闘争本部では市民へのアピールを印刷して配った。「福博全市民の皆さん！」と呼びかけたビラには、電車労働者の最初の五項目の要求を掲げ、続けて次のように訴えていた。

此の要求が不当でしょうか？　私達は今まで動物的な生活を強いられて来ました。右の要求は、人間としての当然の要求ではないでしょうか！

日給は一円で、それに減点されるので八十銭或は七十銭にしかならないのです。減点とは、キップの切りそこない、きりもれや、事故の破損したのも、私達が自分で負担しなければならないのです。

メシを喰べるのに、五分間の時間しかないために、メシを喰べながら電車を動かさねばならない事がたびたびです。

これがため従業員は大部分身体をいためています。病気で休めば、頭ごなしにがみがみと文句を言われます。全然我々を人間として扱ってくれない。それで今度会社側に対し我々としての当然の要求を致しました。

電車に乗られる全福岡の市民の皆さん！　働らかれて家にかえられるのにズイブンお疲れでしょうが、私達の境遇に同情してどうか我々従業員の要求を通させて下さい。

今度のストライキに勝つためには皆さん一般市民諸彦の温き熱意ある同情のみであります。

市民の皆様の御声援をお願いします！


「福博電車従業員待遇改善獲得闘争委員会」の名で出されたこのビラには、「応援」として「福岡地方無産団体協議会（全国農民組合、全国水平社、福岡地方合同労働組合）」が明記してあった。

『福岡日日新聞』は一五日付朝刊に五段抜き四行の大見出しで一ページを使って、争議の状況を写真入りで詳しく報じた。


「運転手、車掌の罷業／福岡市民の足を奪う／福博電車会社乗務員／待遇改善遂に激化す」【一部号外所報】去る九日以来屯に緊張を加えていた福博電車会社運転手車掌約七百名の待遇改善要求運動は十四日に至って俄然激化し、従業員側は同日午後一時すぎ市内桜木町に闘争本部を設けると共に、同四時半の勤務交代時を狙って総罷業決行の指令を発するや、環状線約六十台の電車は続々と渡辺通三丁目車庫に引揚げて乗務員は変電所前の空地に集って総停車を決行し、城南線（約二十台）乗務員また一斉に総停車の挙に出て、中央線約七十台のうち約四十台は総停車、十数分ののち不規則運転の総怠業に移ると同時に対会社交渉を開始した。

交渉は会社二階応接室で、ようやく午後一〇時四五分から福岡署員、西新署員立ち会いの上で始まり、延々六時間、一五日の午前四時三五分、解決にこぎつけた。

妥結内容は二〇項目中、一四項目を会社側が承認、六項目は保留ということであった。保留になった六項目は、前記二〇項目の要求のうち★印をつけたものである。

争議団代表はただちに今川橋車庫、渡辺通三丁目車庫の電車内に籠城していた争議団に交渉の結末を報告し承認を求めた。電車は一五日の始発から運転を開始した。

六項目――しかも賃金、昇給、減点制など重要な要求が保留になったとはいえ、電車労働者が人間らしい生活を送るに必要な最低限度の要求を認めさせることができたのは、八分方の勝利と言っていいであろう。そして何よりも団結の力、労働組合の必要性を身をもって体得したことは、労働者にとって貴重な財産となった。

争議解決直後から、労働者は次々と福岡地方合同労働組合福博電車分会に加入し始めた。組合員はたちまち五〇〇名を超えた。

そして、この福博電車争議を指導したのが、再建されたばかりの福岡地方合同労働組合であったことは、福岡の労働運動史上特別の意味をもっていたのである。

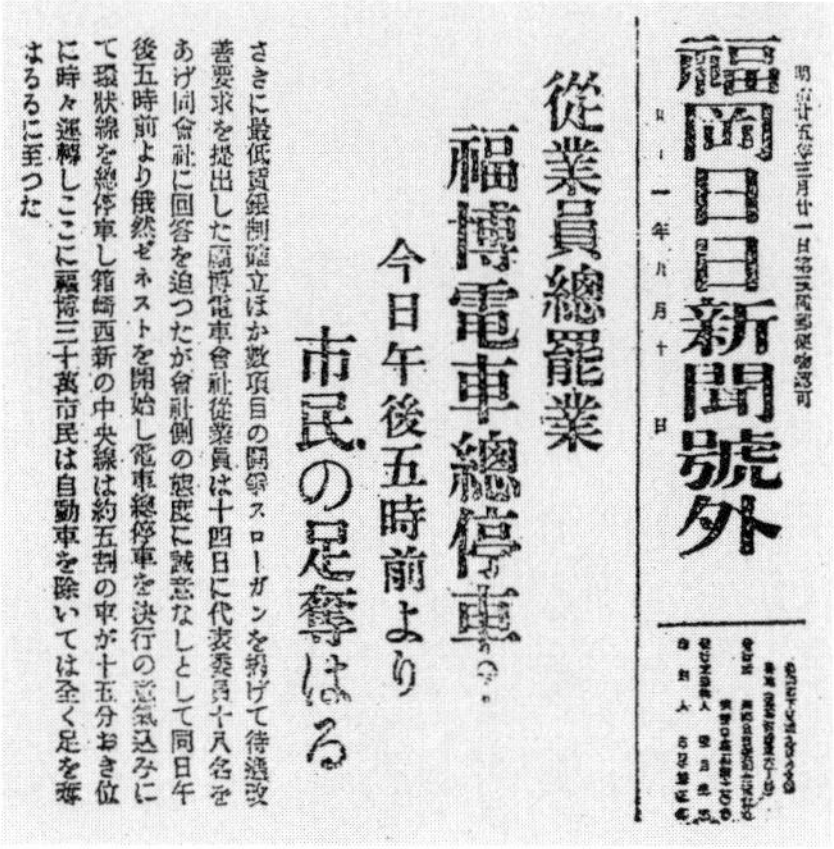
福岡日日新聞號外

從業員總罷業

福博電車總停車す

今日午後五時前より

市民の足奪はる

さきに最低賃銀制確立ほか数項目の闘争スローガンを掲げて待遇改善要求を提出した福博電車會社従業員は十四日に代表委員十八名をあげ同會社に回答を迫つたが會社側の態度に誠意なしとして同日午後五時前より俄然ゼネストを開始し電車總停車を決行の意氣込みにて環状線を總停車し箱崎西新の中央線は約五割の車が十五分おき位に時々運轉しここに福博三十萬市民は自動車を除いては全く足を奪はるるに至つた

福博電車ストを報じる『福岡日日新聞』号外（昭和11〔1936〕年９月14日付）

福岡地方合同労働組合の再建と福博電車争議

治安維持法による一九三二年二月の弾圧（福岡全協事件）、三三年の弾圧（九州共産党事件）は、福岡の全協組織を破壊し、活動家を根こそぎ監獄に送った。治安維持法に問われながらも、まだ若くて活動歴も浅い者は刑期も二、三年で、「今後運動から手をひくこと」（転向）を条件に不起訴になったり、仮釈放になったりした者もいた。

福岡地方合同労働組合（以下「合同労組」）を再建し、福博電車争議を指導した岩田正夫もそうした一人だった。岩田正夫は小倉中学校（旧制）卒業後、門司税関監吏になったが、『戦旗』読者会を組織したりしたためすぐに馘首された。その後、文選工として福岡で働く中、全協系九州出版労働組合の常任書記になった。一九三一年から全協金属八幡製鉄分会を組織し、『熔鉱炉』などを発行したが、三二年二月の全協弾圧に遭い、三月二日に逮捕された。満一九歳であった。非転向のため未決監から出廷し、懲役三年の判決を受けた。入獄後、「運動をやめる」という形で転向を表明し、三四年一一月出獄した。そしてただちに全協再建に取り組み、三五年二月には福岡合同労組を結成し常任になった。

岩田とともに合同労組を再建した福島日出男（秀夫）は、一九二七年の九水電鉄争議の時、争議団の団長として活躍し、馘首された福島茂の弟である。彼は三・一五弾圧の後、福岡地方救援委員会や九州地方政治的自由獲得労農同盟準備会福岡支部の会計を担当するなど、一貫して革新的民主運動の中に身をおいていた。

同じく山崎明治郎も三・一五弾圧の時、一七歳で犠牲者の救援活動をやり、一九三二年に全協に加入した。三三年、二・一一九州共産党事件で検挙され、懲役二年・執行猶予五年に処せられた。

もう一人の日高安重は福岡県田川郡方城村の出身であるが、横浜の専門学校中退で徴兵検査を受けた頃から結核に冒されていた。三二年の福岡全協事件で検挙されたが、不起訴になった。三三年の九州共産党事件では、共産主義青年同盟員として検挙・起訴され、懲役二年・執行猶予四年の判決を受けた。

岩田、福島、山崎、日高の四名は、一九三五年頃から合同労組再建のため、昭和鉄工所、製綿工場、市役所、郵便局、福博電車、印刷工場などの労働者たちに根気強く働きかけをした。そして一九三六年三月、昭和鉄工所の労働者が待遇改善の要求で争議に入り、山崎たちの指導で昭和鉄工所従業員工友会の結成に成功すると、これと併行して福岡地方合同労働組合が結成されたのである。

同年八月一八日には、合同労組福博電車分会が福岡市内須崎橋たもとの「万十屋」二階において、前記合同労組四名のオルグ参加のもと、電車の若い労働者たちによって誕生した。二八歳の杉本勇が分会長、二七歳の山本登が書記長に選ばれた。

翌八月一九日、合同労組は福博の労働者や農民組合員、水平社などの応援を得て、「福博電車従業員諸君!」宛の最初のビラを配った。ビラは電車労働者の労働条件のひどさをあげ、昭和鉄工所の労働者が団結の力で待遇改善への道を開いたことを知らせ、次の三点で会社に要請することを訴えた。
・従業員のための扶助施設をして〔ママ〕貰おう!
・残業の時は五割の手当をして貰おう!
・食事時間を一五分にして貰おう!
こうして、たたかいは始まったのである。ビラは二度、三度と配られた。その中には合同労組のものだけでなく、福博電車分会のビラもあった。ビラの内容で労働者の意思は統一されていった。

すでに述べた九月八日の要求提出と会談申し入れは、もはや必然だったのである。

反ファシズム人民戦線と合同労組

一九三五年夏、モスクワでコミンテルン（共産主義インターナショナル）第七回大会が開かれ、ファシズムと戦争の脅威に対して、労働者階級の団結を基礎にあらゆる勤労農民、中産階級、知識人を含む反ファシズム統一戦線（人民戦線）の結成を呼びかけた。これによって、迫りくる戦争とファシズムに反対する人民戦線内閣がスペイン（三六年二月）やフランス（同年六月）に成立した。

中国においても、日本帝国主義と中国人民との矛盾は中国における抗日民族統一戦線の結成に拍車をかけていった（三六年一二月、西安事件、三七年九月、抗日民族統一戦線成立）。

コミンテルンの方針にもとづいて、岡野（野坂参三）、田中（山本懸蔵）連名の「日本共産主義者への手紙」が発表され（三六年二月一〇日、モスクワ）、アメリカを経由して密かに日本にももたらされた。「手紙」は、闘争を敢行せねばならぬ主要な敵はファシスト軍部であると規定し、「わが国民をファシズムと戦争の恐怖から救う道は、労働者階級の統一と反ファシスト人民戦線を基礎とする偉大な国民運動だけである」と述べ、共産主義者は合法的な労働組合や農民組合の中で積極的に活動し、社会大衆党内の左派とも提携することを呼びかけた。にもかかわらず日本では遂にこの方針は実らず、反ファシズム統一戦線は実現しなかった。しかし、この統一戦線の思想は、個々の共産主義者や戦争とファシズムに反対する人々に受けとめられ、たたかいの活力になったことは間違いない。

県歴教協の機関誌『現代と歴史教育』（第二六号、一九七四年一二月）所収の古江健祐論文「福博電車ストから見た反ファッショ・統一戦線思想について」は、福博電車争議の前後に出された合同労組のニュースやパンフレットなどを分析して、「『手紙』と一本化した福岡の労働者のたたかい」に迫っている。

そうした動きを同論文が引用している資料で見てみよう。

一切の政治的自由並に生活権が奪われつつあるとき、これはファッショによる攻撃にあることを知っている当組合は、労働組合戦線の全的統一はもとよりだが、さし当って反ファッショの強力なカタマリを作る必要を全労働者の意志とし、それこそが組合の全的合一をも闘い取るものであることを確認し、無産団体協議会を提唱した。

（『合同労働者』合同労組ニュース、一九三六年八月一五日）

反ファッショを闘えということは、俺たちの生活を楽にしろ、自由に労働されるようにして、パンに事欠かぬ様にしろ、小作地をとりあげるような事は止して働く土地を与えろと資本家地主共と闘うことである。
（『大衆課税と勤労大衆』福岡地方無産団体協議会書記局発行パンフレット、一九三六年一一月三〇日）

〔福博電車の〕兄弟達の争議を勝利的に解決に導くため、凡ゆる応援がなされなければならない。此の勝利を通してこそ荒れ狂うファッショの波に対抗しうるのだ。
（合同労組・昭和鉄工所分会ニュース、一九三六年一一月一五日）

この時期の福岡のたたかいが、人民戦線結成を視野に入れた反ファッショのたたかいの一翼を担うものであったことは明らかであろう。

古江論文は書いている。「〝共産主義者はセクト主義を大胆に克服して労働組合や農民組合など合法的大衆団体のなかで活動し、また社会大衆党内の左翼分子とも連携して人民戦線のために努力する必要がある〟という『手紙』の指摘とも考え合せてみると、福岡地方合同労働組合の指導下で闘われた福博電車のストライキは、ファッショの荒れ狂う波に抗して闘った重要な部分をなしていたということがはっきりしたのではないかと思う」

このように合同労組の思想的背景に反ファシズム人民戦線があることを察知した特高警察は、会社側と一体になって徹底弾圧の体制を整えた。このことは次のように『特高外事月報』[52]（一九三七年一月分）が自ら明らかにしている。

福岡地方合同労働組合幹部にして全水関係者たる山崎明治郎は、〔略〕コミンテルン第七回世界大会に於ける「デイミトロフ」の報告演説及日本共産党関西地方委員会発行の「日本ニ於ケル人民戦線運動ノ結成ニ就テ』と題する文書の閲覧を受け、後日運動方針の参考に供する目的を以てこれを複写して帰宅せり。爾来、同志たる岩田正夫、日高安重（其の後死亡）に右複写を閲覧せしめ、之が方針に基き反ファッショ人民戦線運動を展開すべく協議し、昭和十一年八月、先ず福岡地方合同労働組合、全農福佐連合会福早地区委員会、社大党福岡支部準〔準備会〕の有志に、之が統一戦線を提唱して福岡地方無産団体協議会を組織せしめ、更に之が協議会に大衆を獲得する手段方法として、昭和鉄工所分会、福岡電車分会等を組織し、以て福岡地方に於ける強力なる人民戦線の樹立に努めたり。

電報による深夜の首切り

九月一五日の早朝に及ぶ交渉で、組合側に大幅な譲歩を余儀なくさせられた会社側は、承認事項の完全実施と保留事項の検討を迫る組合に対抗して、組合の切り崩しを図った。職制や革正会という御用団体を使って組合員の家族に圧力をかけ、脅しと懐柔で組合からの脱退を迫った。約束事項の実行には言を左右にして応ぜず、組合の乗客に対する自発的サービスも社規違反だから処分すると脅した。

一〇月に入ると、福博電車会社は一五・一六日と相次いで東京から帰福した東邦電力・九鉄などの地元財界の重役・社長と鳩首協議し、争議解決のために重大決意でのぞむことを決定し、ただちに県の特高課、西新署長、福岡署長に連絡した。

こうして一〇月二〇日深夜、会社は三一名の組合活動家に「フミダシタ　アスヨリシュッシャニオヨバズフクハクデンシャ」という同文電報を打って抜き打ち的に馘首した。

「フミダシタ」は、未払い給料の計算書を送ったということであった。

福岡署特高課と会社との連携は明らかであった。一〇月二〇日『福岡日日新聞』朝刊は「急進分子卅一名に

／電報で抜打首切／福博電車紛糾蒸返す」の見出しでこのことを報じたが、その中で「福岡署特高課では同夜会社の態度決定するや、外勤巡査二十五名を制私服の二班に分け各分会に配置徹宵非常警戒にあたった」と、警察権力が事前に組合側を弾圧する体制を整えていたことを暴露している。会社側はさらに二〇日の夜から「西新町百道松籟館、西新町本社裏集会場、地行西町並に馬出合宿所、福岡西町浄満寺等に三百余名の従業員を分散合宿の非常手段に出づると同時に、再び従業員に文書を配付の上夜を徹して厳重な切崩し防遏線を固めた」（同新聞一〇月二二日付）のである。

まさに警察権力をバックにした会社側の、綿密で計画的な組合潰しの攻撃であった。

こうして福博電車争議は再燃した。会社側の従業員缶詰作戦を予想していなかった争議団は、手分けして缶詰になっている一般従業員の説得に向かったが、会社側に阻止され、警戒にあたっていた福岡署員に検束される者もあった。

二〇日の夜、全農福佐連合会、日本総同盟、西部産業労働組合、全国水平社、社会大衆党福岡支部、福岡地方合同労働組合などの代表が集まって、無産団体協議会が開かれ応援委員会を発足させた。そしてこの無産団体協議会応援委員会（責任者岩田重蔵）の名で、「争議団応援――電車バス不乗同盟、電灯料値下、乗車賃値下――のための市民大会」を開く訴えを配付することを決めた。

また三一名の被解雇者は二一日午後、馘首は先の罷業解決条件の〝犠牲者を出さぬ〟協定事項に背反するとして、会社側に辞令を突っ返した。

会社側の争議団切り崩しと缶詰作戦によって、争議団に結集したのは被解雇者三一名と組合員四二名になった。これに友誼団体員八名が加わって、二二日午前三時半過ぎ、渡辺通三丁目の電車車庫に向かい、電車二台を脱線させて占領した。駆けつけた福岡署警官隊は、九月争議の時と打って変わって、八〇名（後日一名、計八一名）総検束の強行手段に出た。

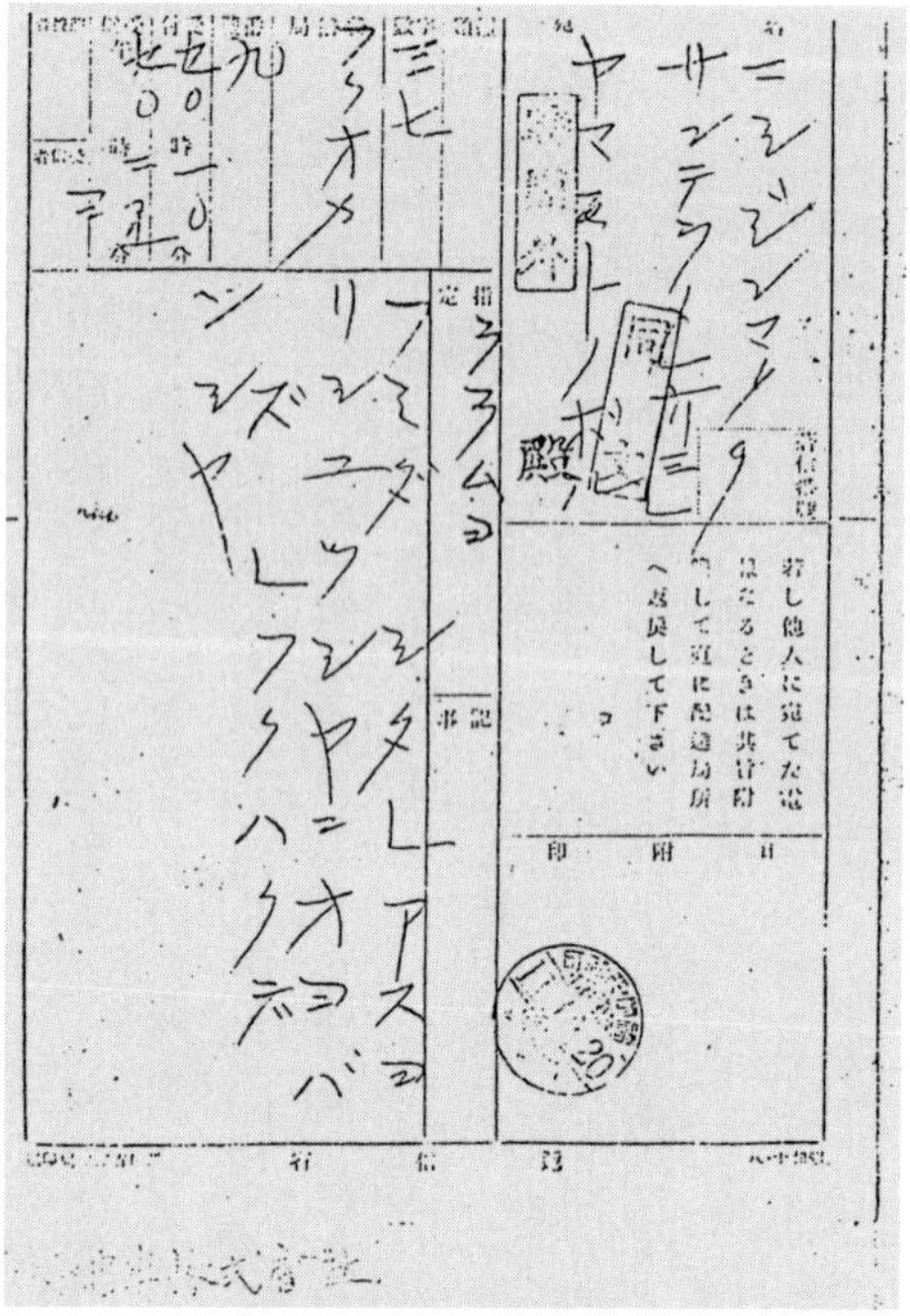

山本登に配達された馘首電報（同文電報）

岩田正夫と福島日出男も検挙され、二人は起訴された。一一月二五日の福岡地方裁判所の判決は、業務妨害で岩田正夫懲役四月、福島日出男懲役三月（執行猶予三年）であった。

『福岡日日新聞』は一二月二八日付朝刊で「争議団に金一封／橋爪前〔特高〕課長らの調停成功／福博電車争議解決」の見出しで次のような「円満和解」内容を報じた。

「一、馘首された三一名及び長期欠勤従業員八名の復職は共になさざること。一、争議団に対し警察当局の手を経て会社側より金一封を贈ること」

これより前、一二月五日に全国一五府県で、反ファッショ人民戦線の結成を目標とする共産党中央再建準備委員会をはじめ、全協再建組織など各種非合法グループに対する一斉検挙が行われ、六三三人が検挙された。福岡でも「橋爪特高課長（現台湾総督府警務局□〔不明〕安課長）を総指揮官として検挙部隊を編成し、昭和十一年十二月五日午前五時暁の霜を踏んで県下に於ける共産分子三十八名の寝込みを襲い一斉に検挙した。取調べの結果十四名を送局、内十名を起訴猶予とし」（『福岡日日新聞』昭和一三（一九三八）年五月三一日付）た。この新聞記事解禁は、事件から一年半後の一九三八年五月三〇日であった。電車事件で控訴中の岩田正夫は、一九三六年一二月八日に逮捕されていた。

福岡における反ファッショ人民戦線運動弾圧と、福博電車争議弾圧を結びつけるキー・パーソン（人物）は橋爪福岡県特高課長だったのである。

日中全面戦争に突入する直前の準戦時体制下でたたかわれた福博電車争議は、当時の国際的反ファッショ人民戦線のたたかいを視野に入れながら、数々の教訓を残して、文字通り「地下水脈」となって戦後の労働運動に受け継がれていった。

15　折尾駅弁ストライキ

「立売人従業員組合」の設立へ

一九三一年の若松沖仲仕労働争議に関わった永末清作は、その年の暮れに発表された八幡製鉄所の大量首切り（八八一名の職工整理）に反対する全協関係のビラ配付を準備する中で、戸畑署に検挙された。その直後に父や甥の死去にあい福岡市荒戸町に転居したが、引っ越しの翌々日の二月二五日にいわゆる福岡全協事件（一九三二年二月二四日）に連座して検挙された。

三三年四月、福岡地方裁判所で行われた治安維持法違反事件の判決では懲役二年、執行猶予四年になった。運動から身を引いた永末は、次姉の夫が経営する折尾駅構内営業「真養亭」の売り子になることができた。まずお茶の売り子から出発して、翌年の四月からは昇格して本格的な駅弁売り子になった。

手記『わたしの運動史』[53]（以下『運動史』）を書いた永末清作氏は、「転向者の苦渋」を語りつつ、当時の駅弁売り子の労働の実態を次のように述べている。

まず、お茶の売り子から出発。土瓶二十個いれた箱と熱湯のはいった大やかんを両手にさげて、ホームを走りまわるのは結構重労働だった。それでも衣食住つきで月十五円前後の収入はあった。〔昭和〕八年十一月頃と記憶するが、ホームでお茶を売る私の眼前で客車から引き摺り下ろされ逮捕された学生風の男

がいたが、わが陣営の指導者ではなかったかと、いまでも胸の痛むおもいがする。(54)

翌九年四月、弁当の売り子が一人辞めたので、私が昇格して、本格的な駅弁売り子になった。収入が倍の三十円以上になる。そのうえ売上の一番には五円の賞金がついた。私は転向の苦渋を叩き付けるおもいで、山と積んだ弁当売箱を前に担ぎ、大声で〝弁当、弁当〟と連呼しながら客車の窓めがけてプラットホームを駆け回った。そのため賞金五円は殆ど私がせしめていた。

弁当売り子は駅のホームで弁当を売るだけではなく、内勤の仕事がある。まず早出は午前五時には飯炊き場から五升いりのお櫃(ひつ)を売り子専用の作業場に運び出し、飯箱に詰める。ふんわりと盛り付けるのには熟練がいる。調理場からだされているお菜(さい)(おかず)箱を上に、レッテルの紙をのせ紐で十字にくくる。この作業を迅速にやってのけねばならぬ。遅出の夜勤には、翌日用の卵焼き作業がある。カンテキにあかあかと火をおこし、卵十数個を味の素と昆布だしの汁でメリケン粉をといたのに割り込んで攪拌、これを長方形の平鍋にいれて厚焼きと薄焼きの卵焼きを、列車の合間をみてつくる。がいちゅうがはいればそれの「とかけ」をする等々。

永末氏は母と一三歳の甥に生活費を送ったが、その余りはやけ酒になって消えた。「孤独と苦渋が転向した私をさいなんだ」とも書いている。

それでも一九三五年になると若松の中村勉から誘いがあって、『九州文化』に詩や随筆を寄稿したりして文化活動を始め、学習会を組織したりして元気を取り戻していった。

そして、「反ファッショ人民戦線運動がフランスにおこり、イタリア、スペインなどに拡がっている情報などが私たちを勇気づけた」という。

一九三六年になってヨーロッパの人民戦線運動の発展が伝えられ、一〇月末福博電車ストのニュースが伝えられると、ついに永末氏は売り子仲間と協議して「門鉄管内の駅立ち売り人の待遇改善のため組合を組織する決意を固め」るのである。

しかし、「門鉄管内の福岡県関係で駅構内営業をやっている所は門司、小倉、折尾、博多、鳥栖、久留米、大牟田、直方、行橋とあり、それが弁当、かしわ飯、新聞・雑誌・雑貨、牛乳・アイスクリームと品目別に営業者が別々にわかれている。売り子も営業ごとに雇用条件も違うし交流もあまりない条件下では、その団結を図るのは極めて困難」であった。

そこで、「〝隗より始めよ〟で折尾駅の各業者別売り子を団結させるため、日用必需品の共同購入から始めることにした。私は田村、野本を連れて小倉に行き、問屋から石鹸・たおる・靴下・運動靴などを卸値で仕入れることに成功した。経費をみても市価より二～三割安く売ることができる。仕入れた品々はひっぱりだこ、売り子だけでなく、弁当の詰め場の女子や板場の助手、飯炊きにいたるまで買うばかりか、化粧品も仕入れてくれの注文までうける始末。そこで全売り子から基金を拠出してもらい、折尾駅立ち売り共済会を設立して、新聞雑誌の売り子後藤君が駅近くに開業した店の二階を借り受けて事務所にした。機関誌『ふれごえ』もガリ版ずりで発行した」。

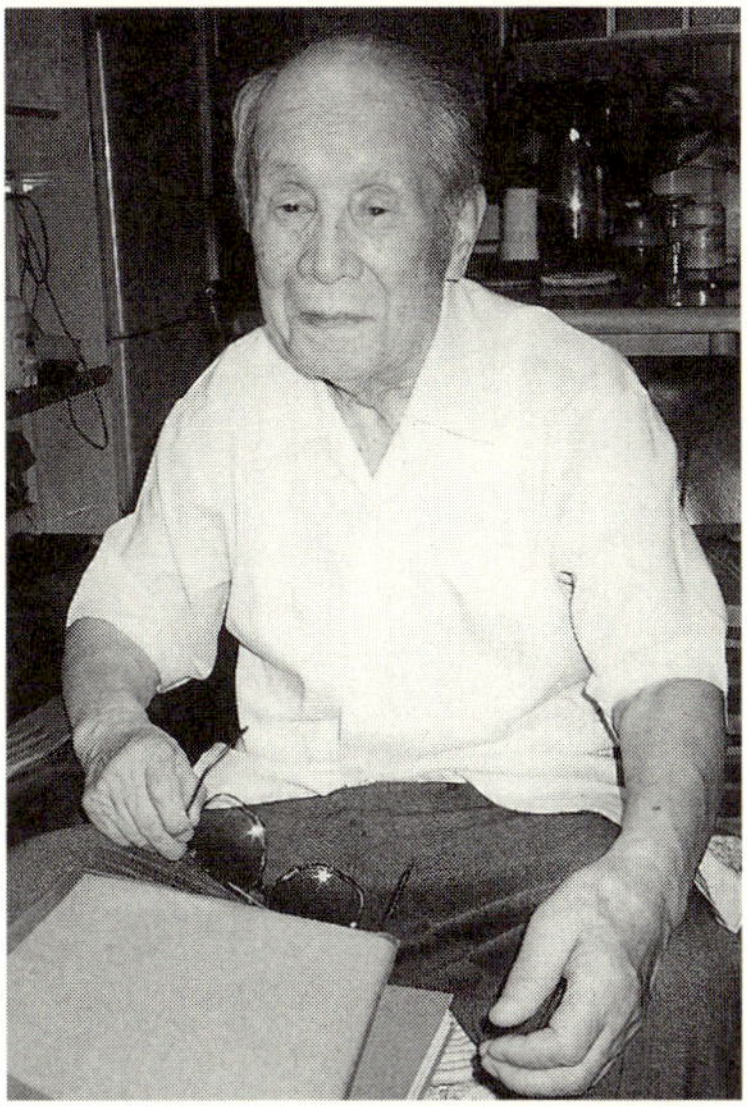

永末清作氏（2001年７月11日）

こうして設立された折尾駅立売共済会が順調に発展していくと、「門鉄管内各駅構内営業の立ち売り人を対象にした『立売人従業員組合』を設立して、『虐げられ蔑視されてきた立売人の社会的地位を高め、待遇改善をはかろう』との気運が高まってきた」のである。六月に入ると、永末らは小倉駅、行橋駅、鳥栖駅などの売り子代表を訪ね、組合設立の趣意書を手渡して組合結成の急務を説いて回った。こうした動きは、門鉄駅管内構内営業人組合連合会会長を兼ねる佐竹真養亭社長の耳にも入り、社長は「六月十一日博多寿軒に全営業人を招集して、立売従業員組合の件を協議することとなり、立ち売り側からは永末が代表して設立趣旨の説明をおこなった」。しかし、「営業人側は寿軒主を先頭に組合設立を認めず、参加するものは馘首すべしとの強硬論に終始した」のである。

戦争前夜ストライキに突入

六月二七日、直方駅構内営業店主が、前日折尾で開かれた立売人代表者会議に出席した売り子の一人を馘首した。これを知った直方駅の売り子全員六名が、職場放棄して折尾に来た。折尾駅の立売人も職場放棄し、最終列車で到着した小倉駅からの十余名とともに日吉町の朝倉旅館で、三駅立売人総罷業の第一回総会を開き、「要求書」を確認するとともに、争議団長（小倉駅代表）、副団長（折尾駅代表永末）をはじめ、各担当を決めるなど争議体制を整えた。

六月二九日の『福岡日日新聞』夕刊は、「駅立売人の罷業／折尾、小倉、直方三駅の卅四名／〝虐られた地位〟に不満」の三行四段見出しで「九州本線折尾、小倉および筑豊線直方各駅構内立売従業員三十四名は廿九日午前九時ごろ突如罷業に入り福岡県遠賀郡折尾町国道筋旅人宿中山静氏方に集合、立売従業員争議団本部を設け、さらに北九州共同購買組合の上岡利夫氏[55]が応援として参加し、各駅営業人に対し立売り従業員組合設立趣意書および声明書に左記要求書を添え手交持久的争議に入った」と報じた。

提出された要求書の内容は次の一〇項目であった（『福岡日日新聞』による）。

一、立売り従業員組合の承認　　二、月二回の公休および公休手当支給
三、制服の全額支給　　四、年金加俸の制定
五、最低給料四十五円を支給すること　　六、住込み人の待遇改善

七、退職手当法の適用
八、盆、正月の賞与支給
九、食費十五円の支給
十、今回の事に対し犠牲者を出さざること

『九州日報』も、要求書の内容とともに争議の模様を日を追って報道した。そして七月三日付の新聞では「争議団側はさらに硬化する一方、営業主側でもその後何らの回答を与えない様子で、有力な調停者の出でざる限り円満解決は至難と見られている」と報じた。

この間の情況を『運動史』は次のように記している。

> 私〔永末〕は争議団団長とともに佐竹店主側代表に要求書を提出すると同時に、田村を特使として福岡水平社の松本治一郎氏と鳥栖の福佐農民組合に派遣し支援を訴えた。翌日福佐からは米一俵、松本氏からは金一封のカンパとともに激励文が届き、一同を奮い立たせた。
>
> 争議団本部には、立売共済会顧問の資格で上岡利夫が常駐して気を配ってくれた。七年事件の長尾登や若松の石内哲也もかけつけていた。朝晩の通勤列車からは製鉄の労働者たちが、列車の窓やデッキから身をのりだして〝がんばれ〟と声援を送ってくれた。争議団一同は改めて労働者の連帯の大きさに感動した。(56)

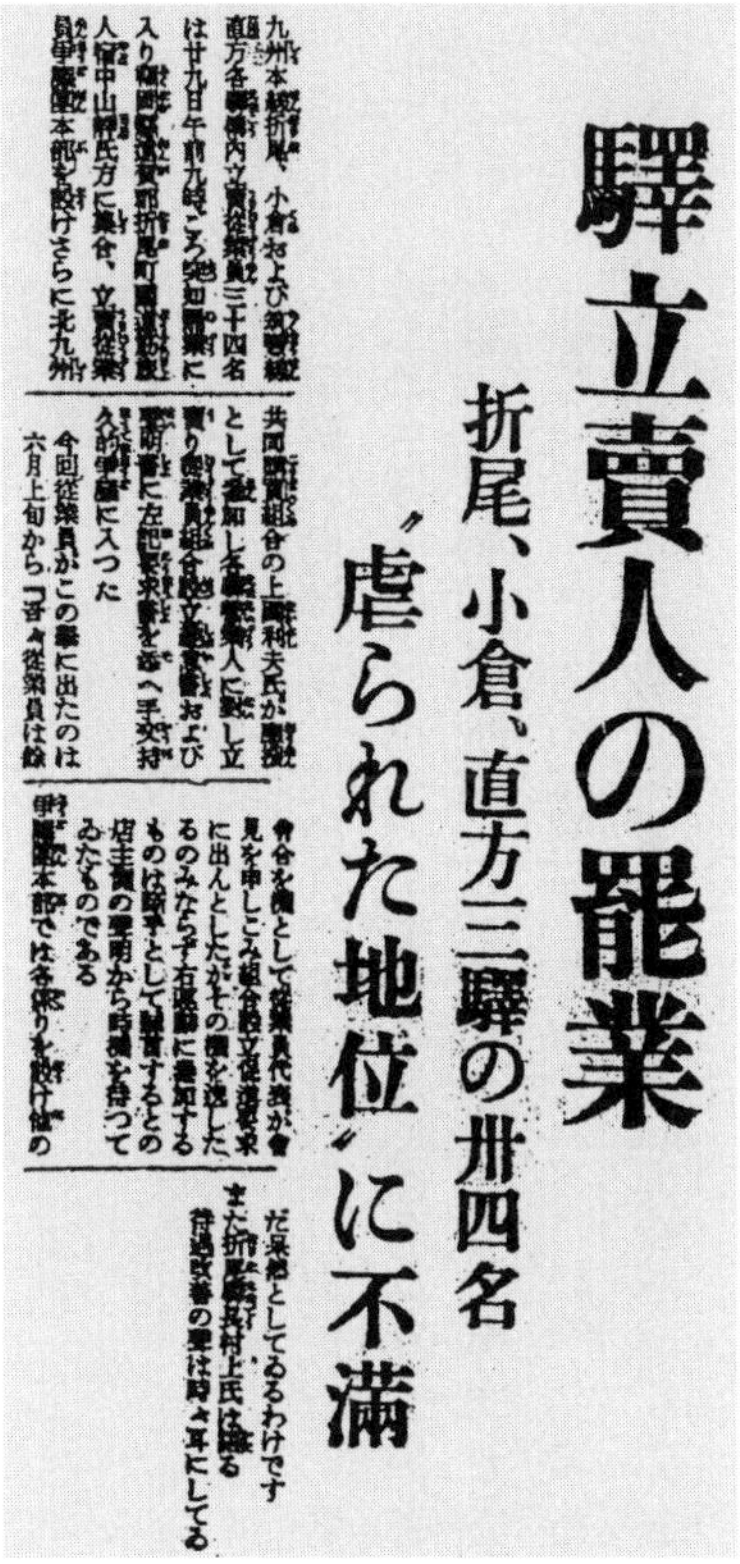
驛立賣人の罷業

折尾、小倉、直方三驛の卅四名

〝虐られた地位〟に不滿

駅立売人のストライキを報じる『福岡日日新聞』（昭和12〔1937〕年６月29日夕刊）

三十日は労使双方不穏の空気を秘めた

まま過ぎ、翌七月一日午前十一時交渉に応ずるよう折尾駅長から連絡があった。場所は折尾駅従業員集会所。

争議団側は団長、副団長の他、各営業店別に代表一名が、営業人側からは佐竹構内営業連合会会長をはじめ各営業店主が出席、立会人として門鉄旅客課長、折尾駅長、折尾警察特高が出席して午前十一時半に第一回交渉が二時間半にわたり開催された。結局、営業主側が立売従業員組合は認めず、七月四日までに職場復帰しないものは解雇する旨の回答に終始したため、交渉は決裂。争議団側は本部に引き上げて全員に交渉の結果を報告、要求貫徹にむけ断固戦う決意を新たにした。

一夜あけて二日になると、新聞記者から「一両日中に解決せねば警察が介入する」との情報が流されるなかで、不安と焦燥が高まり、脱落者が出る気配に争議団幹部は志気の引き締め高揚にやっきになっていた矢先の夕刻、駅長から今夜十一時に駅集会所で、第二回の交渉を行う旨通知があった。

こうして、第二回目の交渉が前回と同様の参加メンバーで行われた。冒頭、佐竹会長が、立売従業員組合は認めないが、要求事項については相談に応ずる用意があると発言。組合側は交渉を中断して協議した結果、組合設立の要求を撤回して待遇改善に重点をおくことを決め、交渉を再開した。

交渉が妥結した時の模様を『運動史』は書いている。

交渉が待遇改善の件に移るや、要求はうそのようにすらすらと通る。なかには異議を申し立てる営業主もいたが、業主側でその異議を説得する風景もみられる交渉である。狐にばかされているような心境の中で交渉が妥結。最後に折尾駅長と佐竹連合会長から、争議が妥結したうえは今日の一番列車からホームに立って販売に従事してほしい旨の発言があり、争議団側はこれを受け入れ、交渉の場を後にした。そしてさらに、「後で新聞記者から聞いたところによれば、経営主側は門鉄旅客課長から『本日中に争議を解決しなければ、構内営業の権利を取り消す』と通告を受けていたそうである」と付け加えている。

『福岡日日新聞』の七月三日夕刊によると、三日午前六時頃手打ちとなった協定事項は次の通りであった。

一、公休は月一日として前月欠勤せざるものは二日を与う。二、公休手当は一日平均一円限度とす。三、制服は金額をもって支給す。但し夏冬一着宛、アイスクリーム営業者には夏上着一着増加。四、歩合金はその駅現在歩合の百分の八を増す。五、住込人待遇改善をなす、但し各店毎に交渉する。六、退職手当法に準じて支給するよう考究する、但し七月十五日まで研究の上従業員に回答す。七、七月十二月の賞与金は支給し、但し平均一カ月の二割五分範囲をもって支給す。八、通勤者食費として月十五円を支給す。九、年功手当を支給す。十、本件につき犠牲者を出さざること。

〔『九州日報』に載ったのもほぼ同様の内容であるが、「争議費用は営業主側より金一封贈呈す」の項目がある〕

労働者（駅立売人）の日常的な要求をもとに、まず共済会を作り、労働組合結成の気運を高め、三駅立売人のストライキを指導した永末氏自身が驚くほど、要求の大部分を獲得して勝利した背景には何があったのか。『運動史』は駅立売人争議の最後に、次のように重要な事実を記している。

門鉄創業以来の珍争議といわれた駅立売人総罷業が終わり、各駅では三日からものなれたふれ声で売り子の仕事についた。私も弁当を満載した箱を抱えて折尾駅のプラットホームに立った。
ところがである、佐世保行き標識の軍事貨物列車がひっきりなしに下り線を走る。これはただごとではない！

門鉄が業者にスト中止を厳命し、警察が総検束を構えたナゾもとけたと思った。果せるかな四日後の七月七日には、日本軍蘆〔ママ〕溝橋爆〔ママ〕破事件で中国への全面戦争に突入していったのである(57)。

すでに見たように、一九三七年は労働争議件数において戦前最後のピークであった。そして、そのうちでも、「日中全面戦争が勃発する直前の一九三七年上半期には、賃上げを要求する争議が激発し、件数にして千五百二十二件、参加人員十八万六千五百七十九人という、戦前のピークを記録してい」（前出『物語日本労働運動史』）た。

その最後を飾った争議の一つが「折尾の駅弁スト」だったのである(58)。

要求のあるところにたたかいが起こる。たたかいの中で組織が生まれる。日本独占資本による支配の拡大と侵略戦争の推進をもくろむ天皇制ファシズムは、これに邪魔になる労働者の運動・組織は絶対に認めようとしなかった。しかし「折尾の駅弁スト」はこのような困難な条件のもとでも、労働者がどのように組織され、たたかいに立ち上がることができるかを示した典型として、敗戦直後の嵐のような労働運動の発展・労働組合の結成に道をつけたと言ったら言い過ぎであろうか。

「義兄〔佐竹真養亭社長〕の恩も義理もふみにじった立売ストの張本人」永末氏は、七月五日には弁当屋真養亭を後にして、若松の中村勉を頼り働き場所を得たが、翌年の夏、肺結核で屋形原病院（福岡市）に入院した。一〇カ月で退院した後、立命館日満高等工科学校付属製作所、石炭統制会などに勤め、一九四四年応召、終戦は福岡市の油山山岳兵舎で迎えた。戦後は石炭統制会九州支部職員組合を結成して待遇改善闘争の先頭に立ち、日本共産党福岡市委員会の結成に参加した。

註

I

（1）『社会労働大年表』（労働旬報社、一九八六年）による。後出4の『米騒動の研究』では、一件も米騒動が起こらなかった県に栃木県を入れて五県としている。

（2）塩田庄兵衛「米騒動と現代」（『米騒動五十年』労働旬報社、一九六八年）より。

（3）富山県の米騒動の始まりについて、井本三夫氏は『歴史地理教育』（歴史教育者協議会編）一九九八年九月号所収の論文「米騒動八〇周年と研究の進展」で、「最初の勃発地が一九一八年七月上旬の東水橋町（現富山市水橋東半部）と改められねばならない」と指摘し、「かつて最初の勃発地と思われていた魚津町（現市）でも東水橋より遅れるがすでに七月十八日から始まっており、二十三日の積み出し反対が始まりかのように言われていたのは、警察の隠蔽工作に欺かれていたのであることがわかってきた」と述べている。

（4）井上清・渡部徹編『米騒動の研究 第一巻』（有斐閣、一九六一年〔全五巻〕。以下『研究 I』とする）および『研究 V』による。地名は当時の市制都市名。後にこれらの市制都市に吸収合併された町村や市に昇格した町村も数多くあるが、これらは含まれない。

騒動の規模は「群衆の暴動または暴動にいたらない示威行動のあったもの」（『研究 I』ではAランク）に限る。したがって、集会はしたが鎮静解散したものや、いわゆる「不穏」な情勢を生じたが実際には群衆行動にならなかったもの（同前B・Cランク）は除いた。

軍隊の出動は、一カ所一日の所もあれば数日に及んだ所もある。また奈良市のように騒動鎮静後（一六日）に出動した所もある。

（5）予審：旧制で、事件を公判に付すべきか否かを決定する公判前の裁判官による非公開の手続。その判断に必要な事項および公判では取り調べにくいと考えられる事項の取調べを目的とする。日本国憲法施行とともに一九四七年廃止（『広辞苑』）。

（6）『研究 V』による。

（7）『研究 IV』「福岡県」の記述に、当時の新聞記事などを参考に若干補足した。「争議」と「騒動」の違いは微妙なところがあるが、おおむね『研究 IV』に従った。なお、九月四日の万田炭鉱は熊本県荒尾村であるが、鉱業所は大牟田市所在の三井三池鉱業所なので福岡県に入れた。

（8）『研究 IV』の引用資料「（関門日日　八・一九）」。

（9）久田照和・近藤伸久著『米騒動と八幡製鉄所争議』（福岡県歴史教育者協議会、一九七〇年）より。

(10) 一九五三年、八幡製鉄所発行。編著者は一九二〇年から一九五二年まで八幡製鉄所の職員であった甲斐募。

(11) いずれも『研究 V』。なお、一都市で最多出動数は神戸市の六三二〇名で、次いで東京市三六〇〇名、呉市三四〇〇名、広島市三一九四名などで、福岡県では大牟田市(熊本県荒尾村＝三井鉱山を含む)一九六八名が一番多く、次いで八幡市一〇〇〇名、門司市九〇〇名の順であった。

(12) 新藤東洋男編著『ロシア革命とシベリア出兵』(日ソ協会福岡県連合会、一九七八年)所収の「附論4『野戦病院従軍日記』にみるシベリア出兵事情――小倉師団第一野戦病院衛生兵の日記」。同書では「この『日記』の衛生兵は、国内における民衆の闘いである米騒動をみながら、ロシア革命干渉戦争としてのシベリア出兵に出発していったのである」と記している。

(13) 福岡県田川郡添田町峰地炭坑。八月一七・一八日労働争議が暴動に発展し、軍隊が出動して死者も出た(後述)。

(14) 信夫清三郎著『大正政治史』(勁草書房、一九七四年)より。『門司新報』では「重軽傷十数名」、『研究 V』では「各所で衝突四名刺殺、空砲発射」。

(15) 内務省より知事宛の「恩賜金其他ニヨル救済施設ニ関スル指示事項」(『研究 I』より)。

(16) 峰地第二坑の坑夫だったが、米騒動の直前に労働総同盟の前身・友愛会に加入。当時二五歳だったが、峰地炭坑「騒動」の実質的な指導者として逮捕・投獄された。二年六カ月の実刑だった。この経験から出獄後、炭坑夫組合の結成に参加し、労働運動に献身した。

(17) 『筑豊米騒動記』では「採炭夫の一日平均九四銭八厘というのが、当時の大方の坑夫賃金だと考えられる」と書かれている。当時、九州鉄道KKの車掌運転手が七〇銭から四〇銭、八幡製鉄所一般職工が五〇銭前後だった。

(18) 『筑豊米騒動記』によれば、「函引き」とは坑内から上がってきた石炭の函を検炭係が見て、函に積まれた石炭の量と、その中にどれくらいのボタが混入しているかを検査し、例えば一日五函出炭しても四函分しか支払わなかったことをいう。検炭は係の経験と勘によるもので、検炭係に盆と正月の付け届けをしないとわざと函引きされたという。なお、松本吉之助は『筑豊に生きる』(部落問題研究所、一九七七年)の中で、炭坑での差別問題の一つとして「検炭」のようないやな仕事が被差別部落出身労働者に押しつけられたことを述べている。

(19) 坑内の支柱夫は請負制になっていた。ところが、蔵内鉱業所だけは一間(六尺)を六尺五寸と計算した(「蔵内一間」と言った)。請負制であるため、一間の長さが五寸違うと手取り賃金に大きな差が出る(『筑豊米騒動記』)。

(20) 納屋・納屋制度:資本家の配下である納屋頭(頭領)が労務者を納屋(飯場とも言う)に合宿させて監視し、賃金の上前をはねたり、暴力的制裁を加えた前近代的搾取制度。頭領の手先として現場監督にあたったのが「人繰り」

である。五〇～六〇人の坑夫を抱える大納屋もあった。

(21) ガスバナは「硬山」とも書く。峰地二坑の入り口にあったボタ山。青年たちはここに集まるようになっていたようである。

(22) 資料によってまちまちである。八月二〇日付『福岡日日新聞』は「結局坑夫側は十数名の銃創を負い一名の死者及び五名の重傷者をだす」、同日付『九州日報』は「軍隊が一斉射撃をなしたる為め一名即死し又首魁者五名は逮捕されたり」。米倉「峰地炭鉱の米騒動」は前記『福岡日日新聞』を引用しているが、死者一名、負傷者（重傷者）五名、軽傷者一〇名となっている。林『筑豊米騒動記』は死者一名の他、重軽傷者三十数名としている。信夫『大正政治史』では死者一名、重軽傷者七名である。

(23) 天皇が統治する世。

(24) 一八九〇（明治二三）年に新原採炭所官制が布かれると同時に発せられた所員心得には、次のような項目が掲げられた（田原喜代太著・発行『志免炭鉱九十年史』（一九八一年）より）。

一、所員ハ忠節ヲ以テ業務ニ服従スベシ

二、所員ハ礼儀ヲ正シクシテ上ヲ敬ヒ下ヲ恵ミ一致和合スベシ

三、所員ハ他人ノ信用ヲ得ンコトヲ心掛ケ由ナキ威ヲ振フベカラズ

四、所員ハ信義ヲ重ンジ質素ヲ旨トスベシ

所内に設けられた三つの係に配置された所員の心得で、一四カ条のうちの最初の四カ条であるが、「軍人勅諭」を彷彿させる。

(25) この点について安永哲子氏は「粕屋郡における米騒動」の中で次のように述べている。「のちに古老の話を聞いた時、暴動に参加しなかった第六坑だけは米騒動後、賞与として有給休暇をもらっていることがわかった」

(26) 『米騒動の研究 Ⅳ』は能代邦男の「米騒動の思い出」を引用して、「石丸は四国生まれで『炭坑に入るまでは、炭坑付近で瀬戸物の叩き売りをしていた香具師仲間で……非常に弁がたち、労働者を憤激させて、まとめる力をもっていました』という」と注記している。また『九州日報』は八月二九日付の暴動後の検挙記事の中で、「尚二七日福岡に護送せられたる五坑坑夫石丸駒吉と云うは暴動の首謀者にて、罪は俺が一人で背負うからお前等は暴行には加わらず只随行せる旨のみを云うべしと他の坑夫等に教え居たりと」と書いている。

(27) 争議の経過については主に次の文献資料をもとにまとめた。甲斐募編『八幡製鉄所労働運動誌』（八幡製鉄所、一九五三年）、浅原健三著『鎔鉱爐の火は消えたり』（新建社、一九三〇年）、久田照和・近藤伸久著『米騒動と八幡製鉄所争議』（福岡県歴史教育者協議会、一九七〇年）。

(28) 嘆願書第一項の「臨時手当・臨時加給」というのは、第一次世界大戦中生産増強のために設けられた臨時的措置。

川崎造船所などではすでに、前年の秋に戦時手当の本給繰り入れをストライキで闘いとっていた。なお、この嘆願書の五項目は、後に労友会に対抗して作られた職工同志会も「即時実施」を要求したことから、全製鉄所労働者の一致した要求であったことがわかる。

(29) ワシントン労働会議、すなわち一九一九年一〇月二九日～一一月二九日にワシントンで開かれた第一回国際労働会議、いわゆるＩＬＯ（国際労働機関）創立大会である。政（二名）、労使（各一名）の各国代表からなる総会が、労働条件の改善と国際的均一化のために条約や勧告を制定し、その実施を加盟国に働きかけることになった。

(30) 北九州市八幡東区西本町一丁目にある。小高い高台にあるが、公園から小さい階段を上がると豊山八幡神社の境内（春の町四丁目）に出る（写真参照）。『八幡製鉄所労働運動誌』ではこの時の情況を、「豊山公園では〔略〕山上、山下人を以て埋まり、之をとりまいて警察官・憲兵が警戒に当たり、山上八幡神社付近には労友会及び友愛会旗が打ち靡き」と書いている。

(31) 一九二四年二月一〇・一一日の第六回官業労働大会で、従来の官業労働組合の連合体を正式に「官業労働総同盟」と命名した。民間事業の日本労働総同盟と並立した官業労働者の連合団体。

(32) 鈴木文治らによって作られ、労使協調主義に立つ友愛会も、第一次世界大戦後、労働者階級の自覚が高まるにつれて、階級的な労働組合としての性格を強めるようになり、一九一九年には大日本労働総同盟友愛会となり、一九二一年には日本労働総同盟（総同盟）と改称した。労働組合に対する弾圧が厳しくなると、総同盟の右翼的幹部は左翼的労働組合を除名し排除するようになったので、これらの左翼的労働組合は一九二五年、日本労働組合評議会（評議会）を結成した。

(33) 『九州日報』大正一二（一九二三）年一一月二六日付には、牧山工場職工数は一四〇〇名で、曹達工場は一六〇名とある。

(34) 『八幡製鉄所労働運動誌』による。前出『九州日報』では、工場副長は佐竹忠見で、彼が本社と打ち合わせたという。

(35) 郡築村は一九〇四年、郡当局が築造した干拓村。一九二三年四月、入植した小作農民は「小作料五割引き下げ、向こう五年間の小作料全免、耕地にたいする七割の持ち分権などを要求して立ち上がった。農民は日農郡築支部を結成して団結。暴力団や警察の度重なる襲撃、弾圧のなか〔略〕実に一年八カ月にわたって激しい闘争がくり返されたが、長期に及ぶ闘争で困ぱいし、一九二四（大正一三）年小作料三割引き下げで妥結、持ち分権は獲得できなかった」（『わが地方の日本共産党史　九州沖縄編』日本共産党中央委員会出版局、一九九二年）。

(36) 現九州電力株式会社の前身。一八九七年に開業した博多電灯が九州電灯鉄道、関西電気を合併して一九二二年、東邦電力となった。一九四一年、国家総動員法にもとづき東邦電力、九州水力、熊本電気、日本水電の四社が統合して九州配電株式会社になった。なお、軌道部門は一九三四年に九州水力軌道部門（博多電気軌道）を合併して福博電車となり、一九四二年の五社合併で西日本鉄道株式会社となった。

(37) 総同盟北九州機械鉄工組合の機関紙として大正一三（一九二四）年四月一七日付で創刊された。しかし、発行前日の一六日に官憲によって発売禁止処分を受け、以後発行はできなかった。創刊号には浅原健三の巻頭文の他、山川均、堺利彦、近藤光、鳥居重樹、大塚了一、麻生久などの論説が載せられた。

(38) 引用文は、三井鉱山株式会社編著『資料三池争議』（日本経営者団体聯盟弘報部、一九六三年）より。

(39) 上妻幸英「資料紹介――大正十二年三池労働争議経過誌」（『九州史学』第二号所収、一九五六年）より。

(40) 三池購買組合は三池炭鉱の会社直営の売店を運営していた。売店は「売勘場（ばいかんば）」、「売物店（ばいぶってん）」と呼ばれたりしたが、「駅のキヨスクとはちがい、これらは大商店であり、坑口ごとに支店もできていった」（奈良悟著『閉山――三井三池炭坑一八八九～一九九七』岩波書店、一九九七年）。

(41) 川会村小作争議については『福岡県農地改革史 上巻』（農地委員会福岡県協議会、一九五〇年）の他に、福岡県浮羽・三井教育耳納会会誌『耳納』一五八号所収「亀山騒動について」（矢野信保）がある。騒動当時、地主会の会場が川会村字亀山にあったことや、襲撃の最重点目標が亀山の大地主であったことなどから、後にこの騒動は「亀山騒動」と呼ばれた。

(42) 日本農民組合の結成に先立ち、一九二二年一月二七日に賀川豊彦や杉山元治郎らによって創刊され、日農創立とともにその機関紙になった。一九二八年、分裂していた全日本農民組合が日本農民組合と合同して全国農民組合（全農）が結成されると、機関紙の題号にはこの『土地と自由』を用いた。

(43) 三月一九日の日農九州同盟会結成の後であるが、「九州連合会」の名称が使われている。会長はいずれも高崎正戸であった。

(44) 前出『福岡県農地改革史 上巻』による。『福岡県史 近代編 農民運動㈠』（福岡県、一九八六年）では、二市一一郡、支部総数一二四になっている。

(45) 福岡県歴史教育者協議会では、一九六〇年代末から一九七〇年代初頭にかけて、「人民のたたかいの掘り起こしと教材化」の研究と実践の中で、地域での聞き取り調査を精力的に行った。その際〝農民運動と小作争議〟を担当した筆者は、当時の聞き取りや入手できた資料をもとに、「旧早良郡壱岐村の小作争議と水平社運動」として福岡県同和教育運動研究会（現福岡県同和教育研究会）誌『同和教育研究』第二輯（一九七八年）に発表した。

(46) 一九二六年の福岡県小作争議件数については、『福岡県農地改革史』や『日本農民運動史』では「五七件」となっているが、原資料が何であるか不明。農林省編の『地方別小作争議概要 大正一三年・大正一五年』所収の大正一五年福岡県の部では「一五年ニ新ニ発生シタルモノ九二件」とし、九二件の原因別表および要求内容別表を挙げているので、これを資料として使った。

(47) 一九二五年一〇月四日には、「左翼的過激分子を農村から駆逐」し「小作争議を絶滅」することを目的にして大日本地主協会が創立された。

(48) 激化する小作争議対策として一九二四年七月公布、一二月実施された。争議が発生した場合、当事者（地主または小作人）の申し立てにより、地方裁判所または区裁判所が調停委員会をつくって調停を行わせた。地主・小作双方に妥協させることで小作争議を抑制する一定の効果をもった（『社会・労働運動大年表』〔労働旬報社〕解説欄）。

(49) 政府は一九二六年五月、自作農創設維持補助規則を公布し、政府資金を運用して土地の売買を促進し自作農を創設しようとした。これは、当時激化する小作争議と経済不況の下で、耕地の値下がりに不満をもつ地主に「土地売り逃げ」を許すもので、同時に地主に対する小作農民のたたかいをそらす役割を果たした。

(50) 一九二六年四月、治安警察法第一七条（同盟罷業に伴う誘惑・煽動の禁止）撤廃に関連して「暴力行為等処罰に関する法律」が公布された。これは集団行動の処罰に重点を置いたもので、農民運動は圧迫され、国民の言論・出版・表現・結社の自由を奪った。なお、一九二五年には悪名高い治安維持法が制定されたことを特筆する必要がある。

(51) 『土地と自由』大正一五（一九二六）年七月九日付によると、この異議申し立て裁判の結審は五月三一日になっている。

(52) 小作争議調停法の実施にともない各府県に小作官が置かれた。小作官は小作争議の調停に関する事務の全般を司るものであって、調停官（裁判所長または判事があたった）というわけではなかったが、事実上の調停官になる場合もあった。

(53) 詳細は前出註45の「旧早良郡壱岐村の小作争議と水平社運動」参照。以下、この小論によるものが多い。

(54) 罫紙一〇枚に筆書で一九二三年および二五年の小作争議の顛末を記してある。福岡市西区戸切・吉岡徳蔵氏蔵。

(55) 金武村四箇の出。一八九八年、金武村助役から村長に就任、在職四年。一九一九年、助役再任。

(56) 福岡地方裁判所の決定書および調停条項の全文は前出註45の「旧早良郡壱岐村の小作争議と水平社運動」の註記に収録。

Ⅱ

（1） 一九二三（大正一二）年五月一日に創立された全九州水平社の機関紙として、翌二四年六月一日付で創刊された。以後、田中松月・花山清の編集責任によって約四年間刊行された。発行部数一〇〇〇部で月一回がたてまえだったが、実際は不定期刊にならざるを得なかった。一九二八年五月一日付から『大衆時報』と改題して、一九三七年まで間歇的に発行された。一九八五年に福岡部落史研究会から合本復刻版が出された。

（2） この間の事情については、新藤東洋男著『部落解放運動の史的展開』（柏書房、一九八一年）や松本吉之助著『筑豊に生きる』（部落問題研究所、一九七七年）に詳しい。

（3） こうした「少女弁士」の活躍については、九州水平社創立者の一人・藤岡正右衛門の五〇回忌にあたって刊行された『藤岡正右衛門の生涯と青春群像』（福岡県歴史教育者協議会執筆編集、一九七九年？）に、少女弁士の生存者からの聞き取りをもとに生き生きと描かれている。

（4） 「調」は旧協調会のものと思われる。福岡県立図書館蔵。

（5） 一九二三年四月に、鞍手郡中村の村長が部落民を侮辱し、殴打したことから始まった糾弾闘争。二〇〇名以上がこの闘争に参加し、一五〇名の警官と対決、花山清、近藤光、柴田啓蔵ら六名が検挙・収監された（新藤東洋男著『部落解放運動の史的展開』による）。

（6） 一九二三年五月二一日、政友会福岡県連主催の嘉穂郡飯塚町における演説会で、熊本県八代市選出の嶋本信二代議士が、もし野党の憲政会が主張するように「仮に普通選挙法を実施すればエタや非人も選挙権をもつ」と述べた差別事件の糾弾闘争。たたかいは熊本にも拡がり、結局嶋本代議士は、五月二八日に謝罪状を提出して解決した（同前書）。

（7） 〝早良郡水平社と農民運動〟については、前出Ⅰの註45「旧早良郡壱岐村の小作争議と水平社運動」参照。

（8） 正確には三月八日。一九一七年のロシア二月革命は、旧暦二月二三日（新暦三月八日）、首都ペトログラードの「ヴィボルグ区の婦人労働者がストに入り、『パンよこせ』のデモをおこしたことをもってはじまった。〔略〕また二月二三日は一九一四年より国際婦人デーとされ、ボリシェヴィキを中心とする婦人活動家の手で記念集会が行なわれてきたものである。婦人デーを行動日としたことは、底辺の活動家のイニシャティヴを感じさせる」（和田春樹「ロシア革命」、岩波講座『世界歴史』所収）。

（9） 現福岡市東区馬出（まいだし）。

（10） 福岡県歴史教育者協議会誌『現代と歴史教育』二三号所収「福岡県婦人水平社の結成とその活動」（大瀧一・日巻茂美）参照。

(11)「政治研究会は、震災の年の十二月に、島中雄三、青野季吉、鈴木茂三郎、福田秀一、高橋亀吉の諸氏の奔走により、労働総同盟、農民組合、社会思想社などの労農組合並びに思想団体の有志によって組織せられ、〔略〕事実上無産政党組織準備会の実を備えた」（菊川忠雄著『学生社会運動史』海口書店、一九四七年）

(12)『水平月報』は創刊当初、毎月一回一日発行をたてまえとしていたが、実際は毎月一回の発行も難しく、数カ月に一回という時期もあった。したがって、発行日付は一日になっていても記事の内容はそれ以後のものも見られる。

(13)『水平新聞』大正一五（一九二六）年六月三〇日付は、『綱領』改正の意義」という無署名論文の中で、「吾等の従来の糺弾は『差別』の根幹を断たずして枝葉を切り払う努力に向けられていたことを知った。且、この差別の根幹をなすものは現在の階級組織であり、又この階級制度は却て差別観念を支持し育てつつあることを見ることが出来た。此の階級制度に対する闘争には明確なる階級意識を必要とする」と説明している。

(14)一九一〇年の「大逆事件」の翌年、内務省は社会主義者などの取り締まりを強化するため「特別要視察人視察内規」を制定したが、さらに一九二一年にこれを改めて、対象を個人から団体の指導者に拡げた。この「視察内規」で特別要視察人とされた者は、一、無政府主義者、二、共産主義者、三、社会主義者（過激主義者、サンジカリストなどを含む）、四、その外国家の存在を否認する者であった。別に「労働要視察人視察内規」も訓令された。「労働要視察人」の定義は次のようになっていた。「一、労働争議（小作問題其ノ他農業労働争議ヲ含ム以下之ニ倣ウ）ニ関シ過激ノ言動ヲ為ス性癖アル者。二、労働争議ノ誘惑、煽動ヲ為ス習癖アル者」（荻野富士夫『特高警察体制史』せきた書房、一九八四年）

(15)一九二六年一〇月の総同盟全国大会は、右傾化した中央の方針に批判的な総同盟九州連合会の除名を決定した。そこで一〇月三一日、九州連合会は総同盟の肩書をはずし「労働組合九州連合会」を発足させた。だが評議会には加盟せず、単独の左派地域連合組織となった。一九二七年二月に評議会加盟に踏み切り、「日本労働組合評議会九州地方評議会」となる（『福岡県史 近代編 各論(二)』参照）。

(16)蠹…①衣魚（しみ）。キクイムシ。②内部にあって事物を害するもの（『広辞苑』）。蠹毒…①虫が食い、そこなうこと。②物事をそこないやぶること（同前）。

Ⅲ

(1)「万世一系の天皇」が主権者として統治する日本の国家体制。

(2)金甌無欠：外国の侵略を一度も受けたことのないこと。

(3)「国体に関し国民の口にするだに憚るべき暴虐なる主

張」：君主制の廃止。

(4) 上御一人（かみごいちにん）：天皇のこと。

(5) 皇祖皇宗（こうそこうそう）：天照大神に始まる天皇歴代の祖先（『広辞苑』）。

(6) 「藤井哲夫外三十四名　治安維持法違反被告事件」（全十三冊、日本共産党福岡県委員会蔵）より。これは、公判闘争のために手書きで書写された警察や予審判検事の取り調べ調書や報告書の綴り。以下、引用にあたっては「三・一五公判資料」とする。

(7) 『長崎控訴院検事局管内　社会運動情勢　第二巻』（長崎控訴院検事局思想係編、一九二九年）より。引用にあたっては『社会運動情勢』とする。

(8) 徳田球一は選挙後、帰京する途中門司で逮捕され、東京市ケ谷刑務所に入れられたが、証拠があがらないので福岡土手町の未決監に移され取り調べられた。しかしここでも口を割らないばかりか、福岡の同志をさかんに激励するので、一カ月ほどで再び東京に返され、豊多摩刑務所に収監された。

(9) 一九二〇年四月、米国マサチューセッツ州で強盗殺人事件が起こった時、サッコとヴァンゼッチという二人のイタリア系移民の無政府主義者が不当に逮捕され、証拠がきわめて不充分であるにもかかわらず有罪となり、一九二七年八月、二人は死刑を執行された。この裁判に対しては世界各国から抗議の声が揚がり、ロマン・ロラン、アナトール・フランス、アインシュタインなど著名な知識人たちも加わった。

(10) 「豊原五郎をたたえる会」編、刀江書院、一九六四年。

(11) 布施柑治著『ある弁護士の生涯』（岩波新書、一九六三年）より。

(12) 治安維持法改悪のもう一つの要点は、「結社ノ目的遂行ノ為ニスル行為」を処罰の対象にし、直接共産党と関係がなくても「風が吹けば桶屋が儲かる」式に誰でも捕まえることができるようにしたことであった。

(13) この陪審法は一九二九年の四・一六事件直後に改定されて、治安維持法違反事件は「陪審不適」として除外した。また我が国では、陪審法は一九四三年四月一日をもって停止されたままになっている。

(14) 渡辺テフ（チョウ）はセルロイド工場の労働者だった。三・一五弾圧後、解放運動犠牲者救援運動、日本赤色救援会の中で活動し、一九三一年、解放運動犠牲者救援弁護士団が公然と四谷法律相談所を開設すると、そこで炊事をしながら活動家の世話をし、一貫して「プロレタリアのお母さん」と慕われた。「テフの献身的な活動を目にした多くの犠牲者の家族が手伝いはじめ、やがて被告たちの待遇改善のための刑務所長交渉や、早く出獄させるための裁判長交渉にまで参加するようになり、献身的な活動家となった人も少なくない。ここに戦前、戦後をつらぬく救援運動の原点を見ることができる」（『救援会の七〇年』日本国民救

援会、一九九八年）

(15) ドイツ共産党の創立者であるカール・リープクネヒトとローザ・ルクセンブルクは、一九一八年のドイツ革命の最中に反動の手先に捕えられ、共に一九一九年一月一五日に虐殺された。

(16) 東京合同労働組合の前身である南葛労働協会を組織した渡辺政之輔は、「渡政」と愛称され、一九二六年日本共産党中央委員となり豊原らを指導したが、二八年一〇月六日、台湾の基隆で官憲に包囲され自害した。

(17) 渡辺政之輔の母テフのこと。

(18) 泉盈之進。当時、政治研究会の活動家、無産者新聞支局長などで活動。のち歯科医となり、無産者診療所に勤務した（『豊原五郎獄中からの手紙』の註記より）。

Ⅳ

(1) 山内正樹氏は一九〇七年生まれで、「福高事件」の唯一人の生存者。筆者は直接お会いして数々のご教示をいただいた。

(2) 一九二五年七月一六日に京都大学で開かれた学連第二回大会で決定公表された大会テーゼでは、学連の一般的目標に「イ、プロレタリア社会科学の研究並びに普及／ロ、社会科学研究会の存立権の主張」を掲げ、その目標のために「プロレタリア的社会観の体得」などの任務を挙げている。しかし、これはあくまで「公表の自由を有する限りに於て」発表したものであって、「その根本方針に於ては、何れも、学生運動を無産階級解放運動の一翼として認識し、その認識に立って、マルクス・レーニン主義を指導精神とする運動をするということには変りがなかった」（前出Ⅱの註11、菊川忠雄著『学生社会運動史』〔以下『菊川運動史』〕）。

(3) 「九州の禁圧の中心は、五高の溝淵校長であった。彼は陰に陽に大川周明氏一派の東光会に属する反動学生を示唆して学生の社会問題研究熱に対抗せしめると共に、事毎に研究会の運動を禁圧する方針に出で、自ら、九州の福岡、佐賀、熊本、鹿児島の諸学校の連絡を計って、研究会の退散に努めた」（『菊川運動史』）

(4) 当時、学生として直接関係された山内正樹先生（福岡県解放運動旧友会会員）と具島兼三郎先生（元長崎大学学長）に直接お尋ねして確認したところ、同じご意見だった。例えば具島先生は、実際運動面で指導的役割を果たしていた吉田保章とは、顔は知っていたが直接の交流や研究を共にしたことはなかったということであった（一九九八年）。

(5) この時（五月二〇日）、警官から暴行を受けたのは台湾出身の黄延富という学生で、戦後在日中国（台湾）人として活動した（山内正樹氏談）。なお『九州大学新聞』昭和二（一九二七）年一一月一日付に、「又も奇怪な検束事件――抵抗したとのお定まり文句」の見出しで次のような記事が掲載されている。「我が九大学生は未だ五月の福岡署黄君殴打事件に対する記憶は新しい事であるが、又々今回去る十月十七日に労働農民党員が府県会議員選挙の経験より選挙干渉反対制限議会解散普選即行を叫ばんと市公会堂に演説会を開催したるが、開会前に於て計画的に治安を紊すおそれあると党員十三名を検束せられ、あまつさえ威武高（ママ）に恐喝し罵り雑言をあびせ殴打し、首をしめ、蹴り、踏みにじり、監房では差別待遇を行って七名に負傷をおわしたそうである。だが彼等は又々『抵抗したからだ』と言っておる」

（6）山内正樹氏談。

Ⅴ

（1）『日本労働組合評議会史』は、谷口善太郎（評議会創立時、評議会中央常任委員、戦後、日本共産党衆議院議員）が三・一五事件で検挙後病気出獄し、自宅監禁中に警官の目をぬすんで書いたものである。初版本は一九三二年一月に京都共生閣から出版されたが、直ちに発売禁止になった。戦後、伏せ字を生かし若干の訂正をして青木文庫として出版された（一九五三年）。

（2）浅原除名について『八幡製鉄所労働運動誌』は次のように書いている。「その動機となったものは、過日の大ノ浦炭坑争議の際、坑夫側から依頼されもせぬのに自分から飛び出してきて頗る労働者側に不利な条件のもとに争議を解決せしめ、その裏面では坑主側から数千円の提供を受け之を、着服した。此の様な労働者を売った不正な金で遊興することは労働組合の幹部としての価値なく、その儘に放任することは出来ないというにあった」

（3）九州水力電気株式会社は一九一一年、博多電気軌道が北筑電気軌道を併せて設立されたが、その軌道部門は一九二九年、博多電気軌道となり、一九三四年に東邦電力の軌道事業を譲渡されて福博電車となり、一九四二年、九州電気軌道を主軸に西日本鉄道株式会社（西鉄）となった。

（4）四大節とは、四方拝（しほうはい）（一月一日）、紀元節（二月一一日）、天長節（四月二九日）、明治節（一一月三日）で、いずれも皇室にちなむ行事であるが、天皇制国家の下で国の祝日とされていた。

（5）福岡合同労働組合の事務所は三・一五当時、堅粕町馬出にあったが、八月頃箱崎停留所前に移り、九月には大学通二丁目に移転した。

（6）一九二八年七月一六日、執行委員長日高国夫、常任委員西山清・相直助・村田健児、執行委員永沢安次郎・西田ハル・河野静子他十名（『社会運動情勢』）。

（7）古賀鉄工所争議の月日は不明であるが、『労働農民新聞』の昭和三（一九二八）年六月二三日付および『無産者新聞』の六月二五日付にこの争議についての記事が見られるので、一九二八年六月中のことと思われる。

(8) 当時国際労働事務局長。一九二八年一一～一二月来日したが、それを機会に総同盟は右翼組合の大結集を策した。

(9) 「闘争は一九二八年九月に文坪石油労働者の罷業から始まった。朝鮮人労働者に対する日本人監督の暴行を契機に憤然と立ち上がった罷業労働者は、劣悪な生活条件を改善してくれるように強く主張した。〔略〕このような文坪石油労働者の戦闘的気勢を見た元山労働連合会は、即時、傘下の労働組合に対して、彼らに呼応して罷業を断行せよと指示するいっぽう、朝鮮各地の社会団体および労働大衆にこの罷業を支持するよう訴えた。〔略〕一月二一日までに、元山労働連合会傘下二四組合の労働者全員が罷業に入っていった」（韓国民衆史研究会編著・高橋宗司訳『韓国民衆史 近現代編』木犀社、一九九八年）

(10) 『第二無産者新聞』のこと。一九二五年九月に日本共産党の合法機関紙として創刊された『無産者新聞』は、一九二九年には八月まで四二回発行して四一回発行禁止となるという状態だったが、裁判の結果、発禁が確定したため、同年八月二〇日付（第二三八号）をもって廃刊となった。代わって九月から『第二無産者新聞』が発行されたが、当初から事実上、非合法紙とされた。昭和七（一九三二）年三月三一日付（九六号）で廃刊となり『赤旗』に合併された。

(11) 一九三〇年一一月、中国国民政府軍が紅軍（中国共産党軍）攻撃を開始してから、中国は内戦状態に入り、一九三一年一一月、中国共産党は江西省瑞金（ロイチン）で第一回ソヴィエト大会を開き、中華ソヴィエト共和国を成立させた。

(12) 石田精一氏は一九二七年四月、九大法文学部に入学。一九三〇年に卒業して副手に任命され、セツルメントに住み込んで、労働組合の研究会などで講師を務めたが、その年の一二月に上京してプロレタリア科学研究所に入所。一九三二年、日本共産党に入党。九大在学中、セツルメントで桜井氏と知り合い思想的な影響を与えた。筆者は一九九三年の四月、『人生遍路』を読んだ後、石田精一氏に当時の桜井氏を中心とする九大学生運動について二〇項目にわたるお尋ねを手紙でしたところ、ご病床にあったにもかかわらず、ご懇切なご返事を奥様の代筆でいただいた。石田氏はお手紙の最後に「〔桜井さんが〕亡くなられたあとは奥様にお会いし、仏前におまいりさせていただきました。本当によい友人をなくして残念です」と結んでおられた。

(13) 大瀧道子「桜井先生についての思い出」（『福岡教育問題月報』一三二号、一九九八年一一月）参照。

(14) 東京浅草の日本染絨会社の争議中、争議団員の千葉浩は、一九三一年五月のメーデーの日から地上三〇メートル余の煙突に上り、実に滞空時間三一四時間（一三日余）の驚異的記録を作った。ちなみに煙突男第一号は、前年三〇年一一月、富士紡川崎工場の田辺潔（滞空時間一三〇時間）、第二号は京都の全協オルグ芳賀文吉で、千葉は第三号であった。

(15)「筑豊炭田争議情報」は第一号（回）から第一〇号（回）までであり、日本石炭鉱夫組合（争議団）の報告書である（号によって標題が「筑豊炭田争議情報」、「筑豊炭田情報」、「…情勢」、「…争議情勢」と異なっている）。そのほとんど全文は、光吉悦心著『火の鎖』（河出書房新社、一九七一年）および田中直樹著『近代日本炭鉱労働史研究』（草風館、一九八四年）に採録されている。

(16) 当時、潤野炭坑で炭坑労働者として働いていた松本吉之助氏は、その著書『筑豊に生きる』（前出）で次のように記している。「この頃の一日の日当は切符『百五十斤』（炭坑の納屋の売店で食料や日用品を買う時の納屋独自の私製紙幣。「百五十斤」は一円五〇銭にあたる）一枚程度で、朝三時頃からはじめる一二〜四時間労働でした。半トン箱を一函とする採炭値が、五〇銭として、二人で組んで採炭と運炭をするとして六函出すのは普通の腕前のある坑夫たちでした。六函で三円、一人当り一円五〇銭というところです。ですから採炭賃『五〇銭』が『四〇銭』に引下げられることになったのは大変なことでした。米価は一升三〇銭のころのことでした」

(17) この間の事情について「筑豊炭田情勢 第五号」は、「本日午後二時大衆党は、吾等はこんなに大きくなったら支援し得る能力がないから支援を引いたとの事につき、日本石炭鉱夫組合の支援をもとめて来たる為、午後五時闘士拾名行く」と記している。

(18) 製鉄所二瀬各坑は一九三二年末に筑豊では最も遅れて納屋制度を廃止したが、その際当局は、納屋頭の貸付金の四割を立て替え払いし、これを坑夫から取り立てることにしたが、坑夫側はその棒引きを要求したのである。『第二無産者新聞』（五月二三日付）も一一・一二日の徹夜折衝の模様を報じながら、争議団の主張を次のように紹介している。「棒引きが出来ねば、現在の労働では一家の生計さえ脅威を感じている際であるから、二〜三カ月の間借金天引きを中止してもらいたい。この要求が容れられねば死んでも昇坑せぬ」

(19) この節では、いちいち引用を断らなかったが、主として次の諸文献を参考にした。荻野喜弘著『筑豊炭坑労資関係史』（九州大学出版会、一九九三年）／田中直樹著『近代日本炭坑労働史研究』（草風館、一九八四年）／新藤東洋男著『赤いボタ山の火』（三省堂、一九八五年）／光吉悦心著『火の鎖』（前出）／松本吉之助著『筑豊に生きる』（前出）／『福岡日日新聞』／『第二無産者新聞』

(20) 一九五八（昭和三三）年のこと。この「自筆年譜」は「昭和三十四年四月十日夜。若松河伯洞にて。葦平記」となっている。ところで火野葦平は、「自筆年譜」を書いた翌年、安保闘争真っ最中の一九六〇年一月二四日に睡眠薬自殺を遂げたので、『青春の岐路』の続編は書かれずに終わった。

(21) この速記録は、一九七〇年代に福岡県歴史教育者協議会が行った聞き取り調査の過程で、現福岡県教育問題総合研究所所長藤野達善氏が戦前の治安維持法下の全協運動などで活動した中村勉氏や永末清作氏と接触して入手したもので、四〇〇字詰め原稿用紙八五枚に書かれたものである。座談会記録の内容は、大きく分けて「沖仲仕争議」と「左翼劇場殴り込み事件追憶座談会記録」になっているが、字体などからして、複数の速記者によって記録されたものである。藤野達善氏蔵。

(22) 一八六七年、芦屋生まれ。石炭運搬船の船頭から若松の大親分になり、一九一五年、衆議院議員初当選。一九三五年まで当選五回、商工次官にまでなった。若松に民政党の牙城を築いた。

(23) この間の両派の対立・相剋について、日本農民組合総本部から派遣された西光万吉・米田富両人記名の「福岡連合会情勢報告」(『福岡県史 近代編 農民運動(一)』福岡県、一九八六年〔以下、引用にあたっては『福岡県史』〕)は次のように書いている。「〔一九二六年四月〕二十六日午前十一時半福岡着、箱崎公会堂に於ける福岡連合会支部長会議場に行く。既に会議開会中」、「連合会組織に関する件で大いにごてる。阿部と藤井君との間に激論あり。藤井君、高崎等の非行を露骨に糾弾する。(金銭問題についても)組合員は妙な顔をしてあきれる。やがて騒然」、「然乍ら遺憾にも、組合員中には高崎妄信者多く、彼の信任は一寸やそっとでは剝げない。一万円からの金をつかって我々の為めにして下さる高崎様をそんなことぐらいでと言う調子なり」、「組合員中にはまだ彼等を有難がるものあり、従って論議終て〔ママ〕ず」

(24) 日本農民組合を脱退し福岡県連合会から追放された高崎正戸らは、協調主義を標榜する全日本農民組合九州同盟会(主事稲富稜人)を作り、地主協会との協調路線を歩むようになった。この九州同盟会は浮羽郡を中心に組織を拡大していったが、一九三一年の「満州事変」勃発以後は急速に右傾化していき、社会民衆党から派生した国家社会党を支持し、一九三三年には皇道会福岡県連合会を結成して「農民を侵略戦争にかりたてるための役割を果たし」(『福岡県農地改革史 上』)た。

(25) 一九二四年一月に確立した国共合作(中国国民党と中国共産党の救国統一戦線)による国民革命軍は、二六年一〇月、武漢に国民政府の成立を宣言したが、二七年四月、米英日仏伊の五カ国の干渉に屈した国民革命軍総司令官蔣介石は、クーデターによって南京に国民政府をつくり、第一次国共合作は破れた。四月、若槻内閣に代わったばかりの田中義一内閣は、国共合作が崩れたのをみて五月二八日に山東省の青島に二〇〇〇の軍隊を送った(七月八日にさらに二二〇〇増派)。第一次山東出兵である。

(26) 七月の「情報」によると、「支那出兵反対の声明書は撤回を命〔ぜ〕られた」(『福岡県史』)とあるから、官憲の弾圧干渉によってこの声明書は撤回させられたようである）。

(27)『たたかいの思い出 第二集』（福岡民報社）の中で、当時日本プロレタリア科学同盟八幡地区を結成しコップ（作家同盟）関係の組織拡大のため活動していた全協日本金属支部の天野竹雄氏は、「佐伯新一が主催した八幡製鉄の細胞会議にオブザーバーとして出席をもとめられ」、官民合同反対闘争の討議に参加したことを語っているが、討議の内容には触れていない。

(28)『特高月報』（一九三三年七月分）によれば、八幡製鉄所の労働者のうちで治安維持法違反で起訴されたのは、日本共産党八幡製鉄所細胞責任者佐伯新一以下、林（山本）斉、下沢多聞、安田唯雄の四名で、他に黒崎窯業の労働者が一名いた。

(29)二・一一事件と西田信春については、『わが地方のたたかいの思い出 第三集―― 西田信春の生涯と戦友たち』、山岸一章著『青春と革命』（新日本出版社、一九七〇年）所収「九州地方委員長西田信春　屍体を解剖した医師の証言」、石堂清倫編『西田信春書簡・追憶』（土筆社、一九七〇年）などを参照。

(30)生年月日は、西田信春・一九〇三年一月一二日、小林多喜二・一九〇三年一〇月一三日。

(31)日本の神話（『日本書紀』）にもとづき、西暦紀元前六六〇年を第一代神武天皇の即位の年とし、一九七四（明治七）年には「神武天皇御即位日」を二月一一日として「紀元節」と定めた。治安維持法が制定された翌年の一九二六年頃から、民間右翼団体がこの日を「建国祭」と称して集会（式典）やデモを行い、建国の精神の発揚を謳歌し、超国家主義・軍国主義の宣伝の場にするようになった。

(32)二月一三日は、二二億円の軍事予算案が衆議院本会議に上程される日であった。

(33)川村昇、福岡市新上川端町出身。高小卒。上京して美術を学び、帰郷後プロレタリア文化活動、一九三二年、赤色救援会（モップル）加入。三三年五月検挙、懲役六カ月。

(34)『赤旗』は一九二八年創刊以来〝せっき〟と読まれていたが、三五年二月に停刊に追い込まれ、戦後四五年一〇月に再刊、四六年一月に『アカハタ』と改題、五〇年六月、朝鮮戦争開始の翌日、占領軍によって発行が停止され、講和条約が発効した五二年の五月一日に復刊された。六六年二月に『赤旗』の文字を復活、〝あかはた〟と呼ぶことにした。

(35)広島県出身、九大法文学部学生。一九三二年四月、「赤救福岡地区委員会」再建責任者、同年七月中旬、共産青年同盟加入。三二年八月一一日検挙、懲役二年。脇坂栄氏は「杉山さんに勧められて共青に加盟した」が、「杉山」が本名檜垣真吉であるということは後年知ったということであった。

(36)一九九四年一月から九月まで、福岡民報社発行の『福岡民報』（週刊紙）に堺弘毅氏（国賠同盟福岡県本部事務局次長）による「わが地方のたたかいの思い出——脇坂栄さん」が連載された。これを脇坂氏の娘婿牛島寛氏（福岡・糸島民主商工会初代事務局長）が編集し、脇坂栄氏の米寿を記念して一九九六年四月に出版した。

(37) 戦後、福岡で日本共産党再建のため中心的に活動した。鉄の考古学的研究をした郷土史家でもある。古賀鉄工所の争議を指導したのは大場氏であった。大場氏による笹倉栄については、山岸一章著『革命と青春』にも記述。

(38) 都留忠久氏は国賠同盟中央本部常任理事、元宇佐市議会議員。一九九七年一〇月、筆者が山中一郎氏にお会いしたいと連絡したところ、ご高齢（当時八〇歳）にもかかわらず、わざわざ宇佐から出向いて、佐賀関町の山中一郎氏宅まで案内して下さった。山中氏は八九歳というさらに高齢であったが、治安維持法下で二度も検挙投獄され、敗戦後の四五年一〇月に解放されるまで不屈にたたかい続け、今日もなお日本の進歩と革新のために国賠同盟大分県本部会長として活動を続けておられた。初対面であるにかかわらず大変な歓待を受け、都留氏ともども貴重なお話を聞かせていただいた。

(39) 安倍源基は、その後一九三七年七月から一二月まで内務省警保局長をやり、一九四五年の敗戦前最後の内閣（鈴木貫太郎首相）の内務大臣となった（『前衛』一九九一年一〇月号「藤田論文」）。なお、毛利特高課長は、一九二一年以来一五年の警視庁特高生活を送った後、思想犯保護司を経て佐賀県や埼玉県の警察部長を務めた（荻野富士夫著『特高警察体制史』せきた書房、一九七〇年）。

(40) 一九三三年二月四日、長野県下で行われた日本共産党・全協・コップ（日本プロレタリア文化連盟）などに対する一斉検挙事件（二・四事件）では、被検挙者六百余人の中に新興教育同盟準備会や全協一般使用人組合教労部に属する小学校教員が多数（一三八人、うち起訴された者二九名）含まれていたため「教員赤化事件」と喧伝された（記事解禁は同年九月一五日）。

(41) 大牟田市出身、事件当時明善中学校教諭。検挙されたが、不起訴になった。一九三一年広島高等師範学校卒業後、粕屋郡宇美小学校原田分校代用教員になった。当時、本稿の証人中川氏の母堂は原田分校の用務員をしておられたので、「今里先生」についても話をされたことがあったということである。それによると、他の先生からの話として「稲永先生は入院中に、長野県の新興教育を勉強した今里という先生からいろいろ習って急に変わった」ということであった。

(42) 糸島郡北崎村小田（現福岡市北崎）出身。一九三二年福岡師範一部卒業、事件当時福岡市春吉小学校訓導。検挙されたが起訴留保になった。

(43) 福岡市上祇園町出身。一九三二年福岡第一師範学校卒業、事件当時福岡県三潴郡浜武小学校（現柳川市）訓導。起訴されて有罪になったが、量刑は不詳。

(44) 福岡県粕屋郡宇美町在住。筆者は二〇〇一年四月二六日、西山健児氏（中川氏の実弟）の紹介でご自宅を訪ねることができた。
(45) 満州事変勃発に伴い、朝日新聞社が募集した軍歌の当選歌（『日本流行歌史 上』社会思想社、一九九四年）。詞・大江素天、曲・堀内敬三。

一、過ぎし日露の戦いに　勇士の骨を埋めたる　忠霊塔を仰ぎ見よ
赤き血潮に色染めし　夕日を浴びて空高く　千里曠野に聳えたり
二、酷寒零下三十度　銃も剣も砲身も　駒の蹄も凍る時
すわや近づく敵の影　防寒服が重いぞと　互いに顔を見合わせる
三、四、五〔略〕
六、東洋平和の為ならば　我等が命捨つるとも　何か惜しまん　日本の生命線はここにあり　九千万の同胞と
共に守らん満州を

(46) 『福岡日日新聞』によるが、『九州日報』には「授業料」とあり、中川氏も繰り返し「授業料」と言われた。
(47) 稲永仁は一九三四年一〇月一〇日の福岡地方裁判所判決で懲役一年六カ月に処せられた。
(48) 一九三〇年、佐賀高校卒。宇美小学校代用教員。三三年事件で取り調べられた。
(49) 一九二七年、福岡第一師範学校一部卒。宇美小学校代用教員。三三年事件で取り調べられた。
(50) 一九七九年二月までに全廃された西鉄福岡市内路面電車の前身。
(51) 「福博電車争議」については、大原社会問題研究所編『社会・労働運動大年表』（全四巻）にも載っていない。この争議についてのまとまった著作としては、争議直後に書かれた黒田真一著『福岡電車労働運動史』（労資聯合通信社、一九三六年）と藤野達善著『地下水脈』（藤野教育問題研究所、一九八三年）がある。共に争議中に出された労使のビラや文書を使って記述しているが、黒田氏と藤野氏では観点が全く違う。藤野氏は、福岡県歴史教育者協議会の会員として最も精力的に福博電車争議の掘り起こしに関わり、特に当時の福岡合同労組福博電車分会書記長山本登氏からの聞き取り、山本氏所蔵の争議関係ビラ類、手記などをもとに、生き生きとした物語として『地下水脈』にまとめた。本稿もこの書に負うところが多い。その他、県歴教協機関誌『現代と歴史教育』の一九、二六、三一、三八、三九号に歴教協福岡支部や藤野達善氏、古江健祐氏らの論文がある。
(52) 「満州事変」から国際連盟脱退と、日本が世界の孤児になり、朝鮮や中国各地に反日・抗日運動がさかんになると、警視庁特高部は外事警察の強化を図り、一九三五年一〇月からは『特高月報』も『特高外事月報』と改められた（三八年八月、『特高外事月報』は再び『特高月報』と『外

事月報』に分かれた）。
(53) 治安維持法犠牲者国家賠償要求同盟福岡支部の永末清作氏が、国賠同盟機関紙『不屈』の福岡県版第七八号（二〇〇〇年二月一五日付）から七回にわたって執筆連載された手記。
(54) その頃、折尾駅で逮捕された「わが陣営の指導者」には、一九三四年一月二六日の山中一郎と金子治郎がいる（既出『大分県抵抗の群像』）。永末氏は「お茶の売り子をしていたときだったことと寒い時期だったので一月だったかもしれない。ただ、自分の目の前で逮捕されたのは一人だった」と語っておられた（二〇〇一年七月一一日）。
(55) 広島県の農民運動家。一九二七年、日農広島県連合会執行委員長。三四年、北九州の戸畑市に移った。『運動史』では、上岡利夫との出会いについて次のように述べている。「この年〔一九三五年〕の師走に、親友石松が木村酒屋の主人上岡利夫に私を引き合わせた。上岡は私より十歳以上年上、名古屋歯科医専当時から農民運動の指導者杉山元治郎に師事し、卒業後は郷里広島で、日農に入って小作争議を指導していたという。話が佳境にはいると広島弁を交えての演説口調になる熱血漢。私は月に何度かは若松を訪れ、彼の酒場で酒を飲み、彼の高説をききながら時を過ごした」
(56) 永末氏は「朝の通勤列車から八幡製鉄や安川電機の労働者が〝がんばれ〟と言ってくれた。それに対してこちらも、赤旗を振って応援をもとめるという風景もみられた。赤旗を振っても共産党の線さえ入らなければ、まだその頃まではよかった」と話されたことがある（一九八〇年頃の聞き取り）。
(57) 盧溝橋事件は、一九三七年七月七日夜、北京郊外の盧溝橋で日中両軍の軍事衝突から起こった。中国側から見れば、外国軍である日本軍が挑発的な軍事演習を実施し、一触即発の情況にあったとはいえ、七日夜の衝突そのものは偶発的なものであったというのが日本の研究者の通説である。しかし三日朝、永末氏らが見た佐世保行き標識の軍事貨物列車が、盧溝橋事件の軍事行動と直接関係があるとすれば、中国の研究者が主張する〝盧溝橋事件は日本軍による「計画的」事件〟説を裏付けそうである（参考文献＝江口圭一著『盧溝橋事件』岩波ブックレット、一九八八年、安井三吉著『盧溝橋事件』研文社、一九九三年）。いずれにしても、緊迫した大陸情勢を踏まえた〝佐世保行き軍事貨物列車の通過〟が「門鉄が業者にスト中止を厳命し、警察が総検束を構えた」背景にあったことは間違いなかろう。
(58) 日中全面戦争直前の争議としては、七月六日に神戸市電従業員一二〇〇人中五〇〇人が組合幹部の解雇に反対して、淡路島で「籠城スト」に入った争議があるが、七日に戦争が始まると、社会大衆党が争議打ち切り方針に転じ、一五日に争議は敗北した。

あとがき

本書は、一九九六年一二月から一九九九年五月までの二年半にわたって、福岡県教育問題総合研究所発行の月刊誌『福岡教育問題月報』に連載した「福岡のたたかいの歴史」を改題・補筆したものです。連載は三〇回で終わりましたが、この度単行本として上梓するにあたり、三回分（Ｉ－６(6)　三井三池の大争議、Ｖ－13　福岡新教運動弾圧事件、Ｖ－15　折尾駅弁ストライキ）を加筆しました（Ｖ－13、15は『月報』に発表）。

『月報』に連載を始めると、さまざまな感想やアドバイスを多くの人からいただきました。また、昭和初年頃のことについては、生存されている方に直接お会いして貴重なお話を伺うこともできました。特に特高資料や警察調書・公判記録など権力側の史・資料については、当事者の方から間違いやでっち上げの内容が指摘されて、資料批判の重要性も教えられました。

資料については、福岡県教育問題総合研究所所長の藤野達善氏が、これまで営々と蒐集してこられた諸資料を全面的に提供して下さったほか、堺弘毅氏をはじめ治安維持法犠牲者国賠同盟福岡県本部の方々や福岡県歴史教育者協議会の仲間のみなさんの研究成果なども利用させていただきました。この書の本文や註記に記載させていただいた方々だけでなく、たくさんの方々にお礼を申し上げます。

日本国憲法第九七条には「この憲法が日本国民に保障する基本的人権は、人類の多年にわたる自由獲得の努力の成果であつて、これらの権利は、過去幾多の試練に堪へ、現在及び将来の国民に対し、侵すことのできない永久の権利として信託されたものである」と明記しています。

私はこの本をとおして、戦前・戦中の福岡県民の少なくない人たちが、文字通り命懸けで、軍国主義、ファシズムの嵐に抗して、平和と民主的自由獲得のためのたたかいの一翼を担い、日本の平和憲法・民主憲法の礎(いしずえ)を作ったということを多くの人々に知っていただきたいと願っています。

最後になりましたが、本書の出版を快くお引き受け下さった海鳥社社長の西俊明氏、編集から校正、資料や索引の照合まで細かく気を配って下さった編集長の別府大悟氏、宇野道子さんをはじめ、海鳥社のスタッフの皆さんに心から感謝申し上げます。

二〇〇二年四月

大瀧 一

索　引

大瀧　一（おおたき・はじめ）　1931年，東京府南多摩郡柚木村（現八王子市）に生まれる。1944年，疎開で福岡県糸島郡一貴山村（現二丈町）に移転。旧制糸島中学校・糸島高等学校を経て，1954年３月，九州大学法学部卒業。1954年４月～1993年３月，福岡市公立学校教員（中学校社会科担当）。歴史教育者協議会の会員。
著書＝『社会科（歴史的分野）指導資料』（共著，福岡市教育委員会，1972年），『福岡歴史散歩』（共著，草土文化社，1981年），論稿＝「米騒動をどう教えたか」（部落問題研究所『同和教育運動』(4) 1974年），「旧早良郡壱岐村の小作争議と水平社運動」（福岡県同和教育運動研究会『同和教育研究』第２輯，1978年）

福岡における労農運動の軌跡
平和と民主主義をめざして
【戦前編】
■
2002年５月15日　第１刷発行
■
著者　大瀧　一
発行者　西　俊明
発行所　有限会社海鳥社
〒810-0074 福岡市中央区大手門３丁目６番13号
電話092(771)0132　FAX092(771)2546
http://www.kaichosha-f.co.jp
印刷　有限会社九州コンピュータ印刷
製本　日宝綜合製本株式会社
ISBN 4-87415-385-2
［定価は表紙カバーに表示］